山 东 省 普 通 高 等 教 育 一 流 教 材

21 世纪高等院校电气工程与自动化规划教材

21 century institutions of higher learning materials of Electrical Engineering and Automation Planning

Computer Control Technology

计算机控制技术

曹佃国 王强德 史丽红 主编

武玉强 刘常春 主审

人 民 邮 电 出 版 社

北 京

图书在版编目（CIP）数据

计算机控制技术 / 曹佃国，王强德，史丽红主编
. -- 北京 : 人民邮电出版社，2013.5
21世纪高等院校电气工程与自动化规划教材
ISBN 978-7-115-31160-3

Ⅰ. ①计… Ⅱ. ①曹… ②王… ③史… Ⅲ. ①计算机控制－高等学校－教材 Ⅳ. ①TP273

中国版本图书馆CIP数据核字(2013)第068995号

内 容 提 要

本书从工程实际应用的角度出发，注重基础性、系统性和实用性，较深入地介绍计算机控制系统的基础知识及分析和设计方法。作者在多年教学与科研实践经验的基础上，删除了内容高深而实际应用不多的控制技术，增加了大量的 MATLAB 仿真实例，并充实了计算机控制领域最新的技术理论和方法及作者的部分科研成果。全书共分 10 章，包括计算机控制系统的概述，工业控制计算机，过程输入/输出通道，数字程序控制技术，计算机控制系统的数学模型，数字控制器的连续化设计，数字控制器的离散化设计，计算机控制系统的应用软件，计算机控制系统设计，计算机控制网络技术等内容。

本书可作为高等院校自动化、电子与电气工程、测控技术与仪器、机电一体化、计算机应用等专业的教材，也可作为相关领域工程技术人员的参考书或培训教材。

◆ 主　　编　曹佃国　王强德　史丽红
　主　　审　武玉强　刘常春
　责任编辑　李海涛
◆ 人民邮电出版社出版发行　　北京市丰台区成寿寺路 11 号
　邮编　100164　　电子邮件　315@ptpress.com.cn
　网址　https://www.ptpress.com.cn
　涿州市般润文化传播有限公司印刷
◆ 开本：787×1092　1/16
　印张：17　　　　2013 年 5 月第 1 版
　字数：421 千字　　　　2024 年 8 月河北第 16 次印刷

ISBN 978-7-115-31160-3

定价：36.00 元

读者服务热线：(010)81055256　印装质量热线：(010)81055316
反盗版热线：(010)81055315

前 言

习近平总书记在二十大报告中指出："育人的根本在于德"，本书的编写始终以习近平总书记在二十大报告中提出的"实施科教兴国战略，强化现代化建设人才支撑"的思想为理念，以新时代客户服务科技创新应用为基础，以国家行业发展指导方针为依据。

现代计算机技术、网络通信技术和自动控制理论技术的迅猛发展，使人类社会进入了信息化时代，使得工业自动化领域与其他科学技术领域一样，得到了蓬勃发展。目前，几乎所有的工业自动化系统都是计算机控制系统，在国民经济、工业生产、生活和国防建设等各个领域得到了广泛应用。

根据自动化相关专业课程体系改革的需要，本书作者在多年工程、教学、科研工作经验的基础上，对"计算机控制"课程结构进行了深入细致的研究，兼顾理论基础与实际应用，突出系统性和实践性，并充实了计算机控制领域最新的技术理论和方法；剔除原有教材里面与前序课程重复的内容（如单片机、PLC 等），增加前序课程没有的内容（如工控机）；删除内容高深、实际应用不多而且学生不易接受的模糊控制等控制技术，节省课时，降低课程难度；增加计算机控制系统的数学基础与建立数学模型一章，保证了本学科课程体系在知识结构上的连贯性；将"控制计算机"广义化，包括单片机、工控机、PLC、DSP、ARM 等，第 9 章系统设计举例针对学生实际，采用了不同的"控制计算机"；紧密联系工程实际，尤其是大学生数学建模大赛和电子设计大赛；结合自动化相关专业实践性强的特点，在原理性内容介绍的基础上，给出了相应的 MATLAB 工具实现方法及具体工业设计实例分析，兼顾理论基础与实际应用；将计算机控制领域最新的 OPC、DDE 数据交换技术及控制网络技术，增加了内容的系统性、完整性和新颖性；针对目前物联网的发展趋势结合编者的工程实际，提出了物联网控制系统的概念，并预言物联网发展到一定程度后，基于物联网的无线控制系统必然将取代目前广泛应用的集散控制系统和现场总线控制系统，体现了教材与时俱进的前瞻性和先进性。

全书共分 10 章。第 1 章介绍计算机控制系统的基本概念、结构组成、系统分类、控制规律以及 MATLAB 工具软件。第 2 章重点介绍工控机的组成、特点和总线结构，并介绍其他类型的控制计算机和 MODBUS 总线协议在计算机控制系统中的应用。第 3 章详细阐述控制系统 I/O 接口和过程通道的组成及工作原理，包括模拟量输入通道、模拟量输出通道、数字量输入通道、数字量输出通道及硬件抗干扰技术等。第 4 章讨论数字程序控制技术，包括数字程序控制基础、逐点比较法插补原理和步进电机控制技术。第 5 章讨论计算机控制系统数学模型的建立，包括时域模型、频域模型和状态空间模型等。第 6 章讨论数字控制器的连续化设计方法，重点是 PID 控制器的设计及其参数整定。第 7 章讨论数字控制器的离散化设计方法，主要包括设计步骤、最少拍随动系统的设计、最少拍无纹波系统的设计和大林算法。第 8 章介绍计算机控制系统的应用软件、数据处理技术以及软件抗干扰技术。第 9 章详细阐述计算机控制系统的设计原则、步骤、方法及其工程实现，并给出了具体的实例。第 10 章介绍计算机控制网络技术，包括网络概述、通信协议、DCS、FCS 和物联网技术等。

本书是在经过广泛的调研及科学合理的策划，对教材内容及课程体系进行长期认真细致的研究和推敲的基础上，确定编写大纲，由曲阜师范大学电气信息与自动化学院曹佃国、王强德、史丽红具体组织编写工作并担任主编。第 1 章由牟志华编写，第 5 章由王强德编写，第 2 章由杨吉宏编写，第 4 章和第 8 章由史丽红编写，第 3 章、第 6 章、第 7 章、第 9 章、第 10 章由曹佃国编写，全书由曹佃国负责统稿。

本书的编写大纲由东南大学武玉强教授、山东大学刘常春教授审阅，编写工作得到了曲阜师范大学电气信息与自动化学院领导及有关同志的大力支持。在本书的编写过程中，学生齐飞、杨富、杨栋栋、陈威等协助做了部分插图绘制和书稿录入工作，在此一并向他们表示诚挚的感谢。

本书也汲取了许多兄弟院校计算机控制方面教材的长处，在此向有关作者表示衷心的感谢。

由于编者水平有限，书中难免会有缺点和不妥之处，敬请广大读者批评指正。

编　者

2023 年 3 月

目　录

第1章 计算机控制系统概述

随着计算机技术的飞速发展和应用领域的不断拓宽，计算机控制成为计算机应用中最有潜力和最为活跃的一个领域。尤其是近年来，计算机技术、自动控制技术、检测与传感器技术、CRT 显示技术、通信与网络技术和微电子技术的高速发展，给计算机控制技术带来了巨大的发展，使自动控制技术正向着深度和广度两个方向发展。在广度方面，国民经济的各个领域——从工业过程控制、农业生产和国防技术到家用电器已广泛使用计算机控制；控制对象也从单一对象的局部控制发展到对整个工厂、整个企业，甚至是所有智能物体等大规模复杂对象的控制。在深度方面则向智能化发展，出现了自适应、自学习等智能控制方法。

本章主要介绍计算机控制系统及其组成、工业控制计算机的组成结构及特点、计算机控制系统的发展概况和趋势，为后续章节的学习奠定必要的基础。

1.1 计算机控制系统的一般概念

自动控制就是在没有人直接参与的情况下，通过控制器自动地、有目的地控制或操纵控制对象，使生产过程自动地按照预定的规律运行。控制对象是被控制的机器、物体及其所处的外部环境等。控制器是为达到系统要求的性能所使用的控制装置，它可采用电气、机械或液压等技术来完成控制操作。自动控制系统在结构上可分为开环控制系统和闭环控制系统两种，分别如图 1-1（a）和图 1-1（b）所示。

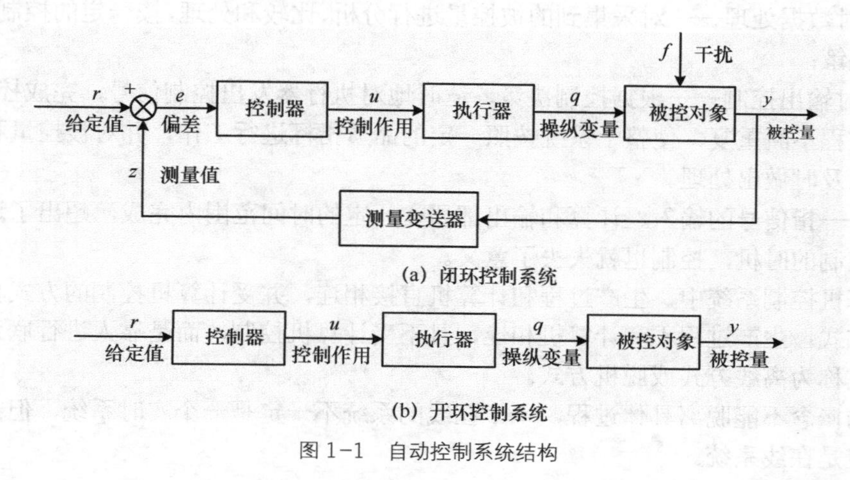

图 1-1 自动控制系统结构

1. 闭环控制系统——需要控制对象的反馈信号

在闭环控制系统中，测量变送器对被控对象进行检测，把被控量如温度、压力等物理量转换成电信号再反馈到控制器中，控制器将此测量值与给定值进行比较形成偏差输入，并按照一定的控制规律产生相应的控制信号驱动执行器工作，执行器产生的操纵变量使被控对象的被控量跟踪趋近给定值，从而实现自动控制稳定生产的目的。这种信号传递形成了闭合回路，所以称此为按偏差进行控制的闭环反馈控制系统。

2. 开环控制系统——结构简单，性能较差

开环控制系统不同于闭环系统，它不需要被控对象的测量反馈信号，控制器直接根据给定值驱动执行器去控制被控对象，所以这种信号的传递是单方向的。开环控制系统不能自动消除被控量与给定值之间的偏差，其控制性能不如闭环系统。

3. 计算机控制系统就是利用计算机来实现生产过程自动控制的系统。

计算机闭环控制系统的原理组成——是把图 1-1 中的控制器用控制计算机代替，由于计算机采用的是数字信号传递，而一次仪表多采用模拟信号传递，因此需要有 A/D 转换器将模拟量转换为数字量作为其输入信号，以及 D/A 转换器将数字量转换为模拟量作为其输出信号。如图 1-2 所示，计算机控制系统由控制计算机（工控机）和生产过程两大部分组成。图 1-2 所示为一个典型的按偏差进行控制的计算机控制系统。

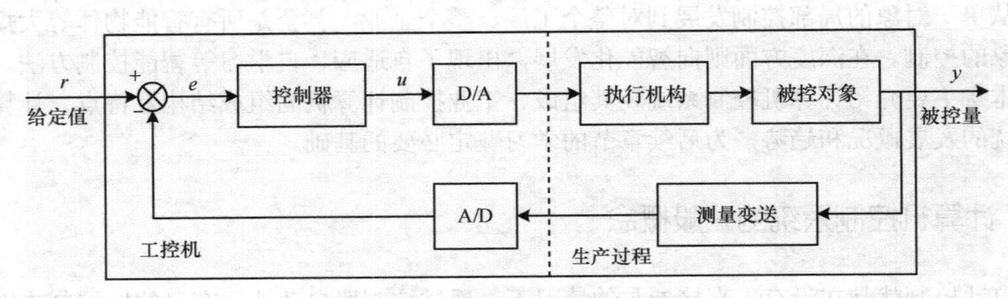

图 1-2 计算机控制系统基本框图

4. 计算机控制系统的执行控制

程序过程如下：

① 实时数据采集——对来自测量变送器的被控量的瞬时值进行采集和输入；

② 实时数据处理——对采集到的被控量进行分析、比较和处理，按一定的控制规律运算，进行控制决策；

③ 实时输出控制——根据控制决策，适时地对执行器发出控制信号，完成控制任务。

上述过程不断重复，使整个系统按照一定的品质指标进行工作，并对被控量和设备本身的异常现象及时做出处理。

实时——指信号的输入、计算和输出都要在一定的时间范围内完成，超出了这个时间，就失去了控制的时机，控制也就失去了意义。

在计算机控制系统中，生产过程和计算机直接相连，并受计算机控制的方式称为在线方式或联机方式；生产过程不和计算机相连，且不受计算机控制，而是靠人进行联系并作相应操作的方式称为离线方式或脱机方式。

实时的概念不能脱离具体过程，一个在线的系统不一定是一个实时系统，但一个实时控制系统必定是在线系统。

1.2　计算机控制系统的组成

计算机控制系统包括计算机硬件设备、控制软件和计算机通信网络 3 个组成部分。

1.2.1　计算机控制系统硬件

典型的过程计算机控制系统如图 1-3 所示，以微型机为例，下面对各部分作简要说明。

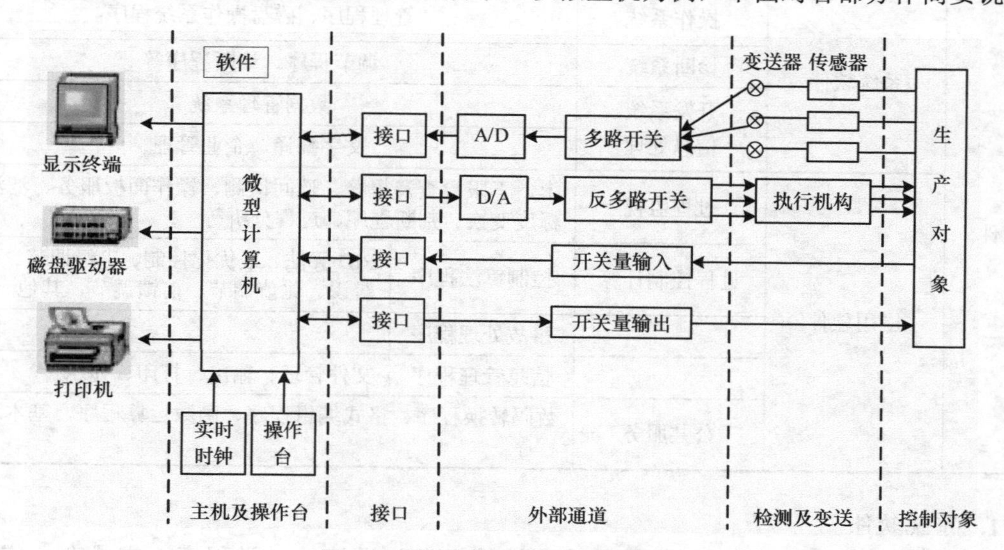

图 1-3　计算机控制系统硬件组成框图

1. 主机

组成：由中央处理器（CPU）和内存储器（RAM 和 ROM）组成。

作用：根据输入通道送来的被控对象的状态参数，进行信息处理、分析、计算，作出控制决策，通过输出通道发出控制命令。

2. 接口电路

作用：主机与外部设备、输入/输出通道进行信息交换时，通过接口电路的协调工作，实现信息的传送。

3. 过程输入/输出通道

作用：主机和被控对象实现信息传送与交换的通道。输入/输出通道分为模拟量输入通道、模拟量输出通道、开关量输入通道、开关量输出通道。

4. 外部设备

外部设备按功能可分成 3 类：输入设备、输出设备和外存储器。

常用的输入设备有键盘、磁盘驱动器、纸带输入机等。输入设备主要用来输入程序和数据。

常用的输出设备有显示器、打印机、绘图仪等。输出设备主要用来把各种信息和数据以曲线、字符、数字等形式提供给操作人员，以便及时了解控制过程。

外存储器有磁盘、磁带等，主要用来存储程序和数据。

5. 操作台

一般操作台有 CRT 显示器或 LED 数码显示器，用以显示系统运行的状态；有功能键，以便操作人员输入或修改控制参数和发送命令。

1.2.2 计算机控制系统软件

软件是指计算机中使用的所有程序的总称。软件通常可分为系统软件和应用软件，如表1-1所示。

表1-1　　软件分类表

<table>
<tr><td rowspan="10">软件</td><td rowspan="4">系统软件</td><td>操作系统</td><td colspan="2">管理程序、磁盘操作系统程序</td></tr>
<tr><td>诊断系统</td><td colspan="2">调节程序、诊断程序等</td></tr>
<tr><td>开发系统</td><td colspan="2">数据管理系统</td></tr>
<tr><td>信息处理</td><td colspan="2">文字翻译、企业管理</td></tr>
<tr><td rowspan="6">应用软件</td><td>过程监视</td><td colspan="2">上、下限检查及报警、巡回检测、操作面板服务、滤波及标度变换、判断程序、过程分析等</td></tr>
<tr><td>过程控制计算</td><td>控制算法程序</td><td>PID算法、最优化控制、串级调节、系统辨识、比值调节、前馈调节、其他</td></tr>
<tr><td></td><td>事故处理程序</td><td></td></tr>
<tr><td></td><td>信息管理程序</td><td>文件管理、输出、打印、显示</td></tr>
<tr><td>公共服务</td><td colspan="2">数码转换程序、格式编辑程序、函数运算程序、基本运算程序</td></tr>
</table>

1．系统软件

系统软件是供用户使用、维护和管理计算机专门设计的一类程序，它具有一定的通用性。

组成：操作系统、语言加工系统、诊断系统。

（1）操作系统

操作系统就是对计算机本身进行管理和控制的一种软件。

计算机自身系统中的所有硬件和软件统称为资源。

从功能上看，可把操作系统看做资源的管理系统，实现对处理器、内存、设备以及信息的管理，如对上述资源的分配、控制、调度、回收等。

（2）语言加工系统

语言加工系统就是将用户编写的源程序转换成计算机能够执行的机器代码（目的程序）。

语言加工系统主要由编辑程序、编译程序、连接、装配程序、调试程序及子程序库组成。

① 编辑程序：建立源程序文件的过程就是由编辑程序完成的。该程序可对一个程序进行插入、增补、删除、修改、移动等编辑加工，并且在磁盘上建立源程序文件。

② 编译程序：将源程序“翻译”成机器代码。

③ 连接、装配程序：使用连接、装配程序可将不同语言编写的不同的程序模块的源程序连接起来，成为一个完整的可运行的绝对地址目标程序。

④ 调试程序：调试程序用来检查源程序是否符合程序设计者的设计意图。

⑤ 子程序库：为了用户编程方便，系统软件中都提供了子程序库。了解这些子程序的功能和调用条件之后，就可直接在程序中调用它们。

（3）诊断系统

诊断系统是用于维修计算机的软件。

2. 应用软件

应用软件是用户为了完成特定的任务而编写的各种程序的总称，包括控制程序、数据采集及处理程序、巡回检测程序、数据管理程序等。

（1）控制程序

控制程序主要实现对系统的调节和控制，依据各种控制算法和被控对象的具体情况来编写，满足系统的性能指标。

（2）数据采集及处理程序

数据可靠性检查程序——用来检查是可靠输入数据还是故障数据；

A/D 转换及采样程序；

数字滤波程序——用来滤除干扰造成的错误数据或不宜使用的数据；

线性化处理程序——对检测元件或变送器的非线性特性用软件进行补偿。

（3）巡回检测程序

数据采集程序——完成数据的采集和处理；

越限报警程序——用于在生产中某些量超过限定值时报警；

事故预告程序——根据限定值，检查被控量的变化趋势，若有可能超过限定值，则发出事故预告信号；

画面显示程序——用图、表在 CRT 上形象地反映生产状况。

（4）数据管理程序

这部分程序用于生产管理，主要包括统计报表程序；产品销售、生产调度及库存管理程序；产值利润预测程序等。

1.2.3　计算机控制系统通信网络

计算机控制系统通信网络，即网络化的计算机控制，已成为当今自动化领域技术发展中的热点。

计算机控制系统通信网络的主要特点如下：

① 有高实时性和良好的时间确定性；

② 传送的信息多为短帧信息，且信息交换频繁；

③ 容错能力强，可靠性、安全性好；

④ 控制网络协议简单实用，工作效率高；

⑤ 结构具有高度分散性；

⑥ 具有控制设备的智能化和控制功能的自治性；

⑦ 与信息网络之间有高效的通信，易于实现与信息网络的集成。

下面介绍几种常用的总线。

1. RS-232C 总线

RS-232C 总线是一种串行外部总线，专门用于数据终端设备（DTE）和数据通信设备（DCE）之间的串行通信，是 1969 年由美国电子工业协会（EIA）从 CCITT 远程通信标准中导出的一个标准。

EIA RS-232C 串行总线是国际电子工业学会正式公布的串行总线标准，也是在计算机系统中最常用的串行接口标准，用于实现计算机与计算机之间、计算机与外设之间的同步通信或异步通信。采用 RS-232C 作为串行通信时，通信距离可达 12m，传输数据的速率可任意调整，最大可达 20kbit/s。

现在的计算机一般至少有两个 RS-232 串行口（COM1 和 COM2），通常 COM1 使用的是 9 针 D 形连接器，而 COM2 使用的是老式的 DB25 针连接器。RS-232C 既是协议标准又是电气标准，它描述了在终端和通信设备之间信息交换的方式和功能。然而，RS-232C 有一系列不足：①数据传输速率局限于 20kbit/s；②传输距离较短；③该标准没有规定连接器，因而设计方案不尽相同，这些方案有时互不兼容；④每个信号只有一根导线，两个传输方向共用一个信号地线；⑤接口使用不平衡的发送器和接收器，可能在各信号成分间产生干扰。

2. RS485 总线

RS-485/422 总线最大的通信距离约为 1219m，最大传输速率为 10Mbit/s，传输速率与传输距离成反比。在 100kbit/s 的传输速率下，才可以达到最大的通信距离。RS-485 采用半双工工作方式，支持多点数据通信。RS-485 总线网络一般采用终端匹配的总线型结构，即采用一条总线将各个节点串接起来，不支持环型或星型网络。

在许多工业过程控制中，往往要求用最少的信号线来完成通信任务。目前广泛应用的 RS-485 串行接口总线就是为适应这种需要应运而生的。RS-485 适合于多站互连（已经具备了现场总线的概念），一个发送驱动器最多可连接大于 32 个负载设备，负载设备可以是被动发送器、接收器或收发器。其电路结构是在平衡连接的电缆上挂接发送器、接收器或组合收发器，且在电缆两端各挂接一个终端电阻用于消除两线间的干扰。

3. MODBUS 总线

MODBUS 总线是 MODICON 公司为该公司生产的 PLC 设计的一种通信协议，从其功能上看，可以认为是一种现场总线。它通过 24 种总线命令实现 PLC 与外界的信息交换，具有 MODBUS 接口的 PLC 可以很方便地进行组态。工控自动化的快速发展，MODBUS 总线也得到了广泛的应用。

MODBUS 总线的特点如下。

① 应用广泛：凡具有 RS232/485 接口的 MODBUS 协议设备都可以使用本产品实现与现场总线 PROFIBUS 的互连。例如，具有 MODBUS 协议接口的变频器、电动机启动保护装置、智能高低压电器、电量测量装置、各种变送器、智能现场测量设备及仪表等。

② 应用简单：用户不必了解 PROFIBUS 和 MODBUS 的技术细节，只需参考手册及提供的应用实例，根据要求完成配置，不需要复杂编程，即可在短时间内实现连接通信。

③ 透明通信：用户可以依照 PROFIBUS 通信数据区和 MODBUS 通信数据区的映射关系，实现 PROFIBUS 到 MODBUS 之间的数据透明通信。

MODBUS 总线广泛应用于仪器仪表、智能高低压电器、变送器、可编程控制器、人—机界面、变频器、现场智能设备等诸多领域。

4. IEEE 802

IEEE（Institute of Electrical and Electronics Engineers）的中文译名是电气和电子工程师协会。IEEE 802 规范定义了网卡如何访问传输介质（如光缆、双绞线、无线等），以及如何在传输介质上传输数据的方法，还定义了传输信息的网络设备之间连接建立、维护和拆除的途径。遵循 IEEE 802 标准的产品包括网卡、桥接器、路由器以及其他一些用来建立局域网络的组件。

IEEE 802 标准定义了 ISO/OSI 的物理层和数据链路层。

（1）物理层

物理层包括物理介质、物理介质连接设备（PMA）、连接单元（AUI）和物理收发信号格式（PS）。物理层的主要功能是实现比特流的传输和接收，为进行同步用的前同步码的产生和删除、信号的编码与译码，规定了拓扑结构和传输速率。

（2）数据链路层

数据链路层包括逻辑链路控制 LLC 子层和媒体访问控制 MAC 子层。逻辑链路控制 LLC 子层集中了与媒体接入无关的功能。具体讲，LLC 子层的主要功能是：建立和释放数据链路层的逻辑连接；提供与上层的接口（即服务访问点）；给 LLC 帧加上序号；差错控制。介质访问控制 MAC 子层负责解决与媒体接入有关的问题和在物理层的基础上进行无差错的通信。MAC 子层的主要功能是：发送时将上层交下来的数据封装成帧进行发送，接收时对帧进行拆卸，将数据交给上层；实现和维护 MAC 协议；进行比特差错检查与寻址。

5. 各种现场总线

根据国际电工委员会（IEC）和美国仪表协会（ISA）的定义，现场总线是连接智能现场设备和自动化系统的数字式、双向传输、多分支结构的通信网络。它的关键标志是能支持双向、多节点、总线式的全数字通信，主要解决工业现场的智能化仪器仪表、控制器、执行机构等现场设备间的数字通信以及这些现场控制设备和高级控制系统之间的信息传递问题，主要用于制造业、流程工业、交通、楼宇、电力等方面的自动化系统中。自 20 世纪 80 年代末以来，有几种现场总线技术已逐渐产生影响，并在一些特定的应用领域显示了自己的优势和较强的生命力。目前，较为流行的现场总线主要有以下 5 种。

① FF——基金会现场总线。

② LONWORKS——局部操作网。

③ PROFIBUS——过程现场总线。

④ CAN——控制器局域网。

⑤ HART——可寻址远程传感器数据通路。

现场总线的优点：现场总线使自控设备与系统步入了信息网络的行列，为其应用开拓了更为广阔的领域；一对双绞线上可挂接多个控制设备，便于节省安装费用；节省维护开销；提高了系统的可靠性；为用户提供了更为灵活的系统集成主动权。

现场总线的缺点：网络通信中数据包的传输延迟，通信系统的瞬时错误和数据包丢失，发送与到达次序的不一致等都会破坏传统控制系统原本具有的确定性，使得控制系统的分析与综合变得更复杂，使控制系统的性能受到负面影响。

6. 无线通信网络

无线通信（wireless communication）是利用电磁波信号可以在自由空间中传播的特性进行信息交换的一种通信方式。近些年在信息通信领域中，发展最快、应用最广的就是无线通信技术。在移动中实现的无线通信又称为移动通信，人们把二者合称为无线移动通信。

当前流行的无线技术有 Bluetooth、CDMA2000、GSM、GPRS、Infrared(IR)、ISM、RFID、UMTS/3GPPw/HSDPA、UWB、WiMAX Wi-Fi 和 ZigBee。下面主要介绍一下 ZigBee 技术和 GPRS 技术。

（1）ZigBee 技术

ZigBee 主要应用在短距离范围之内并且数据传输速率不高的各种电子设备之间。ZigBee

的名字来源于蜂群使用的赖以生存和发展的通信方式，蜜蜂通过跳 Zig Zag 形状的舞蹈来分享新发现的食物源的位置、距离和方向等信息。

ZigBee 可以说是蓝牙的同族兄弟，它使用 2.4GHz 波段，采用跳频技术。与蓝牙相比，ZigBee 更简单、速率更慢、功率及费用也更低。它的基本速率是 250kbit/s，当降低到 28kbit/s 时，传输范围可扩大到 134m，并获得更高的可靠性。另外，它可与 254 个节点联网，可以比蓝牙更好地支持游戏、消费电子、仪器和家庭自动化应用。

（2）GPRS 技术

GPRS（general packet radio service）即通用无线分组业务，是一种基于 GSM 系统的无线分组交换技术，提供端到端的、广域的无线 IP 连接。通俗地讲，GPRS 是一项高速数据处理的技术，方法是以“分组”的形式传送资料到用户手上。虽然 GPRS 是作为现有 GSM 网络向第三代移动通信演变的过渡技术，但是它在如下方面都具有显著的优势。

① 实时在线：即用户随时与网络保持联系。例如，用户访问互联网时，手机就在无线信道上发送和接收数据，就算没有数据传送，手机还一直与网络保持连接，不但可以由用户侧发起数据传输，还可以从网络侧随时启动 push 类业务，不像普通拨号上网那样断线后还得重新拨号才能上网冲浪。

② 按量计费：用户可以一直在线，按照用户接收和发送数据包的数量来收取费用，没有数据流量的传递时，用户即使挂在网上，也是不收费的。

③ 快捷登录：GPRS 的用户一开机，就始终附着在 GPRS 网络上，每次使用时只需一个激活的过程，一般只需要 1～3s 的时间马上就能登录互联网。

④ 高速传输：GPRS 采用分组交换的技术，数据传输速率最高理论值能达 171.2kbit/s。电路交换数据业务，速率为 9.6kbit/s，因此电路交换数据业务（简称 CSD）与 GPRS 的关系就像是 9.6kbit/s Modem 和 33.6kbit/s、56kbit/s 的 Modem 的区别一样。

⑤ 自如切换：GPRS 还具有数据传输与语音传输可同时进行或切换进行的优势。也就是说用户在用移动电话上网冲浪的同时，可以接收语音电话，电话上网两不误。

1.3 计算机控制系统的分类

工业用计算机控制系统与所控制的生产过程的复杂程度密切相关，不同的控制对象和不同的控制要求，应该具有不同的控制方案。根据控制方式，可分为开环控制和闭环控制；根据控制规律，可分为程序和顺序控制、比例积分微分控制（PID 控制）、有限拍控制、复杂规律控制、智能控制等。根据控制功能和控制目的，可将计算机控制系统分为以下几种类型。

1.3.1 操作指导控制系统

操作指导控制系统（operational guidance control system，OGC）——是基于数据采集系统的一种开环结构，如图 1-4 所示。计算机根据采集到的数据以及工艺要求进行最优化计算，计算出的最优操作条件，并不直接输出控制被控对象，而是显示或打印出来，操作人员据此去改变各个控制器的给定值或操作执行器，以达到操作指导的作用。它相当于模拟仪表控制系统的手动与半自动工作状态。OGC 系统的优点是结构简单，控制灵活，一台计算机可代替大量常规显示和记录仪表，从而对整个生产过程进行集中监视，可得到更精确的结果，对指导生产过程有利。缺点是要由人工操作，速度受到限制，不能同时控制多个回路。

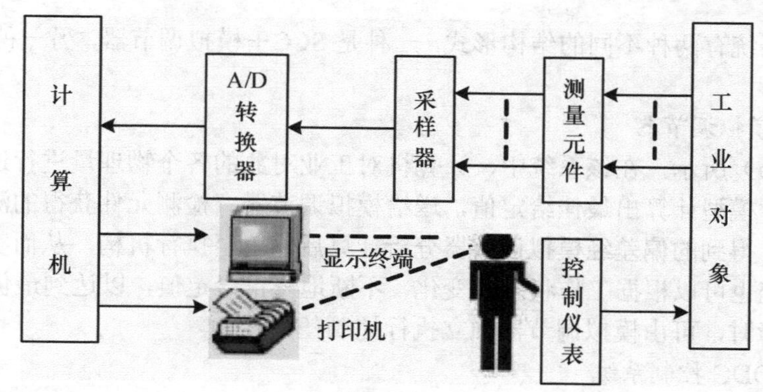

图 1-4 操作指导控制系统

1.3.2 直接数字控制系统

直接数字控制系统（direct digital control，DDC）——计算机参与闭环控制过程，是用一台计算机不仅完成对多个被控参数的数据采集，而且能按一定的控制规律进行实时决策，并通过过程输出通道发出控制信号，实现对生产过程的闭环控制，其结构图如图 1-5 所示。DDC 系统中的一台计算机不仅完全取代了多个模拟调节器，而且在各个回路的控制方案上，不改变硬件只通过改变程序就能有效地实现各种各样的复杂控制。直接数字控制系统是计算机用于工业过程控制最普遍的一种方式。

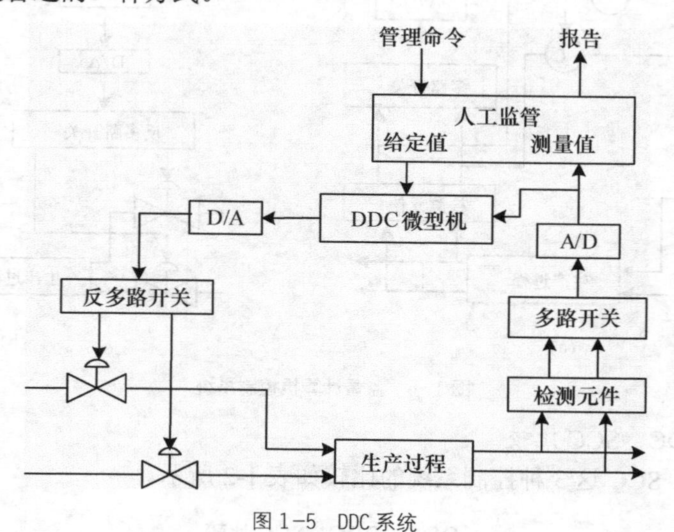

图 1-5 DDC 系统

1.3.3 监督计算机控制系统

监督计算机控制系统（supervisory computer control，SCC）的结构图如图 1-6 所示。在监督控制系统中，计算机根据原始工艺信息和其他参数，按照描述生产过程的数学模型或其他方法，自动地改变模拟调节器或以直接数字控制方式工作的微型机中的给定值，并由模拟调节器或 DDC 计算机控制生产过程，从而使生产过程始终处于最优工况（如保持高质量、高效率、低消耗、低成本等）。从这个角度上说，它的作用是改变设定值，又称为设定值控制（set point control，SPC）。

监督控制系统有两种不同的结构形式，一种是 SCC＋模拟调节器，另一种是 SCC＋DDC 控制系统。

1. SCC + 模拟调节器

如图 1-6（a）所示，在该系统中，计算机对工业对象的各个物理量进行巡回检测，并按生产过程的数学模型计算出最佳给定值，送给模拟调节器。检测元件获得的测量值与该给定值进行比较后，得到的偏差经模拟调节器分析计算后输出至执行机构，从而实现控制生产过程的目的。系统也可以根据工作状态的变化，不断地修正给定值，以达到最优控制。当 SCC 计算机发生故障时，可由模拟调节器独立执行控制任务。

2. SCC + DDC 控制系统

如图 1-6（b）所示，该系统可看成一种二级控制系统，SCC 监督级的作用是计算最佳给定值，送给 DDC 直接控制生产过程，它与 DDC 级计算机之间通过接口进行信息交换。当 DDC 级计算出现故障时，可由 SCC 级计算代替，因此，大大提高了系统的可靠性。

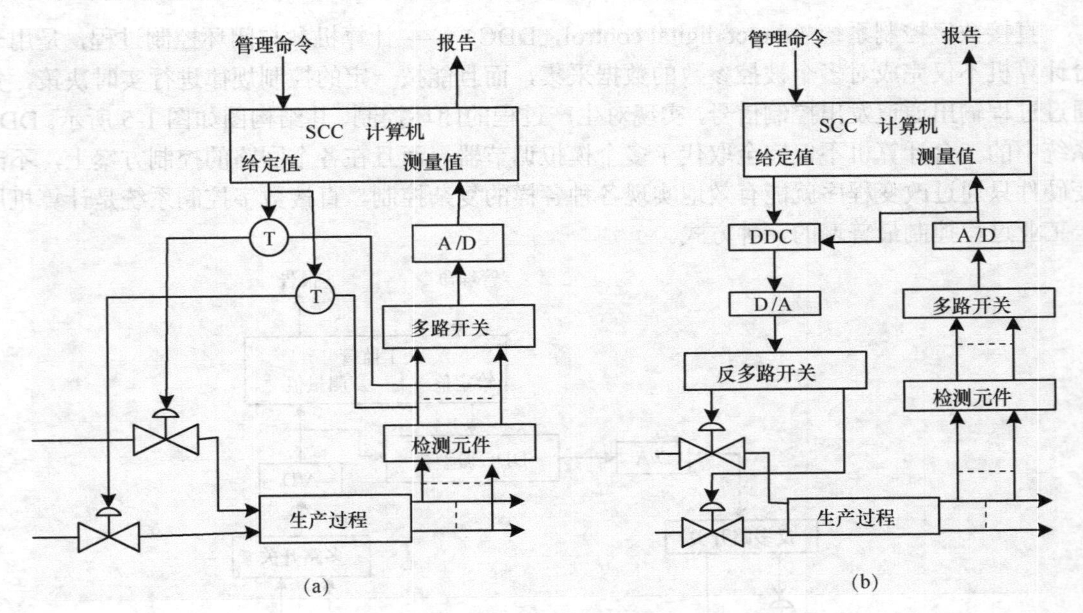

图 1−6 监督计算机控制系统

3. OGC、DDC、SCC 比较

OGC、DDC、SCC 这 3 种控制系统的比较如表 1-2 所示。

表 1-2　　OGC、DDC、SCC 比较

系统类别	结构特点	计算机功能	给定值	系统状态
OGC	输入通道	处理数据	人工操作	
DDC	输入/输出通道	直接参与控制	预先设定	不在最优工况
SCC	两级计算机	直接参与控制	在线修改	最优工况

1.3.4 集散控制系统

集散控制系统（distributed control system，DCS）又称分散控制系统，其本质是采用分散控制和集中管理的设计思想、分而自治和综合协调的设计原则，并采用层次化的体系结构，从下到上依次分为直接控制层、操作监控层、生产管理层和决策管理层，如图 1-7 所示。它是以多台 DDC 计算机为基础，集成了多台操作、监控和管理计算机，并采用上述层次化的体系结构，从而构成了集中分散型控制系统。DCS 是过程计算机控制领域的主流系统，它随着计算机技术、控制技术、通信技术和屏幕显示技术的发展而不断更新和提高，现已广泛应用于石油、化工、发电、水处理、冶金、轻工、制药、建材等工业的自动化。

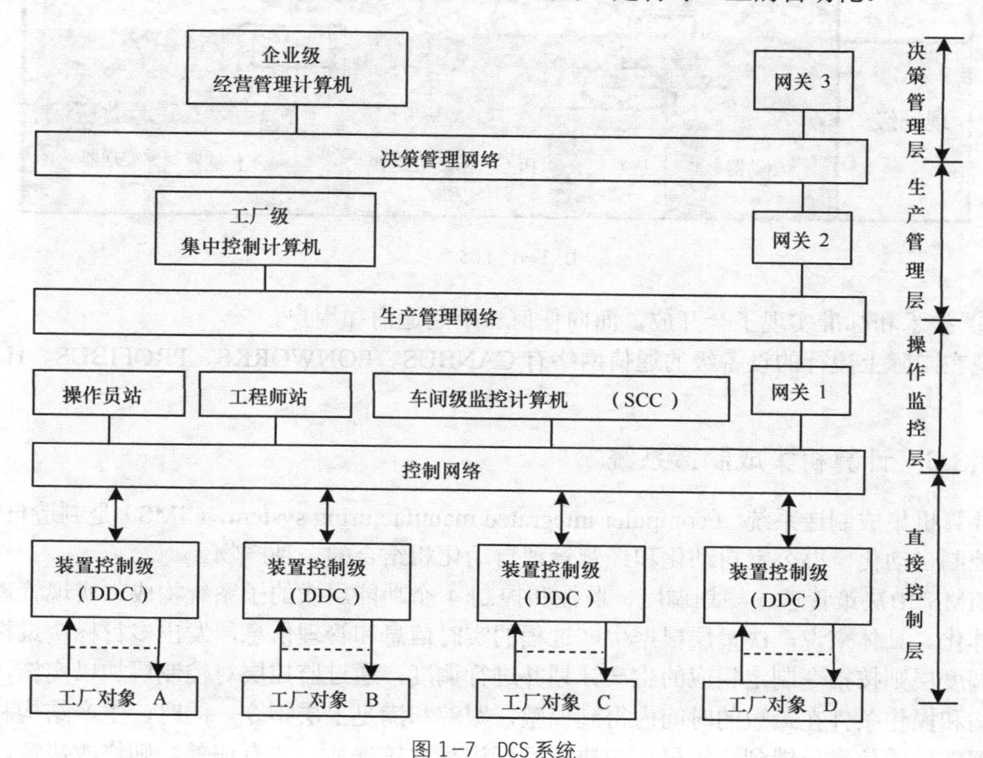

图 1-7 DCS 系统

1.3.5 现场总线控制系统

现场总线控制系统（field-bus control system，FCS）是一种以现场总线为基础的分布式网络自动化系统。它既是现场通信网络系统，也是现场自动化系统；它具有开放式数字通信功能，可与各种通信网络互连；它把安装于生产现场的具有信号输入、输出、运算、控制和通信功能的各种现场仪表或现场设备作为现场总线的节点，并直接在现场总线上构成分散的控制回路，如图 1-8 所示。

与其他控制系统相比，现场总线控制系统具有以下明显优势：

① 信号传输实现了全数字化，从最底层逐层向最高层均采用通信网络互连；

② 系统结构采用全分散化，现场总线的节点是现场设备或现场仪表，如传感器、变送器、执行器等；

③ 现场设备具有互操作性，改变了 DCS 控制层的封闭性和专用性，不同厂家的现场设备既可互连也可互换，并可以统一组态；

④ 通信网络为开放式互连网络，可极其方便地实现数据共享；

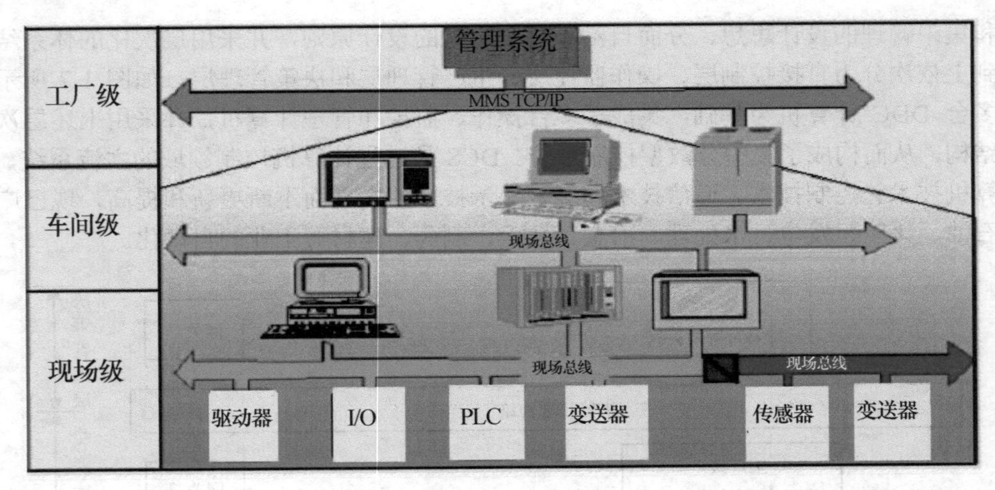

图 1-8　FCS 系统

⑤ 技术和标准实现了全开放，面向任何一个制造商和用户。

现在国际上流行的设备级的通信网络有 CANBUS、LONWORKS、PROFIBUS、HART、FF 等。

1.3.6　计算机集成制造系统

计算机集成制造系统（computer integrated manufacturing system，CIMS）是制造自动化、过程控制自动化、办公室自动化和经营管理自动化相结合的一种产物。

CIMS 由决策管理、规划调度、监控和控制 4 个功能层次的子系统构成，实现管理控制的一体化。具体来说，决策层根据生产过程的实时信息和管理信息，发出多目标决策指令。规划调度层则按指令制定相应的生产计划并进行调度，通过监控层对控制层加以实施，使生产结构和操作条件在最短的时间内得到调整，跟踪和满足上层指令。同时，生产结构和操作条件调整后的信息反馈到决策层，与决策目标进行比较评估，如有偏差，则修改决策，使整个系统处于最优的运行状况。

1.3.7　物联网控制系统

"物联网"（internet of things，IOT）指的是将各种信息传感设备，如射频识别（RFID）装置、红外感应器、全球定位系统、激光扫描器等种种装置与互联网结合起来而形成的一个巨大网络。物联网控制系统就是一种以物联网为基础的全分布式无线网络自动化系统，它既是现场无线通信网络系统，也是现场自动化系统；它具有开放式数字通信功能，可与各种无线通信网络互连；它把各种具有信号输入、输出、运算、控制和通信功能的无线传感器节点安装于生产现场，节点与节点之间可以自动路由组成底层无线网络。随着物联网关键技术（尤其是位于物联网四层模型最底端的信息感知层的 RFID、无线传感器网络、定位系统等）的不断发展和成熟，与其他控制系统相比，物联网控制系统具有以下明显优势：

① 信号传输实现了全数字化，从最底层逐层向最高层均采用通信网络互连；

② 信号传输实现了无线化，可以告别原来的有线通信模式，安装方便灵活，成本低；

③ 系统结构采用全分散化，无线网络节点是现场无线设备或现场无线传感器节点，如传

感器、变送器、执行器等；

④ 通信网络为开放式互连网络，可极其方便地实现数据共享；

⑤ 技术和标准实现了全开放，面向任何一个制造商和用户。

1.4 计算机控制系统的控制规律

计算机控制系统当前最流行的控制规律主要有以下几种。

1. 顺序控制和数值控制

都属于开环控制方式，在机床控制中有广泛应用。其中顺序控制按一定的时间顺序或逻辑顺序进行操作，包括定时控制和逻辑控制；数值控制按给定的数据以一定的程序进行控制。

2. 数字 PID 控制

按偏差的比例、积分和微分进行控制的调节器，称作 PID（proportional integral differential）控制调节器。PID 控制结构简单、参数容易调整、算法容易，是当前应用最广、最为广大工程技术人员熟悉的技术。因此，无论模拟调节器还是数字调节器，大多使用 PID 控制规律。

3. 数字控制器的直接设计算法

直接设计算法是根据给定的性能指标直接得到 Z 域的数字控制器，控制规律及其算法可以针对不同对象的具体特性来确定。直接设计方法主要应用于数字随动系统的设计中。

4. 分级递阶智能控制技术

由 Saridis 提出的分级递阶智能控制方法，是从工程控制论的角度出发，总结了人工智能与自适应、自学习和自组织控制的关系之后逐渐形成的。其控制智能是根据分级管理系统中十分重要的“精度随智能提高而降低”的原理而分级分配的。分级递阶智能控制系统由组织级、协调级、执行级三级组成。

5. 模糊控制技术

模糊控制是一种应用模糊集合理论的控制方法。它一方面提供了一种基于知识的甚至语言描述的控制规律的新机理；另一方面又提供了一种改进非线性控制器的替代方法，可用于控制含有不确定和难以用传统非线性控制理论处理的装置。

6. 专家控制技术

专家控制技术以模仿人类智能为基础，将工程控制论与专家系统结合起来，形成了专家控制系统，其对象一般都具有不确定性。

7. 自学习控制技术

自学习控制系统能在运行过程中逐步获得有关被控对象及环境的非预知信息，积累控制经验，并在一定的评价标准下进行估值、分类、决策和不断改善系统品质。

8. 神经控制系统

国外在 20 世纪 80 年代掀起了神经网络（neural network）计算机的研究和应用热潮，我国在 90 年代也开始了这方面的研究。由于神经网络的特点（大规模的并行处理和分布式的信息存储，良好的自适应性、自组织性和很强的学习功能、联想功能及容错功能），使它的应用越来越广泛，其中一个重要的方面是智能控制，包含机器人控制。

9. 最优控制

恰当地选择控制规律，在控制系统的工作条件不变以及某些物理统计的限制下，使系统的某种性能指标（评价函数）取得最大值或最小值。

10. 自适应控制

自适应设计的控制器，可以使系统在统计变化的情况下，仍能使其性能指标（评价函数）达到最优。

随着多媒体计算机和人工智能计算机的发展，应用自动控制理论和智能控制技术来实现先进的计算机控制系统，必将大大推动科学技术的进步和提高工业自动化系统的水平。

1.5 关于 MATLAB 工具软件

MATLAB 语言是由美国的 Clever Moler 博士于 1980 年开发的，设计者的初衷是为解决“线性代数”课程的矩阵运算问题，取名 MATLAB 即 Matrix Laboratory（矩阵实验室）。它将一个优秀软件的易用性与可靠性、通用性与专业性、一般目的的应用与高深的科学技术的应用有机的结合在了一起。近年来，MATLAB 语言已在我国推广使用，现在已应用于各学科研究部门和许多高等院校。

1. MATLAB 语言的显著特点

① 具有强大的矩阵运算能力：MATLAB 使得矩阵运算非常简单。

② 是一种演算式语言：MATLAB 的基本数据单元是既不需要指定维数，也不需要说明数据类型的矩阵（向量和标量为矩阵的特例），而且数学表达式和运算规则与通常的习惯相同。因此，MATLAB 语言编程简单，使用方便。

2. MATLAB 命令窗口

（1）启动 MATLAB 命令窗口

计算机安装好 MATLAB 之后，双击 MATLAB 图标，就可以进入命令窗口，如图 1-9 所示。此时意味着系统处于准备接收命令的状态，可以在命令窗口中直接输入命令语句。

MATLAB 语句形式为

>>变量＝表达式；

通过等于符号将表达式的值赋予变量。当键入回车键时，该语句被执行。语句执行之后，窗口自动显示出语句执行的结果。如果希望结果不被显示，则只要在语句之后加上一个分号（;）即可。此时尽管结果没有显示，但它依然被赋值并在 MATLAB 工作空间中分配了内存。

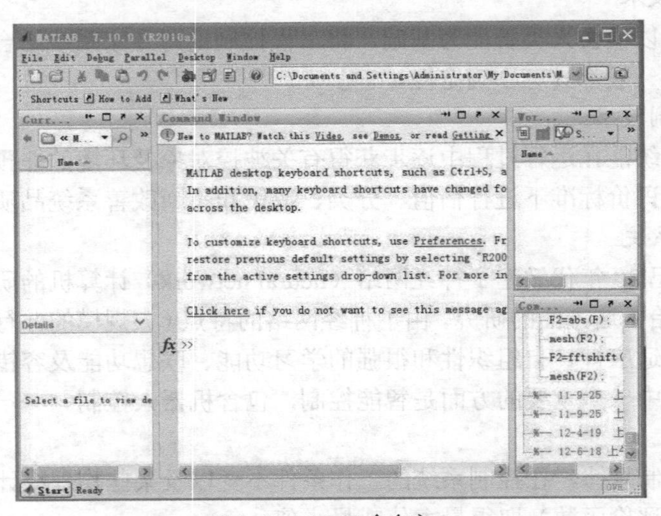

图 1-9 MATLAB 命令窗口

（2）命令行编辑器

① 方向键和控制键可以编辑、修改已输入的命令。

↑：回调上一行命令　　　　↓：回调下一行命令

② 命令窗口的分页输出。

- more off：不允许分页。
- more on：允许分页。
- more(n)：指定每页输出的行数。
- 按回车键前进一行，按空格键显示下一页，输入 q 结束当前显示。

③ 多行命令（...）

- 如果命令语句超过一行或者太长希望分行输入，则可以使用多行命令继续输入。
- S=1-12+13+4+…
  +7-4-18;

3. 变量和数值显示格式

（1）变量

① 变量的命名：变量的名字必须以字母开头（不能超过 19 个字符），之后可以是任意字母、数字或下画线；变量名称区分字母的大小写；变量中不能包含有标点符号。

② 一些特殊的变量。

ans：用于结果的缺省变量名。

i、j：虚数单位。

pi：圆周率。

nargin：函数的输入变量个数。

eps：计算机的最小数。

nargout：函数的输出变量个数。

inf：无穷大。

realmin：最小正实数。

realmax：最大正实数。

nan：不定量。

flops：浮点运算数。

③ 变量操作。

在命令窗口中，同时存储着输入的命令和创建的所有变量值，它们可以在任何需要的时候被调用。如要查看变量 a 的值，只需要在命令窗口中输入变量的名称即可。

（2）数值显示格式

任何 MATLAB 语句的执行结果都可以在屏幕上显示，同时赋值给指定的变量，没有指定变量时，赋值给一个特殊的变量 ans，数据的显示格式由 format 命令控制。

format 只是影响结果的显示，不影响其计算与存储；MATLAB 总是以双字长浮点数（双精度）来执行所有的运算。

如果结果为整数，则显示没有小数；如果结果不是整数，则输出形式有以下几种。

format (short)：短格式（5 位定点数）99.1253。

format long：长格式（15 位定点数）99.12345678900000。

format short e：短格式 e 方式 9.9123e+001。

format long e：长格式 e 方式 9.912345678900000e+001。

format bank：2 位十进制 99.12。

format hex：十六进制格式。

4. 简单的数学运算（例 exp2_2.m）

① 常用的数学运算符：+，−，*（乘），/（左除），\（右除），^（幂）。

在运算式中，MATLAB 通常不需要考虑空格；多条命令可以放在一行中，它们之间需要用分号隔开；逗号告诉 MATLAB 显示结果，而分号则禁止结果显示。

② 常用数学函数：abs，sin，cos，tan，asin，acos，atan，sqrt，exp，imag，real，sign，log，log10，conj（共轭复数）等。

5. MATLAB 的工作空间

（1）MATLAB 的工作空间包含了一组可以在命令窗口中调整（调用）的参数

- who：显示当前工作空间中所有变量的一个简单列表。
- whos：列出变量的大小、数据格式等详细信息。
- clear：清除工作空间中所有的变量。
- clear 变量名：清除指定的变量。

（2）保存和载入 workspace

① save filename variables。

- 将变量列表 variables 所列出的变量保存到磁盘文件 filename 中。
- variables 所表示的变量列表中，不能用逗号，各个不同的变量之间只能用空格来分隔。
- 未列出 variables 时，表示将当前工作空间中所有变量都保持到磁盘文件中。
- 缺省的磁盘文件扩展名为".mat"，可以使用"-"定义不同的存储格式（ASCII、V4 等）。

② load filename variables。

- 将以前用 save 命令保存的变量 variables 从磁盘文件中调入 MATLAB 工作空间。
- 用 load 命令调入的变量，其名称为用 save 命令保存时的名称，取值也一样。
- variables 所表示的变量列表中，不能用逗号，各个不同的变量之间只能用空格来分隔。
- 未列出 variables 时，表示将磁盘文件中的所有变量都调入工作空间。

（3）退出工作空间

- quit 或 exit。

6. 文件管理

- 文件管理的命令，包括列文件名、显示或删除文件、显示或改变当前目录等。
- what：显示当前目录下所有与 MATLAB 相关的文件及它们的路径。
- dir：显示当前目录下所有的文件。
- which：显示某个文件的路径。
- cd path：由当前目录进入 path 目录。
- cd..：返回上一级目录。
- cd：显示当前目录。
- type filename：在命令窗口中显示文件 filename。
- delete filename：删除文件 filename。

7. 使用帮助

① help 命令，在命令窗口中显示。

- MATLBA 的所有函数都是以逻辑群组方式进行组织的，而 MATLAB 的目录结构就是以这些群组方式来编排的。
- help matfun：矩阵函数－数值线性代数。
- help general：通用命令。
- help graphics：通用图形函数。
- help elfun：基本的数学函数。
- help elmat：基本矩阵和矩阵操作。
- help datafun：数据分析和傅里叶变换函数。
- help ops：操作符和特殊字符。
- help polyfun：多项式和内插函数。
- help lang：语言结构和调试。
- help strfun：字符串函数。
- help control：控制系统工具箱函数。

② helpwin：帮助窗口。

③ helpdesk：帮助桌面，浏览器模式。

④ lookfor 命令：返回包含指定关键词的那些项。

⑤ demo：打开示例窗口。

在本书中，我们将利用 MATLAB 强大的功能来实现一些相关的运算及仿真实验。这样可以引导读者结合书中的具体问题，从工程应用的角度深入地掌握这一软件。

习题 1

1. 计算机控制系统由哪些部分组成？
2. 什么是 DDC 控制系统？
3. 简述 SCC 控制系统的两种结构形式。
4. 什么是集散控制系统？
5. 现场总线控制系统的特点是什么？

第2章 工业控制计算机

计算机控制系统在工业生产过程中得到了广泛的应用，不同的生产工艺和生产规律对计算机控制系统的要求也不同，计算机控制系统的主要部分是控制计算机，因而如何依据不同的需求选择合适的控制计算机是实现计算机控制的基础。

在工业控制中，被控对象是五花八门的，有相对简单的，如直流电动机；也有较复杂的，如生产过程。被控对象的多样性决定了不能采用单一类型的控制计算机来组成计算机控制系统，而是要根据被控对象的特性、控制的要求来选择合适的控制计算机。

由于可编程序控制器、单片机、智能调节器、嵌入式系统、DSP、ARM 等控制计算机都有专门课程讲述，本章仅概略介绍。本章主要介绍工业控制计算机的结构、特点、选择和有关的总线技术。

2.1 控制计算机的主要类型

目前，计算机控制系统中控制器的种类主要有可编程控制器、可编程调节器、总线式工控机、单片微型计算机、嵌入式系统、DSP、ARM 及其他控制装置。

1. 可编程控制器

可编程控制器（PLC）是计算机技术与继电逻辑控制概念相结合的产物，其低端为常规继电逻辑控制的替代装置，而高端为一种高性能的工业控制计算机。它主要由 CPU、存储器、输入组件、输出组件、电源、编程器等组成。它有以下特点：是一种数字运算操作的电子系统，专为工业环境下应用而设定；采用可编程序的存储器，在其内部存储执行逻辑运算、顺序控制、定时、计数和算术操作的指令，并通过数字式、模拟式的输入和输出；应用广泛，不仅在顺序程序控制领域中具有优势，而且在运动控制、过程控制、网络通信领域方面也毫不逊色；系统构成灵活，扩展容易，编程简单，调试容易，抗干扰能力强。其外观如图 2-1 所示。

图 2-1　可编程控制器

2. 可编程调节器

可编程调节器又称单回路调节器、智能调节器、数字调节器，主要由微处理单元、过程I/O（输入/输出）单元、面板单元、通信单元、硬手操单元和编程单元等组成。其外观如图2-2所示。

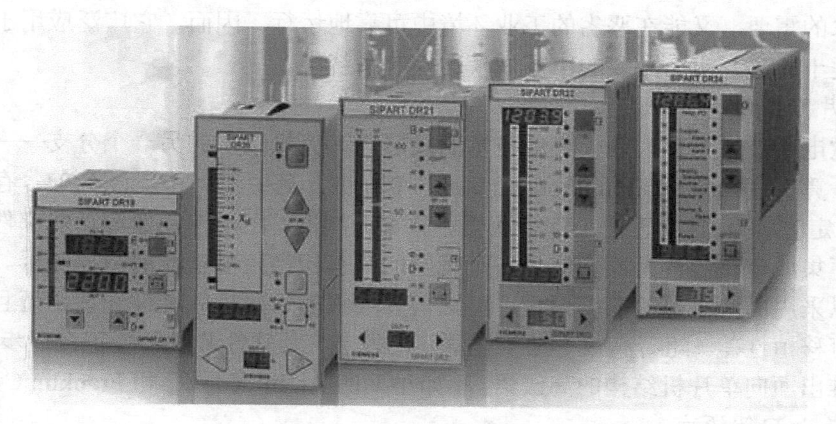

图2-2 可编程调节器

可编程调节器的特点如下。

① 一种仪表化了的微型控制计算机，易操作、易编程、方便灵活。

② 设计时无须考虑接口、通信的硬件设计，软件编程上也只需使用一种面向问题的组态语言。

③ 具有断电保护、自诊断、通信等功能。

④ 可以组成多级计算机控制系统，实现各种高级控制和管理。

⑤ 大型分散控制系统中最基层的控制单元，适用于连续过程中模拟量信号的控制系统。

3. 总线式工控机

总线式工控机是基于总线技术和模块化结构的一种专用于工业控制的通用性计算机，一般称为工业控制计算机，简称为工业控制机或工控机（industrial personal computer，IPC）。

通常，计算机的生产厂家是按照某个总线标准，设计制造出若干符合总线标准，具有各种功能的各式模板，而控制系统的设计人员则根据不同的生产过程与技术要求，选用相应的功能模板组合成自己所需的计算机控制系统。总线式工控机的外形类似普通计算机，如图2-3所示。

图2-3 总线式工控机

不同的是它的外壳采用全钢标准的工业加固型机架机箱，机箱密封并加正压送风散热，机箱内的原普通计算机的大主板变成通用的底板总线插座系统，将主板分解成几块 PC 插件，采用工业级抗干扰电源和工业级芯片，并配以相应的工业应用软件。

总线式工控机具有小型化、模板化、组合化、标准化的设计特点，能满足不同层次、不同控制对象的需要，又能在恶劣的工业环境中可靠地运行。因而，它广泛应用于各种控制场合，尤其是十几到几十个回路的中等规模的控制系统中。

4. 单片微型计算机

随着微电子技术与超大规模集成技术的发展，计算机技术的另一个分支——超小型化的单片微型计算机（single chip microcomputer，单片机）诞生了。它是将 CPU、存储器、串并行 I/O 口、定时/计数器，甚至 A/D 转换器、脉宽调制器、图形控制器等功能部件全都集成在一块大规模集成电路芯片上，构成了一个完整的具有相当控制功能的微控制器。单片机的应用软件可以采用面向机器的汇编语言，但这需要较深的计算机软硬件知识，而且汇编语言的通用性与可移植性差。随着高效率结构化语言的发展，其软件开发环境正在逐步改善。目前，市场上已推出面向单片机结构的高级语言，如早期的 Archimedes C 和 Franklin C，现在的 Keil C51、Dynamic C 等语言。

由于单片机具有体积小、功耗低、性能可靠、价格低廉、功能扩展容易、使用方便灵活、易于产品化等诸多优点，特别是强大的面向控制的能力，使它在工业控制、智能仪表、外设控制、家用电器、机器人、军事装置等方面得到了极为广泛的应用。

单片机的应用从 4 位机开始，历经 8 位、16 位、32 位 4 种。但在小型测控系统与智能化仪器仪表的应用领域里，8 位单片机因其品种多、功能强、价格低廉，目前仍然是单片机系列的主流机种。

5. 嵌入式处理器

嵌入式系统是将专用微型计算机嵌入被控设备中的专用计算机系统，适用于应用系统对体积、功能、可靠性、成本、功耗等综合性能要求严格的场合。

嵌入式处理器的特点如下。

① 对实时和多任务有很强的支持能力，能完成多任务并且有较短的中断响应时间，从而使内部代码和实时操作系统的执行时间减少到最低限度。

② 具有功能很强的存储区保护功能，这是由于嵌入式系统的软件结构已模块化，而为了避免在软件模块之间出现错误的交叉作用，需要设计强大的存储区保护功能。同时，存储区强大的保护功能也有利于软件诊断。

③ 可扩展的处理器结构。能迅速地扩展出满足应用的高性能嵌入式微处理器。

④ 嵌入式微处理器的功耗很低。低功耗是有些应用系统必须的，尤其是用于便携式的无线及移动控制和通信设备中的靠电池供电的嵌入式系统更是如此。

6. 嵌入式微控制器

嵌入式微控制器（micro controller unit，MCU）一般以某种微处理器内核为核心，根据某些典型的应用，在芯片内部集成了 ROM/EPROM、RAM、总线、总线逻辑、定时/计数器、看门狗、I/O 口、串行口、脉宽调制输出、A/D、D/A、FLASH RAM、EEPROM 等各种必要功能部件和外设。

7. 数字信号处理器

数字信号处理技术是当今的一个热门领域，世界上各大半导体公司纷纷推出适用于不同场合的数字信号处理器(DSP)芯片。在控制领域，比较有代表性的是 TI 公司的 TMS320F240x 系列。

8. ARM 处理器

ARM（advanced rISC machines）既可以认为是一个公司的名称，也可以认为是对一类微处理器的通称，还可以认为是一种技术的名词。

ARM 微处理器的特点如下。

① 体积小、低功耗、低成本、高性能。

② 支持 Thumb（16 位）/ARM（32 位）双指令集，能很好地兼容 8 位/16 位器件。

③ 大量使用寄存器，指令执行速度更快。

④ 大多数数据操作都在寄存器中完成。

⑤ 寻址方式灵活简单，执行效率高。

⑥ 指令长度固定。

9. 其他控制装置

分散控制系统与现场总线控制系统最初是以一种控制方案的形式出现的，但很快受到工控市场的极大推崇，因而已经成为国内外自动化厂家争先推出的两种典型的装置。

2.2 IPC 工控机的组成与特点

工控机即工业控制计算机，时髦的叫法是产业电脑或工业电脑，简称 IPC（industrial personal computer）。工控机通俗地说就是专门为工业现场而设计的计算机。早在 20 世纪 80 年代初期，美国 AD 公司就推出了类似 IPC 的 MAC-150 工控机，随后美国 IBM 公司正式推出工业个人计算机 IBM7532。由于 IPC 的性能可靠、软件丰富、价格低廉，而在工控机中异军突起，后来居上，应用日趋广泛。现在国内品牌主要有研华、研祥 EVOC 等。

工控机主要用于工业过程测量、控制、数据采集等工作。以工控机为核心的测量和控制系统，处理来自工业系统的输入信号，再根据控制要求将处理结果输出到执行机构，去控制生产过程，同时对生产进行监督和管理。

2.2.1 IPC 工控机的硬件组成

如图 2-4 所示，IPC 工控机硬件包括主机板（CPU、内存储器）、系统总线、过程输入/输出通道、人—机接口、通信接口、系统支持、磁盘系统。图 2-5（a）所示为工控机的外部结构图 2-5（b）所示为工控机的内部结构。

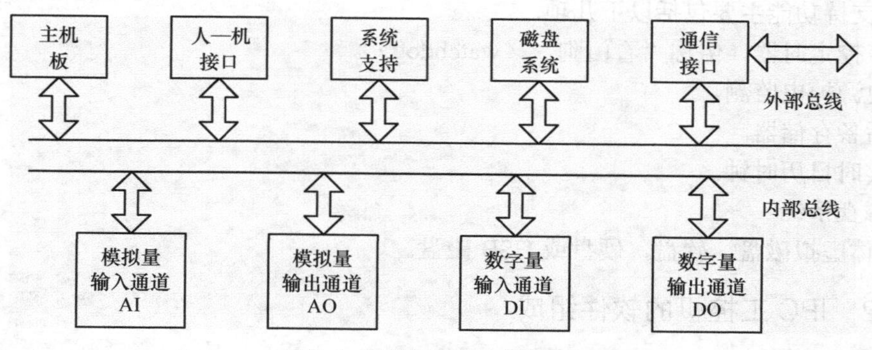

图 2-4 工控机硬件组成结构图

(a) 外部结构

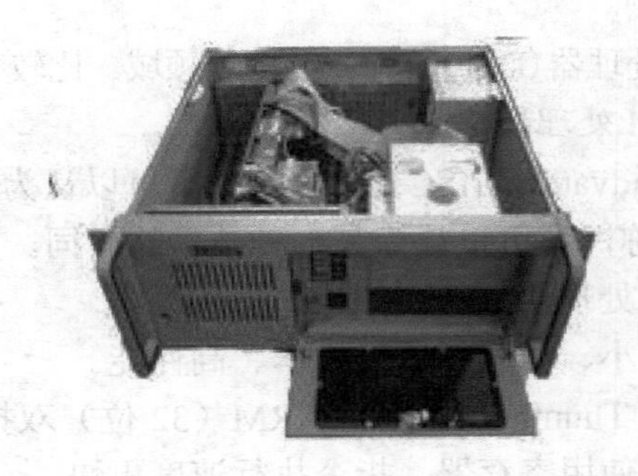

(b) 内部结构

图 2-5 工控机结构图

1. 主机板

主机板是工业控制机的核心，由中央处理器（CPU）、存储器（RAM、ROM）、I/O 接口等部件组成。主机板的作用是将采集到的实时信息按照预定程序进行必要的数值计算、逻辑判断、数据处理，及时选择控制策略并将结果输出到工业过程。

2. 系统总线

系统总线可分为内部总线和外部总线。内部总线是工控机内部各组成部分之间进行信息传送的公共通道，是一组信号线的集合。常用的内部总线有 IBM PC 总线和 STD 总线。外部总线是工控机与其他计算机和智能设备进行信息传送的公共通道，常用外部总线有 RS-232C、RS485 和 IEEE-488 通信总线。

3. 人—机接口

人—机接口包括显示器、键盘、打印机以及专用操作显示台等。通过人—机接口设备，操作员与计算机之间可以进行信息交换。

4. 通信接口

通信接口是工业控制机与其他计算机和智能设备进行信息传送的通道，常用 IEEE-488、RS-232C 和 RS485 接口。为方便主机系统集成，USB 总线接口技术正日益受到重视。

5. 输入/输出模板

输入/输出模板是工控机和生产过程之间进行信号传递和变换的连接通道，包括模拟量输入通道（AI）、模拟量输出通道（AO）、数字量（开关量）输入通道（DI）、数字量（开关量）输出通道（DO）。

6. 系统支持

系统支持功能主要包括以下几项。

① 监控定时器，俗称“看门狗”（watchdog）。

② 电源掉电监测。

③ 后备存储器。

④ 实时日历时钟。

7. 磁盘系统

半导体虚拟磁盘，软盘，硬盘或 USB 磁盘。

2.2.2 IPC 工控机的软件组成

从工控软件基本组成上看，可大致划分为 3 层：实时操作系统层、控制管理层以及应用层。实时操作系统层是其他层的基础。工业控制软件系统是工业控制计算机的程序系统，主要包括系统软件、工具软件和应用软件 3 大部分。

1. 系统软件

系统软件是其他两者的基础核心，因而系统软件决定着设计开发的质量。系统软件用来管理 IPC 的资源，并以简便的形式向用户提供服务。

2. 工具软件

工具软件是技术人员从事软件开发工作的辅助软件，包括汇编语言、高级语言、编译程序、编辑程序、调试程序、诊断程序等。

3. 应用软件

工控应用软件主要是根据用户工业控制和管理的需求而生成的，是系统设计人员针对某个生产过程而编制的控制和管理程序，因此具有专用性。通常包括过程输入/输出程序、过程控制程序、人—机接口程序、打印显示程序、公共子程序等。

4. 工控软件系统的特点

从工控软件系统的发展历史和现状来看，工控软件系统应具有如下 5 大主要特性。

① 开放性。这是现代控制系统和工程设计系中一个至关重要的指标。开放性有助于各种系统的互连、兼容；它有利于设计、建立和应用为一体（集体）的工业思路形成与实现。为了使系统工具良好的开放性，必须选择开放式的体系结构、工业软件和软件环境，这已引起工控界人士的极大关注。

② 实时性。工业生产过程的主要特性之一就是实时性，因此，要求工控软件系统应具有较强的实时性。

③ 网络集成化。这是由工业过程控制和管理趋势所决定的。

④ 人—机界面更加友好。这不仅是指菜单驱动所带来的操作方便，更应包括设计和应用两个方面的人—机界面。

⑤ 多任务和多线程性。现代许多控制软件所面临的工业对象不再是单任务线，而是较复杂的多任务系统，因此，如何有效地控制和管理这样的系统仍是目前工控软件主要的研究对象。为适应这种要求，工控软件，特别是底层的工控系统软件必须具有此特性，如多任务实时操作系统的研究和应用等。

2.2.3　IPC 工控机的特点

工控机通俗地说就是专门为工业现场而设计的计算机，而工业现场一般具有强烈的震动，灰尘特别多，另有很高的电磁场力干扰等特点，且一般工厂均是连续作业即一年中一般没有休息。因此，工控机与普通计算机相比必须具有以下特点。

1. 可靠性高

机箱采用符合“EIA”标准的全钢化结构，有较高的防磁、防尘、防冲击的能力。机箱内有专用底板，底板上有 PCI 和 ISA 插槽，采用总线结构和模块化设计技术。CPU 及各功能模块皆使用插板式结构，并带有压杆软锁定，提高了抗冲击、抗振动的能力。机箱内配有高度可靠的工业电源，并有过压、过流保护，有较强的抗干扰能力。机箱内装有双风扇，正压对流排风，并装有滤尘网用以防尘。 电源及键盘均带有电子锁开关，可防止非法开、关和非法键盘输入。具有自诊断功能。设有“看门狗”定时器，在因故障死机时，无须人的干预而自动复位。

2. 丰富的输入/输出模板

可视需要选配各种 I/O 模板，如图 2-6 所示。

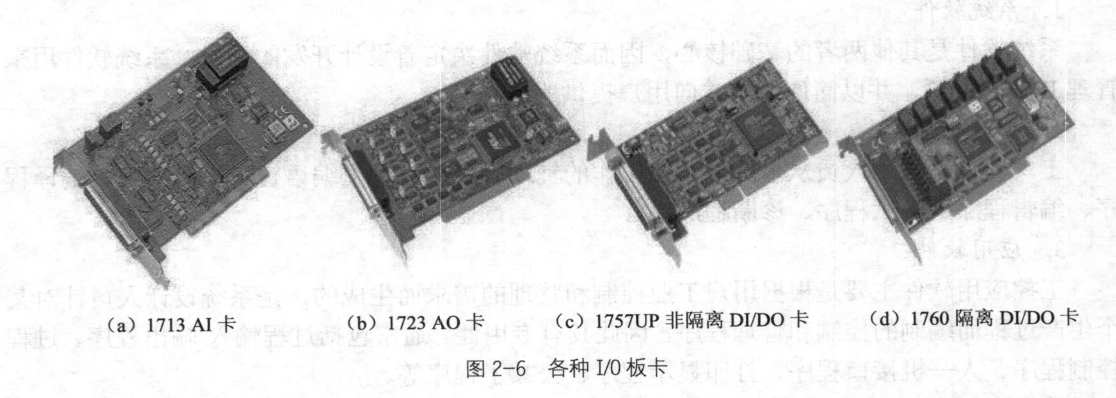

（a）1713 AI 卡　（b）1723 AO 卡　（c）1757UP 非隔离 DI/DO 卡　（d）1760 隔离 DI/DO 卡

图 2-6　各种 I/O 板卡

（1）模拟量输入板卡

模拟量输入板卡（A/D 卡）根据使用的 A/D 转换芯片和总线结构不同，其性能有很大的区别。基于 PC 总线的 A/D 板卡是基于 PC 系列总线，如 ISA、PCI 等总线标准设计的，板卡通常有单端输入和差分输入以及两种方式组合输入 3 种。板卡内部通常设置一定的采样缓冲器，对采样数据进行缓冲处理，缓冲器的大小也是板卡的性能指标之一。在抗干扰方面，A/D 板卡通常采取光电隔离技术，实现信号的隔离。板卡的模拟信号采集的精度和速度指标通常由板卡所采用的 A/D 转换芯片决定。

（2）模拟量输出板卡

模拟量输出板卡（D/A 卡）完成数字量到模拟量的转换，D/A 转换板卡同样依据其采用的 D/A 转换芯片的不同，其转换性能指标有很大的差别。D/A 转换除了具有分辨率、转换精度等性能指标外，还有建立时间、温度系数等指标约束。模拟量输出板卡通常还要考虑输出电平以及负载能力。

（3）数字量输入/输出板卡

数字量输入/输出板卡（I/O 卡）相对简单，一般都需要缓冲电路和光电隔离部分，输入通道需要输入缓冲器和输入调理电路，输出通道需要有输出锁存器和输出驱动器。

（4）脉冲量输入板卡

工业控制现场有许多高速的脉冲信号，如旋转编码器、流量检测信号等，这些都要脉冲量输入板卡或一些专用测量模块进行测量。脉冲量输入板卡可以实现脉冲数字量的输出和采集，并可以通过跳线器选择计数、定时、测频等不同工作方式，计算机可以通过该板卡方便地读取脉冲计数值，也可测量脉冲的频率或产生一定频率的脉冲。考虑到现场强电的干扰，该类型板卡多采用光电隔离技术，使计算机与现场信号之间全部隔离，来提高板卡测量的抗干扰能力。

3. 实时性好

可配置实时操作系统，便于多任务的调度和运行。

4. 开放性好

开放性好，兼容性好，吸收了 PC 的全部功能，可直接运行 PC 的各种应用软件。可采用无源母板（底板），方便系统升级。

5. 连续工作时间长

要求具有连续长时间工作的能力。

6. 便于安装

一般采用便于安装的标准机箱（4U标准机箱较为常见）。

2.2.4 IPC工控机的发展方向

1. 目前工控机的劣势

尽管工控机与普通的商用计算机机相比，具有得天独厚的优势，但其劣势也是非常明显的——数据处理能力差，具体表现如下：

① 配置硬盘容量小；

② 数据安全性低；

③ 存储选择性小；

④ 价格较高。

2. 工控机的发展方向

随着商用机的性能愈来愈好，很多工业现场已经开始采用成本更低廉的商用机，而商用机的市场也发生着巨大的变化，人们开始更倾向于比较人性化的触控平板电脑。因此，工业现场带触控功能的平板电脑将会是未来的趋势，工业触控平板电脑（见图2-7）也是工控机的一种，和普通的工控机相比它的优势有以下几点。

图2-7 工业触控平板电脑

① 工业触控平板电脑前面板大多采用铝镁合金压铸成型，前面板达到NEMA IP65防护等级；坚固结实，持久耐用，而且重量比较轻。

② 工业触控平板电脑是一体机的结构，主机、液晶显示器、触摸屏合为一体，稳定性比较好。

③ 采用目前比较流行的触摸功能，可以简化工作，更方便快捷，比较人性化。

④ 工业触控平板电脑体积较小，安装维护非常简便。

⑤ 大多数工业触控平板电脑采用无风扇设计，利用大面积鳍状铝块散热，功耗更小，噪声也小。

⑥ 外形美观，应用广泛。

事实上，工业计算机和商用计算机一直是相辅相成密不可分的。它们各有应用的领域，但是却互相影响，互相促进，体现了科技的进步之处。目前，做得比较好的是我国台湾的研华公司，还有国内的NODKA公司等。

2.3 IPC总线结构

2.3.1 总线概述

总线标准实际上是一种接口信号的标准和协议。

总线是一组信号线的集合；它定义了引线的信号、电气、机械特性，是微机系统内部各组成部分之间、不同的计算机之间建立信号联系，进行信息传送的通道。

按相对于CPU或其他芯片的位置划分，总线主要有内部总线（系统总线）和外部总线（通信总线）；按功能或信号类型划分，总线主要有数据总线、地址总线和控制总线；按数据传输的方式划分，总线主要有串行总线和并行总线；按时钟信号是否独立划分，总线主要有同步总线和异步总线。

总线主要有数据传输、中断、多主设备支持、错误处理等功能。

2.3.2 内部总线

内部总线是指微机内部各功能模块间进行通信的总线，也称为系统总线。它是构成完整微机系统的内部信息枢纽。

常用的内部总线主要有STD总线、VME总线、ISA总线和PCI总线。

1. STD总线

（1）总线标准

STD总线即Standard Bus，是一种规模最小，面向工业控制，设计周密的8位系统总线。

（2）STD总线的性能特点

① 支持的微型处理器——STD总线支持8位微处理器。

② 总线的基本组成——STD 总线是一种小型的、面向工业控制及测量的总线，全部总线只有56根。这56根总线被划分为4组：逻辑电源总线6根和辅助电源总线4根，双向数据总线8根，地址总16根，控制总线22根。

③ 支持多处理器系统——可实现分布式、主机式及多主STD总线多处理器系统。

④ 总线数据传输的控制方式——STD总线是同步总线，采用同步方式传输数据。

⑤ 中断功能——STD 总线最初只定义了两根中断控制线，系统的中断功能不强。但在System II STD总线系统中，由于兼容了PC/XT，因此中断功能显著提高。

⑥ CMOS化。

⑦ 局部总线扩展能力。

⑧ 支持网络的功能。

⑨ 模板尺寸——STD模板尺寸为4.5英寸×6.5英寸（即11.4cm×16.5cm），是总线一模板式测控系统中最小的，因此具有机械强度高、抗振动及抗冲击能力强的特点。

⑩ 可靠性高。

2. VME总线

VME（Versamodel Eurocard）总线是由Motorola公司1981年推出的第一代32位工业开

放标准总线，其主要特点是 VME 总线的信号线模仿 Motorola 公司生产的 68000 系列单片机信号线，由于其应用的广泛性被 IEEE 收为标准，即 IEEE 1014—1987，其标准文件为 VMEbus specification Rev C.1。

VME 总线的插板一般有两种尺寸，一种是 3U 高度的带一个总线接口 J1，高×长为 100mm×160mm，另一种是 6U 高度的带 2 个总线接口 J1、J2，高×长为 233mm×160mm。

一般每块 VME 总线的插板上的接口 J1、J2 都有 96 针，每一个接口都是 3 排，按 A、B、C 排列，每排 32 针，J1 一般用于直接与 VME 总线相连，J2 的中间列用于扩展地址总线或数据总线，另外两列可由用户定义及 I/O、磁盘驱动及其他外设等（注意：我们应用的全固态电视发射机的 I/O 板和 RC/RI 板就扩展了 J2 口的针脚）。因此，VME 总线已对未来的应用扩展预留了信号针，这也是 VME 总线将来可以灵活升级的原因。

3. ISA 总线

20 世纪 80 年代初期，IBM 公司在推出自己的微机系统 IBM PC/XT 时，就定义了一种总线结构，称为 XT 总线。这是 8 位数据宽度的总线。随着 IBM 采用 80286 CPU，推出 IBM PC/AT 微机系统，又定义了与 XT 总线兼容的 16 位的 AT 总线。ISA 总线（Industrial Standard Architecture），即 AT 总线，它是在 8 位的 XT 总线基础上扩展而成的 16 位的总线体系结构。

后来，在大多数 Pentium 系列的 PC 主板上仍保留 3～4 个 ISA 总线扩充槽，既可以插入 8 位 ISA 卡，又可以插入 16 位 ISA 卡。

ISA 总线插槽有一长一短两个插口，长插口有 62 个引脚，以 A31～A1 和 B31～B1 表示，分别列于插槽的两面；短插口有 36 个引脚，以 C18～C1 和 D18～D1 表示，也分别列于插槽的两面。ISA 总线插槽如图 2-8 所示。

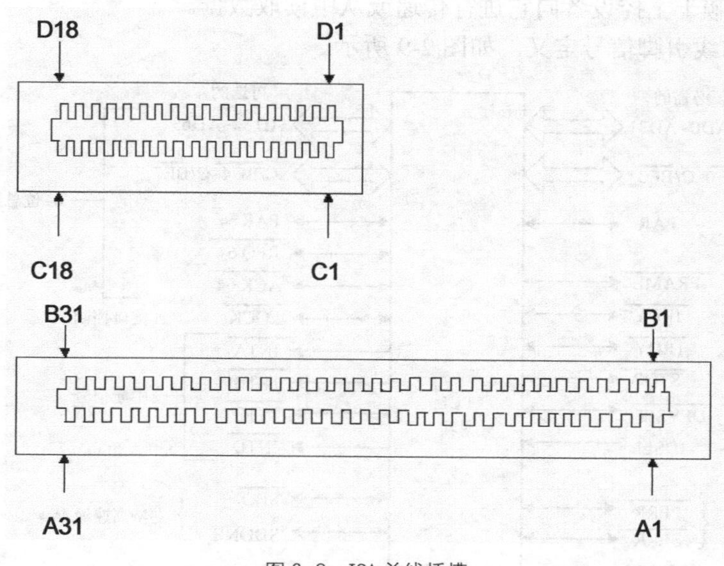

图 2-8 ISA 总线插槽

4. PCI 总线

人们注意到，随着微处理器速度及性能的改进与更新，作为微型计算机重要组成部件的总线也被迫作相应的改进和更新。否则，低速的总线将成为系统性能的瓶颈。同时，人们也看到了另一个不容忽视的事实，即随着微处理器的更新换代，一个个曾颇具影响的总线标准也相继黯然失色了，与其配套制造的一大批接口设备（板卡、适配器及连接器等）也渐渐被束之高阁。这就迫使人们思考一个问题，即能否制定和开发一种性能优越且能保持相对稳定的总线结构和技术规范来摆脱传统总线技术发展的这种困境呢?

PCI 总线（peripheral component interconnect，外围部件互连总线）于 1991 年由 Intel 公司首先提出，并由 PCI SIG（special interest group）来发展和推广。PCI SIG 是一个包括 Intel、IBM、Compaq、Apple 和 DEC 等 100 多家公司在内的组织集团。1992 年 6 月推出了 PCI 1.0 版，1995 年 6 月又推出了支持 64 位数据通路、66MHz 工作频率的 PCI 2.1 版。

由于 PCI 总线先进的结构特性及其优异的性能，使之成为现代微机系统总线结构中的佼佼者，并被多数现代高性能微机系统所广泛采用。

（1）PCI 总线的主要特点

① 传输率高；

② 采用数据线和地址线复用结构，减少了总线引脚数；

③ 总线支持无限猝发读写方式和并行工作方式；

④ 总线宽度为 32 位（5V），可升级为 64 位（3.3V）；

⑤ PCI 总线与 CPU 异步工作：PCI 总线的工作频率固定为 33MHz，与 CPU 的工作频率无关，使 PCI 总线不受处理器的限制；

⑥ 提供了即插即用功能，允许 PCI 局部总线扩展卡和元件进行自动配置。

（2）PCI 总线的功能特性

连接到 PCI 总线上的设备分为两类：主控设备（master）和目标设备（target）。PCI 支持多主控设备，主控设备可以控制总线、驱动地址、数据及控制信号；目标设备不能启动总线操作，只能依赖于主控设备向它进行传递或从中读取数据。

（3）PCI 总线引脚信号定义，如图 2-9 所示。

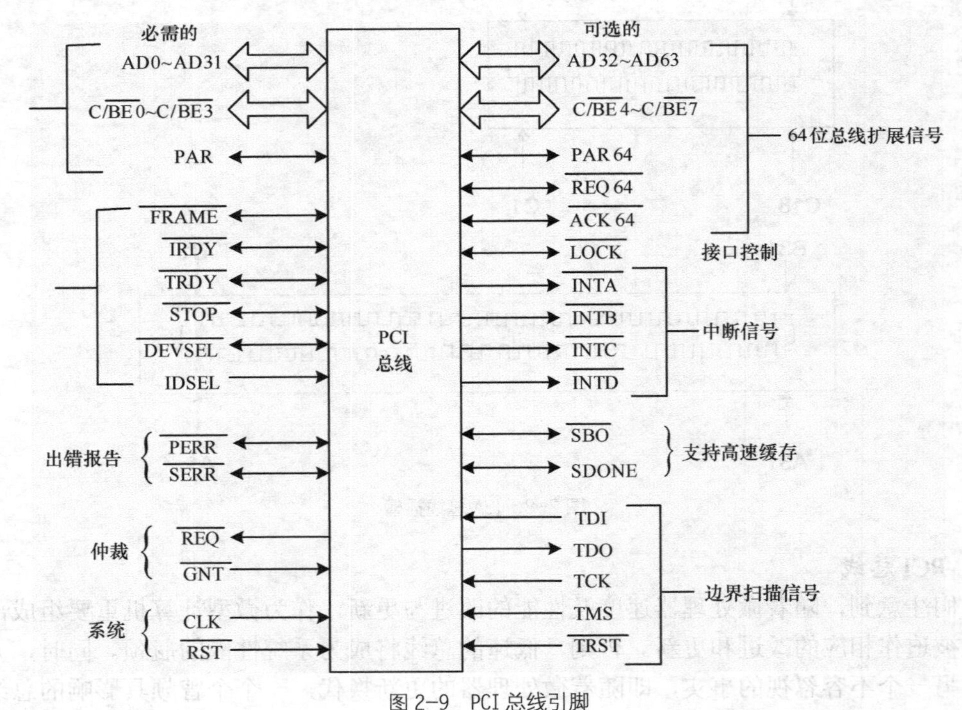

图 2-9 PCI 总线引脚

① 地址和数据信号。

AD0～AD31：地址、数据信号复用线。

C / $\overline{\text{BE0}}$～C / $\overline{\text{BE3}}$：总线指令和字节允许信号的复用线。

PAR：为 AD0～AD31 和所指示的有效数据的校验位。

PCI 总线的数据宽度为 32 位或 64 位，地址总线为 32 位（可扩展至 64 位）。另外，它的地址线和数据线是多路复用的，以节省引脚并减小连接器的尺寸。这些多路复用的引脚信号标识为 AD0～AD63。

PCI 总线有 5V 和 3V 两种插槽类型，每种插槽的全部引脚号均为 1～94（A1/B1～A94/B94），32 位卡只用 1～62 号，64 位卡则占用全部 1～94 号引脚。

其中，标为 res 的引脚为保留未用（reserved）的引脚；标为 code 的引脚是防止将插卡插错而设置的接口标记，也称为连接器钥匙（connector key）。

② 接口控制信号。

$\overline{\text{FRAME}}$：周期帧信号。

$\overline{\text{IRDY}}$：Initiator Ready，主设备就绪。

$\overline{\text{TRDY}}$：Target Ready，目标设备就绪。

$\overline{\text{STOP}}$：停止信号，低电平有效。

$\overline{\text{DEVSEL}}$：设备选择信号。

IDSEL：初始化时的设备选择信号。

$\overline{\text{LOCK}}$：总线锁定信号。

③ 仲裁信号。

$\overline{\text{REQ}}$：总线请求信号。

$\overline{\text{GNT}}$：总线响应信号。

④ 错误反馈信号。

$\overline{\text{PERR}}$：奇偶校验错误。

$\overline{\text{SERR}}$：系统错误。

⑤ 中断请求信号 $\overline{\text{INTA}}$，$\overline{\text{INTB}}$，$\overline{\text{INTC}}$，$\overline{\text{INTD}}$。

⑥ 高速缓存支持。

$\overline{\text{SBO}}$：侦听回写信号。

$\overline{\text{SDONE}}$：侦听结束信号。

⑦ 系统信号。

CLK：系统时钟信号线。

$\overline{\text{RST}}$：复位信号。

⑧ 64 位扩展的信号线。

（4）PCI 总线的基本传输

PCI 总线的数据传输采用猝发方式（brust），支持对存储器和 I/O 地址空间的猝发传输，以保证总线始终满载的数据传输。

2.3.3 外部总线

外部总线是指用于计算机与计算机之间或计算机与其他智能外设之间的通信线路。常用的外部总线有 IEEE-488 并行总线、RS-232C 串行总线和 RS-485 通信总线。

1. IEEE-488 并行通信总线

IEEE-488（见图 2-10）包含 16 条信号线和 8 条地线；16 根信号线可分成 3 组：8 根双向数据总线、3 根数据字节传送控制总线、5 根接口管理总线，均为低电平有效。

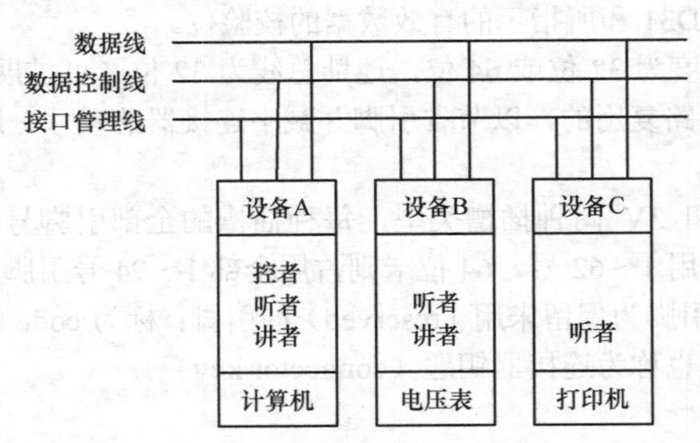

图 2-10　IEEE-488 并行通信总线

2. RS-232C 串行通信总线

RS-232C 是美国电气工业协会（Electronic Industries Association，EIA）推广使用的一种串行通信总线标准，是 DCE（数据通信设备，如微机）和 DTE（数据终端设备，如 CRT）间传输串行数据的接口总线。RS 是推荐标准（Recommended Standard）的缩写，232 是识别代号，C 是标准的版本号。该标准提供了一个利用公用电话网络作为传输介质、通过调制解调器将远程设备连接起来的技术规定。

目前 RS-232C 是 PC 与通信工业中应用最广泛的一种串行接口，在 IBM PC 上的 COM1、COM2 接口就是 RS-232C 接口。利用 RS-232C 串行通信接口可实现两台 PC 的点对点的通信；通过 RS-232C 接口可与其他外设（如打印机、智能调节仪、PLC 等）近距离串行连接；通过 RS-232C 接口连接调制解调器可远距离地与其他计算机通信；将 RS-232C 接口转换为 RS-422 或 485 接口，可实现一台 PC 与多台现场设备之间的通信。

（1）RS-232C 接口连接器

RS-232 标准定义了主、辅两个通信信道，辅助信道的传输速度比主信道低，其他功能与主信道相同。在实际应用中，通常只使用一个主通信信道，因此就产生了简化的 RS-232 的 9 针 D 型插头，如图 2-11 所示。RS-232C 的连接插头早期用 25 针 EIA 连接插头座，现在用 9 针的 EIA 连接插头座，其主要端子分配如表 2-1 所示，包括数据线、状态线、联络线。

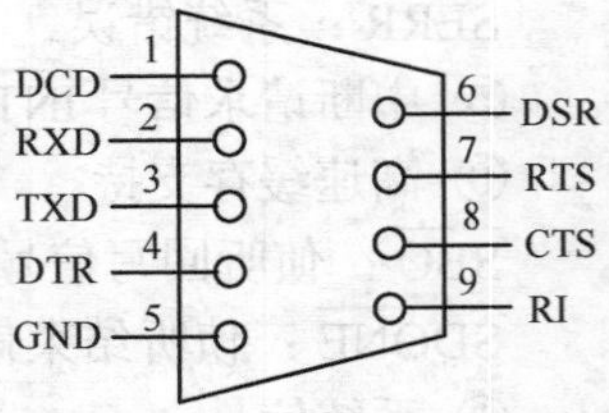

DCD 1　RXD 2　TXD 3　DTR 4　GND 5　6 DSR　7 RTS　8 CTS　9 RI

图 2-11　DB9 串口连接器

表 2-1　**RS-232C 串行口的针脚功能**

端脚		方向	符号	功能
25 针	9 针			
2	3	输出	TXD	发送数据
3	2	输入	RXD	接收数据
4	7	输出	RTS	请求发送
5	8	输入	CTS	为发送清零

续表

端脚		方向	符号	功能
25针	9针			
6	6	输入	DSR	数据设备准备好
7	5		GND	信号地
8	1	输入	DCD	数据信号检测
20	4	输出	DTR	
22	9	输入	RI	

DCD（data carrier detection）：用来表示DCE已经接收到满足要求的载波信号，已经接通通信链路，告知DTE准备接收数据。

数据线：

RXD（received data）：数据接收端，作用是接收DCE发送的串行数据。

TXD（transmitted data）：数据发送端，作用是将串行数据发送到DCE。在不发送数据时，TXD保持逻辑“1”。

状态线：

DSR（data set ready）：数据装置准备就绪，输入信号，可用作数据通信设备Modem响应数据终端设备的联络信号。当该信号有效时，表示DCE已经与通信的信道接通，可以使用。

DTR（data terminal ready）：数据终端准备就绪，输出信号，通常当数据终端加电时，该信号有效，表明数据终端准备就绪。可用作数据终端设备发给数据通信设备Modem的联络信号。

这两个设备状态信号有效，只表示设备本身可用，并不说明通信链路可以开始进行通信，能否开始进行通信要由联络信号决定。当这两个信号连到电源上时，表示上电立即有效。

GND：作用是为其他信号线提供参考电位。

联络线：

RTS（request to send）：请求发送端，当DTE准备好送出数据时，该信号有效，通知DCE准备接收数据。

CTS（clear to send）：允许发送，输入信号，当DCE已准备好接收DTE传来的数据时，该信号有效，响应RTS信号，通知DTE开始发送数据。RTS和CTS是一对用于发送数据的联络信号。

RI（ring indicator）：振铃指示，当DCE收到交换台送来的振铃呼叫信号时，使该信号有效，通知DTE已被呼叫。

（2）RS-232C接口电气特性

RS-232C采用负逻辑电平，发送数据时，发送端输出的逻辑“0”表示正电平（+5V～+15V），输出的逻辑“1”表示负电平（-5V～-15V）。接收数据时，接收端接收的+5V～+15V高电平表示逻辑“0”，-5V～-15V低电平表示逻辑“1”。

RS-232C的噪声容限是2V（因发送电平和接收电平的差为2V），共模抑制能力较差。可见，电路可以有效地检查出传输电平的绝对值大于3V的信号，而介于-3～+3V之间的电压信号和低于-15V或高于+15V的电压信号认为无意义。因此，实际工作时，应保证电平的绝对值为（3～15）V。

表 2-2 RS-232C 接口电气特性

状　态	-15V<V1<5V	+5V<V1<+15V
逻辑状态	1	0
信号条件（数据线上）	传号（MARK）	空号（SPACE）
功能（控制线上）	OFF	ON

（3）RS-232C 与 TTL 的电平转换

RS-232C 是用正负电压来表示逻辑状态，与 TTL 以高低电平表示逻辑状态的规定不同，因此，为了能够同计算机接口或终端的 TTL 器件连接，必须在 RS-232C 与 TTL 电路之间进行电平和逻辑关系的变换，实现这种变换的方法可用分立元件，也可用集成电路芯片，如图 2-12 所示。

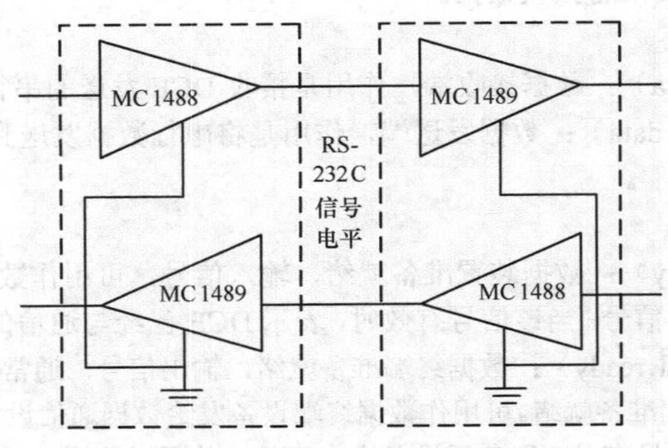

图 2-12 RS-232C 与 TTL 的电平转换

（4）RS-232C 的不足

尽管 RS-232C 接口标准应用广泛，但由于出现较早，存在以下不足。

① 接口信号电平值较高，易损坏接口电路芯片，且与 TTL 电平不兼容，需使用电平转换电路才能与 TTL 电路连接。

② 采用单端驱动、单端接收的单端双极性电路标准，一条线路传输一种信号。发送器和接收器之间具有公共信号地，共模信号会耦合到信号系统。对于多条信号线来说，这种共地传输方式抗共模干扰能力很差，尤其传输距离较长时会在传输电缆上产生较大压降损耗，压缩了有用信号范围，在干扰较大时通信可能无法进行，故通信速度和距离不可能较高。

③ 传输速率较低，在异步传输时，波特率最大为 19200byte/s。

④ 传输距离有限，最大传输距离只有 15m 左右。

3. RS-485 标准总线

由于 RS-232C 存在数据传输慢、距离短的缺点，1977 年 EIA 公布了新的标准接口 RS-449。它与 RS-232C 的主要差别是信号的传输方式不同。RS-449 接口是利用信号导线之间的电位差，可在 1200m 的双绞线上进行数字通信，速率可达 90kbit/s。由于 RS-449 系统用平衡信号差电路传输高速信号，所以噪声低，又可以多点或者使用公用线通信。

RS-485 是 RS-449 的子集的一个变形。RS-485 的工作方式为半双工，在某一时刻，一个发送另一个接收。RS-485 的一个发送器可驱动 32 个接收器，总线上可连接多至 32 个驱动器和接收器，并且可采用二线。采用二线工作方式时可有多个驱动器和接收器连接至单总线，并且其中任何一个均可发送或接收数据。RS-485 的二线工作方式连线简单，成本低，因此在工业控制及通信联络系统中使用普遍。表 2-3 所示为 RS-485 与 RS-232C 的比较。

表 2-3 RS-485 与 RS-232C 的比较

接　口	RS-232C	RS-485
工作模式	单端发，单端收	双端发，双端收
连接台数	1 台驱动器，1 台接收器	32 台驱动器，32 台接收器
传输距离与速率	15m，20kbit/s	12m,10Mbit/s；120m，1Mbit/s；1200m，100kbit/s
驱动器输出（最大电压值）	±25V	−7V～+12V
驱动器输出（信号电平）	±5V（带负载） ±15V（未带负载）	±1.5V（带负载） ±5V（未带负载）
驱动器负载阻抗	3～7kΩ	54Ω
示意图	TT D R TT	TTL D R TTL D R

2.4 MODBUS 通信协议

2.4.1 概述

MODBUS 协议是应用于 PLC 或其他控制器上的一种通用语言。通过此协议，控制器之间、控制器通过网络（如以太网）和其他设备之间可以实现串行通信。该协议已经成为通用工业标准。采用 MODBUS 协议，不同厂商生产的控制设备可以互连成工业网络，实现集中监控。

1. MODBUS 网络上传输

标准的 MODBUS 接口使用 RS-232C 和 RS-485 串行接口，它定义了连接器的引脚、电缆、信号位、传输波特率、奇偶校验。控制器能直接或通过调制解调器组网。

控制器通信使用主—从技术，即仅某一设备（主设备）能主动传输（查询），其他设备（从设备）根据主设备查询提供的数据作出响应。典型的主设备有主机和可编程仪表。典型的从设备为可编程控制器。

2. 其他类型网络上传输

在其他网络上，控制器使用“对等”技术通信，任何控制器都能初始化和其他控制器的通信。这样在单独的通信过程中，控制器既可作为主设备也可作为从设备，提供的多个内部通道可允许同时发生传输进程。

2.4.2 两种传输方式

控制器能设置为两种传输模式（ASCII 或 RTU）中的任何一种在标准的 MODBUS 网络通信。用户选择想要的模式，包括串口通信参数（波特率、校验方式等），在配置每个控制器的时候，在一个 MODBUS 网络上的所有设备都必须选择相同的传输模式和串口参数。RTU 模式如表 2-4 所示。

表 2-4　RTU 模式

地址	功能代码	数据长度	数据 1	…	数据 *n*	CRC 高字节	CRC 低字节

2.4.3 MODBUS 消息帧

两种传输模式中（ASCII 或 RTU），传输设备可以将 MODBUS 消息转为有起点和终点的帧，这就允许接收的设备在消息起始处开始工作，读地址分配信息，判断哪一个设备被选中（广播方式则传给所有设备），判断何时信息已完成。

使用 RTU 模式，消息发送至少要以 3.5 个字符时间的停顿间隔开始。在最后一个传输字符之后，一个至少 3.5 个字符时间的停顿标注了消息的结束，一个新的消息可在此停顿后开始。一个典型的消息帧如表 2-5 所示。

表 2-5　RTU 消息帧

起始位	设备地址	功能代码	数　据	CRC 校验	结束符
T1-T2-T3-T4	8bit	8bit	*N* 个 8bit	16bit	T1-T2-T3-T4

1. 地址域

消息帧的地址域包含一个 8bit 字符（RTU）。允许的从设备地址是 0～247（十进制）。单个从设备的地址范围是 1～247。地址 0 用作广播地址，以使所有的从设备都能识别。

2. 功能域

消息帧中的功能代码域包含一个 8bit 字符（RTU）。允许的代码范围是十进制的 1～255。当消息从主设备发往从设备时，功能代码域将告知从设备需要执行哪些动作。例如，去读取输入的开关状态，读一组寄存器的数据内容，读从设备的诊断状态，允许调入、记录、校验在从设备中的程序等。

3. 数据域

数据域是由 2 位十六进制数构成的，范围为 00H～FFH。根据网络传输模式，这可以由 RTU 字符组成。

4. 错误检测域

标准的 MODBUS 网络有两种错误检测方法，错误检测域的内容与所选的传输模式有关。

5. 字符的连续传输

当消息在标准的 MODBUS 系列网络上传输时，每个字符或字节以从左到右（最低有效位至最高有效位）方式发送。

2.4.4 错误检测方法

标准的 MODBUS 串行网络采用两种错误检测方法。奇偶校验对每个字符都可用，帧检测（LRC或CRC）应用于整个消息。它们都是在消息发送前由主设备产生的，从设备在接收过程中检测每个字符和整个消息帧。

使用RTU模式，消息包括了一基于CRC方法的错误检测域。CRC域检测整个消息的内容。CRC域是两个字节，包含一个16位的二进制数。它由传输设备计算后加入到消息中。接收设备重新计算收到消息的CRC，并与接收到的CRC域中的值比较，如果两值不同，则有错误。

CRC添加到消息中时，低字节先加入，然后加入高字节。

2.4.5 MODBUS的编程方法

由RTU模式消息帧格式可以看出，在完整的一帧消息开始传输时，必须和上一帧消息之间至少有3.5个字符时间的间隔，这样接收方在接收时才能将该帧作为一个新的数据帧接收。另外，在本数据帧进行传输时，帧中传输的每个字符之间不能超过1.5个字符时间的间隔，否则，本帧将被视为无效帧，但接收方将继续等待和判断下一次3.5个字符的时间间隔之后出现的新一帧并进行相应的处理。

因此，在编程时首先要考虑1.5个字符时间和3.5个字符时间的设定和判断。

1. 字符时间的设定

在RTU模式中，1个字符时间是指按照用户设定的波特率传输一个字节所需要的时间。

例如，当传输波特率为2400byte/s时，1个字符时间为

$$11 \times 1/2400 = 4583\mu s$$

同样，可得出1.5个字符时间和3.5个字符时间分别为

$$11 \times 1.5/2400 = 6875\mu s$$

$$11 \times 3.5/2400 = 16041\mu s$$

为了节省定时器，在设定这两个时间段时可以使用同一个定时器，定时时间取为1.5个字符时间和3.5个字符时间的最大公约数即0.5个字符时间，同时设定两个计数器变量为m和n，用户可以在需要开始启动时间判断时将m和n清零。而在定时器的中断服务程序中，只需要对m和n分别做加一运算，并判断是否累加到3和7。当m=3时，说明1.5个字符时间已到，此时可以将1.5个字符时间已到标志T15FLG置成01H，并将m重新清零；当n=7时，说明3.5个字符时间已到，此时将3.5个字符时间已到标志T35FLG置成01H，并将n重新清零。

波特率从1200～19200byte/s，定时器定时时间均采用此方法计算而得。

当波特率为38400byte/s时，MODBUS通信协议推荐此时1个字符时间为500μs，即定时器定时时间为250μs。

2. 数据帧接收的编程方法

在实现MODBUS通信时，设每个字节的一帧信息需要11位，其中1位起始位、8位数据位、2位停止位、无校验位。通过串行口的中断接收数据，中断服务程序每次只接收并处理一字节数据，并启动定时器实现时序判断。

在接收新一帧数据时，接收完第一个字节之后，置一帧标志FLAG为0AAH，表明当前存在一有效帧正在接收，在接收该帧的过程中，一旦出现时序不对，则将帧标志FLAG置成55H，表明当前存在的帧为无效帧。其后，接收到本帧的剩余字节仍然放入接收缓冲区，但标志FLAG不再改变，直至接收到3.5字符时间间隔后的新一帧数据的第一个字节，主程序

即可根据 FLAG 标志判断当前是否有有效帧需要处理。

MODBUS 数据串行口接收中断服务程序如图 2-13 所示。

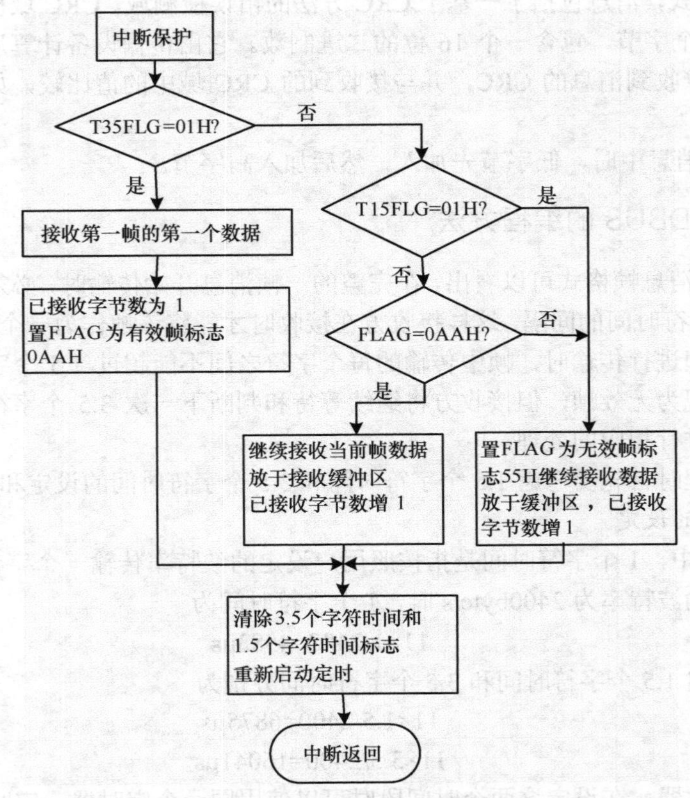

图 2-13　MODBUS 数据串行口接收中断服务程序结构框图

习题 2

1. 什么是工业控制计算机？有哪些特点？
2. 工控机由哪几部分组成？各部分的作用是什么？
3. 什么是总线、内部总线和外部总线？
4. 常用的外部总线有哪些？
5. 简述 MODBUS 通信协议。

第3章 过程输入/输出通道

3.1 概述

在计算机控制系统中，为了实现对生产过程的控制，要设法为数字控制器提供控制对象的被控参数，这就要有信号的输入通道；另一方面，数字控制器的控制命令要作用于控制对象，这就要有信号的输出通道。

反映生产过程工况的信号既有模拟量，也有数字量（或开关量），计算机作用于生产过程的控制信号也是如此。对计算机来说，其输入和输出都必须是数字信号。因而输入和输出通道的主要功能，一是将模拟信号变换成数字信号，二是将数字信号变换成模拟信号，三是要解决对象输入信号与计算机之间以及计算机输出信号与对象之间的接口问题。本章主要讨论的是计算机过程输入/输出通道，即模拟量输入（AI）、模拟量输出（AO）、数字量输入（DI）、数字量输出（DO）通道，如图 3-1 所示。

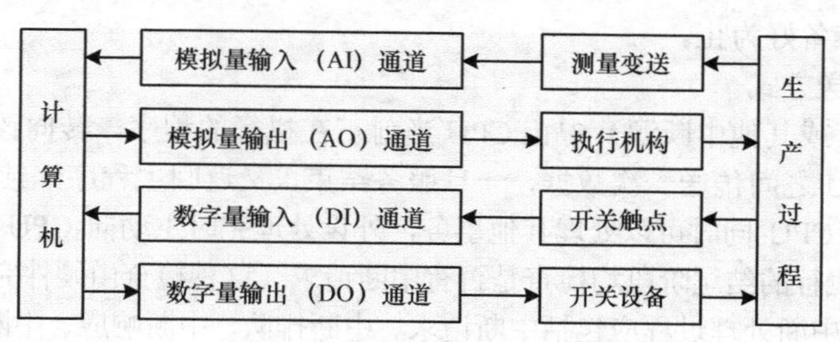

图 3-1　计算机过程输入输出通道

1. 过程输入输出通道与主机交换的信息类型

① 数据信息：反映生产现场的参数及状态的信息，包括数字量和模拟量。

② 状态信息：又叫应答信息、握手信息，反映过程通道的状态，如准备就绪信号等。

③ 控制信息：用来控制过程通道的启动和停止等信息，如三态门的打开和关闭、触发器的启动等。

2. 过程通道的编址方式

由于计算机控制系统一般都有多个过程输入 / 输出通道，因此需要对每一个过程输入 / 输出通道安排地址。过程通道编址方式有以下两种。

（1）过程通道与存储器统一编址方式

这种编址方式又称为存储器映像编址。此时每个 I/O 端口看做存储器中的一个单元，并赋予存储器地址。当 CPU 要访问 I/O 端口时，如同访问存储器一样，所有访问存储器的指令同样适合于 I/O 端口，通常把存储器中最后一小部分地址分配给各个 I/O 接口。

优点：简化指令系统设计，可使用全部存储器指令。

缺点：减少一定量的内存容量，数据存取时间长（MOV 需 20 个以上时钟周期，专用 I/O 指令需 10 个时钟周期）。

（2）过程通道与存储器独立编址方式

这种编址方式又称专用 I/O 指令编址，I/O 端口地址与存储器地址是分开的。CPU 对端口寄存器的访问通过 IN 和 OUT 指令完成，并有直接寻址方式和间接寻址方式两种。它们寻址空间不同。

3. 主机对过程通道的控制方式

计算机的外围设备及过程通道种类繁多，它们的传送速率各不相同。因此，输入 / 输出产生复杂的定时问题，也就是 CPU 采用什么控制方式向过程通道输入和输出数据。常用的控制方式有 3 种。

（1）程序传送控制方式

程序传送控制方式是指完全靠程序来控制信息在 CPU 与 I/O 设备之间的传送，又分为无条件（同步）传送方式和条件（查询）传送方式。

无条件传送是指外设已准备好，而又不必检查它们的状态情况下，可直接采用输入/输出指令同外设传送数据。这是最简单的一种，所需硬件、软件较少，但必须已知外设已准备好发送数据或能接收数据才能使用，否则会出错。这种方式一般很少使用。

条件传送也称查询传送或异步传送方式。CPU 在传送前，利用程序不断询问外设的状态，若外设准备好，CPU 就立即与外设进行数据交换；若没有准备好，则 CPU 就处于循环查询状态，直到外设准备好为止。

（2）中断传送方式

中断是外设（或其他中断源）中止 CPU 当前正在执行的程序，转向该外设服务的程序，即完成外设与 CPU 之间传送一次数据，一旦服务结束，又返回主程序继续执行。这样，在外设处理数据期间，CPU 同时可以处理其他事务，外设处理完时主动向 CPU 提出服务请求，而 CPU 在每条指令执行的结尾阶段均检查是否有中断请求（这种检查由硬件完成，不占 CPU 时间）。一个完整的中断处理过程应包括中断请求、中断排队、中断响应、中断处理和中断返回。

（3）直接存储器存取（DMA）传送方式

数据传送执行的时间小于完成中断过程所需时间；大量数据在高速外设与存储器之间传送时，采用 DMA 方式。DMA 方式是利用专门的硬件电路，让外设接口可直接与内存进行高速的大批量数据传送，而不经过 CPU，这专门硬件就是 DMA 控制器——DMAC。目前，有可编程大规模集成电路芯片 Intel8237-5，Intel8257/8257-5，Motorola MC6844 等。

DMA 的工作流程如图 3-2 所示。

DMA 操作的基本方法有以下 3 种。

① 周期挪用是当 CPU 不访问存储器的那些周期“挪用”来进行 DMA 操作。DMAC 不用通知 CPU 由它来控制总线；DMAC 必须能识别出可挪用的周期，此电路较复杂；传送的数据不连续、不规则。

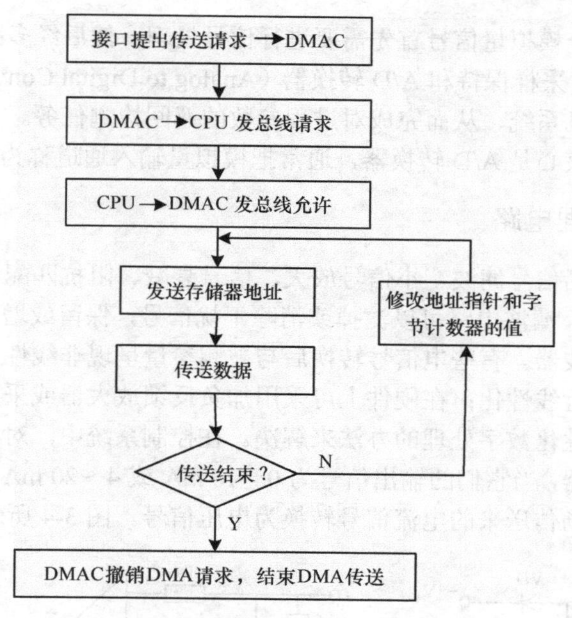

图 3-2　DMA 方式工作流程图

② 周期扩展使用专门时钟发生器/驱动电路，当需要 DMA 操作时，DMAC 发请求信号给时钟电路，使供给 CPU 的时钟周期加宽，而 DMA 和存储器的时钟周期不变。这加宽的时钟周期用来进行 DMA 操作。DMA 操作结束后，CPU 恢复正常时钟继续操作，使 CPU 处理速度降低；CPU 时钟加宽有限度，从而每次只能传送一个字节。

③ CPU 停机方式是最简单、最常用的 DMA 操作方法。DMAC 向 CPU 发出请求信号进行 DMA 传送。CPU 在当前总线周期结束后，下一个总线周期开始让出总线控制权由 DMA 来控制；传送完后，CPU 收回总线控制权，继续执行被中断的程序。DMA 操作时，CPU 空闲，降低了 CPU 的利用率，影响 CPU 对中断响应和动态 RAM 的刷新，使用时应注意。

DMA 传送方式又分为单字节传送方式和字节组传送方式。单字节传送方式是每次 DMA 请求只传一个字节数据；字节组传送方式是每次 DMA 请求传送一个数据块。

3.2　模拟量输入通道

模拟量输入通道的任务是把被控对象的过程参数如温度、压力、流量、液位、重量等模拟量信号转换成计算机可以接收的数字量信号。其结构组成如图 3-3 所示，来自于工业现场

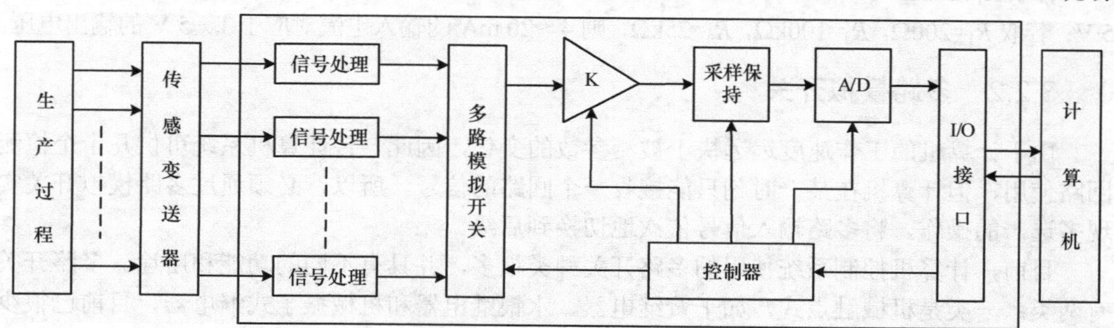

图 3-3　模拟量输入通道的结构组成

传感器或变送器的多个模拟量信号首先需要进行信号处理，然后经多路模拟开关，分时切换到后级进行前置放大、采样保持和 A/D 转换器（Analog to Digital Converter），通过接口电路以数字量信号进入主机系统，从而完成对过程参数的巡回检测任务。

显然，该通道的核心是 A/D 转换器，通常把模拟量输入通道称为 A/D 通道或 AI 通道。

3.2.1 信号处理电路

信号处理电路包括信号滤波、小信号放大、信号衰减、阻抗匹配、电平变换、线性化处理、电流/电压转换等。滤波电路可以滤掉或消除干扰信号，保留或增强有用信号，可以采用有源滤波器或无源滤波器。有些电信号转换后与被测参量呈现非线性，所以必须对信号进行线性化处理，使它接近线性化；在硬件上可采用加负反馈放大器或采用线性化处理电路，在软件上可采用分段线性化数字处理的办法来解决。在控制系统中，对被控量的检测往往采用各种类型的测量变送器，当它们的输出信号为 0～10 mA 或 4～20 mA 的电流信号时，一般是采用电阻分压法把现场传送来的电流信号转换为电压信号。图 3-4 所示为两种变换电路。

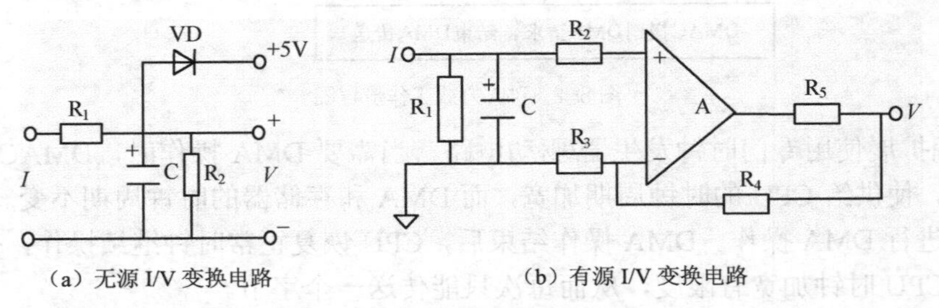

（a）无源 I/V 变换电路　　（b）有源 I/V 变换电路

图 3–4　I/V 变换电路

无源 I/V 变换电路是利用无源器件——电阻来实现，加上 RC 滤波和二极管限幅等保护，如图 3-4（a）所示，其中 R_2 为精密电阻。对于 0～10 mA 输入信号，可取 R_1=100Ω，R_2=500Ω，这样当输入电流在 0～10 mA 量程变化时，输出的电压就为 0～5 V 范围；而对于 4～20 mA 输入信号，可取 R_1=100Ω，R_2=250Ω，这样当输入电流为 4～20 mA 时，输出电压为 1～5 V。

有源 I/V 变换是利用有源器件——运算放大器和电阻电容组成，如图 3-4（b）所示。利用同相放大电路，把电阻 R_1 上的输入电压变成标准输出电压。该同相放大电路的放大倍数为

$$G=\frac{V}{IR_1}=1+\frac{R_4}{R_3} \tag{3-1}$$

若取 R_1=200Ω，R_3=100kΩ，R_4=150kΩ，则输入电流 I 的 0～10 mA 就对应输出电压 V 的 0～5 V；若取 R_1=200Ω，R_3=100kΩ，R_4=25kΩ，则 4～20 mA 的输入电流对应于 1～5 V 的输出电压。

3.2.2 多路模拟开关

由于计算机的工作速度远远快于被测参数的变化，因此一台计算机系统可供几十个检测回路使用，但计算机在某一时刻只能接收一个回路的信号。所以，必须通过多路模拟开关实现多选一的操作，将多路输入信号依次地切换到后级。

目前，计算机控制系统使用的多路开关种类很多，并具有不同的功能和用途。多路开关有两类：一类是机械触点式，如干簧继电器、水银继电器和机械振子式继电器，目前已很少使用；另一类是电子式开关，如晶体管、场效应管及可编程集成电路开关等。在这里我们主

要介绍常用的集成电路芯片，如集成电路芯片 CD4051（双向、单端、8 路）、CD4052（单向、双端、4 路）、AD7506（单向、单端、16 路）等。所谓双向，就是该芯片既可以实现多到一的切换，也可以完成一到多的切换；而单向则只能完成多到一的切换。双端是指芯片内的一对开关同时动作，从而完成差动输入信号的切换，以满足抑制共模干扰的需要。

现以常用的 CD4051 为例，8 路模拟开关的结构原理如图 3-5 所示。CD4051 由电平转换、译码驱动及开关电路 3 部分组成，引脚结构如图 3-6 所示。C、B、A 为二进制控制输入端，改变 C、B、A 的数值，可以译出 8 种状态；如果选择其中之一，就可选通 8 个通道中对应的一路，使输入/输出接通。当 INH=1 时，通道断开；当 INH=0 时，通道接通。改变图中 IN/OUT 0～7 及 OUT/IN 的传递方向，则可用作多路开关或反多路开关。其真值表如表 3-1 所示。

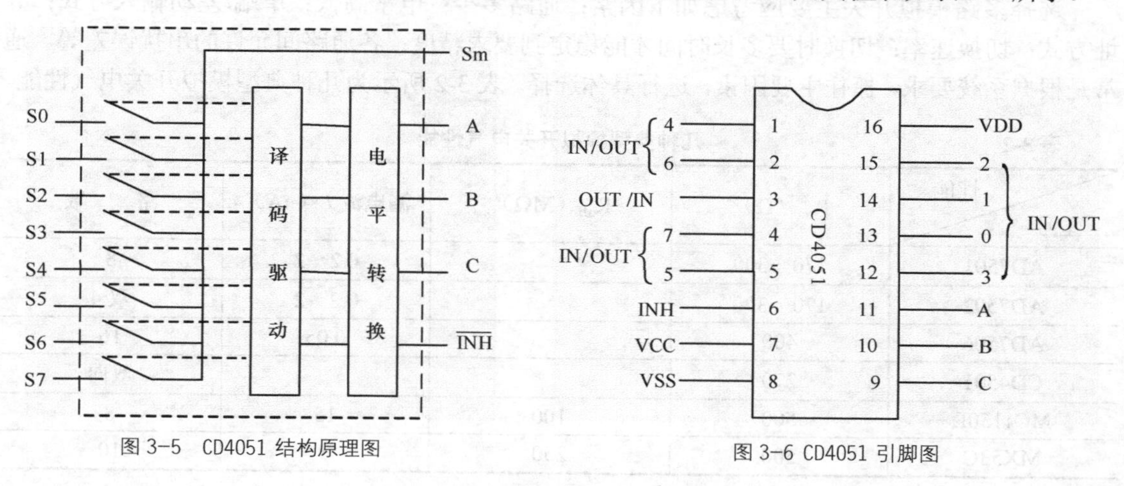

图 3-5　CD4051 结构原理图　　图 3-6 CD4051 引脚图

表 3-1　**CD4051 真值表**

输入				所选通道
$\overline{INH}$	C	B	A	
0	0	0	0	S0
0	0	0	1	S1
0	0	1	0	S2
0	0	1	1	S3
0	1	0	0	S4
0	1	0	1	S5
0	1	1	0	S6
0	1	1	1	S7
1	×	×	×	无

当采样通道多至 16 路时，可直接选用 16 路模拟开关的芯片，也可以将两个 8 路 CD4051 并联起来，组成 1 个单端的 16 路开关。图 3-7 所示为两个 CD4051 扩展为 1×16 路模拟开关的电路。数据总线 D3～D0 作为通道选择信号，D3 用来控制两个多路开关的禁止端。当 D3=1 时，经反相器变成低电平，选中左边的多路开关，此时当 D2、D1、D0 从 000 变为 111，则依次选通 S1～S8 通道；当 D3=0 时，选中右边的多路开关，此时当 D2、D1、D0 从 000 变为 111，则依次选通 S9～S16 通道。如此，组成一个 16 路的模拟开关。

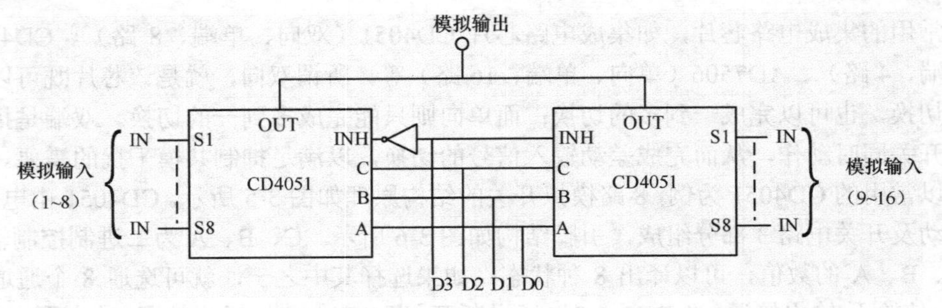

图 3-7 用 CD4051 多路开关组成的 16 路模拟开关接线图

选择多路模拟开关主要应考虑如下因素：通路多少；电平高低；单端/差动输入方式；寻址方式；切换速率；切换时要多长时间才能稳定到要求精度；各通路间允许的串扰误差等。通常是根据系统要求，抓住主要因素，进行具体选择。表 3-2 所示为几种典型模拟开关电气性能。

表 3-2 几种典型模拟开关电气性能

性能 / 型号	R_{on}（Ω）	R_{off}（MΩ）	漏电流 I_s（nA）	路 数
AD7501	170～300		0.2～2	8
AD7502	170～300		0.2～2	双 4
AD7506	400		0.05	16
CD4501	270			双向
MC1150L	500	100	15	8
MX53C	500	250	3	10

3.2.3 前置放大器

前置放大器的任务是将模拟输入小信号放大到 A/D 转换的量程范围之内，如 0～5V DC。

1. 测量放大器

在实际工程中，来自生产现场的传感器信号往往带有较大的共模干扰，而单个运放电路的差动输入端难以起到很好的抑制作用。因此，A/D 通道中的前置放大器常采用由一组运放构成的测量放大器，也称仪表放大器，如图 3-8（a）所示。经典的测量放大器是由 3 个运放组成的对称结构，测量放大器的差动输入端 V_{IN}+和 V_{IN}–分别是两个运放 A1、A2 的同相输入端，输入阻抗很高，而且完全对称地直接与被测信号相连，因而有着极强的抑制共模干扰能力。图中 R_G 是外接电阻，专用来调整放大器增益的。因此，放大器的增益 G 与这个外接电阻 R_G 有着密切的关系。增益公式为

$$G=\frac{V_{OUT}}{V_{IN+}-V_{IN-}}=\frac{R_S}{R_2}(1+\frac{2R_1}{R_G}) \tag{3-2}$$

目前，这种测量放大器的集成电路芯片有多种，如 AD521/522、INA102 等。

2. 可变增益放大器

在 A/D 转换通道中，多路被测信号常常共用一个测量放大器，而各路的输入信号大小往往不同，但都要放大到 A/D 转换器的同一量程范围。因此，对应于各路不同大小的输入信号，测量放大器的增益也应不同。具有这种性能的放大器称为可变增益放大器或可编程放大器，如图 3-8（b）所示。把图 3-8（a）中的外接电阻 R_G 换成一组精密的电阻网络，每个电阻支

路上有一个开关，通过支路开关依次通断就可改变放大器的增益，根据开关支路上的电阻值与增益公式，就可算得支路开关自上而下闭合时的放大器增益分别为2、4、8、16、32、64、128、256倍。显然，这一组开关如果用多路模拟开关（如CD4051）就可方便地进行增益可变的计算机数字程序控制，如图3-8（c）所示。此类集成电路芯片有AD612/614等。

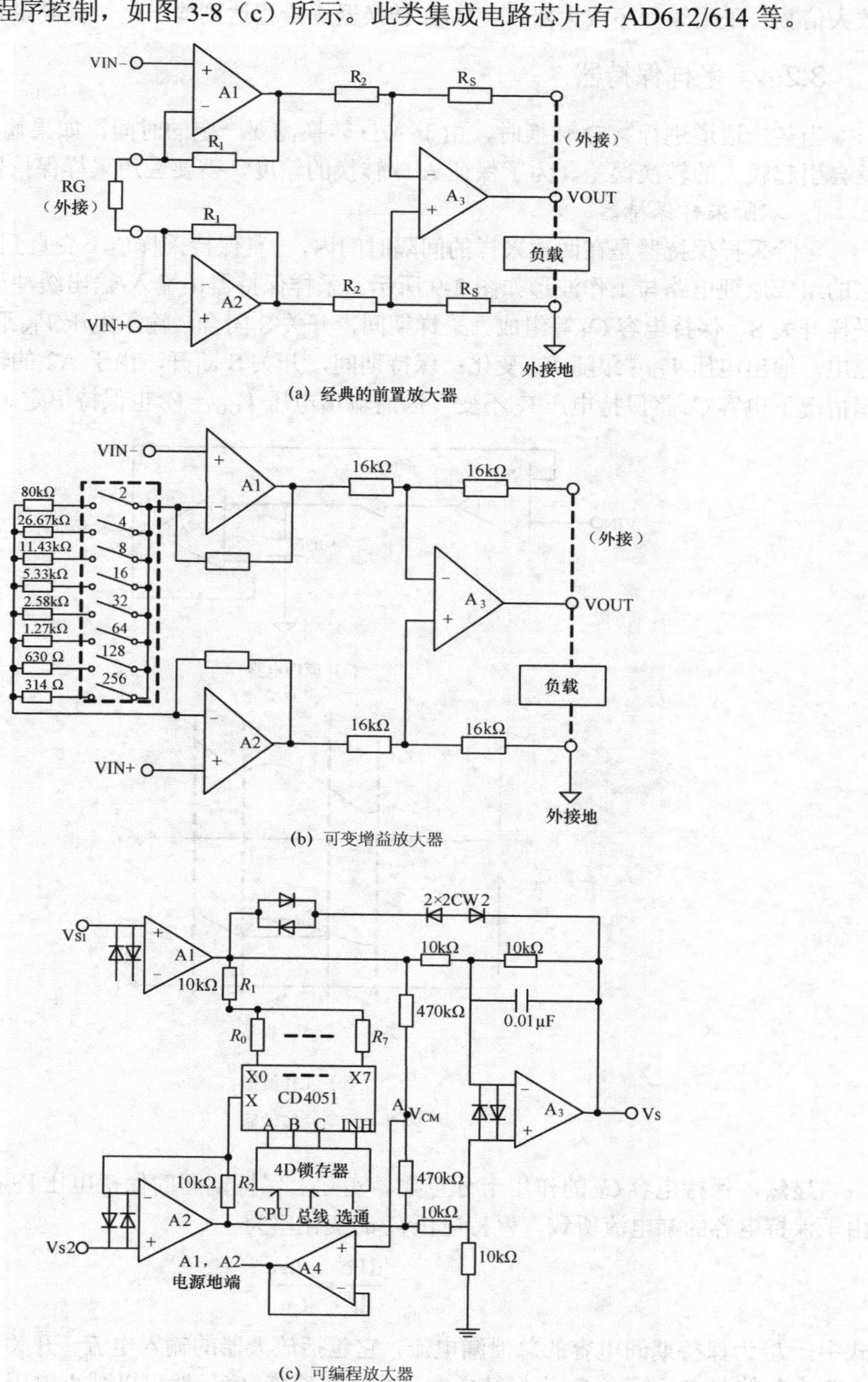

(a) 经典的前置放大器

(b) 可变增益放大器

(c) 可编程放大器

图3-8 前置放大器

在模拟输入通道中，当多路输入的信号源电平相差较大时，用同一增益放大器去放大高/低电平信号，可能使得低电平信号测量精度降低，而高电平信号有可能超出 A/D 转换器的输入范围。而可编程序放大器是一种通用性强的高级放大器，可以根据需要用程序来改变它的放大倍数。采用编程序放大器，使 A/D 转换器满量程达到均一化，提高多路采集的精度。

3.2.4 采样保持器

当某一通道进行 A/D 转换时，由于 A/D 转换需要一定的时间，如果输入信号变化较快，就会引起较大的转换误差。为了保证 A/D 转换的精度，需要应用采样保持器。

1. 零阶采样保持器

零阶采样保持器是在两次采样的间隔时间内，一直保持采样值不变直到下一个采样时刻。它的组成原理电路与工作波形如图 3-9 所示。采样保持器由输入/输出缓冲放大器 A1、A2 和采样开关 S、保持电容 C_H 等组成。采样期间，开关 S 闭合，输入电压 V_{IN} 通过 A1 对 C_H 快速充电，输出电压 V_{OUT} 跟随 V_{IN} 变化；保持期间，开关 S 断开，由于 A2 的输入阻抗很高，理想情况下电容 C_H 将保持电压 V_C 不变，因而输出电压 $V_{OUT}=V_C$ 也保持恒定。

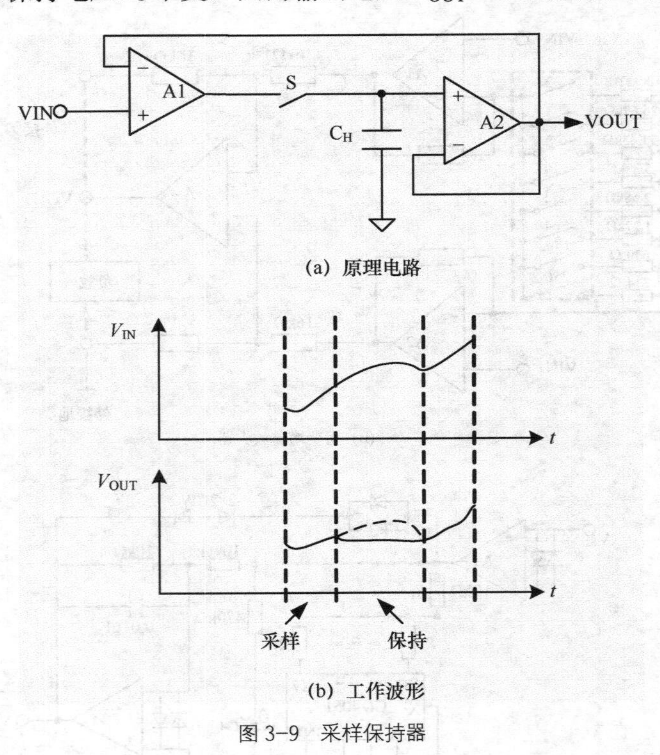

图 3-9 采样保持器

显然，保持电容 C_H 的作用十分重要。实际上保持期间的保持电压 V_C 在缓慢下降，这是由于保持电容的漏电流所致。保持电压 V_C 的变化率为

$$\frac{dVc}{dt}=\frac{I_D}{C_H} \tag{3-3}$$

式中，I_D 为保持期间电容的总泄漏电流，它包括放大器的输入电流、开关截止时的漏电流与电容内部的漏电流等；C_H 为保持电容，增大电容 C_H 值虽然可以减小电压变化率，但同时会

增加充电时间，即采样时间，因此，保持电容的容量大小与采样精度成正比而与采样频率成反比。一般情况下，保持电容 C_H 是外接的，一般选用聚四氟乙烯、聚苯乙烯等高质量的电容器，容量为 510～1000pF。

2. 零阶集成采样保持器

常用的零阶集成采样保持器有 AD582、LF198/298/398 等，其内部结构和引脚如图 3-10 所示。这里，用 TTL 逻辑电平控制采样和保持的状态，如若 AD582 的采样电平为“0”，则保持电平为“1”，而 LF198 的则相反。

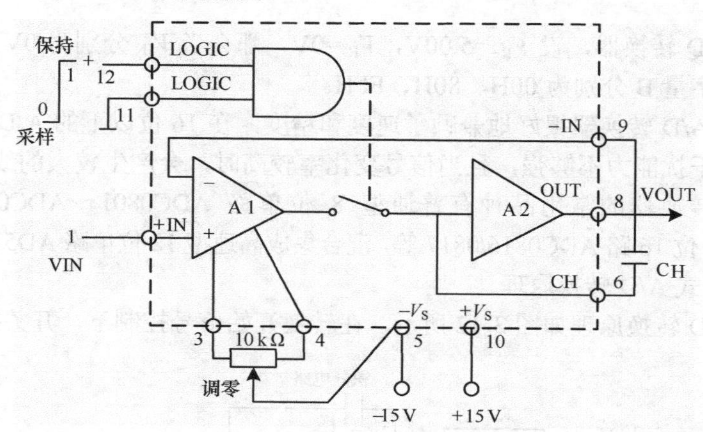

图 3-10　集成采样保持器

选择采样保持器时，主要考虑如下因素：输入信号范围，输入信号变化率和多路转换器的切换速率，采集时间应为多少才不会超过误差要求等。当输入的模拟信号变化很缓慢，A/D 转换相对来讲已足够快时，可以省略采样保持器。

3.2.5　A/D 转换器

A/D 转换器是模拟量输入通道的核心器件。在计算机控制系统中，一般采用集成 A/D 转换器来完成模拟量到数字量的转换。一般用户无须了解其内部电路的细节，但应掌握芯片的外部特性及使用方法。为了能正确地使用 A/D 转换器，必须了解它的工作原理、性能指标和接口技术。

1. A/D 转换器工作原理

常用的 A/D 转换器原理可分为逐位逼近式和双积分式两种。前者转换时间短（几 μs 到 100μs），适用于工业生产过程的控制；后者转换时间长（几 ms 到 100ms）适用于实验室标准测试。

（1）逐位逼近式 A/D 转换原理

逐位逼近式 A/D 转换电路框图如图 3-11 所示。它主要由逐位逼近寄存器 SAR、D/A 转换器、电压比较器、时序及控制逻辑等部分组成。采用对分搜索原理来实现 A/D 转换，逐位把设定在 SAR 中的数字量所对应的 D/A 转换器的输出电压，与要被转换的模拟电压进行比较，比较时从 SAR 中的最高位开始，逐位确定各数码位是“1”还是“0”，最后 SAR 中的内容就是输入的模拟电压对应的二进制数字代码。

根据 A/D 转换器的原理，一个 n 位 A/D 转换器输出的二进制数字量 B 与模拟输入电压 V_{IN}、正基准电压 V_{R+}、负基准电压 V_{R-} 的关系为

$$B=\frac{V_{IN}-V_{R-}}{V_{R+}-V_{R-}}\times 2^n \qquad (3\text{-}4)$$

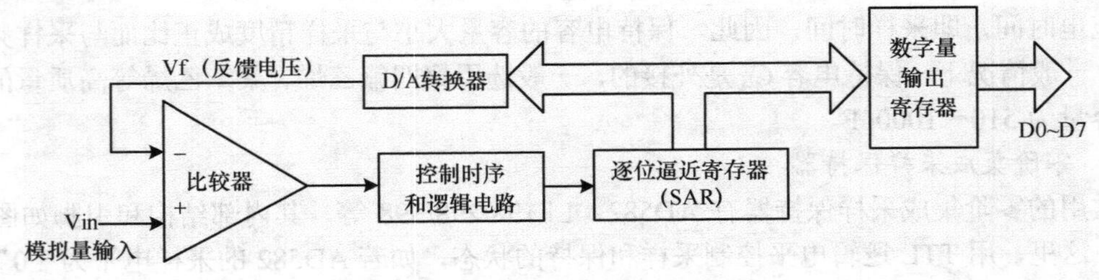

图 3-11 逐位逼近式 A/D 转换原理图

一个 8 位 A/D 转换器，设 V_{R+}=5.00V，V_{R-}=0V，那么当 V_{IN} 分别为 0V、2.5V、5V 时所对应的二进制数字量 B 分别为 00H、80H、FFH。

逐位逼近式 A/D 转换器很好地兼顾了速度和精度，在 16 位以下的 A/D 转换器中广泛地使用。缺点是抗干扰能力不够强，且当信号变化率较高时，会产生较大的线性误差。

此种 A/D 转换器的常用品种有普通型 8 位单路 ADC0801～ADC0805、8 位 8 路 ADC0808/0809、8 位 16 路 ADC0816/0817 等，混合集成高速型 12 位单路 AD574A、ADC803 等。

（2）双积分式 A/D 转换原理

双积分式 A/D 转换原理如图 3-12 所示，在转换开始信号控制下，开关接通模拟输入端，

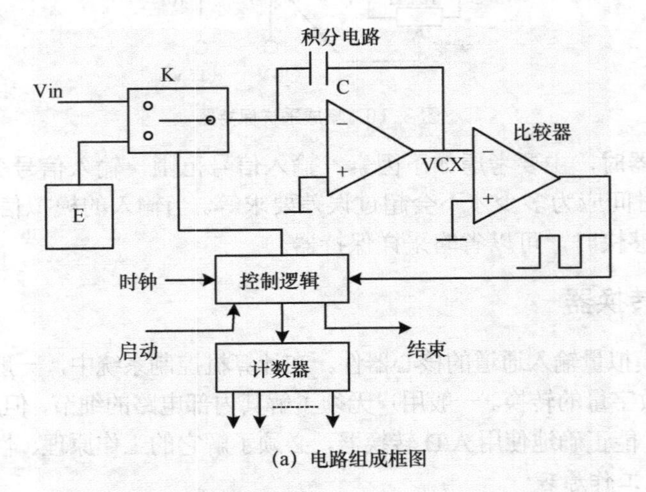

(a) 电路组成框图

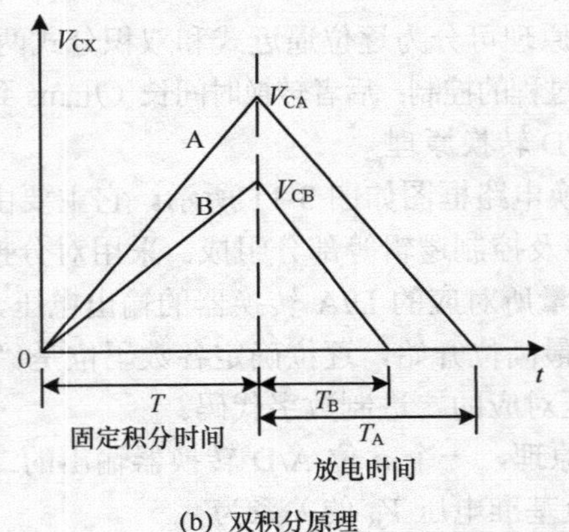

(b) 双积分原理

图 3-12 双积分式 A/D 转换原理图

输入的模拟电压 V_{in} 在固定时间 T 内对积分器上的电容 C 充电（正向积分），时间一到，控制逻辑将开关切换到与 V_{in} 极性相反的基准电源 E 上，此时电容 C 开始放电（反向积分），同时计数器开始计数。当比较器判定电容 C 放电完毕时就输出信号，由控制逻辑停止计数器的计数，并发出转换结束信号。这时计数器所记的脉冲个数正比于放电时间。放电时间 T_A 或 T_B 又正比于输入电压 V_{in}，即输入电压大，则放电时间长，计数器的计数值越大。因此，计数器计数值的大小反映了输入电压 V_{in} 在固定积分时间 T 内的平均值。

双积分式 A/D 转换器消除干扰及噪声能力强，精度高，但转换速度慢；适用于信号慢变，采样频率要求较低，精度要求较高，干扰严重的情况。

此种 A/D 转换器的常用品种有输出为 3 位半 BCD 码（二进制编码的十进制数）的 ICL7107、MC14433、输出为 4 位半 BCD 码的 ICL7135 等。

（3）其他 A/D 转换方式

电压/频率式转换器：简称 V/F 转换器，是把模拟电压信号转换成频率信号的器件。此种 V/F 转换器的常用品种有 VFC32、LM131/LM231/LM331、AD650、AD651 等。

计数比较式：结构简单，价格便宜，速度慢，较少采用。

全并行比较型（Flash 型）：采用多个比较器，速度极高，电路规模大，成本高。

分级型：减少并行比较 ADC 的位数，分级多次转换，减小电路规模，保持较高速度。

Σ-Δ 型（过采样转换器）：高速 1bit DAC+数字滤波，转换成低采样率高位数字，分辨率高。Σ-Δ 型 A/D 转换芯片有 AD7715 等。

2. A/D 转换器的主要性能指标

A/D 转换器的主要性能指标有分辨率、转换时间、转换精度、线性度、转换量程、转换输出等。影响 A/D 转换技术指标的主要因素：工作电源电压不稳定；外接时钟频率不适合；环境温度不适合；与其他器件的电特性不匹配，如负载过重；外界有强干扰；印制电路板布线不合理。

① 分辨率：是指 A/D 转换器对微小输入信号变化的敏感程度，通常用数字输出最低有效位（Least Significant Bit，LSB）所对应的模拟量输入电压值表示。例如，具有 12 位分辨率的 ADC 能分辨出满刻度的 1/212 或满刻度的 0.0245%。一个 10V 满刻度的 12 位 ADC 能够分辨输入电压变化的最小值为 2.4 mV。由于分辨率直接与转换器位数 n 有关，所以一般也用其位数来表示分辨率，如 8 位、10 位、12 位、14 位、16 位 A/D 转换器。通常把小于 8 位的称为低分辨率，10～12 位的称为中分辨率，14～16 位的称为高分辨率。

② 转换时间：从发出转换命令信号到转换结束信号有效的时间间隔，即完成 n 位转换所需的时间。转换时间的倒数即每秒能完成的转换次数，称为转换速率。通常把转换时间从几 ms 到 100ms 的称为低速，从几 μs 到 100μs 的称为中速，从 10ns 到 100ns 的称为高速。

③ 转换精度：有绝对精度和相对精度两种表示方法。其中绝对精度是指满量程输出情况下模拟量输入电压的实际值与理想值之间的差值；相对精度是指在满量程已校准的情况下，整个转换范围内任一数字量输出所对应的模拟量输入电压的实际值与理想值之间的最大差值。转换精度常用 LSB 的分数值来表示，如±1/2LSB、±1/4LSB 等。

精度和分辨率是两个不同的概念，精度指转换后所得结果相对于实际值的准确度，而分辨率指的是能对转换结果发生影响的最小输入量。

④ 线性度：理想 A/D 转换器的输入 / 输出特性应是线性的，满量程范围内转换的实际特性与理想特性的最大偏移称为线性度，用 LSB 的分数值来表示，如±1/2LSB、±1/4LSB 等。

⑤ 转换量程：所能转换的模拟量输入电压范围，如 0～5V，0～10V，－5～＋5V 等。

⑥ 转换输出：通常数字输出电平与 TTL 电平兼容，并且为三态逻辑输出。

⑦ 对基准电源的要求：基准电源的精度将对整个系统的精度产生影响，故选片时应考虑是否要外加精密参考电源等。

3. A/D 转换器选择要点

（1）如何确定 A/D 转换器的位数

A/D 转换器位数的确定与整个测量控制系统所要测量控制的范围和精度有关，但又不能唯一确定系统的精度。估算时，A/D 转换器的位数至少要比总精度要求的最低分辨率高一位。实际选取的 A/D 转换器的位数应与其他环节所能达到的精度相适应。只要不低于它们即可，选得太高不但没有意义，而且价格还要高得多。

（2）如何确定 A/D 转换器的转换速率

积分型、电荷平衡型和跟踪比较型 A/D 转换器转换速度较慢，转换时间从几毫秒到几十毫秒不等，只能构成低速 A/D 转换器，一般运用于对温度、压力、流量等缓变参量的检测和控制。逐次比较型的 A/D 转换器的转换时间可从几 μs 到 100μs，属于中速 A/D 转换器，常用于工业多通道单片机控制系统和声频数字转换系统等。高速 A/D 转换器适用于雷达、数字通信、实时光谱分析、实时瞬态记录、视频数字转换系统等。

（3）如何决定是否要加采样保持器

原则上直流和变化非常缓慢的信号可不用采样保持器，其他情况都要加采样保持器。

（4）工作电压和基准电压

如果选择使用单+5V 工作电压的芯片，与单片机系统可共用一个电源就比较方便。基准电压源是提供给 A/D 转换器在转换时所需要的参考电压，这是保证转换精度的基本条件。在要求较高精度时，基准电压要单独用高精度稳压电源供给。

4. A/D 转换器芯片及其接口

为使 CPU 能启动 A/D 转换，并将转换结果传给 CPU，必须在两者之间设置接口与控制电路。接口电路的构成既取决于 A/D 转换器本身的性能特点，又取决于采用何种方式读取 A/D 转换结果。CPU 读取 A/D 转换数据的方法有 3 种：查询法、定时法和中断法。A/D 转换器的品种很多，下面仅从使用角度介绍两种常用的 8 位 A/D 转换器芯片 ADC0809 和 12 位 A/D 转换器芯片 AD574A，读者要掌握该芯片的外特性和引脚功能，以便正确使用。A/D 转换器的引脚信号基本上是类似的，一般有模拟量输入信号、数字量输出信号、启动转换信号和转换结束信号，另外还有工作电源和基准电源。

（1）ADC0809 芯片及其接口电路

① 芯片介绍。8 位 A/D 转换器芯片 ADC0809 采用逐位逼近式原理，其结构和引脚如图 3-13 所示。ADC0809 可直接与微处理器相连，不需另加接口逻辑；具有锁存控制的 8 路模拟开关，可以直接输入 8 个模拟信号；分辨率为 8 位；输入 / 输出引脚电平与 TTL 电路兼容一般不需调零和增益校准。单一+5V 供电，模拟输入范围为 0～5V，功耗为 15mw。转换速度取决于芯片的时钟频率，时钟频率范围：10～1280kHz。采用 28 脚双立直插式封装，各引脚功能如下。

IN0～IN7：8 路模拟量输入端。允许 8 路模拟量分时输入，共用一个 A/D 转换器。

ALE：地址锁存允许信号，输入高电平有效。上升沿时锁存 3 位通道选择信号。

A、B、C：3 位地址线即模拟量通道选择线。ALE 为高电平时，地址译码与对应通道选择如表 3-3 所示。

START：启动 A/D 转换信号，输入高电平有效。上升沿时将转换器内部清零，下降沿时启动 A/D 转换。

EOC：转换结束信号，输出高电平有效。

OE：输出允许信号，输入高电平有效。该信号用来打开三态输出缓冲器，将 A/D 转换得到的 8 位数字量送到数据总线上。

D0～D7：8 位数字量输出。D0 为最低位，D7 为最高位。由于有三态输出锁存，可与主机数据总线直接相连。

CLOCK：外部时钟脉冲输入端。当脉冲频率为 640kHz 时，A/D 转换时间为 100μs。

V_{R+}，V_{R-}：基准电压源正、负端。取决于被转换的模拟电压范围，通常 V_{R+}= +5V DC，V_{R-}= 0V DC。

V_{cc}：工作电源，+5V DC。

GND：电源地。

② 与 MCS-51 接口。当 ADC0809 由程序控制进行 A/D 转换时，输入通路选定后由输出指令（WR）启动 A/D 转换（SC 为正脉冲）。转换结束产生 EOC 高电平信号作为中断请求。当 CPU 执行输入指令后，OE 变为高电平，选通三态输出锁存器，输入转换后的代码。图 3-14 所示为 ADC0809 与 MCS-51 系列单片机的接口电路。

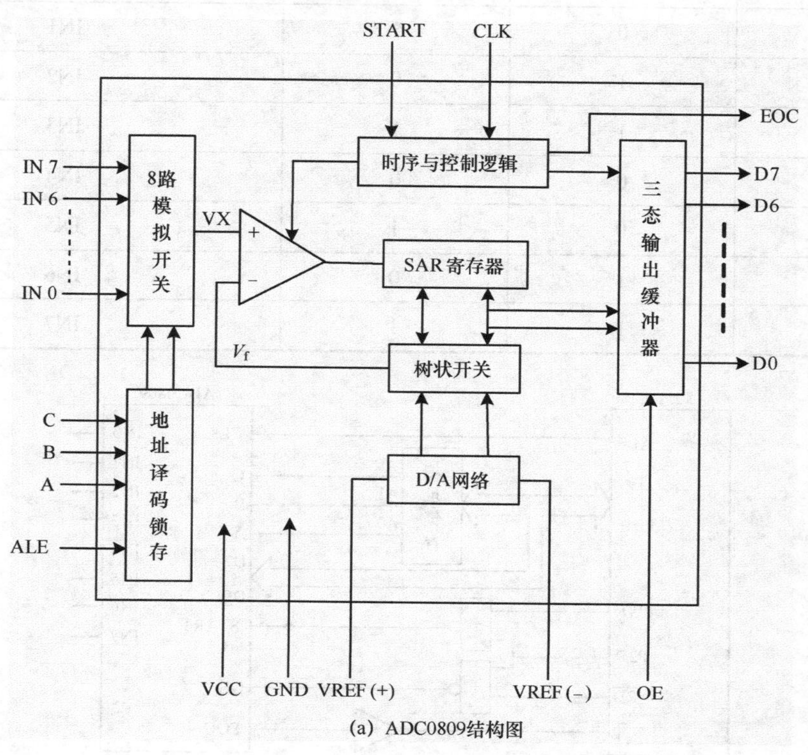

(a) ADC0809结构图

图 3-13 ADC0809 结构图和引脚图

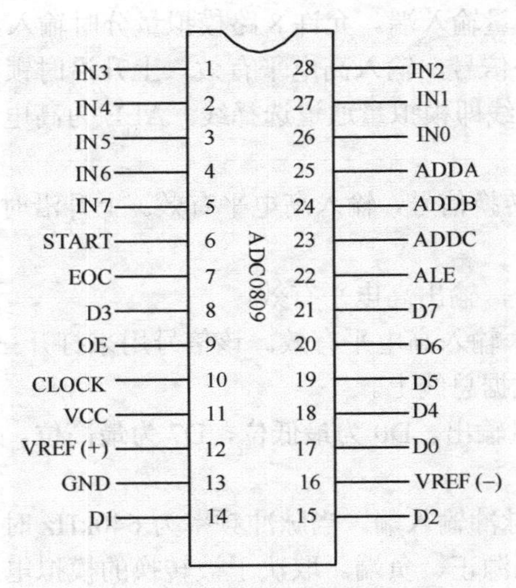

(b) ADC0809引脚图

图 3-13　ADC0809 结构图和引脚图（续）

表 3-3　　ADC0809 输入真值表

地址线			选中输入通道
C	B	A	
0	0	0	IN0
0	0	1	IN1
0	1	0	IN2
0	1	1	IN3
1	0	0	IN4
1	0	1	IN5
1	1	0	IN6
1	1	1	IN7

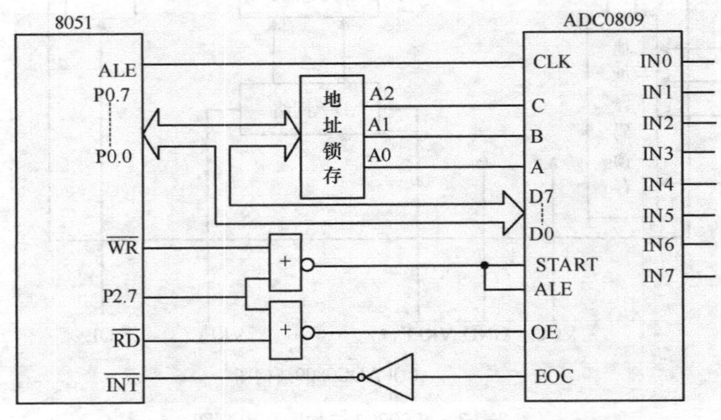

图 3-14　ADC0809 与 MCS-51 的接口电路

单片机的端口 0 作为复用数据总线，与 ADC0809 的数据输出端 D0～D7 相连；单片机的低 3 位数据线（选通 abc）用于选择 8 路模拟量输入；ADC0809 的时钟信号 CLK 由单片机的 ALE 信号提供；转换的启动信号 START 和 8 路模拟输入开关的地址锁存允许信号 ALE 由单片机的写信号 WR 及地址译码输出信号逻辑提供。本接口用 P2.7 作 I/O 地址选择信号，相当于用 ADC0809 的片选信号作启动信号，其地址为 7FFFH。

转换开始时，EOC 端降为低电平，当转换结束后，EOC 升为高电平。本电路用中断方式通知单片机转换已经结束。也可采用查询方式和等待方式，但这两种方式单片机的利用率低。

对本接口电路可编出相应的程序。在主程序中要对外部中断进行预置，然后启动 ADC0809 进行 A/D 转换。设由 IN0 路开始，8 路模拟量轮流输入。转换结束后，转入中断服务子程序，把转换结果读入 8051 的累加器，并存入相应缓冲存储单元 50H～57H，再由主程序进行处理

转换程序如下：

```
            ORG 2000H
            SETBIT0                     ; 外中断请求信号为下跳沿触发方式
            SETBEA                      ; 总中断开放
            SETBEX0                     ; 开外中断 0
            MOV DPTR, #7FFFH            ; ADC0809 口地址
            MOV R0, #50H                ; R0 作存数缓冲器指针
            MOV R1, #00H                ; R1 作通道数指针
            MOV A, R1                   ; 从 IN0 路开始
            MOVX@DPTR, A                ; 启动 A/D 转换
            …                           ; 继续主程序，等待中断
```

中断子程序：

```
            ORG   0003H                 ; 外中断 0 的入口地址
            AJMP  RDDAT                 ; 转移至读入数据处
RDDAT:      MOVXA, @DPTR                ; 读取 A/D 转换数据
            MOV  @R0, A                 ; 存入缓冲器
            INC    R0                   ; 增量缓冲器指针
            INC    R1                   ; 指向下一通道
REP:        MOV    A, R1
            MOVX  @DPTR, A              ; 启动下一路转换
            CJNE    A, #07H, RMP0       ; 所有路都转换过吗？
            MOV    R1, #00H             ; 是，重新从 IN0 路开始
            SJMP    REP
REMP0:      RET I                       ; 否，中断返回
```

③ 与 8255A 接口。ADC0809 也可以通过其他接口电路与 CPU 连接，图 3-15 所示为 ADC0809 与 8255A 接口电路。

－8255A 的 A 口工作方式 0。A 口为数据输入端。

－C 口上半部分为输入，下半部分为输出。

PC0～PC2——通道地址 ABC。

PC3——ALE 和 START，启动转换。

PC7——OE 和 EOC，检测转换结束。

－8255A 系统地址 2C0H～2C3H。

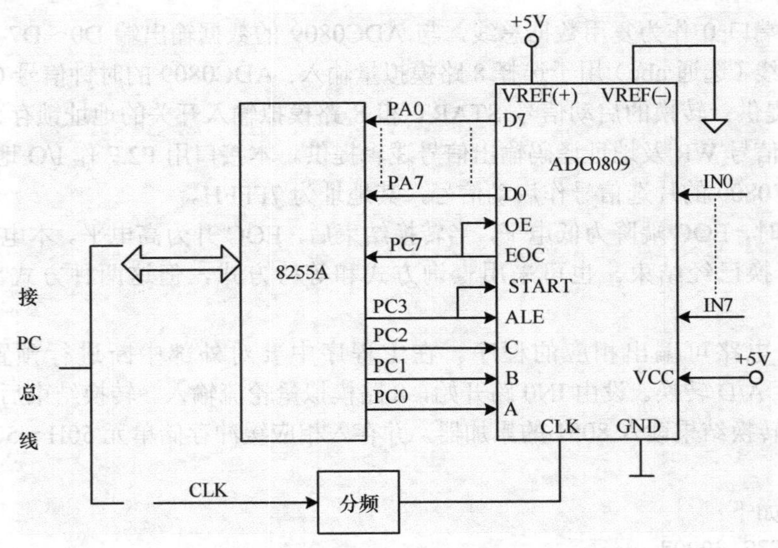

图 3-15　ADC0809 与 8255A 接口电路

参考程序如下：

```
ADC0809 PROC NEAR
       MOV    CX,8              ;  循环次数
       CLD                      ;  DI 自动增量
       MOV    BL,00H            ; 模拟通道地址
       LEA    DI,DATABUF        ; 字串存储地址
NEXTA:MOV     DX,02C2H
       MOV    AL,BL
       OUT    DX,AL
       INC    DX
       MOV    AL,00000111B      ; 输出启动信号，上升沿锁存地址
       NOP
       NOP
       NOP
       MOV    AL,00001110B      ; 使 OE=0，开放输出数据锁存器
       OUT    DX,AL
       DEC    DX
NOSC: IN      AL, DX            ;  检测转换结束信号
       TEST   AL,80H
       JZ     NOSC              ;  EOC=0，则等待，检测 EOC 下降沿
NOEOC:IN      AL, DX;
       TEST   AL,80H
       JNZ    NOSC              ;  EOC=1，则等待，检测 EOC 上升沿，转换结束
       MOV    DX,02C0H          ;  读转换结果
       IN     AL,DX
       STOS   DATABUF           ;  保存结果
       INC    BL                ;  修改模拟通道地址 CX-1
       LOOP   NEXTA
       RET
ADC0809 ENDP
```

常用指令说明如下。

CLD：清除方向标志。在字符串指令被执行时，如果事先用 CLD 指令使 DF 清零，则地址在串操作过程中自动增量。

LEA：取有效地址。把变量、标号或偏移地址送指定寄存器。

STOS：存储字节串或字串。将 AL（AX）中的字节或字存入 ES：DI 所指单元。

（2）AD574A 芯片及其接口电路

① 芯片介绍。12 位 A/D 转换器芯片 AD574A 采用逐位逼近式原理，分辨率为 12 位，转换时间为 25μs（0809：100μs），误差为±1/2LSB（0809：1LSB），单极性或双极性输入，量程 10V 或 20V，内部集成有转换时钟、参考电压源和三态输出锁存器，因此可直接和微机接口，不需要外接时钟电路。采用 28 脚双立直插式封装，其结构引脚图如图 3-16 所示。

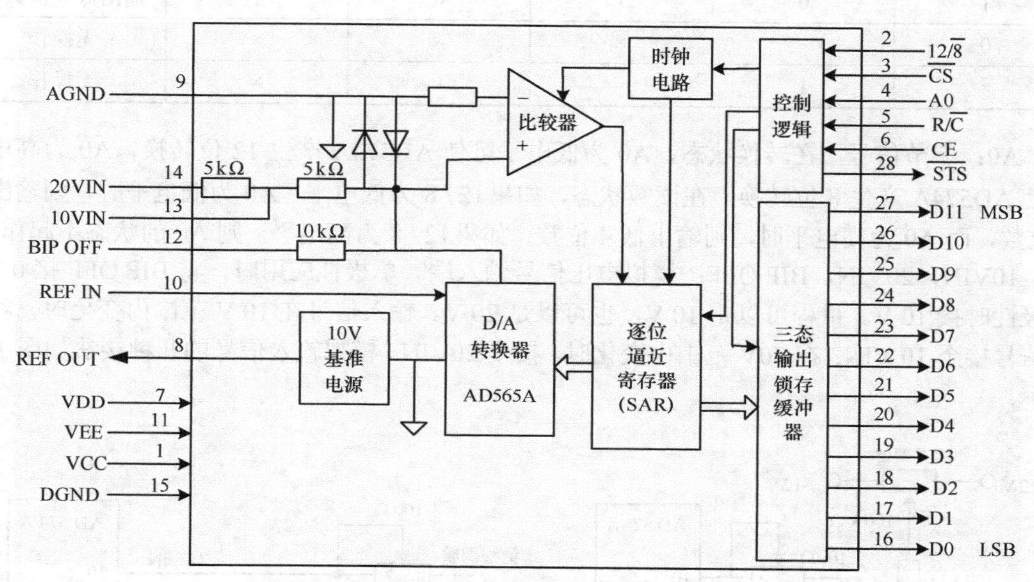

图 3-16 AD574A 结构引脚图

各引脚功能如下。

VCC：工作电源正端，+12V DC 或+15V DC。

VEE：工作电源负端，–12V DC 或–15V DC。

VL：逻辑电源端，+5V DC。虽然使用的工作电源为±12V DC 或±15V DC，但数字量输出及控制信号的逻辑电平仍可直接与 TTL 兼容。

DGND，AGND：数字地，模拟地。

REF OUT：基准电压源输出端，芯片内部基准电压源为+10.00 V±1%。

REF IN：基准电压源输入端，如果 REF OUT 通过电阻接至 REF IN，则可用来调量程。

CE、$\overline{CS}$、R/$\overline{C}$、12/$\overline{8}$、A0 各控制信号的组合作用，如表 3-4 所示。

STS：转换结束信号，高电平表示正在转换，低电平表示已转换完毕。

D0～D11：12 位输出数据线，三态输出锁存，可与主机数据线直接相连。

CE：片能用信号，输入高电平有效。

$\overline{CS}$：片选信号，输入低电平有效。

R/$\overline{C}$：读/转换信号，输入高电平为读 A/D 转换数据，低电平为启动 A/D 转换。

12/$\overline{8}$：数据输出方式选择信号，输入高电平时输出 12 位数据，低电平时与 A0 信号配合输出高 8 位或低 4 位数据。12/$\overline{8}$ 不能用 TTL 电平控制，必须直接接至+5V（引脚 1）或数字地（引脚 15）。

表 3-4　　AD574A 控制信号的作用

CE	$\overline{CS}$	$R/\overline{C}$	$12/\overline{8}$	AO	操作功能
1	0	0	×	0	启动 12 位转换
1	0	0	0	1	启动 8 位转换
1	0	1	1	×	输出 12 位数字
1	0	1	0	0	输出高 8 位数字
1	0	1	0	1	输出低 4 位数字
0	×	×	×	×	无操作
×	1	×	×	×	无操作

A0：字节信号，在转换状态，A0 为低电平可使 AD574A 产生 12 位转换，A0 为高电平可使 AD574A 产生 8 位转换。在读数状态，如果$12/\overline{8}$为低电平，A0 为低电平时，则输出高 8 位数，而 A0 为高电平时，则输出低 4 位数；如果$12/\overline{8}$为高电平，则 A0 的状态不起作用。

10VIN，20VIN，BIP OFF：模拟电压信号输入端。单极性应用时，将 BIP OFF 接 0 V，双极性时接 10 V。量程可以是 10 V，也可以是 20 V。输入信号在 10 V 范围内变化时，将输入信号接至 10 VIN；在 20V 范围内变化时，接至 20VIN。模拟输入信号的几种接法如图 3-17 所示。

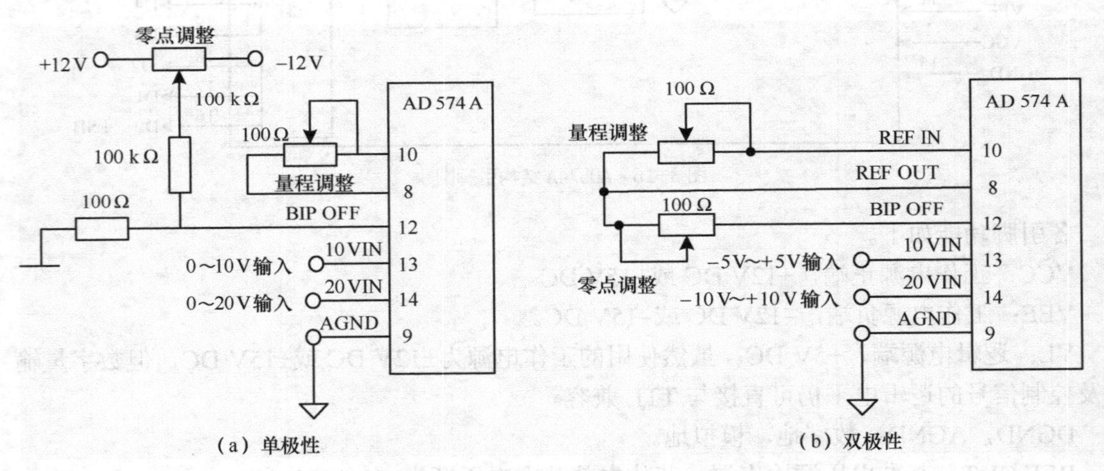

图 3-17　AD574A 的输入信号连接方法

② 接口电路。12 位 A/D 转换器 AD574A 与 PC 总线的接口有多种方式，既可以与 PC 总线的 16 位数据总线直接相连，构成简单的 12 位数据采集系统；也可以只占用 PC 总线的低 8 位数据总线，将转换后的 12 位数字量分两次读入主机，以节省硬件投入。同样，在 A/D 转换器与 PC 总线之间的数据传送上也可以使用程序查询、软件定时或中断控制等多种方法。由于 AD574A 的转换速度很高，一般多采用查询或定时方式。

图 3-18 所示为一种 8 路 12 位 A/D 转换模板的示例。图中只给出了总线接口与 I/O 功能实现部分，由 8 路模拟开关 CD4051、采样保持器 LF398、12 位 A/D 转换器 AD574A 和并行接口芯片 8255A 等组成。

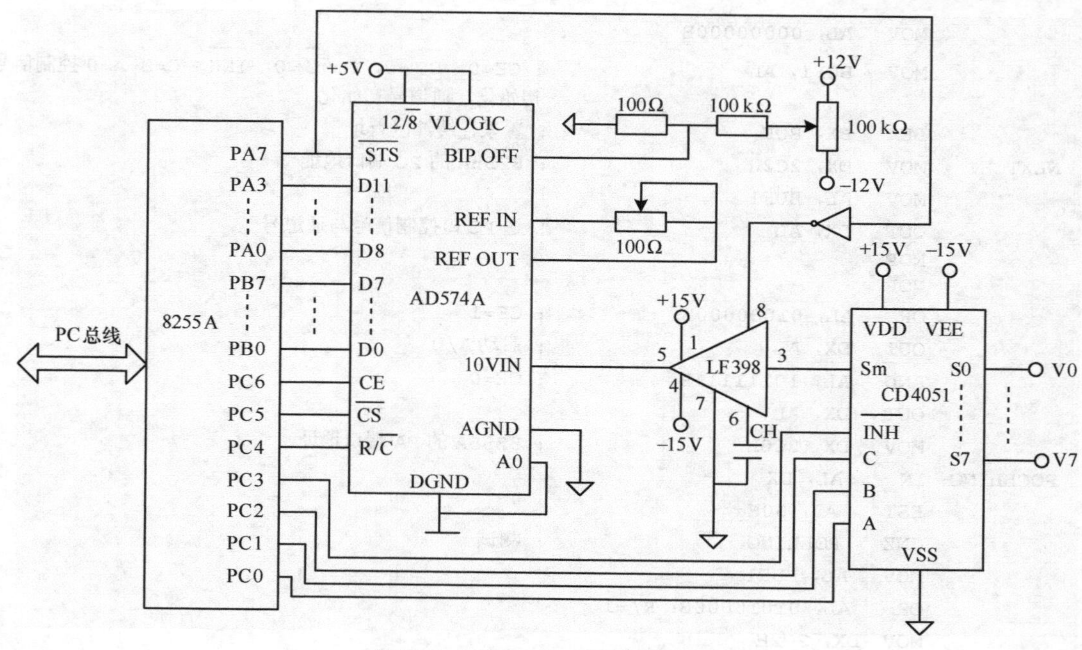

图3-18 8路12位A/D转换模板电路

该模板的主要技术指标如下。

分辨率：12位。

通道数：单端8路。

输入量程：单极性0～10V。

转换时间：25μs。

传送应答方式：查询。

该模板采集数据的过程如下。

A．通道选择。将模拟量输入通道号写入8255A的端口C低4位（PC3～PC0），可以依次选通8路通道。

B．采样保持控制。把AD574A的信号通过反相器连到LF398的信号采样保持端，当AD574A未转换期间或转换结束时为0，使LF398处于采样状态，当AD574A转换期间为1，使LF398处于保持状态。

C．启动AD574A进行A/D转换。通过8255A的端口PC6～PC4输出控制信号启动AD574A。

D．查询AD574A是否转换结束。读8255A的端口A，查询是否已由高电平变为低电平。

E．读取转换结果。若已由高电平变为低电平，则读8255A端口A、B，便可得到12位转换结果。

设8255A的A、B、C端口与控制寄存器的地址为2C0H～2C3H，主过程已对8255A初始化，且已装填DS、ES（两者段基值相同），采样值存入数据段中的采样值缓冲区BUF，另定义一个8位内存单元BUF1。数据采集程序如下：

```
AD574A    PROC  NEAR              ；过程定义伪指令
          MOV   CX，8             ；计数器初始
          CLD                     ；标志位DF清零
```

```
          MOV   AL, 00000000B          ;
          MOV   BUF1, AL               ; CE=0, CS=0, R/C=0, INH=C=B=A=0 控制信号
                                         初始化，通道号初始化
          LEA   BX, BUF                ; 置采样缓冲区首址
NEXTCH:   MOV   DX, 2C2H               ; 8255A 的 PC 端口地址
          MOV   AL, BUF1
          OUT   DX, AL                 ; 送 PC 口控制信号与通道号
          NOP
          NOP
          OR    AL, 01000000B          ; CE=1
          OUT   DX, AL                 ; 启动 A/D
          AND   AL, 10111111B          ; CE=0
          OUT   DX, AL
          MOV   DX, 2C0H               ; 8255A 的 PA 端口地址
POCLLING: IN     AL, DX
          EST    AL, 80H
          JNZ    POLLING               ; 测试
          MOV   AL, BUF1
          OR    AL, 01010000B; R/=1
          MOV  DX, 2C2H
          OUT  DX, AL                  ; 输出 12 位转换数到 8255A
          MOV  DX, 2C0H
          IN     AL, DX                ; 读 8255A 的 PA 口
          AND   AL, 0FH
          MOV  AH, AL                  ; 保留 PA 口低 4 位（12 位中的高 4 位）
          INC   DX                     ; 读低 8 位
          IN   AL, DX                  ; 读 8255A 的 PB 口（12 位中的低 8 位）
             STOSW                     ; 12 位数存入内存，自动修改采样缓冲区指针
          INC  BUF1                    ; 修改通道号
          LOOP  NEXTCH                 ; 采集下一个通道，直到第 8 路
          MOV  AL, 00111000B           ; CE=0, =R/=1
          MOV  DX, 2C2H
          OUT  DX, AL                  ; 不操作
          RET
          AD574A   ENDP
```

5. A/D 转换器应用设计的几点实用技术

（1）A/D 转换器与 MCS-51 单片机接口逻辑设计

各种型号的 A/D 转换器芯片均设有数据输出、启动转换、控制转换、转换结束等控制引脚。

MCS-51 单片机配置 A/D 转换器的硬件逻辑设计，就是要处理好上述引脚与 MCS-51 主机的硬件连接，A/D 转换器的某些产品注明能直接和 CPU 配接，这是指 A/D 转换器的输出线可直接接到 CPU 的数据总线上，说明该转换器的数据输出寄存器具有可控的三态输出功能，转换结束，CPU 可用输入指令读入数据。一般 8 位 A/D 转换器均属此类。

10 位以上的 A/D 转换器，为了能和 8 位字长的 CPU 直接配接，输出数据寄存器增加了读数控制逻辑电路，把 10 位以上的数据分时读出，对于内部不包含读数据控制逻辑电路的 A/D 转换器，在和 8 位字长的 CPU 相连接时，应增设三态门对转换后数据进行锁存，以便控制 10 位以上的数据分两次读取。

A/D 转换器需外部控制启动转换信号方能进行转换，这一启动信号可由 CPU 提供。不同型号的 A/D 转换器，对启动转换信号的要求也不同，分为脉冲启动和电子控制启动两种。

转换结束信号的处理方法是，由 A/D 转换器内部转换结束信号触发器置位，并输出转换结束标志电平，以通知主机读取转换结果的数字量。主机可以使用中断、查询或定时 3 种方式从 A/D 转换器读取转换结果数据。

（2）影响 A/D 转换技术指标的主要因素

① 工作电源电压不稳定。

② 外接时钟频率不适合。

③ 环境温度不适合。

④ 与其他器件的电特性不匹配，如负载过重。

⑤ 外界有强干扰。

⑥ 印制电路板布线不合理。

以上影响因素可通过抗干扰措施来解决。

3.3 模拟量输出通道

模拟量输出通道的任务是把计算机输出的数字量信号转换成模拟量电压或电流信号，以便驱动相应的执行机构，达到控制目的。模拟量输出通道一般是由接口电路、数/模转换器和电压/电流变换器构成。其核心是数/模转换器，简称 D/A 或 DAC（digital to analog converter）。通常也把模拟量输出通道简称为 D/A 通道或 AO 通道。对该通道的要求，除了可靠性高、满足一定的精度要求外，输出还必须具有保持的功能，以保证被控制对象可靠地工作。D/A 转换电路集成在一块芯片上，一般用户没有必要了解其内部电路的细节，只要掌握芯片的外特性和使用方法就够了。不过，若不具备一定的基础知识就应用，也会导致意外故障。本节主要讨论 D/A 转换器及其接口，以及模拟量输出通道的结构和设计。

3.3.1 多路模拟量输出通道的结构形式

多路模拟量输出通道的结构形式，主要取决于输出保持器的构成方式。输出保持器的作用主要是在新的控制信号到来之前，使本次控制信号保持不变。保持器一般有数字保持方案和模拟保持方案两种。这就决定了模拟量输出通道的两种基本结构形式。

1. 每个输出通道设置一个 D/A 转换器的结构形式

数字量保持方案如图 3-19 所示。在这种结构形式下，一路输出通道使用一个 D/A 转换器，计算机和通路之间通过独立的接口缓冲器传送信息，这是一种数字保持的方案。D/A 转换器芯片内部一般都带有数据锁存器，D/A 转换器具有数字信号转换模拟信号、信号保持作用。这种结构形式的优点是结构简单，转换速度快，工作可靠，精度较高，通道独立，即使某一路 D/A 转换器故障，也不会影响其他通路的工作。缺点是所需 D/A 转换器芯片较多，但随着大规模集成电路技术的发展，这个缺点正在逐步得到克服。数字量保持方案较易实现。

2. 多个输出通道共用一个 D/A 转换器的结构形式

模拟量保持方案如图 3-20 所示。多路输出通道共用一个 D/A 转换器，每一路通道都配有一个采样保持放大器，D/A 转换器只起数字信号到模拟信号的转换作用，采样保持器实现模拟信号保持功能。优点是节省了数/模转换器，缺点是电路复杂，精度差，可靠性低，占用主机时间，要用多路开关，且要求输出采样保持器的保持时间与采样时间之比较大。这种方案的可靠性较差，适用于通道数量多而且速度要求不高的场合。

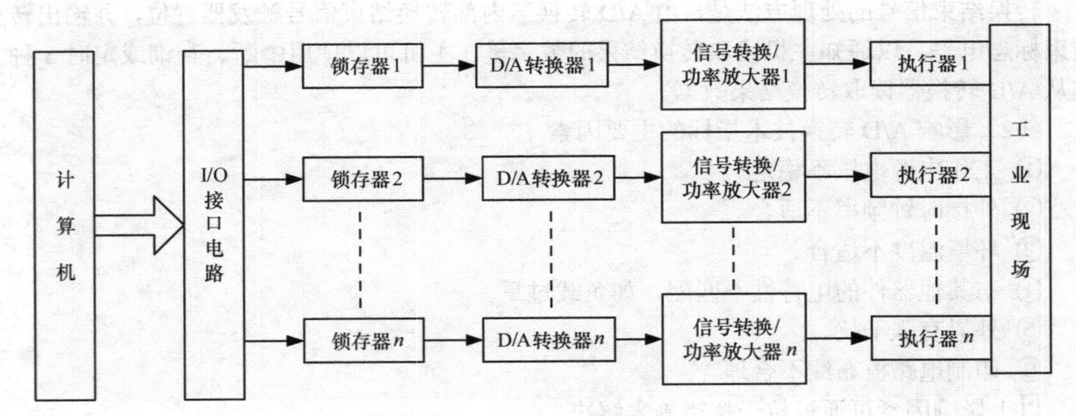

图 3-19 数字量保持方案

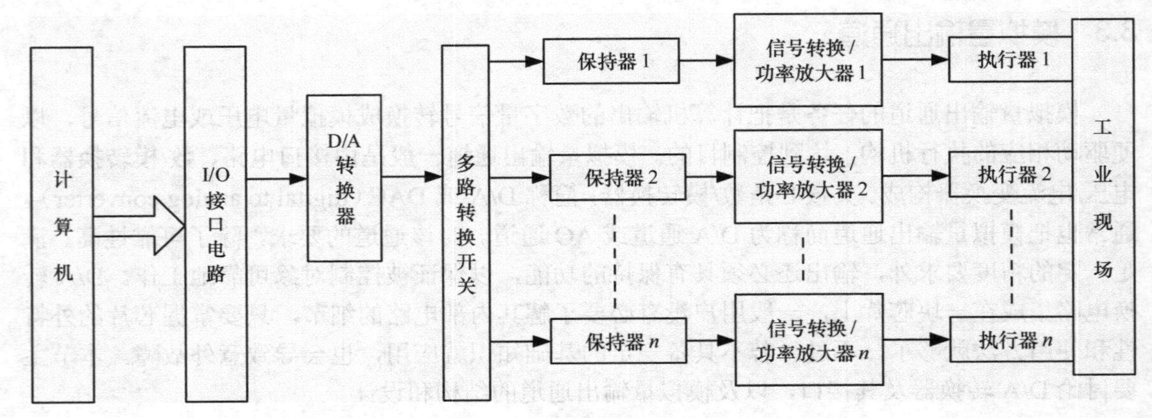

图 3-20 模拟量保持方案

3.3.2 D/A 转换器

为了能正确地使用 D/A 转换器，必须了解它的工作原理、性能指标和引脚功能。

1. D/A 转换器工作原理

D/A 转换器主要由以下几个部分组成：基准电压（电流），模拟二进制数的位切换开关，产生二进制权电流（电压）的精密电阻网络，提供电流（电压）相加输出的运算放大器（0～10mA，4～20mA 或者 TTL，CMOS，…）。转换原理可以归纳为“按权展开，然后相加”。因此，D/A 转换器内部必须要有一个解码网络，以实现按权值分别进行 D/A 转换。解码网络通常有两种：二进制加权电阻网络和 T 型电阻网络。

（1）二进制加权电阻网络

图 3-21 为 4 位权电阻网络 D/A 转换器原理图。基准电压为 E，S1～S4 为晶体管位切换开关，它受二进制各位状态控制。2^nR 为权电阻网络，其阻值与各位权相对应，权越大，电阻越大（电流越小），以保证一定权的数字信号产生相应的模拟电流。运算放大器的虚地按二进制权的大小和各位开关的状态对电流求和，然后转换成相应的输出电压 U。

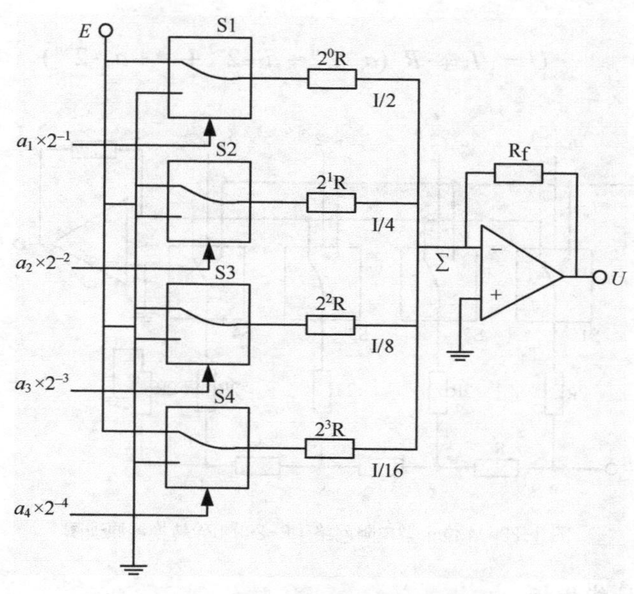

图 3-21　4 位权电阻网络 D/A 转换器原理图

设输入数字量为 D，采用定点二进制小数编码，D 可表示为

$$D = a_1 \cdot 2^{-1} + a_2 \cdot 2^{-2} + \cdots + a_n \cdot 2^{-n} = \sum_{i=1}^{n} a_i \cdot 2^{-i} \tag{3-5}$$

当 $a_i = 1$ 时，开关接基准电压 E，相应支路产生的电流为 $I_i = \dfrac{E}{R_i} = 2^{-i} \cdot I$；当 $a_i = 0$ 时，开关接地，相应支路中没有电流。因此，各支路电流可以表示为：$I_i = I \cdot a_i \cdot 2^{-i}$；这里 $I = 2 \cdot E/R$。

运算放大器输出的模拟电压为

$$\begin{aligned} U &= -\sum_{i=1}^{n} I_i \cdot R_f = \sum_{i=1}^{n} I \cdot a_i \cdot 2^{-i} \cdot R_f = -I \cdot R_f \cdot D \\ &= -\frac{2E}{R} \cdot R_f \cdot (a_1 \cdot 2^{-1} + a_2 \cdot 2^{-2} + \cdots + a_n \cdot 2^{-n}) \end{aligned} \tag{3-6}$$

可见，D/A 转换器的输出电压 U 正比于输入数字量 D，从而实现了数字量到模拟量的转换。缺点是位数越多，阻值差异越大。

（2）T 型电阻网络

图 3-22 所示为 4 位 T 型电阻网络（R-2R）D/A 转换器原理图。从节点 a，b，c，d 向右向上看，其等效电阻均为 2R。位切换开关受相应的二进制码控制，相应码位为“1”，开关接运算放大器虚地；相应码位为“0”，开关接地。流经各切换开关的支路电流分别为 $I_{REF}/2$、$I_{REF}/4$、$I_{REF}/8$、$I_{REF}/16$，各支路电流在运算放大器的虚地相加，运算放大器的满度输出为

$$U_{FS} = -(\frac{1}{2} + \frac{1}{4} + \frac{1}{8} + \frac{1}{16}) \cdot I_{REF} \cdot R = -\frac{15}{16} I_{REF} \cdot R \tag{3-7}$$

这里满度输出电压（流）比基准电压（流）少了 1/16，是因端电阻常接地造成的，没有端电阻会引起译码错误。对 n 位 D/A 转换器而言，其输出电压为

$$U = -I_{REF} \cdot R \cdot (a_1 \cdot 2^{-1} + a_2 \cdot 2^{-2} + \cdots + a_n \cdot 2^{-n}) \tag{3-8}$$

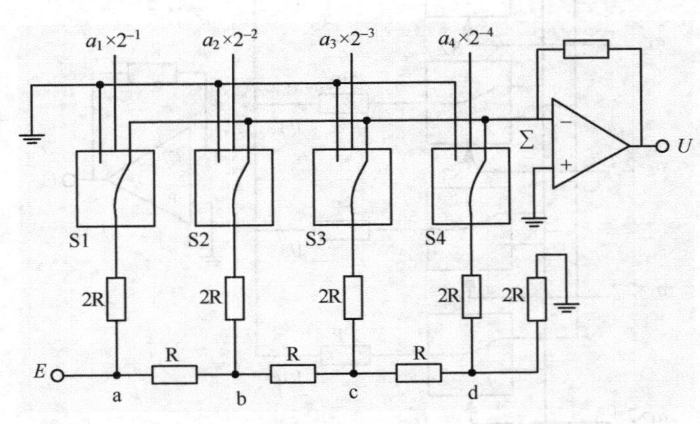

图 3-22　4 位 T 型电阻网络（R-2R）D/A 转换器原理图

2. D/A 转换器性能指标

（1）分辨率

分辨率是指 D/A 转换器能分辨的最小输出模拟增量，即当输入数字发生单位数码变化时所对应输出模拟量的变化量，它取决于能转换的二进制位数，数字量位数越多，分辨率也就越高。其分辨率与二进制位数 n 有下列关系：

分辨率=满刻度值/（$2n-1$）$=V_{REF}/2n$

（2）转换精度

转换精度是指转换后所得的实际值和理论值的接近程度。它和分辨率是两个不同的概念：精度是指转换后所得结果相对于实际值的准确度，而分辨率指的是能对转换结果发生影响的最小输入量。例如，满量程时的理论输出值为 10V，实际输出值为 9.99～10.01V，其转换精度为±10mV。对于分辨率很高的 D/A 转换器并不一定具有很高的精度。其中，绝对精度是指输入满刻度数字量时，D/A 转换器的实际输出值与理论值之间的最大偏差；相对精度是指在满刻度已校准的情况下，整个转换范围内对应于任一输入数据的实际输出值与理论值之间的最大偏差。转换精度用最低有效位 LSB 的分数来表示，如±1/2LSB、±1/4LSB 等。

（3）稳定时间

稳定时间是描述 D/A 转换速度快慢的一个参数，指输入二进制数变化量是满刻度时，输出达到离终值±1/2 LSB 时所需的时间。显然，稳定时间越大，转换速度越低。对于输出是电流的 D/A 转换器来说，稳定时间是很快的，约几微秒，而输出是电压的 D/A 转换器，其稳定时间主要取决于运算放大器的响应时间。

（4）线性误差

理想转换特性（量化特性）应该是线性的，但实际转换特征并非如此。在满量程输入范围内，偏离理想转换特性的最大误差定义为线性误差。线性误差常用 LSB 的分数表示，如（1/2）LSB 或±1LSB。与 A/D 转换器的线性误差定义相同。

3. D/A 与 A/D 转换器的调零和增益校准

大多数转换器都要进行调零和增益校准。一般先调零，然后校准增益，这样零点调节和增益调整之间就不会相互影响。调整步骤：首先在“开关均关闭”的状态下调零，然后再在

“开关均导通”的状态下进行增益校准。

（1）D/A 转换器的调整

调零：设置一定的代码（全零），使开关均关闭，然后调节调零电路，直至输出信号为零或落入适当的读数（±1/10LSB 范围内）为止。

增益校准：设置一定的代码（全 1），使开关均导通，然后调节增益校准电路，直至输出信号读数与满度值减去一个 LSB 之差小于 1/10 LSB 为止。

（2）A/D 转换器的调整

调零：将输入电压精确地置于使“开关均关闭”的输入状态对应的输入值高于 1/2 LSB 的电平上，然后调节调零电路，使转换器恰好切换到最低位导通的状态。

增益校准：将输入电压精确地置于使“开关均导通”的输出状态对应的输入值低于 3/2 LSB 的电平上，然后调节增益校准电路，使输出位于最后一位恰好变成导通之处。

4. D/A 转换器芯片及其接口

D/A 转换器的品种很多，既有中分辨率的，也有高分辨率的；不仅有电流输出的，也有电压输出的。无论哪一种型号的 D/A 转换器，由于它们的基本功能是相同的，因此它们的引脚也类似，引脚主要有数字量输入端、模拟量输出端、控制信号端和电源端等。

D/A 转换器采用并行数据输入，其芯片内部一般有输入数据寄存器。个别芯片内部无输入数据寄存器，必须在外部设置。D/A 转换器的输出有电压和电流两种，对于电流输出的，必须外加运算放大器。

下面仅从使用角度介绍常用的 8 位 D/A 转换器芯片 DAC0832 和 12 位 D/A 转换器 DAC1210，读者要掌握芯片的外特性和引脚功能，以便正确使用。

（1）DAC0832

① 芯片介绍。8 位 D/A 转换器芯片 DAC0832 的原理框图及引脚如图 3-23 所示。DAC0832 主要由 8 位输入寄存器、8 位 DAC 寄存器、采用 R-2R 权电阻网络的 8 位 D/A 转换器以及输入控制电路 4 部分组成。8 位输入寄存器用于存放主机送来的数字量，使输入数字量得到缓冲和锁存；8 位 DAC 寄存器用于存放待转换的数字量；8 位 D/A 转换器输出与数字量成正比的模拟电流；由与门、非与门组成的输入控制电路来控制 2 个寄存器的选通或锁存状态。另外，芯片内部有电阻 R_{fb}，它可用作运算放大器的反馈电阻，以便于芯片直接与运算放大器连接。

DAC0832 的分辨率为 8 位，电流输出，稳定时间为 1μs。采用 20 脚双立直插式封装，各引脚功能如下。

DI0～DI7：数据输入线，其中 DI0 为最低有效位 LSB ，DI7 为最高有效位 MSB。

$\overline{CS}$：片选信号（chip select），输入线，低电平有效。

$\overline{WR_1}$：写信号 1（write1），输入线，低电平有效。

ILE：输入允许锁存信号（input latch enable），输入线，高电平有效。

当 ILE、$\overline{CS}$ 和 $\overline{WR_1}$ 同时有效时，8 位输入寄存器 $\overline{LE}$ 端为高电平“1”，此时寄存器的输出端 Q 跟随输入端 D 的电平变化；反之，当 $\overline{LE}$ 端为低电平“0”时，原 D 端输入数据被锁存于 Q 端，在此期间 D 端电平的变化不影响 Q 端。

$\overline{XFER}$（Transfer Control Signal）：传送控制信号，输入线，低电平有效。

I_{OUT1}：DAC 电流输出端 1，一般作为运算放大器差动输入信号之一。

I_{OUT2}：DAC 电流输出端 2，一般作为运算放大器另一个差动输入信号。

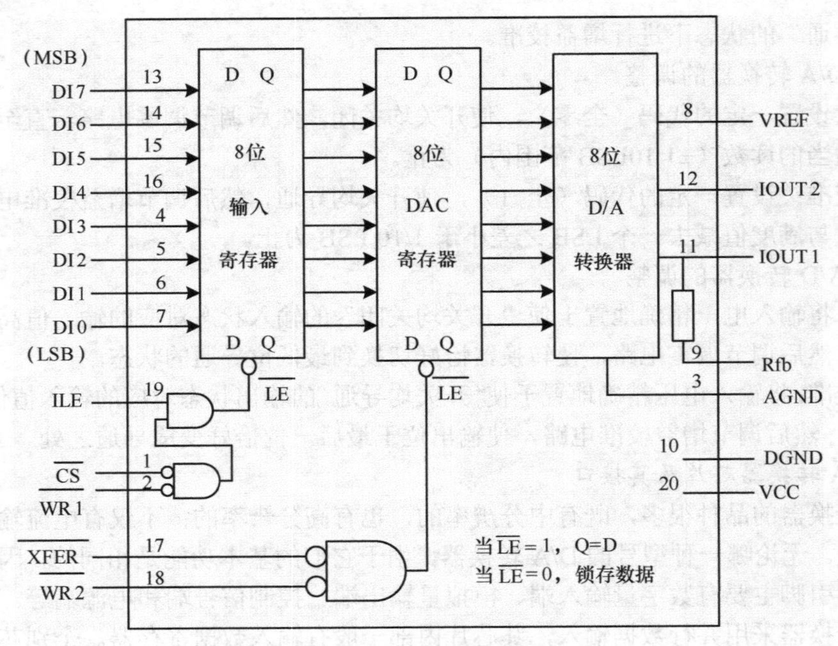

图 3-23　DAC0832 原理框图及引脚

R_{fb}：固化在芯片内的反馈电阻连接端，用于连接运算放大器的输出端。

V_{REF}：基准电压源端（voltage reference），输入线，−10～+10V DC。

V_{CC}：工作电压源端（voltage work），输入线，+5～+15V DC。

DGND：数字电路地线（digital ground）。

AGND：模拟电路地线（analog ground）。

当 $\overline{WR_2}$ 和 $\overline{XFER}$ 同时有效时，8 位 DAC 寄存器 $\overline{LE}$ 端为高电平“1”，此时 DAC 寄存器的输出端 Q 跟随输入端 D 也就是输入寄存器 Q 端的电平变化；反之，当 $\overline{LE}$ 端为低电平“0”时，第一级 8 位输入寄存器 Q 端的状态则锁存到第二级 8 位 DAC 寄存器中，以便第三级 8 位 DAC 转换器进行 D/A 转换。

一般情况下为了简化接口电路，可以把 $\overline{WR_2}$ 和 $\overline{XFER}$ 直接接地，置成单缓冲输入方式，使第二级 8 位 DAC 寄存器的输入端到输出端直通，只有第一级 8 位输入寄存器置成可选通、可锁存的单缓冲输入方式。特殊情况下可采用双缓冲输入方式，即把两个寄存器都分别接成受控方式。

② DAC0832 接口。

A．与 PC 总线工业控制机接口。

DAC0832 与 PC 总线工业控制机接口如图 3-24 所示。DAC0832 工作在单缓冲寄存器方式；DAC0832 将输入的数字量转换成差动的电流输出，经过反相运算放大器 A，输出电流转换为负极性电压 $V_O = -V_{REF} \times D/2^8$。

工作过程：

a. 端口地址 $\overline{IOW}$ 有效→ $\overline{CS}$ 有效→ $\overline{LE1}$ 高电平→输入寄存器直通→输入数据进行 D/A 转换。

b. $\overline{IOW}$ 变高→ $\overline{CS}$ 变高→ LE1 低电平→输入寄存器锁存→D/A 转换输出保持。

程序如下，端口地址为 300H。

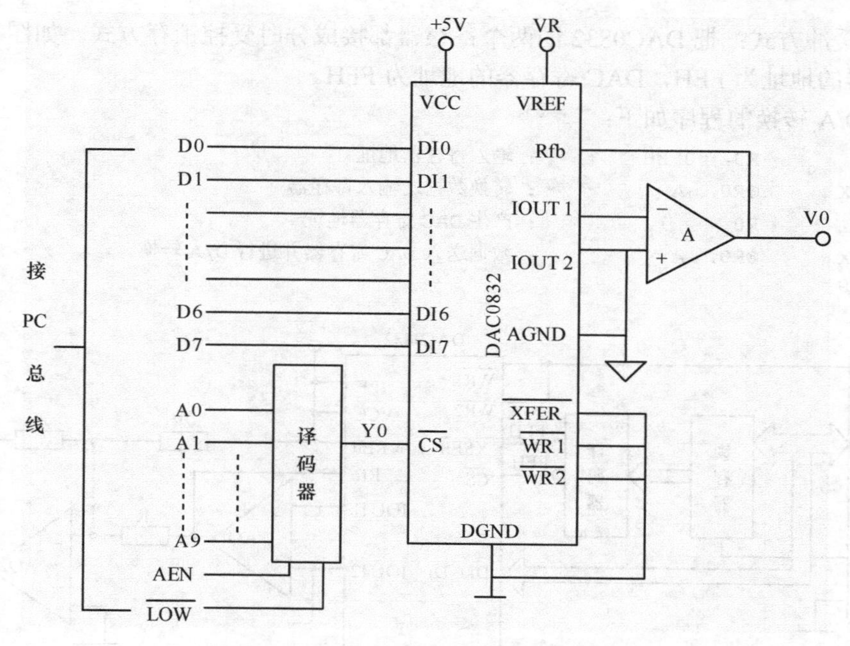

图 3-24 DAC0832 与 PC 总线工业控制机接口

```
MOV DX, 300H
 MOV AL, 7FH
 OUT DX, AL
 HLT
```

电流输出端 I_{OUT1}、I_{OUT2} 的电位应接近 0，以保证运放的线性输出。

B．与 MCS-51 的接口。

a．直通方式：指 DAC0832 内部的两个寄存器都处于不锁存状态，数据一旦到达输入端就直接被送到 D/A 转换器转换成模拟量，所有控制信号都接成有效形式。

b．单缓冲方式：指 DAC0832 的两个寄存器中有一个处于直通方式，而另一个处于受控的锁存方式，或者两级寄存器同时锁存。如图 3-25 所示，它的选通地址为 7FFFH。

实现 D/A 转换的程序如下：

```
MOV     DPTR，#7FFFH       ；输入 0832 口地址
MOV     A，#data           ；读取数据
MOVX    @DPTR，A           ；执行 D/A 转换
SJMP
```

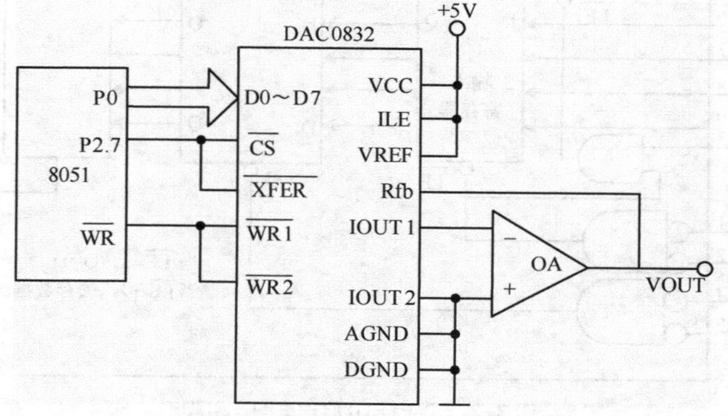

图 3-25 DAC0832 以单缓冲方式与 8051 接口

c．双缓冲方式：把 DAC0832 的两个寄存器都接成分时受控锁存方式。如图 3-26 所示，输入寄存器的地址为 FEH，DAC 寄存器的地址为 FFH。

实现 D/A 转换的程序如下：

```
MOV     R0，#0FEH      ；输入寄存器地址
MOVX    @R0，  A       ；转换数据送输入寄存器
INC     R0             ；产生 DAC 寄存器地址
MOVX    @R0，  A       ；数据送入 DAC 寄存器并进行 D/A 转换
SJMP
```

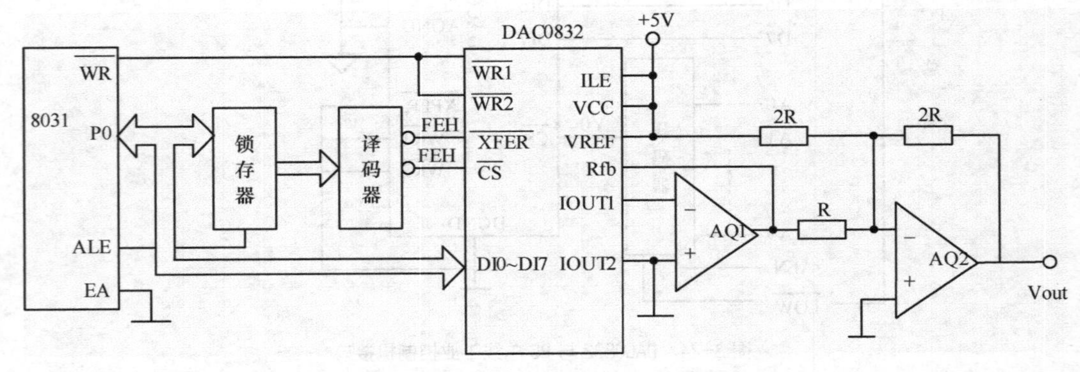

图 3-26　DAC0832 以双缓冲方式与 8051 接口

（2）DAC1210

① 芯片介绍。12 位 D/A 转换器芯片 DAC1210 的原理框图及引脚如图 3-27 所示，其同系列芯片 DAC1208、DAC1209 可以相互代换。其原理和控制信号功能基本上同 DAC0832，

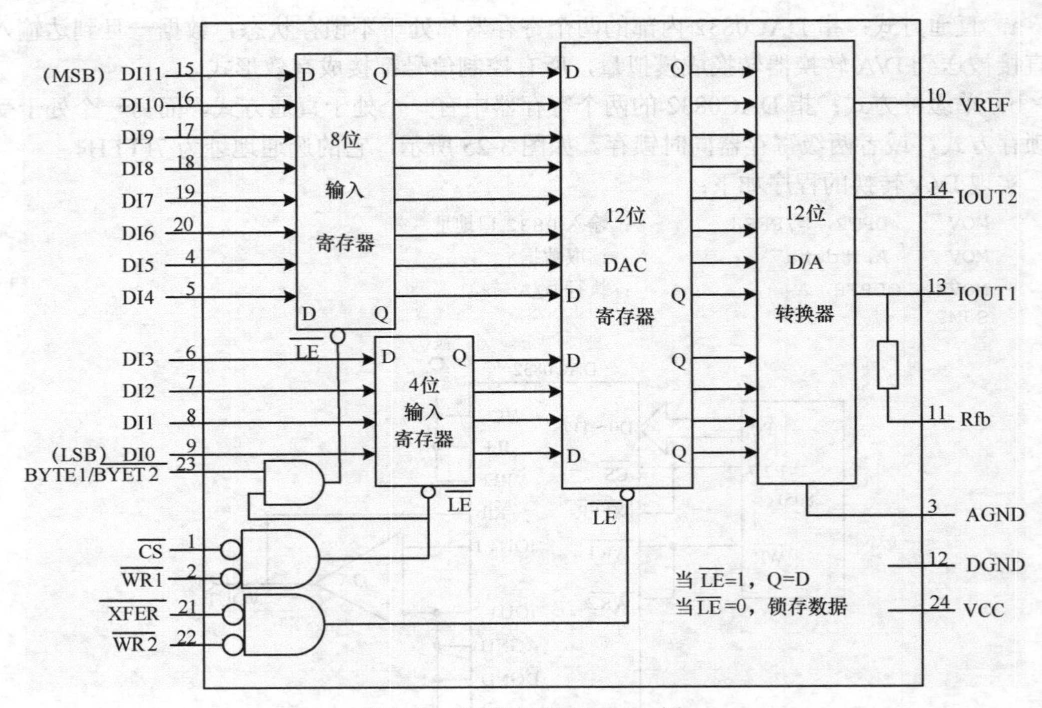

图 3-27　DAC1210 原理框图及引脚

但是有两点区别：一是DAC1210有12条数据输入线（DI0～DI11），其中DI0为最低有效位LSB，DI11为最高有效位MSB。由于它比DAC0832多了4条数据输入线，故采用24脚双立直插式封装；二是可以用字节控制信号BYTE1/$\overline{\text{BYTE2}}$控制数据的输入，当该信号为高电平时，12位输入数据（DI0～DI11）同时存入第一级的8位输入寄存器和4位输入寄存器；反之，当该信号为低电平时，只将低4位数据（DI0～DI3）存入4位输入寄存器。DAC1210的特点：电流建立时间为1μs；供电电源为+5～+15V（单电源供电）；基准电压VREF范围为−10～+10V；线性规范只有零位和满量程调节；和所有的通用微处理机直接接口；单缓冲、双缓冲或直通数字数据输入；与TTL逻辑电平兼容；全四象限输出。

② DAC1210接口。

A．与PC总线工业控制机接口。

DAC1210与PC总线工业控制机接口如图3-28所示，端口地址译码器译$\overline{Y_0}$、$\overline{Y_1}$、$\overline{Y_2}$ 3个口地址，这3个口地址用来控制DAC1210工作方式和进行12位转换。译码器对端口300H、301H、302H分别产生$\overline{Y_0}$、$\overline{Y_1}$、$\overline{Y_2}$用于DAC的控制，$\overline{\text{CS}}$接地。输出经倒相后变为正极性电压输出$V_O = V_{REF} \times D/2^{12}$。

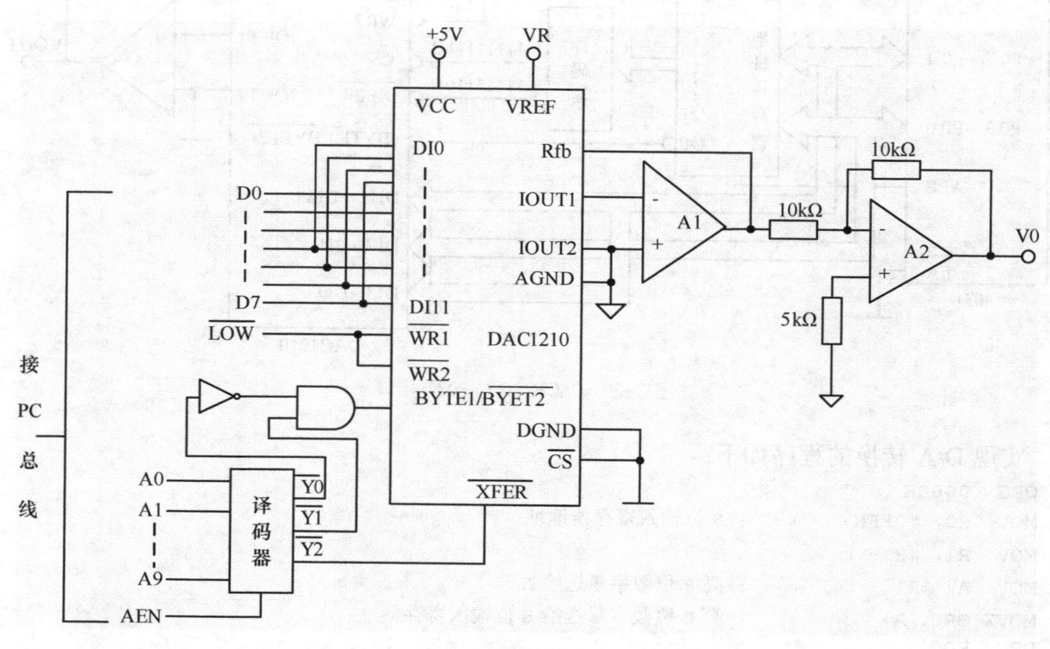

图3-28 DAC1210与PC总线工业控制机接口

工作过程：

a．锁存高8位数据：$\overline{Y_0}$有效→BYTE1/$\overline{\text{BYTE2}}$高电平→当$\overline{\text{IOW}}$有效→D0-D7锁入8位输入寄存器，D4～D7锁入4位输入寄存器。

b．锁存低4位数据：$\overline{Y_1}$有效→BYTE1/$\overline{\text{BYTE2}}$低电平→当$\overline{\text{IOW}}$有效→D4～D7锁入4位输入寄存器。

c．输入寄存器数据送到DAC寄存器：$\overline{Y_2}$有效→$\overline{\text{XFER}}$低电平→当$\overline{\text{IOW}}$有效→输入寄存器数据传送到DAC寄存器，并开始D/A转换。

d. DAC寄存器锁存，D/A输出保持：$\overline{Y_2}$，$\overline{IOW}$变高电平→DAC寄存器锁存数据，保持D/A转换输出。

程序：
```
MOV  DX, 300H      ; Y0有效
MOV  AL, 83H       ; 高8位数据
OUT  DX, AL
MOV  DX, 301H      ; Y1有效
MOV  AL, 0F0H      ; 低4位数据
OUT  DX, AL
MOV  DX, 302H      ; Y2有效
OUT  DX, AL        ; 进行D/A转换
HLT
```

B. 与MCS-51的接口。

如图3-29所示，DAC1210采用的是单极性的输出方式，8位输入寄存器的地址为FFH，4位输入寄存器的地址为FEH。设内部RAM的20H和21H单元内存放一个12位数字量(20H单元中为低4位，21H单元中为高8位）。

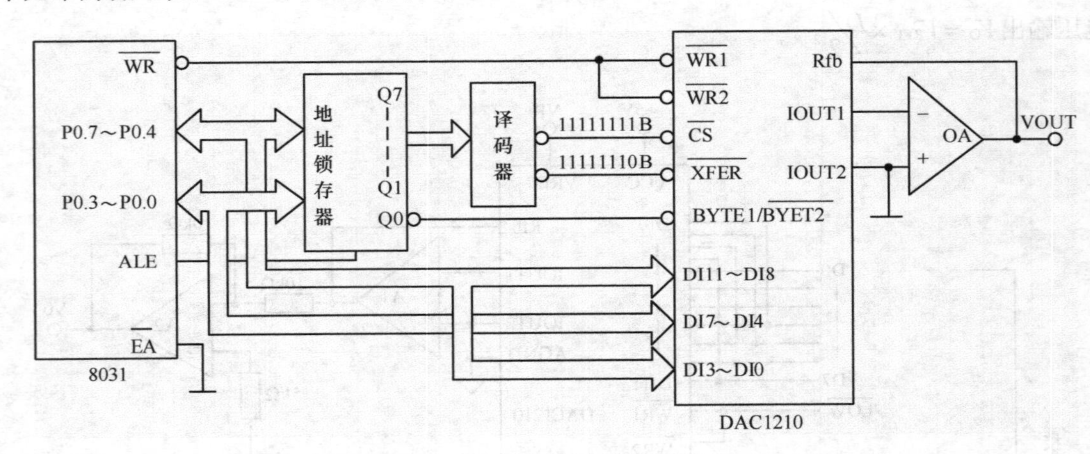

图3-29 DAC1210与8031接口

实现D/A转换的程序如下：
```
ORG   0000H
MOV   R0, #0FFH         ; 8位输入寄存器地址
MOV   R1, #21H
MOV   A, @R1            ; 高8位数字量送给A
MOVX  @R0, A            ; 高8位数字量送给8位输入寄存器
DEC   R0
DEC   R1
MOV   A, @R1            ; 低4位数字量送给A
SWAP   A                ; A中高低4位互换
MOVX   @R0, A           ; 低4位数字量送给4位输入寄存器
DEC   R0
MOVX   @R0, A           ; 启动D/A转换
END
```

3.3.3 DAC输出方式

多数D/A转换芯片输出的是弱电流信号，要驱动后面的自动化装置，需在电流输出端外

接运算放大器。根据不同控制系统自动化装置需求的不同，输出方式可以分为电压输出、电流输出以及自动/手动切换输出等多种方式。

1. 电压输出方式

依据系统要求不同，电压输出方式又可分为单极性输出和双极性输出两种形式。

双极性输出的一般原理如图 3-30 所示。在单极性输出之后，再加一级运算放大器反相输出。

V_{OUT1} 为单极性输出，若 D 为输入数字量，V_{REF} 为基准参考电压，且为 n 位 D/A 转换器，则有 $V_{OUT1}=-V_{REF}\cdot D/2^n$。

A1 和 A2 为运算放大器，A 点为虚地，故可得：$I_1+I_2+I_3=0$，V_{OUT} 为双极性输出，可推导得到

$$V_{out}=-(\frac{V_{REF}}{2R}+\frac{V_{out1}}{R})2R=-(V_{REF}+2V_{out1})=(\frac{D}{2^{n-1}}-1)V_{REF} \quad (3\text{-}9)$$

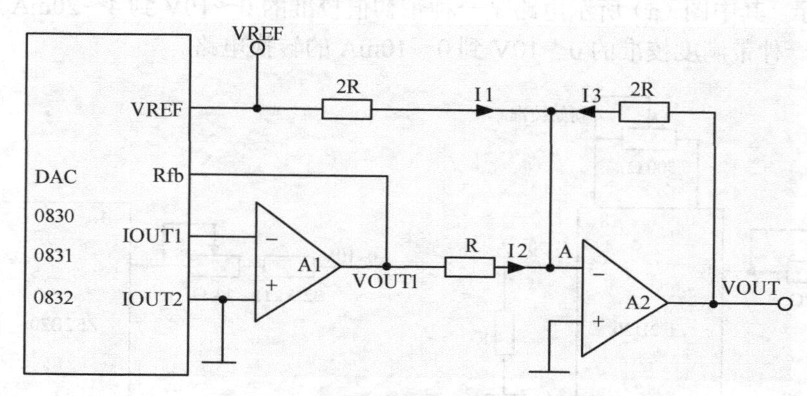

图 3-30 D/A 转换器双极性输出的一般原理

2. 电流输出方式

工业现场的智能仪表和执行器常常要以电流方式传输，这是因为在长距离传输信号时容易引入干扰，而电流传输具有较强的抗干扰能力。因此，许多场合必须设置电压/电流（V/I）转换电路，将电压信号转换成电流信号。电流输出方式一般有两种形式：普通运放 V/I 变换电路和集成转换器 V/I 变换电路。

（1）普通运放 V/I 变换电路

经典 V/I 变换电路图如图 3-31 所示，从这个电路图可知，这是一种利用电压比较器方法来实现对输入电压的跟踪，从而保证输出电流为所需值。利用 A_1 作比较器，将输入电压与反馈电压进行比较，通过比较器输出电压控制 A_2 的输出电压，从而改变晶体管 VT_1 的输出电流 I_L，I_L 的大小又影响参考电压 V_f，这种负反馈的结果使得 $V_i=V_f$，而此时流过负载的电流为

$$I_L=\frac{V_f}{RP+R_7}=\frac{V_i}{RP+R_7} \quad (3\text{-}10)$$

（2）集成转换器 V/I 变换电路

ZF2B20 是通过 V/I 变换的方式产生一个与输入电压成比例的输出电流。它的输入电压范围是 0～10V，输出电流是 4～20mA（加接地负载），采用单正电源供电，电源电压范围为 10～32V，它的特点是低漂移，在工作温度为－25～85℃范围内，最大漂移为 0.005%/℃，可

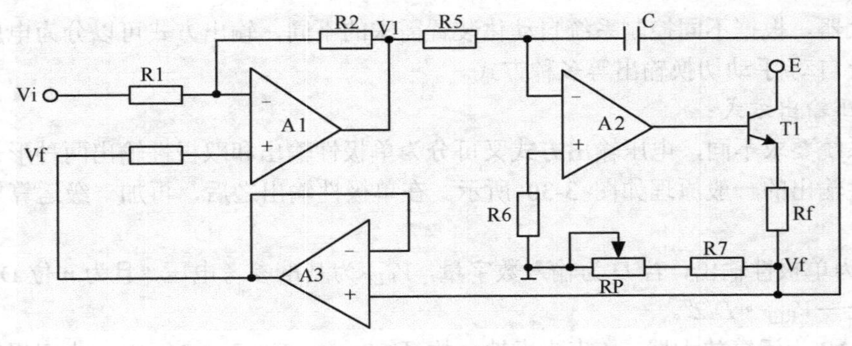

图 3-31 V/I 转换电路

用于控制和遥测系统，作为子系统之间的信息传送和连接。ZF2B20 的输入电阻为 10kΩ，动态响应时间小于 25μs，非线性小于±0.025%。利用 ZF2B20 实现 V/I 转换的电路非常简单，如图 3-32 所示。其中图（a）所示电路是一种带初值校准的 0～10V 到 4～20mA 的转换电路；图（b）则是一种带满度校准的 0～10V 到 0～10mA 的转换电路。

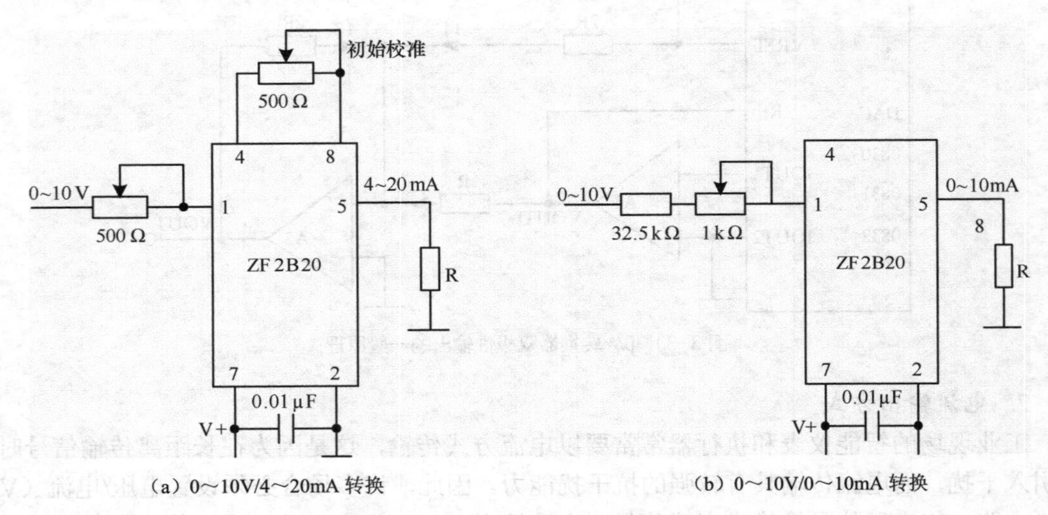

（a）0～10V/4～20mA 转换　　（b）0～10V/0～10mA 转换

图 3-32 ZF2B20 实现 V/I 转换的电路

AD694 是另一种集成转换器，适当接线也可使其输出范围为 0～20mA。AD694 的主要特点如下。

- 输出范围：4～20mA，0～20mA。
- 输入范围：0～2V 或 0～10V。
- 电源范围：+4.5～36V。
- 可与电流输出型 D/A 转换器直接配合使用，实现程控电流输出。
- 具有开路或超限报警功能。

（3）自动/手动输出方式

自动/手动输出方式如图 3-33 所示，是在普通运放 V/I 变换电路的基础上，增加了自动、手动切换开关 K_1、K_2、K_3 和手动增减电路与输出跟踪电路。

目的：在计算机出现故障时，可以手动操作。

电路的两个功能：实现 V/I 变换和实现 A/H 切换。

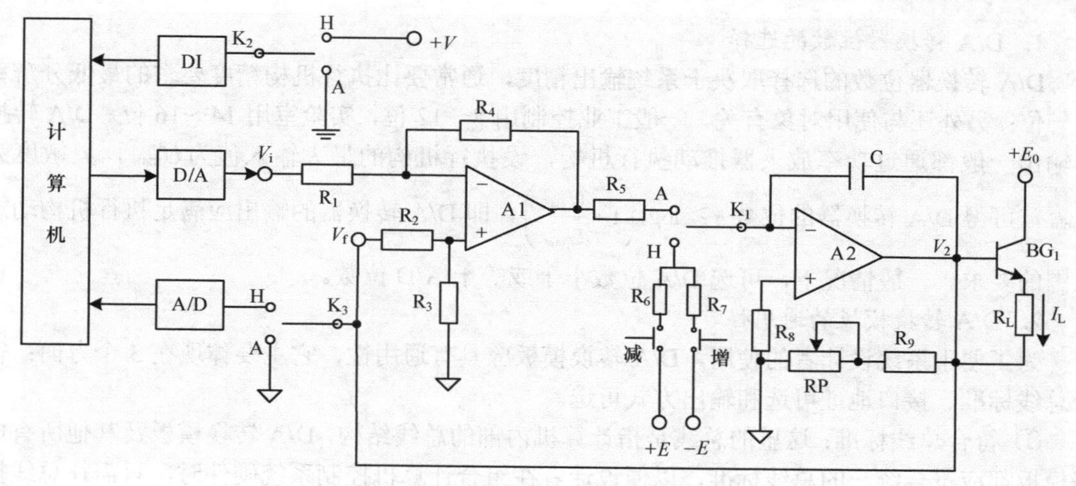

图 3-33　带自动/手动切换的 V/I 变换电路

① 实现 V/I 变换。当开关 K_1 处于自动位置 A 时，它形成一个比较型电压跟随器，是自动控制输出方式。当 $V_f \neq V_i$ 时，电路能自动地使输出电流增大或减小。最终使 $V_f = V_i$，于是有 $I_L = V_i / (R_9 + R_P)$。

从上式可以看出，只要电阻 $R_9 + R_P$ 稳定性好，A1 和 A2 具有较好的增益，该电路就有较高的线性精度。当 $R_9 + R_P = 500\Omega$ 或 250Ω 时，I_L 就以 0～10mA 或 4～20mA 的直流电流信号线性地对应 V_i 的 0～5V 或 1～5V 的直流电压信号。

② 能够实现 A/H 切换。当开关 K_1、K_2 和 K_3 都处于 H 位置时，即为手动操作方式，此时运算放大器 A_1 和 A_2 脱开，A_2 成为一个保持型反相积分器。当按下"增"按钮时，V_2 以一定的速率上升，从而使 I_L 也以同样的速率上升；当按下"减"按钮时，V_2 以一定的速率下降，I_L 也就以同样的速率下降。输出电流 I_L 的升降速率取决于 R_6、R_7、C 和电源电压 $\pm E$ 的大小。当两按钮都断开时，由于 A_2 为一高输入阻抗保持器，V_2 几乎保持不变，维持输出电流恒定。当开关 K_1、K_2、K_3 都从自动（A）切换为手动（H）时，A_2 为保持器。输出电流 I_L 保持不变，实现了自动到手动方向的无扰动切换。

至于从手动到自动的切换，当开关 K_1、K_2、K_3 处于手动方式（H），要做到无扰动还必须使图中的输出电路具有输出跟踪功能，即在手动状态下，来自微机 D/A 电路的自动输入信号 V_i 总等于反映手动输出的信号 V_f（V_f 与 I_L 总是一一对应的）。要达到这个目的，必须有相应的微机配合，我们把这样的程序称为跟踪程序。跟踪程序的工作过程是这样的：在每个控制周期中，计算机首先由数字量输入通道（DI）读入开关 K_2 的状态，以判断输出电路是处于手动状态还是自动状态。若是自动状态，则程序执行本回路预先规定的控制运算，最终输出 V_i；若为手动状态，则首先由 A/D 转换器读入 V_f，然后原封不动地将该输入数字信号送至调节器的输出单元，再由 D/A 转换器将该数字信号转换为电压信号送至输出电路的输入端 V_i，这样就使 V_i 总与 V_f 相等，处于平衡状态。当开关 K_1 从手动切换到自动时，V_1、V_2 和 I_L 都保持不变，从而实现了手动到自动方向的无扰动切换。

3.3.4　D/A 转换通道的设计

D/A 转换通道的设计过程中，首先要确定使用对象和性能指标，然后选用 D/A 转换器、接口电路和输出电路。

1. D/A 转换器位数的选择

D/A 转换器位数的选择取决于系统输出精度，通常要比执行机构精度要求的最低分辨率高一位；另外还与使用对象有关，一般工业控制用 8～12 位，实验室用 14～16 位。D/A 转换器输出一般都通过功率放大器推动执行机构，设执行机构的最大输入值为 U_{max}，灵敏度为 U_{min}，可得 D/A 转换器的位数 $n \geqslant \log_2\left(1+\frac{U_{max}}{U_{min}}\right)$，即 D/A 转换器的输出应满足执行机构动态范围的要求。一般情况下，可选 D/A 位数小于或等于 A/D 位数。

2. D/A 转换模板的通用性

为了便于系统设计者的使用，D/A 转换模板应具有通用性，它主要体现在 3 个方面：符合总线标准、接口地址可选和输出方式可选。

① 符合总线标准：这里的总线是指计算机内部的总线结构，D/A 转换模板及其他所有电路模板都应符合统一的总线标准，以便设计者在组合计算机控制系统硬件时，只需往总线插槽上插上选用的功能模板而无须连线，十分方便灵活。例如，用于工业 PC 的输入/输出模板应符合工业标准体系结构（Industry Standard Architecture，ISA）和外围部件互连（Peripheral Component Interconnection，PCI）总线标准。

② 接口地址可选：一套控制系统往往需配置多块功能模板，或者同一种功能模板可能被组合在不同的系统中。因此，每块模板应具有接口地址的可选性。一般接口地址可由基址（或称板址）和片址（或称口址）组成。

③ 输出方式可选：为了适应不同控制系统对执行器的不同需求，D/A 转换模板往往把各种电压输出和电流输出方式组合在一起，然后通过短接柱来选定某一种输出方式。

3. D/A 转换模板的设计原则

在设计中，一般没有复杂的参数计算，但需要掌握各类集成电路芯片的外特性及其功能，以及与 D/A 转换模板连接的 CPU 或计算机总线的功能及其特点。在硬件设计的同时还必须考虑软件的设计，并充分利用 CPU 的软件资源。只有做到硬件与软件的合理结合，才能在较少硬件投资的情况下，设计出功能较强的 D/A 转换模板。

D/A 转换模板设计主要考虑以下几点。

① 安全可靠：尽量选用性能好的元器件，并采用光电隔离技术。

② 性能/价格比高：既要在性能上达到预定的技术指标，又要在技术路线、芯片元件上降低成本。

③ 通用性：D/A 转换模板应符合总线标准，其接口地址及输出方式应具备可选性。

4. D/A 转换模板的设计实例

D/A 转换模板的设计步骤是，确定性能指标，设计电路原理图，设计和制造印制线路板，最后焊接和调试电路板。

图 3-34 所示为 8 路 8 位 D/A 转换模板的结构组成框图，它是按照总线接口逻辑、I/O 功能逻辑和 I/O 电气接口 3 部分布局电子元器件的。图中，总线接口逻辑部分主要由数据缓冲与地址译码电路组成，完成 8 路通道的分别选通与数据传送；I/O 功能逻辑部分由 8 片 DAC0832 组成，完成数模转换；而 I/O 电气接口部分由运放与 V/I 变换电路组成，实现电压或电流信号的输出。

设 8 路 D/A 转换的 8 个输出数据存放在内存数据段 BUF0～BUF7 单元中，主过程已装填 DS，8 片 DAC0832 的通道口地址为 38H～3FH，分别存放在从 CH0 开始的 8 个连续单元

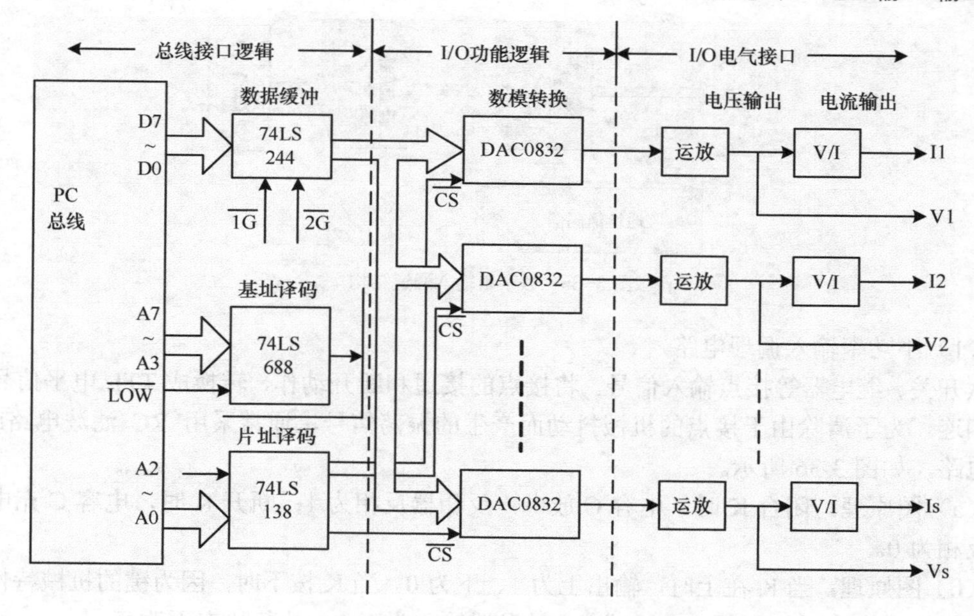

图 3-34　8 路 D/A 转换模板的结构框图

中，该 D/A 转换模板的接口子程序如下：

```
        DOUT   PROC   NEAR
        MOV  CX，8
        MOV  BX，OFFSET  BUF0
NEXT：  MOV  AL，[BX]
        OUT  CH0，AL
        INC   CH0
        INC   BX
        LOOP   NEXT
        RET
        DOUT   ENDP
```

3.4　数字量输入通道

数字量（开关量）信号是指开关的闭合与断开，指示灯的亮与灭，继电器或接触器的吸合与释放，马达的启动与停止，阀门的打开与关闭等。这些信号的共同特征是以二进制的逻辑“1”和“0”出现的，代表生产过程的一个状态。

数字量输入通道的任务是把被控对象的开关状态信号（或数字信号）传送给计算机，简称 DI（Digital Input）通道。

1. 数字量输入通道的结构

数字量输入通道主要由输入缓冲器、输入调理电路、输入口地址译码电路等组成，如图 3-35 所示。

2. 输入调理电路

为了将外部开关量信号输入到计算机，必须将现场输入的状态信号经转换、保护、滤波、隔离等措施转换成计算机能够接收的逻辑信号，这些功能称为信号调理。

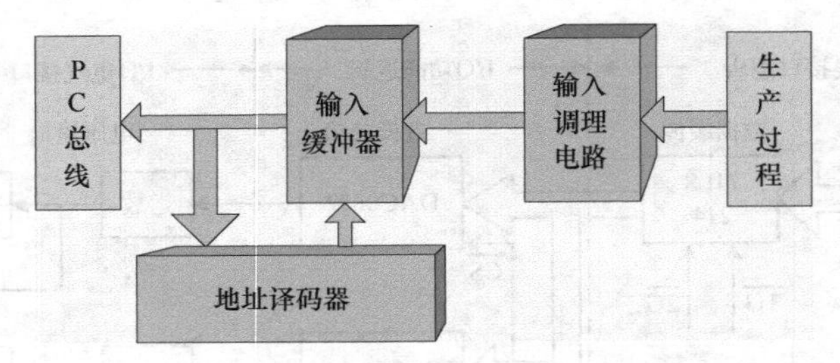

图 3-35 数字量输入通道结构

（1）小功率输入调理电路

从开关、继电器等接点输入信号。将接点的接通和断开动作，转换成 TTL 电平信号与计算机相连。为了清除由于接点的机械抖动而产生的振荡信号，通常采用 RC 滤波电路或 RS 触发电路，如图 3-36 所示。

（a）图原理：闭合 K 时，电容 C 放电，反相器反相为 1；断开 K 时，电容 C 充电，反相器反相为 0。

（b）图原理：当 K 在上时，输出上为 1、下为 0。当 K 按下时，因为键的机械特性，使按键因抖动而产生瞬间不闭合，造成 RS 触发器输入为双 1，故其状态不改变。

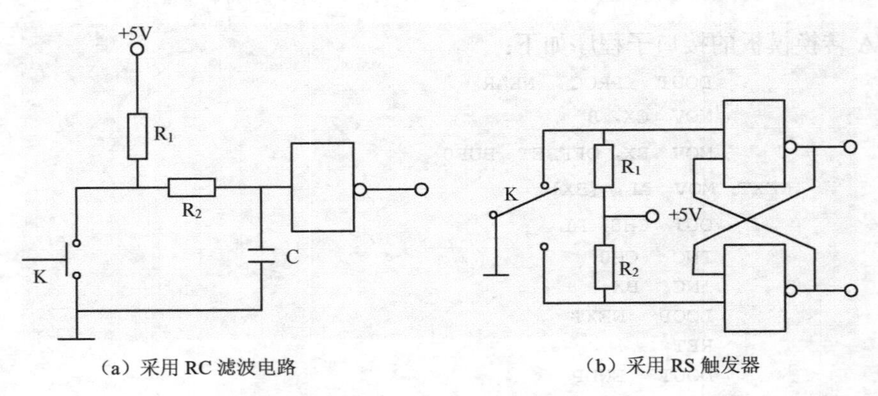

图 3-36 小功率输入调理电路

（2）大功率输入调理电路

光电隔离：通常使用一个光耦将电子信号转换为光信号，在另一边再将光信号转换回电子信号。如此，这两个电路就可以互相隔离。

在大功率系统中，需要从电磁离合等大功率器件的接点输入信号。为了使接点工作可靠，接点两端至少要加 24V 或 24V 以上的直流电压。因为直流电平的响应快，不易产生干扰，电路又简单，因而被广泛采用。但是这种电路电压高，容易带有干扰，通常采用光电耦合器进行隔离，如图 3-37 所示。

工作原理：当 K 闭合时，光电二极管导通，发光使晶体管导通，经反相器反相为 1。当 K 断开时，光电二极管不导通，晶体管不导通，经反相器反相输出为 0。其中，用 R_1、R_2 进行分压，C 进行滤波，要合理选择参数。

3. DI 接口

DI 接口电路的作用是采集生产过程的状态信息，它包括输入缓冲器和输入口地址译码电路，如图 3-38 所示。用三态门缓冲器 74LS244 取得状态信息，经过端口地址译码，得到片选

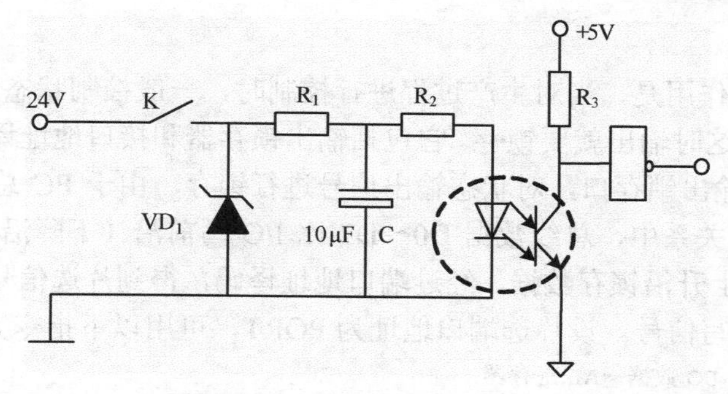

图 3-37　大功率输入调理电路

信号。当在执行 IN 指令周期时，产生 I/O 读信号，则被测的状态信息可通过三态门送到 PC 总线工业控制机的数据总线，然后装入 AL 寄存器。设片选端口地址为 PORT，可用如下指令来完成取数。

```
MOV   DX,  PORT          ; 接口地址 PORT→DX
IN     AL,  DX           ; 过程状态→AL 寄存器
```

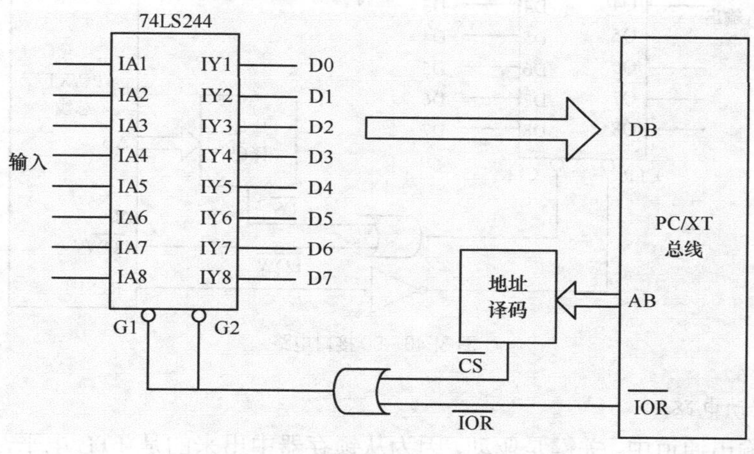

图 3-38　DI 接口电路

3.5　数字量输出通道

数字量输出通道的任务是把计算机输出的数字信号（或开关信号）传送给开关器件（如继电器或指示灯），控制它们的通、断或亮、灭，简称 DO（digital output）通道。

1. 数字量输入通道的结构

数字量输出通道主要由输出接口电路和输出驱动电路等组成，如图 3-39 所示。

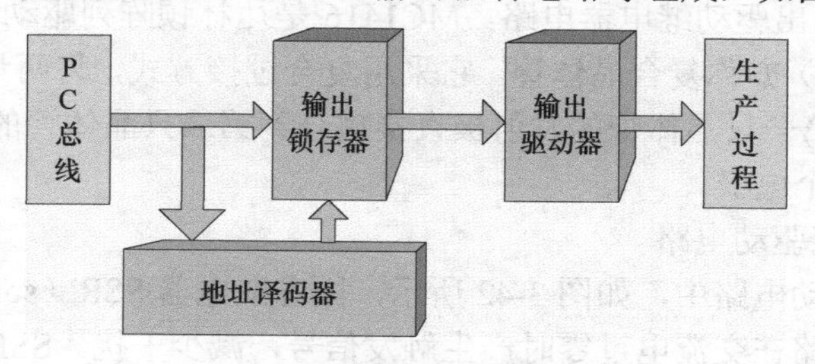

图 3-39　数字量输出通道结构

2. DO 接口

DO 接口电路的作用是，当对生产过程进行控制时，一般控制状态需进行保持，直到下次给出新的值为止，这时输出就要锁存。它包括输出锁存器和接口地址译码，如图 3-40 所示。用 74LS273 作 8 位输出锁存口，对状态输出信号进行锁存。由于 PC 总线工业控制机的 I/O 端口写总线周期时序关系中，总线数据 D0～D7 比 I/O 写前沿（下降沿）稍晚，因此，利用 I/O 写的后沿产生的上升沿锁存数据。经过端口地址译码，得到片选信号，当在执行 OUT 指令周期时，产生 I/O 写信号。设片选端口地址为 PORT，可用以下指令完成数据输出控制。

```
MOV   AL, DATA ; DO 数据→AL 寄存器
MOV   DX, PORT ; 接口地址 PORT→DX
OUT   DX, AL    ; DO 数据→锁存器的输出端
```

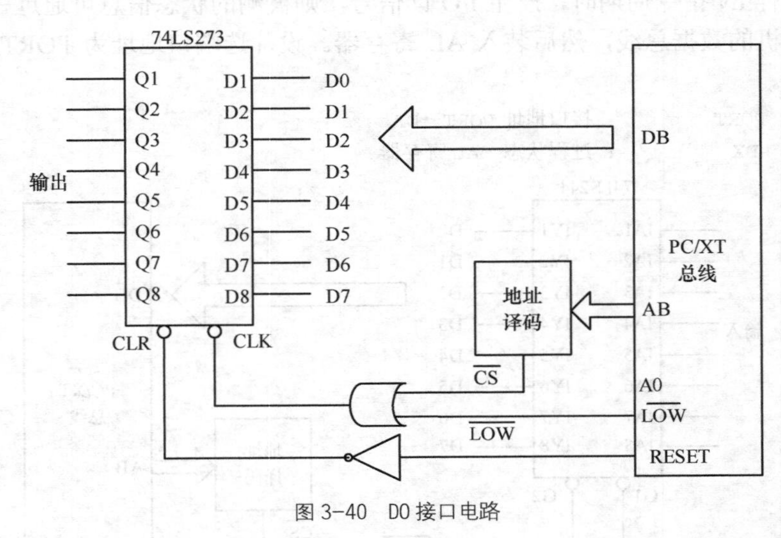

图 3-40　DO 接口电路

3. 输出驱动电路

在数字量输出通道中，关键是驱动，因为从锁存器中出来的是 TTL 电平，驱动能力有限，所以要加上驱动电路。输出驱动电路的功能有两个，一是进行信号隔离，二是驱动开关器件。为了进行信号隔离，可以采用光电耦合器。驱动电路取决于开关器件。

（1）小功率直流驱动电路

① 功率晶体管输出驱动继电器电路。功率晶体管输出驱动继电器电路如图 3-41 所示。继电器包括线圈和触点。因负载呈电感性，所以输出必须加装克服反电势的保护二极管 VD，J 为继电器的线圈。VD 的作用是泄流，通过 VD 放掉 J 上所带的电荷，防止反向击穿。R 的作用是限流。TTL 电平为 0 时，晶体管截止，J 不吸合；当 TTL 电平为 1 时，晶体管导通，J 吸合。

② 达林顿阵列输出驱动继电器电路。MC1416 是达林顿阵列驱动器，达林顿晶体管 DT（dar1ington transistor）亦称复合晶体管。它采用复合过接方式，将两只或更多只晶体管的集电极连在一起，而将第一只晶体管的发射极直接耦合到第二只晶体管的基极，依次级联而成，最后引出 E、B、C3 个电极。

（2）大功率交流驱动电路

在大功率交流驱动电路中，如图 3-42 所示，固态继电器 SSR（solid state selay）作交流开关使用，零交叉电路在交流电过零时产生触发信号，减少干扰。SSR 是一种无触点通断电

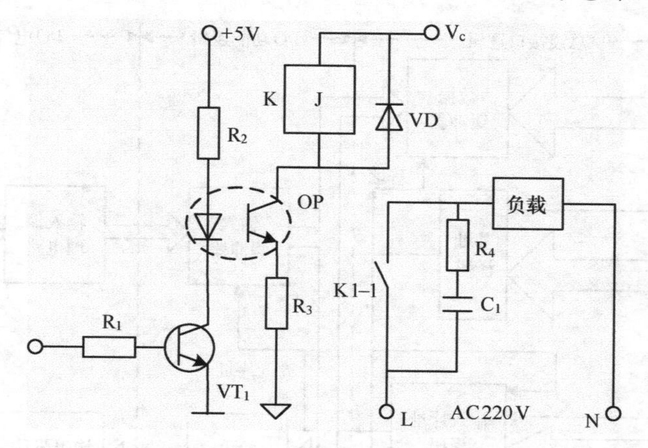

图 3-41　功率晶体管输出驱动继电器电路

子开关，是一种有源器件，其中两个端子为输入控制端，另外两个为输出受控端，为实现输入与输出之间的电气隔离，器件中采用了高耐压的专用光电耦合器。SSR 作交流开关，相当于有一个触点，左边是 TTL 电平，为 0～5V：当 TTL 电平为高时，触点闭合；当 TTL 电平为低时，触点断开。当用计算机来控制电磁阀时，用固态继电器。

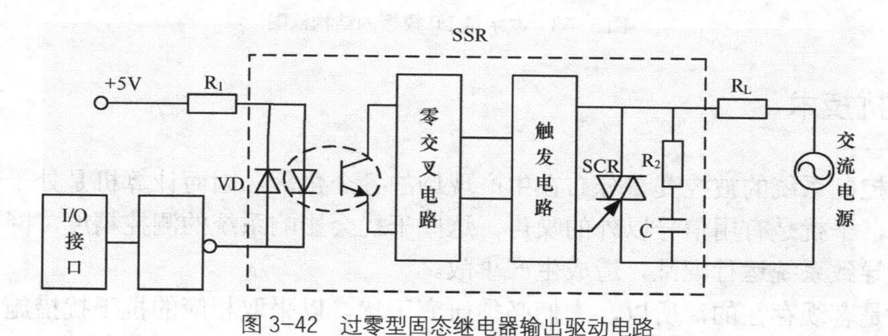

图 3-42　过零型固态继电器输出驱动电路

当然，在实际使用中，要特别注意固态继电器的过电流与过电压保护以及浪涌电流的承受等工程问题，在选用固态继电器的额定工作电流与额定工作电压时，一般要远大于实际负载的电流与电压，而且输出驱动电路中仍要考虑增加阻容吸收组件。具体电路与参数请参考生产厂家有关手册。

4. DI/DO 模板

把上述数字量输入通道或数字量输出通道设计在一块模板上，就称为DI模板或DO模板，也可统称为数字量 I/O 模板。如图 3-43 所示，数字量 I/O 模板由 PC 总线接口逻辑、I/O 功能逻辑和 I/O 电气接口 3 部分组成。

PC 总线接口逻辑部分由 8 位数据总线缓冲器、基址译码器、输入和输出片址译码器组成。I/O 功能逻辑部分只有简单的输入缓冲器和输出锁存器。其中，输入缓冲器起着对外部输入信号的缓冲、加强和选通作用；输出锁存器锁存 CPU 输出的数据或控制信号，供外部设备使用。I/O 缓冲功能可以用可编程接口芯片如 8255A 构成，也可以用 74LS240、74LS244、74LS373、74LS273 等芯片实现。I/O 电气接口部分的功能主要是：电平转换、滤波、保护、隔离、功率驱动等。各种数字量 I/O 模板的前两部分大同小异，不同的主要在于 I/O 电气接口部分，即输入信号的调理和输出信号的驱动，这是由生产过程的不同需求所决定的。

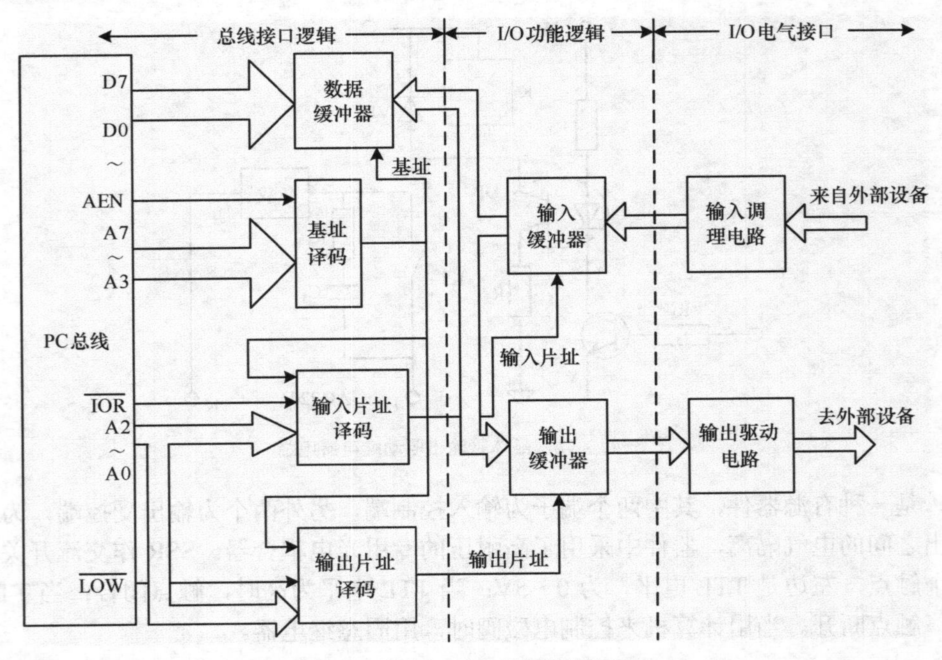

图 3-43　数字量 I/O 模板的结构框图

3.6　抗干扰技术

计算机控制系统的被控变量分布在生产现场的各个角落，因而计算机是处于干扰频繁的恶劣环境中，干扰是有用信号以外的噪声，这些干扰会影响系统的测控精度，降低系统的可靠性，甚至导致系统运行混乱，造成生产事故。

但干扰是客观存在的，所以，人们必须研究干扰，以采取相应的抗干扰措施。本章主要讨论干扰的来源、传播途径及抗干扰的措施。

3.6.1　干扰的来源与传播途径

1. 干扰的来源

干扰的来源是多方面的，有时甚至是错综复杂的。干扰有的来自外部，有的来自内部。

（1）外部干扰

外部干扰由使用条件和外部环境因素决定。外部干扰环境如图 3-44 所示，有天电干扰，如雷电或大气电离作用以及其他气象引起的干扰电波；天体干扰，如太阳或其他星球辐射的电磁波；电气设备的干扰，如广播电台或通信发射台发出的电磁波，动力机械、高频炉、电焊机等都会产生干扰；此外，荧光灯、开关、电流断路器、过载继电器、指示灯等具有瞬变过程的设备也会产生较大的干扰；来自电源的工频干扰也可视为外部干扰。

（2）内部干扰

内部干扰则是由系统的结构布局、制造工艺所引入的。内部干扰环境如图 3-45 所示，有分布电容、分布电感引起的耦合感应，电磁场辐射感应，长线传输造成的波反射；多点接地造成的电位差引入的干扰；装置及设备中各种寄生振荡引入的干扰以及热噪声、闪变噪声、尖峰噪声等引入的干扰；还有元器件产生的噪声等干扰。

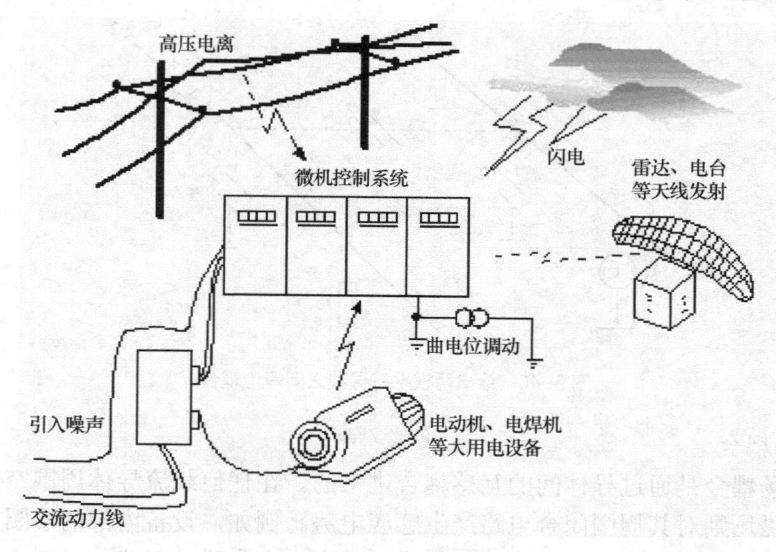

图3-44　外部干扰环境

图3-45　内部干扰环境

2. 干扰的传播途径

干扰传播的途径主要有3种：静电耦合、磁场耦合和公共阻抗耦合。

（1）静电耦合

静电耦合是电场通过电容耦合途径窜入其他线路的。两根并排的导线之间会构成分布电容，如印制线路板上印制线路之间、变压器绕线之间都会构成分布电容。

图3-46所示为两根平行导线之间静电耦合的示意电路，C_{12}是两个导线之间的分布电容，C_{1g}、C_{2g}是导线对地的电容，R是导线2对地电阻。如果导线1上有信号U_1存在，那么它就会成为导线2的干扰源，在导线2上产生干扰电压U_n。显然，干扰电压U_n与干扰源U_1、分布电容C_{1g}、C_{2g}的大小有关。

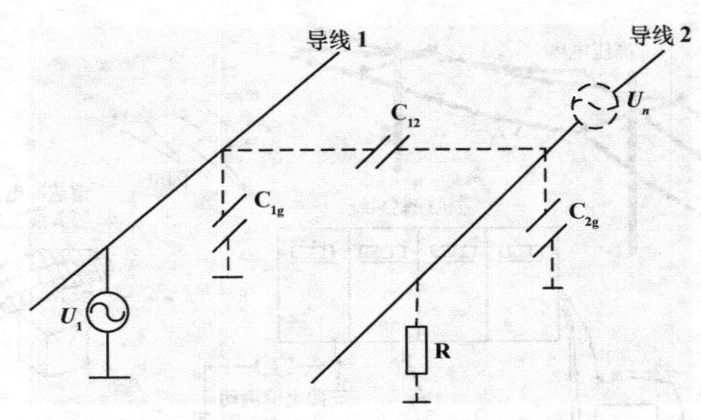

图 3-46　给出两根平行导线之间静电耦合

（2）磁场耦合

空间的磁场耦合是通过导体间的互感耦合进来的。在任何载流导体周围空间中都会产生磁场，而交变磁场则对其周围闭合电路产生感应电势。例如，设备内部的线圈或变压器的漏磁会引起干扰，还有普通的两根导线平行架设时，也会产生磁场干扰，如图 3-47 所示。

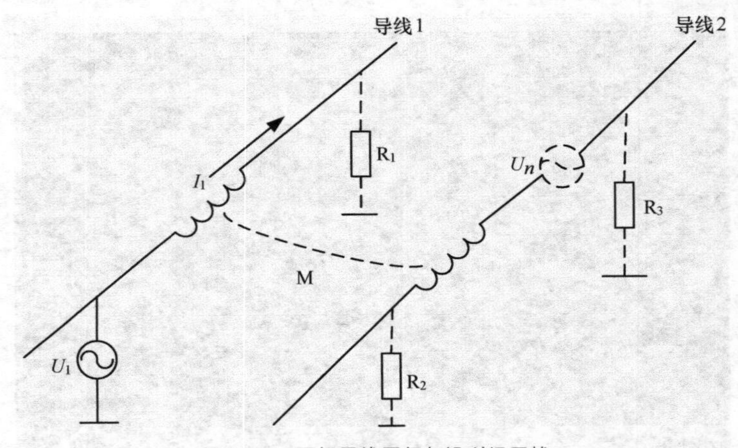

图 3-47　两根导线平行架设磁场干扰

如果导线 1 为承载着 10kVA、220V 的交流输电线，导线 2 为与之相距 1m 并平行走线 10m 的信号线，两线之间的互感 M 会使信号线上感应到的干扰电压 U_n 高达几十毫伏。如果导线 2 是连接热电偶的信号线，那么这几十毫伏的干扰噪声足以淹没热电偶传感器的有用信号。

（3）公共阻抗耦合

公共阻抗耦合发生在两个电路的电流流经一个公共阻抗时，一个电路在该阻抗上的电压降会影响到另一个电路，从而产生干扰噪声的影响。图 3-48 所示为公共电源线的阻抗耦合示意图。

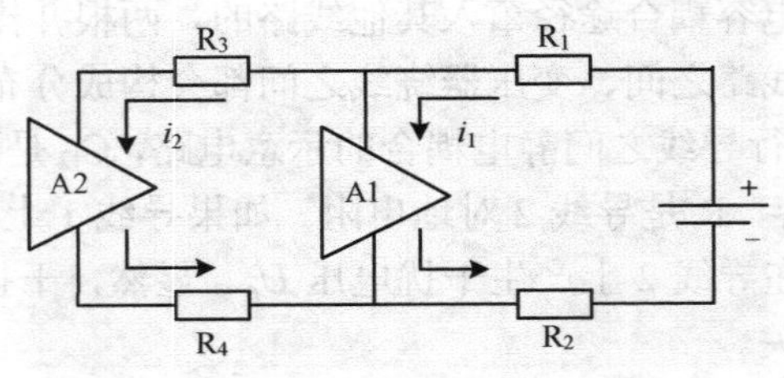

图 3-48　公共电源线的阻抗耦合

在一块印制电路板上，运算放大器 A1 和 A2 是两个独立的回路，但都接入一个公共电源，电源回流线的等效电阻 R_1、R_2 是两个回路的公共阻抗。当回路电流 i_1 变化时，在 R_1 和 R_2 上产生的电压降变化就会影响到另一个回路电流 i_2，反之也如此。

3.6.2 硬件抗干扰措施

了解了干扰的来源与传播途径，我们就可以采取相应的抗干扰措施。在硬件抗干扰措施中，除了按照干扰的 3 种主要作用方式——串模、共模及长线传输干扰来分别考虑外，还要从布线、电源、接地等方面考虑。

1. 串模干扰的抑制

串模干扰是指迭加在被测信号上的干扰噪声，即干扰源串联在信号源回路中。其表现形式与产生原因如图 3-49 所示。图中 U_s 为信号源，U_n 为串模干扰电压，邻近导线（干扰线）有交变电流 I_a 流过，由 I_a 产生的电磁干扰信号就会通过分布电容 C_1 和 C_2 的耦合，引至计算机控制系统的输入端。

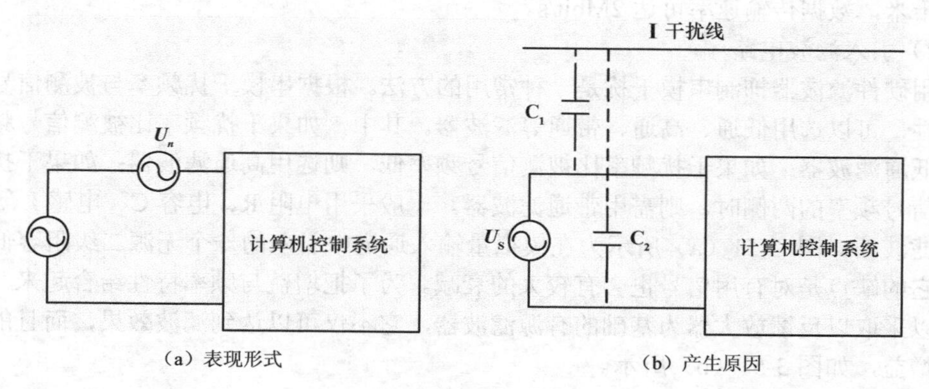

图 3-49 串模干扰

对串模干扰的抑制较为困难，因为干扰 U_n 直接与信号 U_s 串联。目前，常采用双绞线与滤波器两种措施。

（1）双绞线做信号引线

双绞线是由两根互相绝缘的导线扭绞缠绕组成，为了增强抗干扰能力，可在双绞线的外面加金属编织物或护套形成屏蔽双绞线。图 3-50 所示为带有屏蔽护套的多股双绞线实物图。

图 3-50 带有屏蔽护套的多股双绞线

采用双绞线作信号线的目的，就是因为外界电磁场会在双绞线相邻的小环路上形成相反方向的感应电势，从而互相抵消减弱干扰作用。双绞线相邻的扭绞处之间为双绞线的节距，双绞线不同节距会对串模干扰起到不同的抑制效果，如表 3-5 所示。

表 3-5　双绞线不同抑制效果

节距（mm）	干扰衰减比	屏蔽效果
100	14：1	23
75	71：1	37
50	112：1	41
25	141：1	43
平行线	1：1	0

双绞线可用来传输模拟信号和数字信号，用于点对点连接和多点连接应用场合，传输距离为几千米，数据传输速率可达 2Mbit/s。

（2）引入滤波电路

采用硬件滤波器抑制串模干扰是一种常用的方法。根据串模干扰频率与被测信号频率的分布特性，可以选用低通、高通、带通等滤波器。其中，如果干扰频率比被测信号频率高，则选用低通滤波器；如果干扰频率比被测信号频率低，则选用高通滤波器；如果干扰频率落在被测信号频率的两侧时，则需用带通滤波器。一般采用电阻 R、电容 C、电感 L 等无源元件构成滤波器。图 3-51（a）所示为在模拟量输入通道中引入的一个无源二级阻容低通滤波器，但它的缺点是对有用信号也会有较大的衰减。为了把增益与频率特性结合起来，对于小信号可以采取以反馈放大器为基础的有源滤波器，它不仅可以达到滤波效果，而且能够提高信号的增益，如图 3-51（b）所示。

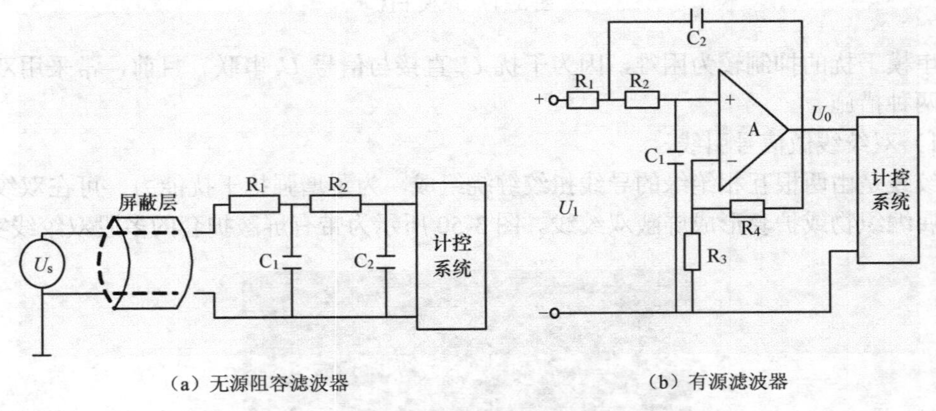

（a）无源阻容滤波器　　（b）有源滤波器

图 3-51　无源元件构成滤波器

2. 共模干扰的抑制

共模干扰是指计算机控制系统输入通道中信号放大器两个输入端上共有的干扰电压，可以是直流电压，也可以是交流电压，其幅值达几伏甚至更高，这取决于现场产生干扰的环境条件和计算机等设备的接地情况。其表现形式与产生原因如图 3-52 所示。

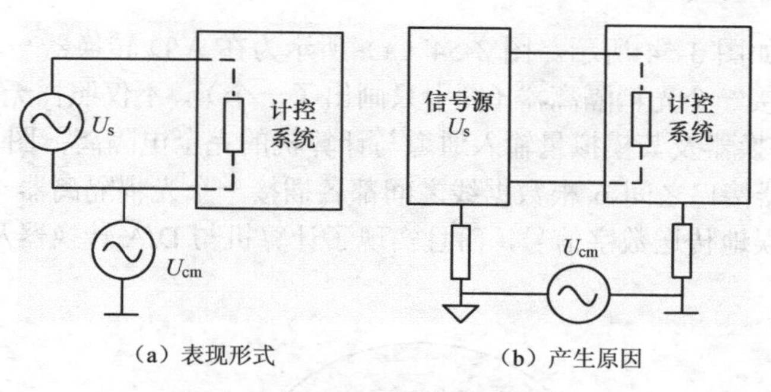

图 3-52　共模干扰

在计算机控制系统中一般都用较长的导线把现场中的传感器或执行器引入至计算机系统的输入通道或输出通道中，这类信号传输线通常长达几十米以至上百米，这样，现场信号的参考接地点与计算机系统输入或输出通道的参考接地点之间存在一个电位差 U_{cm}。这个 U_{cm} 是加在放大器输入端上共有的干扰电压，故称共模干扰电压。

既然共模干扰产生的原因是不同"地"之间存在的电压，以及模拟信号系统对地的漏阻抗。因此，共模干扰电压的抑制就应当是有效地隔离两个地之间的电联系，以及采用被测信号的双端差动输入方式。具体的有变压器隔离、光电隔离与浮地屏蔽 3 种措施。

（1）变压器隔离

利用变压器把现场信号源的地与计算机的地隔离开来，也就是把"模拟地"与"数字地"断开。被测信号通过变压器耦合获得通路，而共模干扰电压由于不成回路而得到有效的抑制。

要注意的是，隔离前和隔离后应分别采用两组互相独立的电源，以切断两部分的地线联系，如图 3-53 所示。被测信号 U_S 经双绞线引到输入通道中的放大器，放大后的直流信号 U_{S1}，先通过调制器变换成交流信号，经隔离变压器 B 由原边传输到副边，然后用解调器再将它变换为直流信号 U_{S2}，再对 U_{S2} 进行 A/D 转换。这样，被测信号通过变压器的耦合获得通路，而共模电压由于变压器的隔离无法形成回路而得到有效的抑制。

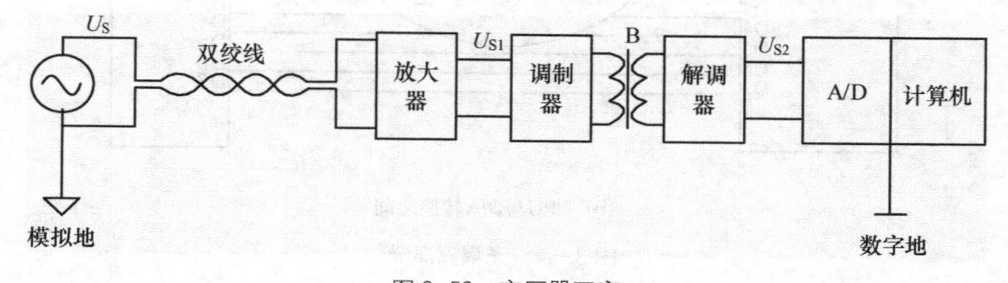

图 3-53　变压器隔离

（2）光电隔离

光电耦合隔离器是目前计算机控制系统中最常用的一种抗干扰方法。利用光耦隔离器的开关特性，可传送数字信号而隔离电磁干扰，即在数字信号通道中进行隔离。开关量输入信号调理电路中，光耦隔离器不仅把开关状态送至主机数据口，而且可实现外部与计算机的完全电隔离；在继电器输出驱动电路中，光耦隔离器不仅可以把 CPU 的控制数据信号输出到外部的继电器，而且可以实现计算机与外部的完全电隔离。

其实在模拟量输入 / 输出通道中也主要应用这种数字信号通道的隔离方法，即在 A/D 转换器与 CPU 或 CPU 与 D/A 转换器的数字信号之间插入光耦隔离器，以进行数据信号和控制信号的耦合传送，如图 3-54 所示。图 3-54（a）所示为在 A/D 转换器与 CPU 接口之间 6 根数据线之间都各插接一个光耦隔离器（图中只画出了一个），不仅照样无误地传送数字信号，而且实现了 A/D 转换器及其模拟量输入通道与计算机的完全电隔离；图 3-54（b）所示为在 CPU 与 D/A 转换器接口之间 6 根数据线之间都各插接一个光耦隔离器（图中也只画出了一个），不仅照样无误地传送数字信号，而且实现了计算机与 D/A 转换器及其模拟量输出通道的完全电隔离。

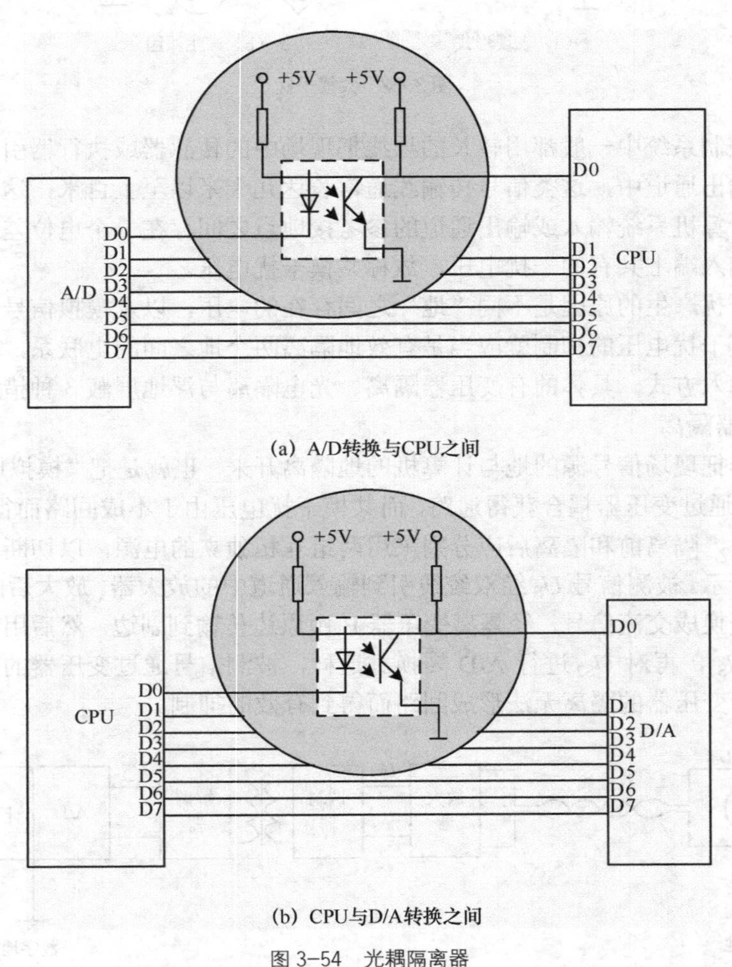

图 3-54　光耦隔离器

利用光耦隔离器的线性放大区，也可传送模拟信号而隔离电磁干扰，即在模拟信号通道中进行隔离。例如，在现场传感器与 A/D 转换器或 D/A 转换器与现场执行器之间的模拟信号的线性传送，如图 3-55 所示。

在图 3-55（a）所示输入通道的现场传感器与 A/D 转换器之间，光电耦合器一方面把放大器输出的模拟信号线性地光耦（或放大）到 A/D 转换器的输入端， 另一方面又切断了现场模拟地与计算机数字地之间的联系，起到了很好的抗共模干扰作用。在图 3-55（b）所示的输出通道的 D/A 转换器与执行器之间，光电耦合器一方面把放大器输出的模拟信号线性地光耦（或放大）输出到现场执行器，另一方面又切断了计算机数字地与现场模拟地之间的联系，起到了很好的抗共模干扰作用。

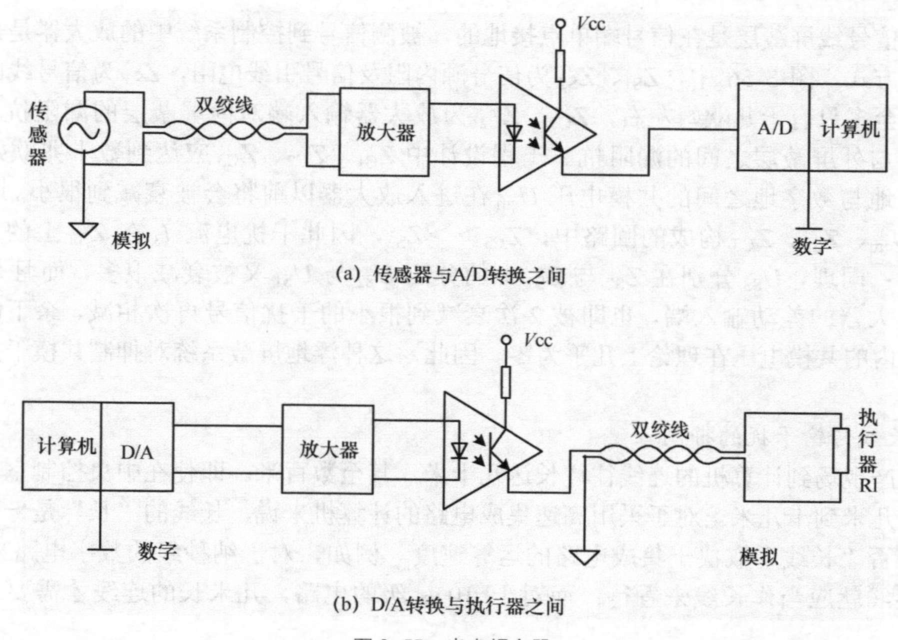

图 3-55 光电耦合器

光耦的这两种隔离方法各有优缺点。模拟信号隔离方法的优点是使用少量的光耦，成本低；缺点是调试困难，如果光耦挑选得不合适，会影响系统的精度。而数字信号隔离方法的优点是调试简单，不影响系统的精度；缺点是使用较多的光耦器件，成本较高。但因光耦的价格越来越低廉，因此，目前在实际工程中主要使用光耦隔离器的数字信号隔离方法。

（3）浮地屏蔽

浮地屏蔽是利用屏蔽层使输入信号的“模拟地”浮空，使共模输入阻抗大为提高，共模电压在输入回路中引起的共模电流大为减少，从而抑制了共模干扰的来源，使共模干扰降至很低。图 3-56 所示为浮地输入双层屏蔽放大电路。

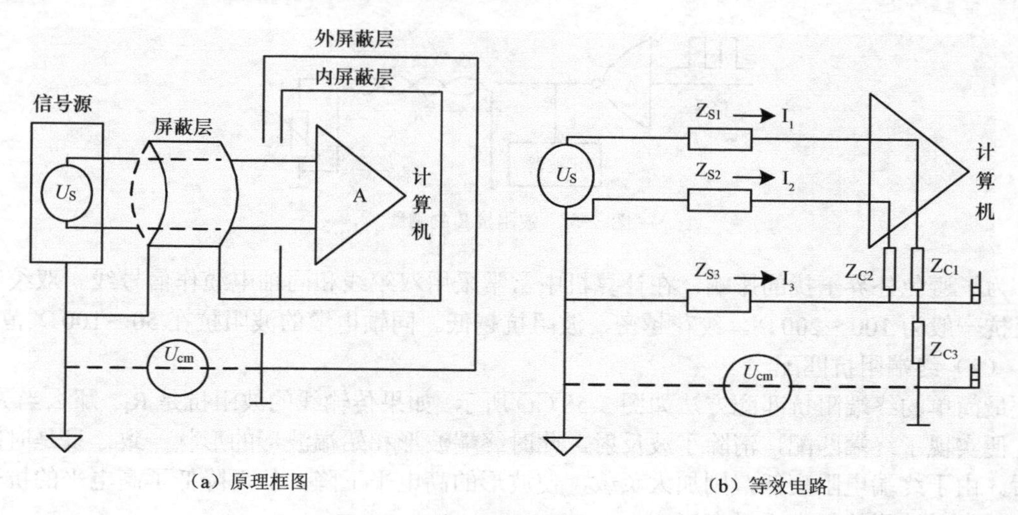

图 3-56 浮地输入双层屏蔽放大电路

计算机部分采用内外两层屏蔽，且内屏蔽层对外屏蔽层（机壳地）是浮地的，而内层与信号源及信号线屏蔽层是在信号端单点接地的，被测信号到控制系统中的放大器是采用双端差动输入方式。图 3-56 中，Z_{S1}、Z_{S2} 为信号源内阻及信号引线电阻，Z_{S3} 为信号线的屏蔽电阻，它们至多只有十几欧姆左右，Z_{C1}、Z_{C2} 为放大器输入端对内屏蔽层的漏阻抗，Z_{C3} 为内屏蔽层与外屏蔽层之间的漏阻抗。工程设计中 Z_{C1}、Z_{C2}、Z_{C3} 应达到数十兆欧姆以上，这样模拟地与数字地之间的共模电压 U_{cm} 在进入放大器以前将会被衰减到很小。这是因为首先在 U_{cm}、Z_{S3}、Z_{C3} 构成的回路中，$Z_{C3}>>Z_{S3}$，因此干扰电流 I_3 在 Z_{S3} 上的分压 U_{S3} 就小得多；同理，U_{S3} 分别在 Z_{S2} 与 Z_{S1} 上的分压 U_{S2} 与 U_{S1} 又被衰减很多，而且是同时加到运算放大器的差动输入端，也即被 2 次衰减到很小的干扰信号再次相减，余下的进入计算机系统内的共模电压在理论上几乎为零。因此，这种浮地屏蔽系统对抑制共模干扰是很有效的。

3. 长线传输干扰的抑制

由生产现场到计算机的连线往往长达几十米，甚至数百米。即使在中央控制室内，各种连线也有几米到十几米。对于采用高速集成电路的计算机来说，长线的“长”是一个相对的概念，是否“长线”取决于集成电路的运算速度。例如，对于纳秒级的数字电路来说，1m 左右的连线就应当作长线来看待；而对于 10 μs 级的电路，几米长的连线才需要当作长线处理。

信号在长线中传输除了会受到外界干扰和引起信号延迟外，还可能会产生波反射现象。当信号在长线中传输时，由于传输线的分布电容和分布电感的影响，信号会在传输线内部产生正向前进的电压波和电流波，称为入射波。

（1）波阻抗的测量

为了进行阻抗匹配，必须事先知道信号传输线的波阻抗 R_P，波阻抗 R_P 的测量如图 3-57 所示。图中的信号传输线为双绞线，在传输线始端通过与非门加入标准信号，用示波器观察门 A 的输出波形，调节传输线终端的可变电阻 R，当门 A 输出的波形不畸变时，即是传输线的波阻抗与终端阻抗完全匹配，反射波完全消失，这时的 R 值就是该传输线的波阻抗，即 $R_P=R$。

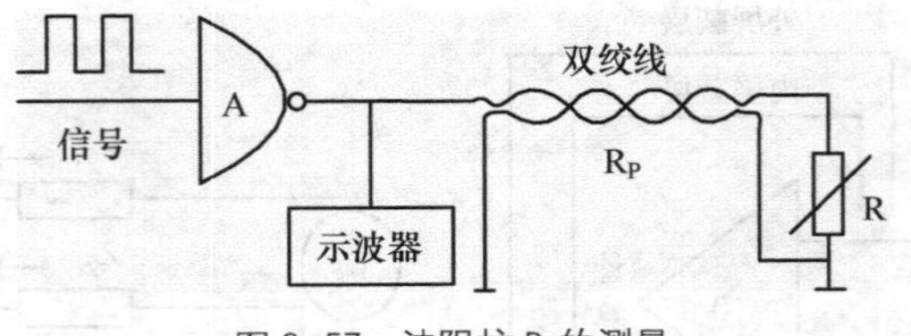

图 3-57　波阻抗 R_P 的测量

为了避免外界干扰的影响，在计算机中常常采用双绞线和同轴电缆作信号线。双绞线的波阻抗一般为 100～200 Ω，绞花越密，波阻抗越低。同轴电缆的波阻抗在 50～100 Ω 范围。

（2）终端阻抗匹配

最简单的终端阻抗匹配方法如图 3-58（a）所示。如果传输线的波阻抗是 R_P，那么当 $R=R_P$ 时，便实现了终端匹配，消除了波反射。此时终端波形和始端波形的形状一致，只是时间上滞后。由于终端电阻变低，则加大负载，使波形的高电平下降，从而降低了高电平的抗干扰能力，但对波形的低电平没有影响。

为了克服上述匹配方法的缺点，可采用图 3-58（b）所示的终端匹配方法。

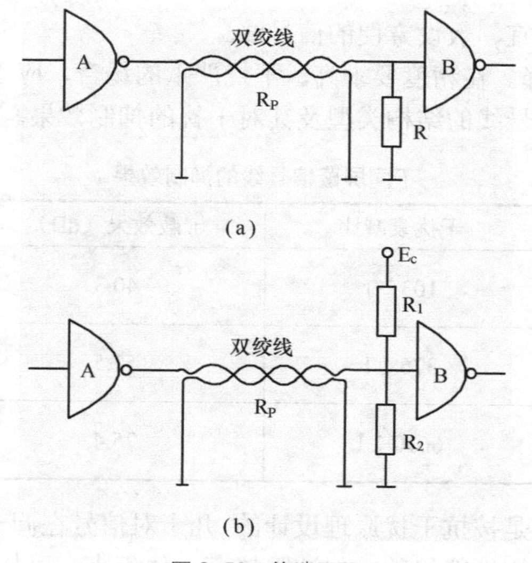

图 3-58　终端匹配

适当调整 R_1 和 R_2 的阻值，可使 $R=R_P$。这种匹配方法也能消除波反射，优点是波形的高电平下降较少，缺点是低电平抬高，从而降低了低电平的抗干扰能力。为了同时兼顾高电平和低电平两种情况，可选取 $R_1=R_2=2R_P$，此时等效电阻 $R=R_P$。实践中宁可使高电平降低得稍多一些，而让低电平抬高得少一些，可通过适当选取电阻 R_1 和 R_2，并使 $R_1>R_2$ 来达到此目的，当然还要保证等效电阻 $R=R_P$。

（3）始端阻抗匹配

在传输线始端串入电阻 R，如图 3-59 所示，也能基本上消除反射，达到改善波形的目的。一般选择始端匹配电阻 R 为：$R=R_P-R_{SC}$，其中，R_{SC} 为门 A 输出低电平时的输出阻抗。

这种匹配方法的优点是波形的高电平不变，缺点是波形低电平会抬高。其原因是终端门 B 的输入电流在始端匹配电阻 R 上的压降所造成的。显然，终端所带负载门个数越多，则低电平抬高得越显著。

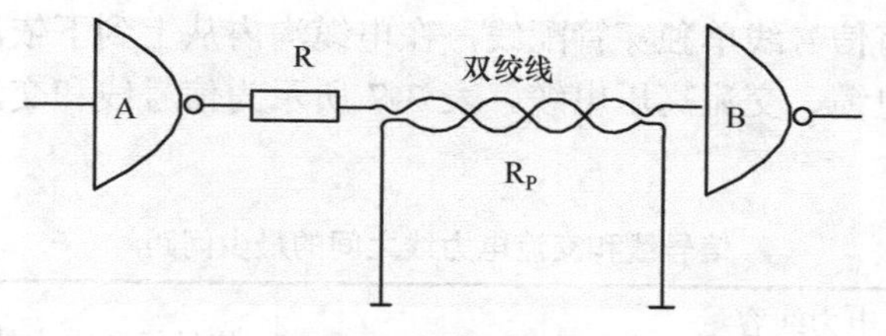

图 3-59　始端匹配电阻

4. 信号线的选择与敷设

在计算机控制系统中，信号线的选择与敷设也是个不容忽视的问题。如果能合理地选择信号线，并在实际施工中又能正确地敷设信号线，那么可以抑制干扰；反之，将会给系统引入干扰，造成不良影响。

（1）信号线的选择

对信号线的选择，一般应从抗干扰和经济实用这几个方面考虑，而抗干扰能力则应放在首位。不同的使用现场，干扰情况不同，应选择不同的信号线。在不降低抗干扰能力的条件下，应该尽量选用价钱便宜、敷设方便的信号线。

① 信号线类型的选择。在精度要求高、干扰严重的场合，应当采用屏蔽信号线。表 3-6 所示为几种常用的屏蔽信号线的结构类型及其对干扰的抑制效果。

表 3-6 不同屏蔽信号线的抑制效果

屏蔽结构	干扰衰减比	屏蔽效果（dB）	备注
铜网（密度 85%）	103：1	40.3	电缆的可靠性好，适合近距离使用
铜带迭卷（密度 90%）	376：1	51.5	带有焊药，易接地，通用性好
铝聚酯树脂带迭卷	6610：1	75.4	应使用电缆沟，抗干扰效果最好

有屏蔽层的塑料电缆是按抗干扰原理设计的，几十对信号在同一电缆中也不会互相干扰。屏蔽双绞线与屏蔽电缆相比性能稍差，但波阻抗高、体积小、可挠性好、装配焊接方便，特别适用于互补信号的传输。双绞线之间的串模干扰小、价格低廉，是计算机控制实时系统常用的传输介质。

② 信号线粗细的选择。从信号线价格、强度及施工方便等因素出发，信号线的截面积在 $2mm^2$ 以下为宜，一般采用 1.5 mm^2 和 1.0 mm^2 两种。采用多股线电缆较好，其优点是可挠性好，适宜于电缆沟有拐角和狭窄的地方。

（2）信号线的敷设

选择了合适的信号线，还必须合理地进行敷设。否则，不仅达不到抗干扰的效果，反而会引进干扰。信号线的敷设要注意以下事项。

① 模拟信号线与数字信号线不能合用同一根电缆，要绝对避免信号线与电源线合用同一根电缆。

② 屏蔽信号线的屏蔽层要一端接地，同时要避免多点接地。

③ 信号线的敷设要尽量远离干扰源，如避免敷设在大容量变压器、电动机等电器设备的附近。如果有条件，将信号线单独穿管配线，在电缆沟内从上到下依次架设信号电缆、直流电源电缆、交流低压电缆、交流高压电缆。表 3-7 所示为信号线和交流电力线之间的最少间距，供布线时参考。

表 3-7 信号线和交流电力线之间的最少间距

电力线容量		信号线和电力线之间的最少间距（cm）
电压（V）	电流（A）	
125	10	12
250	50	18
440	200	24
5000	800	48

④ 信号电缆与电源电缆必须分开，并尽量避免平行敷设。如果现场条件有限，信号电缆与电源电缆不得不敷设在一起时，则应满足以下条件。

- 电缆沟内要设置隔板，且使隔板与大地连接，如图 3-60（a）所示。

- 电缆沟内用电缆架或在沟底自由敷设时，信号电缆与电源电缆间距一般应在 15cm 以上，如图 3-60（b）、（c）所示；如果电源电缆无屏蔽，且为交流电压 220V AC、电流 10A 时，两者间距应在 60 cm 以上。
- 电源电缆使用屏蔽罩，如图 3-60（d）所示。

软件抗干扰技术见本书第 8 章。

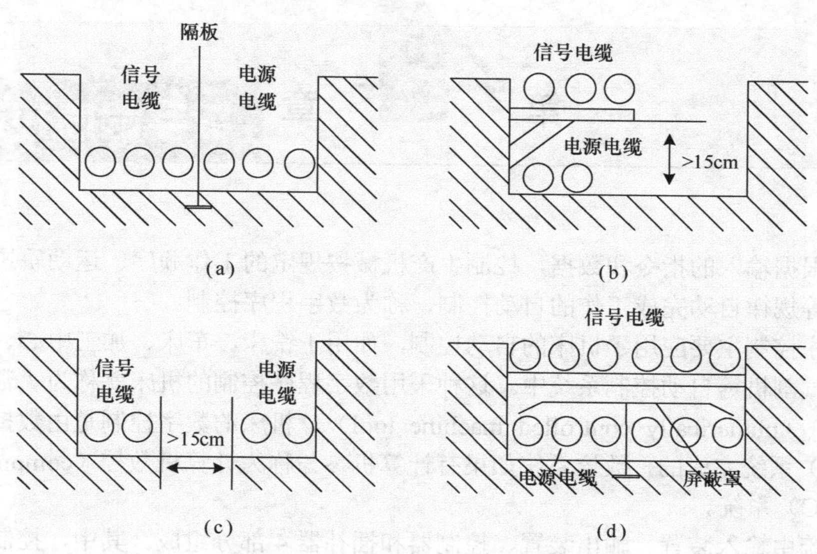

图 3-60 信号电缆与电源电缆的敷设

习题 3

1. 什么是过程通道？过程通道由哪几部分组成？
2. 画出数字量输入 / 输出通道的结构。
3. 画出 D/A 转换器原理框图，并说明 D/A 转换的原理。
4. D/A 转换器接口的隔离技术有哪两种？并说明每种隔离技术的特点。
5. 列出 3 种 A/D 转换器的实现方法，并加以说明。
6. A/D 转换器的外围电路有哪些？并说明每种电路的功能。
7. 试述计算机控制系统的抗干扰措施有哪些。

第 4 章 数字程序控制技术

计算机根据输入的指令和数据，控制生产机械按规定的工作顺序、运动轨迹、运动距离和运动速度等规律自动完成工作的自动控制，称为数字程序控制。

数字程序控制主要应用于机床的自动控制，如用于铣床、车床、加工中心、线切割机以及焊接机、气割机等自动控制系统中。这种采用数字程序控制的机床就称为“数控机床”或“NC 机床”（numerically controlled machine tool）。机床的数字控制是由数控（numerical control，NC）系统完成的，数控系统如果有计算机参与称为计算机数控（computer numerical control，CNC）系统。

数控系统由输入装置、输出装置、控制器和插补器 4 部分组成。其中，控制器和插补器功能以及部分输入 / 输出功能由计算机承担。插补器用于完成插补计算，就是按给定的基本数据（如直线的终点坐标，圆弧的起、终点坐标等），插补（插值）中间坐标数据，从而把曲线形状描述出来的一种计算。

4.1 数字程序控制基础

4.1.1 数字程序控制原理

如图 4-1 所示的平面图形，如何用计算机在绘图仪或加工装置上重现。

1. 基本思路

逐点输入加工轨迹的坐标不现实。数控加工轮廓一般由直线、圆弧组成，也可能有一些非圆曲线轮廓，因此可以用分段曲线（曲线基点和曲线属性）拟合加工轮廓。输出装置为步进电动机，驱动每个轴以一定距离的步长运动，实际加工轮廓是以折线轨迹拟合光滑曲线。

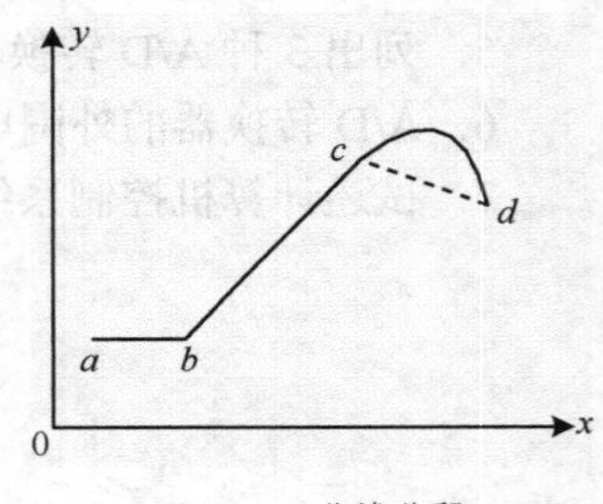

图 4-1　曲线分段

2. 步骤

（1）曲线分段

图 4-1 中的曲线分为 3 段，分别为 ab 、bc 、cd ，a 、b 、c 、d 4 点坐标送计算机。分割原则是应保证线段所连的曲线与原图形的误差在允许范围之内。图 4-1 的分段有两种实现方法：直线 ab 、直线 bc 、直线 cd ；直线 ab 、直线 bc 、弧 cd 。显然后者比前者要精确得多。

（2）插补计算

当给定a、b、c、d各点坐标的x和y值之后，如何确定各坐标值之间的中间值？给定曲线基点坐标，求得曲线中间值的数值计算方法称为插值计算或插补计算。插补计算的原则是通过给定的基点坐标，以一定的速度连续定出一系列中间点，而这些中间点的坐标值是以一定的精度逼近给定的线段。从理论上讲，插补的形式可用任意函数形式，但为了简化插补运算过程和加快插补速度，常用的是直线插补和二次曲线插补两种形式。

所谓直线插补是指在给定的两个基点之间用一条近似直线来逼近，也就是由此定出中间点连接起来的折线近似于一条直线，并不是真正的直线。

所谓二次曲线插补是指在给定的两个基点之间用一条近似曲线来逼近，也就是实际的中间点连线是一条近似于曲线的折线弧。常用的二次曲线有圆弧、抛物线、双曲线等。

（3）折线逼近

根据插补计算出的中间点，产生脉冲信号驱动x、y方向上的步进电动机，带动绘图笔、刀具等，从而绘出图形或加工所要求的轮廓。每个脉冲驱动步进电动机走一步为一个脉冲当量（mm / 脉冲）或步长，用Δx和Δy来表示，通常取$\Delta x=\Delta y$。假设(x_0, y_0)代表某直线段的起点坐标值，(x_e, y_e)代表该线段的终点坐标值。则

x方向步数：$N_x=(x_e-x_0)/\Delta x$

y方向步数：$N_y=(y_e-y_0)/\Delta y$

显然，Δx和Δy的增量值越小，就越逼近于理想的直线段。

4.1.2 数字程序控制方式

数字程序控制按运动控制的特点分为如下3种方式：点位控制、直线切削控制和轮廓切削控制。

1. 点位控制

在一个点位控制（point to point，PTP）系统中，只要求控制刀具行程终点的坐标值，即工件加工点准确定位，至于刀具从一个加工点移到下一个加工点走什么路径、移动的速度、沿哪个方向趋近都无须规定，并且在移动过程中不做任何加工，只是在准确到达指定位置后才开始加工（定位）。点位控制驱动电路简单，无须插补。

2. 直线切削控制

这种控制也主要是控制行程的终点坐标值，不过还要求刀具相对于工件平行某一直角坐标轴作直线运动，且在运动过程中进行切削加工（单轴切削）。直线切削控制驱动电路复杂，无须插补。

3. 轮廓的切削控制

切削控制（continuous path，CP）的特点是能够控制刀具沿工件轮廓曲线不断地运动，并在运动过程中将工件加工成某一形状。这种方式是借助于插补器进行的，插补器根据加工的工件轮廓向每一坐标轴分配速度指令，以获得图纸坐标点之间的中间点（多轴切削）。轮廓切削控制驱动电路复杂，需要插补。

4.1.3 数字程序控制结构

数字程序控制按伺服系统的类型分为闭环方式和开环方式两种。

1. 闭环数字程序控制

如图 4-2 所示，这种结构的执行机构多采用直流电动机（小惯量伺服电动机和宽调速力矩电动机）作为驱动元件，反馈测量元件采用光电编码器（码盘）、光栅、感应同步器等。

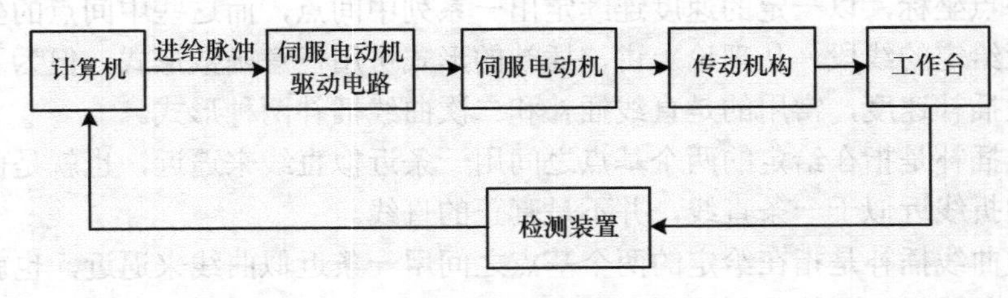

图 4-2 闭环数字程序控制

2. 开环数字程序控制

如图 4-3 所示，这种控制结构没有反馈检测元件，工作台由步进电动机驱动。步进电动机接收步进电动机驱动电路发来的指令脉冲作相应的旋转，把刀具移动到与指令脉冲相当的位置，至于刀具是否到达了指令脉冲规定的位置，那是不受任何检查的，因此这种控制的可靠性和精度基本上由步进电动机和传动装置来决定。

由于采用了步进电动机作为驱动元件，使得系统的可控性变得更加灵活，更易于实现各种插补运算和运动轨迹控制。本章主要是讨论开环数字程序控制技术。

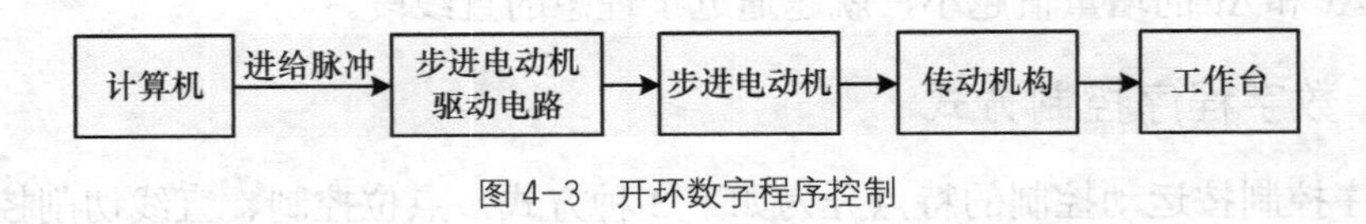

图 4-3 开环数字程序控制

4.2 逐点比较法插补原理

实现插补运算的方法很多，有逐点比较插补法、数字积分插补法、时间分割插补法、样条插补法等，其中逐点比较插补法应用最广，在此予以专门介绍。

所谓逐点比较法插补，就是刀具或绘图笔每走一步都要和给定轨迹上的坐标值进行比较，看这点在给定轨迹的上方或下方，或是给定轨迹的里面或外面，从而决定下一步的进给方向。如果原来在给定轨迹的下方，下一步就向给定轨迹的上方走，如果原来在给定轨迹的里面，下一步就向给定轨迹的外面走。如此走一步、看一看，比较一次，再决定下一步走向，以便逼近给定轨迹，即形成逐点比较插补。

逐点比较法是以阶梯折线来逼近直线或圆弧等曲线的，它与规定的加工直线或圆弧之间的最大误差为一个脉冲当量，因此只要把脉冲当量（每走一步的距离即步长）取得足够小，就可达到加工精度的要求。

4.2.1 逐点比较法直线插补

1. 第一象限内的直线插补

（1）偏差计算公式

根据逐点比较法插补原理，必须把每一插值点（动点）的实际位置与给定轨迹的理想位置间的误差，即“偏差”计算出来，根据偏差的正、负决定下一步的走向，来逼近给定轨迹。因此，偏差计算是逐点比较法关键的一步。

如图4-4所示，若在第一象限加工出直线段OA，取直线段的起点为坐标原点，直线段终点坐标(x_e, y_e)是已知的。点$m(x_m, y_m)$为加工点（动点），若点m在直线段OA上，则有$x_m / y_m = x_e / y_e$，即$y_m x_e - x_m y_e = 0$。

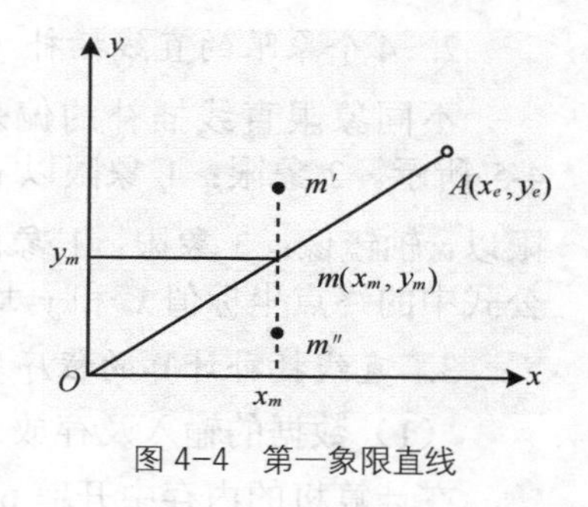

图4-4 第一象限直线

现定义直线插补的偏差计算式为

$$F_m = y_m x_e - x_m y_e \tag{4-1}$$

偏差判别：若$F_m=0$，表明点m在OA直线段上；若$F_m>0$，表明点m在OA直线段的上方，即点m'处；若$F_m<0$，表明点m在OA直线段的下方，即点m''处。

由此可得第一象限直线逐点比较法插补的原理是：从直线的起点（即坐标原点）出发，当$F_m \geqslant 0$时，沿$+x$方向走一步；当$F_m<0$时，沿$+y$方向走一步；当两方向所走的步数与终点坐标(x_e, y_e)相等时，发出终点到达信号，停止插补。

简化的偏差计算公式：

① 设加工点正处于m点，当$F_m \geqslant 0$时，表明m点在OA上或OA上方，应沿$+x$方向进一步至$(m+1)$点，该点的坐标值为$\begin{cases} x_{m+1} = x_m + 1 \\ y_{m+1} = y_m \end{cases}$，该点的偏差为

$$F_{m+1} = y_{m+1}x_e - x_{m+1}y_e = y_m x_e - (x_m + 1)y_e = F_m - y_e \tag{4-2}$$

② 设加工点正处于m点，当$F_m<0$时，表明m点在OA下方，应向$+y$方向进给一步至$(m+1)$点，该点的坐标值为$\begin{cases} x_{m+1} = x_m \\ y_{m+1} = y_m + 1 \end{cases}$，该点的偏差为$F_{m+1} = F_m + x_e$。 (4-3)

简化后偏差计算公式中只有一次加法或减法运算，新的加工点的偏差F_{m+1}都可以由前一点偏差F_m和终点坐标相加或相减得到。特别要注意，加工的起点是坐标原点，起点的偏差是已知的，即$F_0 = 0$。

（2）终点判断方法

① 双计数器法：设置x，y轴两个减法计数器N_x和N_y，在加工开始前，分别存入终点坐标值x_e和y_e，$x(y)$轴每进给一步，则$N_x - 1$ $(N_y - 1)$，当N_x和N_y均为0，则认为达到终点。

② 单计数器法：设置一个终点计数器N_{xy}，寄存x和y两个坐标进给的总步数，x或y坐标每进给一步，$N_{xy} - 1$，若$N_{xy} = 0$，则认为达到终点。

（3）插补计算过程

插补计算时，每走一步，都要进行以下4个步骤的插补计算过程。

① 偏差判别：判断上一步进给后的偏差是$F \geqslant 0$还是$F < 0$。

② 坐标进给：根据所在象限和偏差判别的结果，决定进给坐标轴及其方向。

③ 偏差计算：计算进给一步后新的偏差，作为下一步进给的偏差判别依据。

④ 终点判断：进给一步后，终点计数器减1，判断是否到达终点，到达终点则停止运算；若没有到达终点，返回①。如此不断循环直到到达终点。

2. 4个象限的直线插补

不同象限直线插补的偏差符号和进给方向如图4-5所示。2象限：1象限以y轴镜像；4象限：1象限以x轴镜像；3象限：1象限旋转180°。计算时，公式中的终点坐标值x_e和y_e均采用绝对值。

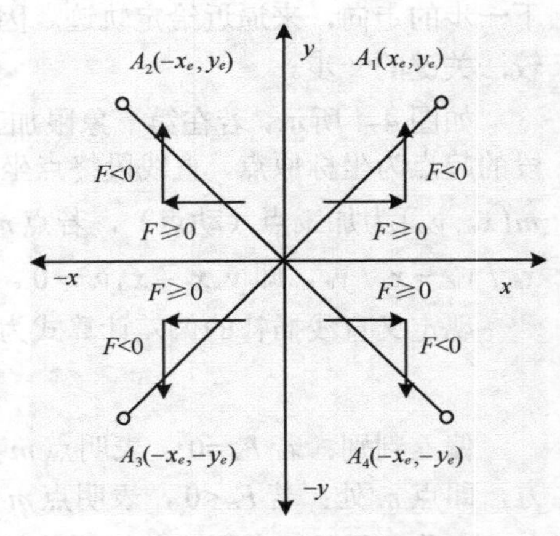

图4-5 4个象限直线的偏差符号和方向

3. 直线插补计算的程序实现

（1）数据的输入及存放

在计算机的内存中开辟6个单元XE、YE、NXY、FM、XOY、ZF，分别存放终点横坐标x_e、终点纵坐标y_e、总步数N_{xy}、加工点偏差F_m、直线所在象限值xOy和走步方向标志。其中，$N_{xy}=N_x+N_y$；xOy等于1、2、3、4分别代表第一、第二、第三、第四象限，xOy的值可由终点坐标(x_e, y_e)的正、负符号来确定；F_m的初值为$F_0=0$；Z_f等于1、2、3、4分别代表$+x$、$-x$、$+y$、$-y$走步方向。

（2）直线插补计算的程序流程

图4-6所示为直线插补计算的程序流程图，该图按照插补计算过程的4个步骤即偏差判别、坐标进给、偏差计算、终点判断来实现插补计算程序。偏差判别、偏差计算、终点判断是逻辑运算和算术运算，容易编写程序，而坐标进给通常是给步进电动机发走步脉冲，通过步进电动机带动机床工作台或刀具移动。

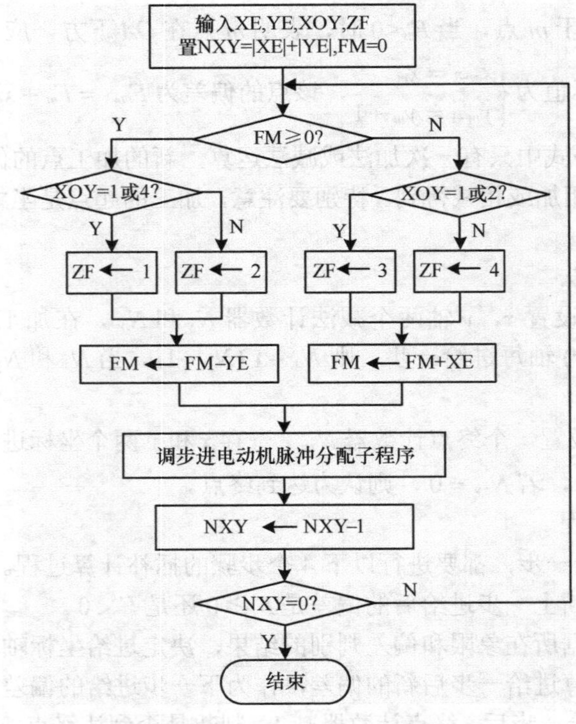

图4-6 直线插补计算程序流程

【例 4-1】设加工第一象限直线 OA，起点坐标为 $O(0, 0)$，终点坐标为 $A(6, 4)$，试进行插补计算并作出走步轨迹图。

解：$x_e = 6$，$y_e = 4$，进给总步数 $N_{xy} = |6-0| + |4-0| = 10$，$F_0 = 0$，插补计算过程如表 4-1 所示，走步轨迹如图 4-7 所示。

表 4-1　直线插补过程

步　数	偏差判别	坐标进给	偏差计算	终点判断
起　点			$F_0 = 0$	$N_{xy} = 10$
1	$F_0 = 0$	$+x$	$F_1 = F_0 - y_e = 0 - 4 = -4$	$N_{xy} = 9$
2	$F_1 < 0$	$+y$	$F_2 = F_1 + x_e = -4 + 6 = 2$	$N_{xy} = 8$
3	$F_2 > 0$	$+x$	$F_3 = F_2 - y_e = 2 - 4 = -2$	$N_{xy} = 7$
4	$F_3 < 0$	$+y$	$F_4 = F_3 + x_e = -2 + 6 = 4$	$N_{xy} = 6$
5	$F_4 > 0$	$+x$	$F_5 = F_4 - y_e = 4 - 4 = 0$	$N_{xy} = 5$
6	$F_5 = 0$	$+x$	$F_6 = F_5 - y_e = 0 - 4 = -4$	$N_{xy} = 4$
7	$F_6 < 0$	$+y$	$F_7 = F_6 + x_e = -4 + 6 = 2$	$N_{xy} = 3$
8	$F_7 > 0$	$+x$	$F_8 = F_7 - y_e = 2 - 4 = -2$	$N_{xy} = 2$
9	$F_8 < 0$	$+y$	$F_9 = F_8 + x_e = -2 + 6 = 4$	$N_{xy} = 1$
10	$F_9 > 0$	$+x$	$F_{10} = F_9 - y_e = 4 - 4 = 0$	$N_{xy} = 0$

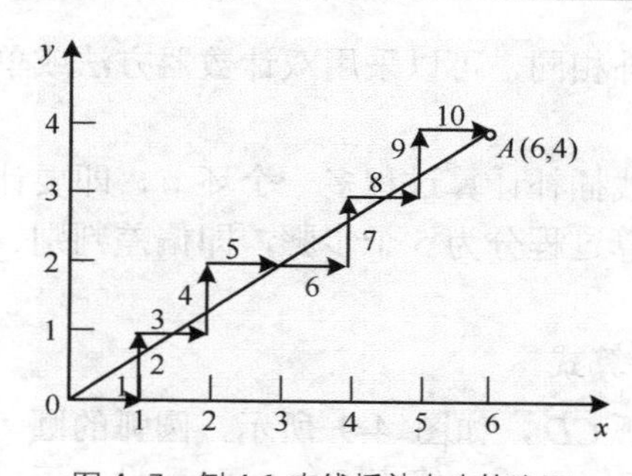

图 4-7　例 4.1 直线插补走步轨迹图

4.2.2　逐点比较法圆弧插补

1. 第一象限内的圆弧插补

（1）偏差计算公式

设要加工第一象限逆圆弧 $\widehat{AB}$，如图 4-8 所示，圆弧的圆心在坐标原点，并已知圆弧的起点为 $A(x_0, y_0)$，终点为 $B(x_e, y_e)$，圆弧半径为 R。令瞬时加工点为 $m(x_m, y_m)$，它与圆心的距离为 R_m，显然，可以比较 R_m 和 R 来反映加工偏差。比较 R_m 和 R，实际上是比较它们的平方值。

由图 4-8 所示的第一象限逆圆弧 $\widehat{AB}$ 可知，$R_m^2 = x_m^2 + y_m^2$，$R^2 = x_0^2 + y_0^2$。因此，可定义偏差计算式为

$$F_m = R_m^2 - R^2 = x_m^2 + y_m^2 - R^2 \tag{4-4}$$

偏差判别：若$F_m=0$，表明加工点m在圆弧上；$F_m>0$，表明加工点m在圆弧外；$F_m<0$，表明加工点m在圆弧内。

由此可得第一象限逆圆弧逐点比较插补的原理是：从圆弧的起点出发，当$F_m\geqslant 0$，为了逼近圆弧，下一步向$-x$方向进给一步，并计算新的偏差；若$F_m<0$，为了逼近圆弧，下一步向$+y$方向进给一步，并计算新的偏差。如此一步步计算和一步步进给，并在到达终点后停止计算，就可插补出如图 4-8 所示的第一象限逆圆弧$\widehat{AB}$。

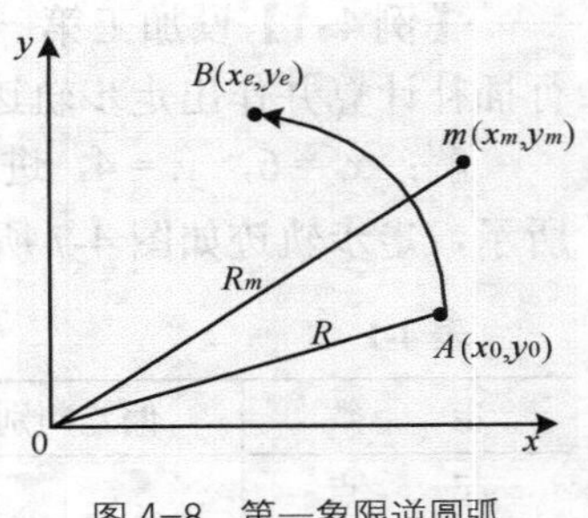

图 4-8　第一象限逆圆弧

（2）简化的偏差计算的递推公式

① 设加工点正处于$m(x_m,y_m)$点，当$F_m\geqslant 0$时，应沿$-x$方向进给一步至$(m+1)$点，其坐标值为：$\begin{cases}x_{m+1}=x_m-1\\ y_{m+1}=y_m\end{cases}$。新的加工点的偏差为

$$F_{m+1}=x_{m+1}^2+y_{m+1}^2-R=(x_m-1)^2+y_m^2-R^2=F_m-2x_m+1 \tag{4-5}$$

② 同理，当$F_m<0$时，新的加工点偏差为

$$F_{m+1}=x_{m+1}^2+y_{m+1}^2-R=x_m{}^2+(y_m+1)^2-R^2=F_m+2y_m+1 \tag{4-6}$$

由以上可知，只要知道前一点的偏差和坐标值，就可求出新的一点的偏差。因为加工点是从圆弧的起点开始，故起点的偏差$F_0=0$。

（3）终点判断方法

终点判断方法和直线插补相同，可以采用双计数器方法或单计数器方法。

（4）插补计算过程

圆弧插补计算过程比直线插补计算过程多一个环节，即要计算加工点瞬时坐标（动点坐标）值。因此，圆弧插补计算过程分为 5 个步骤，即偏差判别、坐标进给、偏差计算、坐标计算、终点判断。

（5）顺圆弧插补偏差计算式

若要加工第一象限顺圆弧$\widehat{CD}$，如图 4-9 所示，圆弧的圆心在坐标原点，并已知起点$C(x_0,y_0)$，终点$D(x_e,y_e)$，设加工点现处于$m(x_m,y_m)$点。当$F_m\geqslant 0$时，沿$-y$轴方向走一步，新加工点的坐标为(x_m,y_m-1)，偏差为$F_{m+1}=F_m-2y_m+1$；当$F_m<0$时，沿$+x$方向走一步，新加工点的坐标将是(x_m+1,y_m)，同样可求出新的偏差为

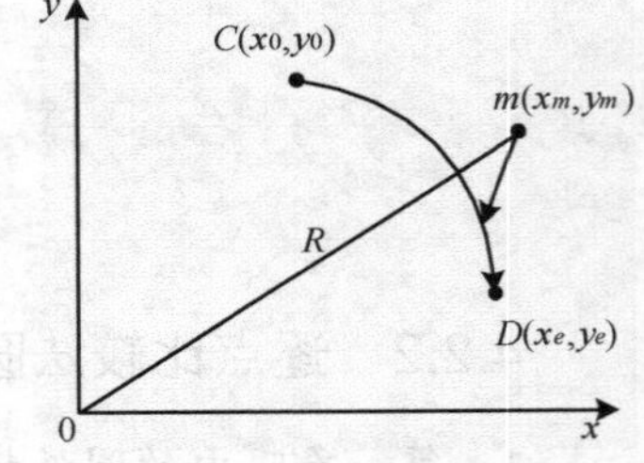

图 4-9　第一象限顺圆弧

$$F_{m+1}=F_m+2x_m+1 \tag{4-7}$$

比较直线插补和圆弧插补可以看出前者的偏差计算使用终点坐标(x_e,y_e)；而后者的偏差计算使用前一点坐标(x_m,y_m)。

2. 4 个象限的圆弧插补

其他象限的圆弧插补可与第一象限的情况相比较而得出，因为其他象限的所有圆弧总是与第一象限中的逆圆弧或顺圆弧互为对称，如图 4-10 所示。而且，对于圆弧插补，我们也是要首先清楚第一步的进给方向，后面的就很容易计算了。

① 圆弧插补中，沿对称轴的进给的方向相同，沿非对称轴的进给的方向相反。

② 所有对称圆弧的偏差计算公式，只要取起点坐标的绝对值，均与第一象限中的逆圆弧或顺圆弧的偏差计算公式相同。

当 $F_m \geqslant 0$ 时，

$$F_{m+1} = F_m - 2y_m + 1\ (SR_1, SR_3, NR_2, NR_4), \quad (4\text{-}8)$$

$$F_{m+1} = F_m - 2x_m + 1\ (SR_2, SR_4, NR_1, NR_3); \quad (4\text{-}9)$$

当 $F_m < 0$ 时，

$$F_{m+1} = F_m + 2x_m + 1\ (SR_1, SR_3, NR_2, NR_4), \quad (4\text{-}10)$$

$$F_{m+1} = F_m + 2y_m + 1\ (SR_2, SR_4, NR_1, NR_3)。 \quad (4\text{-}11)$$

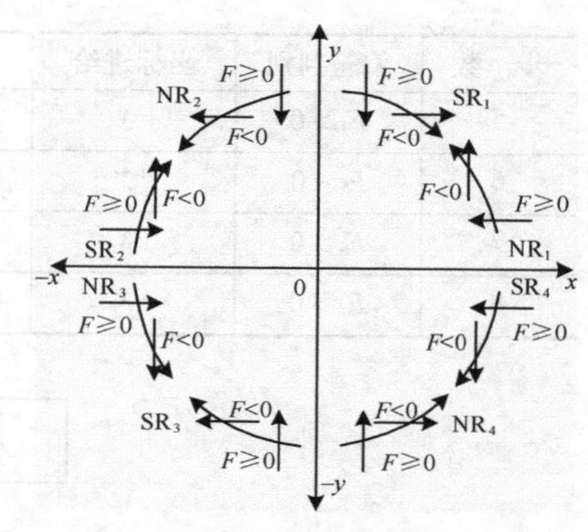

图 4-10 4 个象限圆弧插补的对称关系

这里，SR 代表顺圆弧，NR 代表逆圆弧，下标代表象限。

但是，这里不要求大家刻意地去记忆，要求大家学会分析，从原理入手，分析任意一段弧的偏差计算式 F_m，而且都不会用多长时间。掌握偏差计算式 F_m 最原始的算式的意义，是最重要的。

3. 圆弧插补计算的程序实现

（1）数据的输入及存放

在计算机的内存中开辟 8 个单元 XO、YO、NXY、FM、RNS、XM、YM 和 ZF，分别存放起点的横坐标 x_0、起点的纵坐标 y_0、总步数 N_{xy}、加工点偏差 F_m、圆弧种类值 RNS、x_m、y_m 和进给方向标志。

这里 $N_{xy} = |x_e - x_0| + |y_e - y_0|$；RNS 等于 1、2、3、4 和 5、6、7、8 分别代表 SR_1、SR_2、SR_3、SR_4 和 NR_1、NR_2、NR_3、NR_4，RNS 的值可由起点和终点的坐标的正、负符号来确定；F_m 的初值为 $F_0=0$；x_m 和 y_m 的初值为 x_0 和 y_0；ZF=1、2、3、4 分别表示 $+x$、$-x$、$+y$、$-y$ 进给方向。

（2）圆弧插补计算的程序流程

图 4-11 所示为圆弧插补计算的程序流程图，该图按照插补计算过程的 5 个步骤来实现插补计算程序，即偏差判别、坐标进给、偏差计算、坐标计算和终点判断。

【例 4-2】 设加工第一象限逆圆弧 $\overset{\frown}{AB}$，已知圆弧的起点坐标为 A（4，0），终点坐标为 B（0，4），试进行插补计算并做出进给轨迹图。

解：插补计算过程如表 4-2 所示，进给轨迹如图 4-12 所示。

表 4-2 圆弧插补计算过程

步 数	偏差判别	坐标进给	偏差计算	坐标计算	终点判断
起 点			$F_0 = 0$	$x_0 = 4, y_0 = 0$	$N_{xy} = 8$
1	$F_0 = 0$	$-x$	$F_1 = F_0 - 2x_0 + 1 = -7$	$x_1 = x_0 - 1 = 3, y_1 = 0$	$N_{xy} = 7$
2	$F_1 < 0$	$+y$	$F_2 = F_1 + 2y_1 + 1 = -6$	$x_2 = 3, y_2 = y_1 + 1 = 1$	$N_{xy} = 6$
3	$F_2 < 0$	$+y$	$F_3 = F_2 + 2y_2 + 1 = -3$	$x_3 = 3, y_3 = y_2 + 1 = 2$	$N_{xy} = 5$
4	$F_3 < 0$	$+y$	$F_4 = F_3 + 2y_3 + 1 = 2$	$x_4 = 3, y_4 = y_3 + 1 = 3$	$N_{xy} = 4$

续表

步 数	偏差判别	坐标进给	偏差计算	坐标计算	终点判断
5	$F_4>0$	$-x$	$F_5=F_4-2x_4+1=-3$	$x_5=x_4-1=2, y_5=3$	$N_{xy}=3$
6	$F_5<0$	$+y$	$F_6=F_5+2y_5+1=4$	$x_6=2, y_6=y_5+1=4$	$N_{xy}=2$
7	$F_6>0$	$-x$	$F_7=F_6-2x_6+1=1$	$x_7=x_6-1=1, y_7=4$	$N_{xy}=1$
8	$F_7>0$	$-x$	$F_8=F_7-2x_7+1=0$	$x_8=x_7-1=0, y_8=4$	$N_{xy}=0$

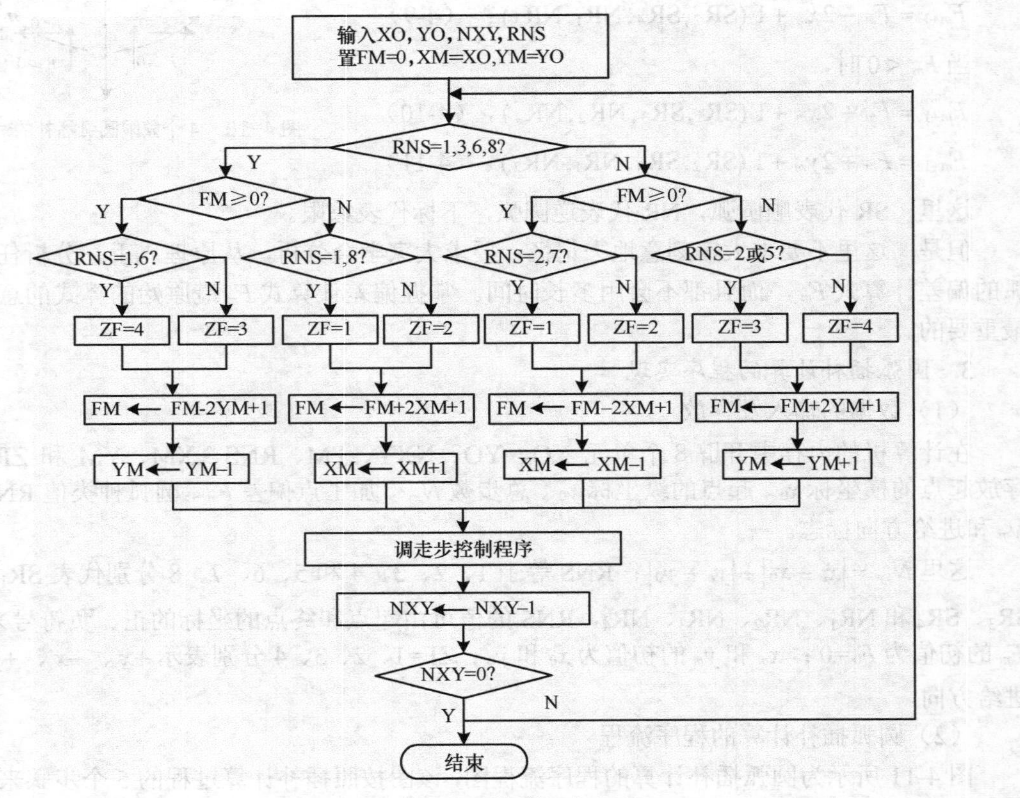

图 4-11 4 象限圆弧插补程序流程图

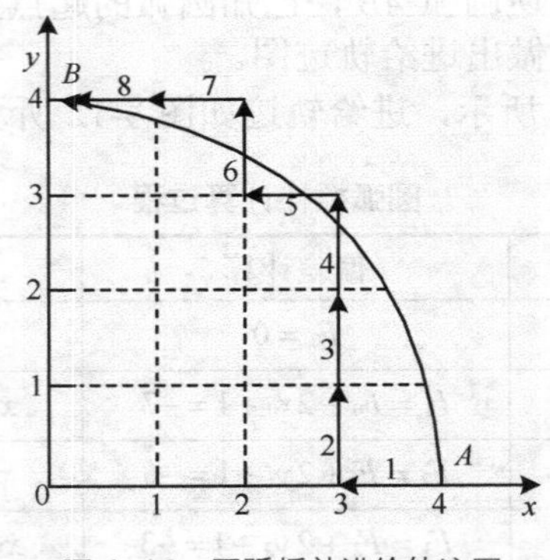

图 4-12 圆弧插补进给轨迹图

4.3 步进电动机控制技术

电动机控制技术是数控技术中最常用的一种控制方法。一个数控机床，它的驱动元件常常是步进电动机。步进电动机早先属于控制电动机，是电动机类中比较特殊的一种，它是利用电磁铁的作用原理将电脉冲信号转换为线位移或角位移的机电式数模（D/A）转换器。它靠脉冲来驱动的，其转子的转角与输入的电脉冲数成正比，转速与脉冲频率成正比，运动的方向由步进电动机各相的通电顺序决定。步进电动机具有控制简单、运行可靠、惯性小等优点，主要用于开环数字程序控制系统中。那么，靠步进电动机来驱动的数控系统的工作站或刀具总移动步数决定于指令脉冲的总数，而刀具移动的速度则取决于指令脉冲的频率。很明显，步进电动机不是连续地变化，而是跳跃的，离散的。

4.3.1 步进电动机的工作原理

1. 步进电动机的结构

图 4-13 步进电动机的结构及工作原理图

图 4-13 所示是三相反应式步进电动机结构简图。可见步进电动机由内转子和定子构成。定子上有绕组，这个电动机是三相电动机，有 3 对磁极 6 个齿，实际上步进电动机不仅有三相，还有四相、五相等。三对磁极分别为 A、B、C，通过开关轮流通电。转子上面带齿，为了说明问题，这里只画了 4 个齿（其实一般有几十个齿），相邻两齿对应的角度为齿距角，齿距角为 $\theta_z = \frac{2\pi}{z} = \frac{360^\circ}{z}$，其中 z 是转子齿数。当 $z = 4$ 时，$\theta_z = 90^\circ$。

2. 工作原理

对于三相步进电动机的 A、B、C 这 3 个开关，每个开关闭合，就会产生一个脉冲，现在我们一起看一下工作过程。

① 初始状态时，开关 A 接通，则 A 相磁极和转子的 1、3 号齿对齐，同时转子的 2、4 号齿和 B、C 相磁极形成错齿状态。这就相当于初始化。

② 当开关 A 断开，B 接通，由于 B 相绕组和转子的 2、4 号齿之间的磁力线作用，产生一个扭矩，使得转子的 2、4 号齿和 B 相磁极对齐，则转子的 1、3 号齿就和 A、C 相绕组磁极形成错齿状态。

③ 开关 B 断开，C 接通，由于 C 相绕组和转子 1、3 号之间的磁力线的作用，使得转子 1、3 号齿和 C 相磁极对齐，这时转子的 2、4 号齿和 A、B 相绕组磁极产生错齿。

④ 当开关C断开，A接通后，由于A相绕组磁极和转子2、4号齿之间的磁力线的作用，使转子2、4号齿和A相绕组磁极对齐，这时转子的1、3号齿和B、C相绕组磁极产生错齿。很明显，这时转子共移动了一个齿距角。

步进电动机的“相”是指绕组的个数，“拍”是指绕组的通电状态。例如，三拍表示一个周期共有3种通电状态，六拍表示一个周期有6种通电状态，每个周期步进电动机转动一个齿距。如果对一相绕组通电的操作称为一拍，那对A、B、C三相绕组轮流通电需要三拍。对A、B、C三相绕组轮流通电一次称为一个周期。从上面分析看出，该三相步进电动机转子转动一个齿距，需要三拍操作。由于按A→B→C→A相轮流通电，则磁场沿A、B、C方向转动了360°空间角，而这时转子沿ABC方向转动了一个齿距的位置。在图4-13中，转子的齿数为4，故齿距角为90°，转动了一个齿距也即转动了90°。同样，如果转子有40个齿，则转完一个周期是9°。

输入一个电脉冲信号，转子转过的角度称为步距角θ_s：

$$\theta_s = \frac{\theta_z}{N} = \frac{360°}{Nz} = \frac{360°}{mKz} \tag{4-12}$$

式中，z为转子齿数；n为步进电动机工作拍数，$n=mK$；m为定子绕组相数；K为与通电方式有关的系数，单相通电方式K=1，单、双相通电方式K=2。

对于步进电动机的三相单三拍工作方式，每切换一次通电状态，转子转过的角度为1/3齿距角，即$\theta_s = 30°$，经过一个周期，转子走了3步，转过一个齿距角。

4.3.2 步进电动机的工作方式

步进电动机有三相、四相、五相、六相等多种，为了分析方便，我们仍以三相步进电动机为例进行分析和讨论。步进电动机可工作于单相通电方式，也可工作于双相通电方式和单相、双相交叉通电方式。选用不同的工作方式，可使步进电动机具有不同的工作性能，如减小步距，提高定位精度和工作稳定性等。对于三相步进电动机则有单相三拍（简称单三拍）工作方式、双相三拍（简称双三拍）工作方式、三相六拍工作方式。假设用计算机输出接口的每一位控制一相绕组，如用计算机数据线的D0、D1、D2分别接到步进电动机的A、B、C三相。

以三相步进电动机为例，有以下3种工作方式。

① 单三拍工作方式，各相通电顺序为：正向旋转，A→B→C→A；或反向旋转，A→C→B→A。数学模型如表4-3所示。

表4-3　单三拍数学模型

步序	控制位								工作状态	
	D7	D6	D5	D4	D3	D2	D1	D0		
						C相	B相	A相		
1	0	0	0	0	0	0	0	1	A	01H
2	0	0	0	0	0	0	1	0	B	02H
3	0	0	0	0	0	1	0	0	C	04H
4	0	0	0	0	0	0	0	1	A	01H

② 双三拍工作方式，各相通电顺序为：正向旋转，AB→BC→CA→AB；或反向旋转，AC→CB→BA→AC。数学模型如表 4-4 所示。

表 4-4 双三拍数学模型

步序	控制位								工作状态	控制模型
	D7	D6	D5	D4	D3	D2 C 相	D1 B 相	D0 A 相		
1	0	0	0	0	0	0	1	1	AB	03H
2	0	0	0	0	0	1	1	0	BC	06H
3	0	0	0	0	0	1	0	1	CA	05H
4	0	0	0	0	0	0	1	1	AB	03H

③ 三相六拍工作方式，各相通电顺序为：正向旋转，A→AB→B→BC→C→CA→A；或反向旋转，A→AC→C→CB→B→BA→A。数学模型如表 4-5 所示。

表 4-5 三相六拍数学模型

步序	控制位								工作状态	
	D7	D6	D5	D4	D3	D2 C 相	D1 B 相	D0 A 相		
1	0	0	0	0	0	0	0	1	A	01H
2	0	0	0	0	0	0	1	1	AB	03H
3	0	0	0	0	0	0	1	0	B	02H
4	0	0	0	0	0	1	1	0	BC	06H
5	0	0	0	0	0	1	0	0	C	04H
6	0	0	0	0	0	1	0	1	CA	05H

4.3.3 步进电动机的脉冲分配程序

1. 步进电动机控制接口

在传统的步进电动机控制电路中，如图 4-14（a）所示，用脉冲发生器来产生脉冲，再用环形的脉冲分配器给各相送脉冲，也就是说，传统的步进电动机控制是由分立元件实现的，电路复杂，可靠性差。而现在步进电动机的控制由微机控制，用微机取代脉冲分配器，如图 4-14（b）所示。用微机控制比较简单，要改变控制，只要改变程序就可以了。

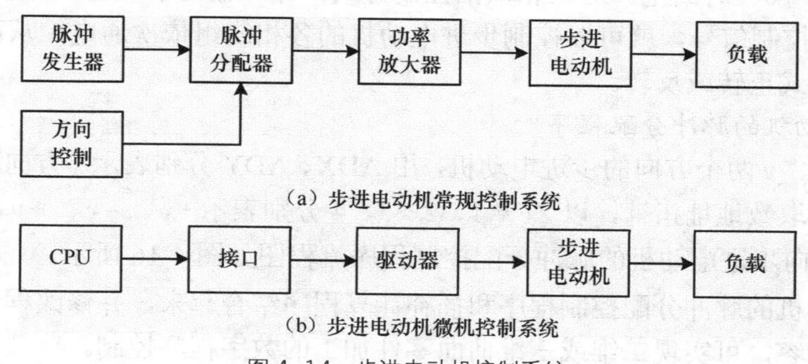

（a）步进电动机常规控制系统

（b）步进电动机微机控制系统

图 4-14 步进电动机控制系统

假定微机同时控制 x 轴和 y 轴两台三相步进电动机，控制接口如图 4-15 所示。此接口电路可选用可编程并行接口芯片 8255，8255 PA 口的 PA0、PA1、PA2 控制 x 轴三相步进电动机，8255 PB 口的 PB0、PB1、PB2 控制 y 轴三相步进电动机。只要确定了步进电动机的工作方式，就可以控制各相绕组的通电顺序，实现步进电动机正转或反转。

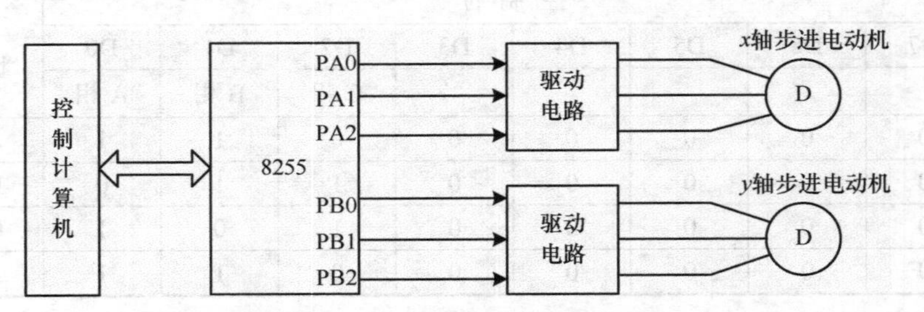

图 4-15　步进电动机控制接口框图

2. 步进电动机控制的输出字表

8255 端口的输出数据问题，PA 口和 PB 口的输出数据的变化规律由步进电动机的相数和工作方式决定。这种输出规律由输出字来表示，为了便于寻找，输出字以表的形式存放于计算机指定的存储区域。用“1”表示绕组通电；用“0”表示相应的绕组断电。按照相应方式下的控制字从 PA 口和 PB 口的输出，就可以使电动机转动。在两次输出数据之间有时间间隔，这个间隔的长短，就是调速问题，也就是频率问题。输出字送得快，电动机转速高，反之，则低。正反转问题的实现，可以将控制字按正向转动的反向顺序输出即可。

表 4-6　　三相六拍控制方式状态字表

存储单元	PA 口输出字
ADX1	00000001
ADX2	00000011
ADX3	00000010
ADX4	00000110
ADX5	00000100
ADX6	00000101

以 x 轴步进电动机控制为例，假定 PA 口的 PA0、PA1、PA2 输出数据为“1”时，相应的绕组通电，为“0”时断电。对三相六拍控制方式，存“输出字”在计算机中，PA 口按表 4-6 的规律送出控制信号，就可以控制步进电动机的各相绕组依次通电，从而控制步进电动机按三相六拍方式正转或反转。

3. 步进电动机的脉冲分配程序

设要控制 x、y 两个方向的步进电动机，用 ADX、ADY 分别表示 x 方向和 y 方向步进电动机输出字表的取数地址指针，以 ZF = 1、2、3、4 分别表示 $+x$、$-x$、$+y$、$-y$ 进给方向，则 x、y 两个方向步进电动机的脉冲分配控制程序流程图如图 4-16 所示。

将步进电动机的脉冲分配控制程序和插补计算程序结合起来，并修改程序的初始化和循环控制判断等内容，可实现二维或三维曲面零件加工的数字程序控制。

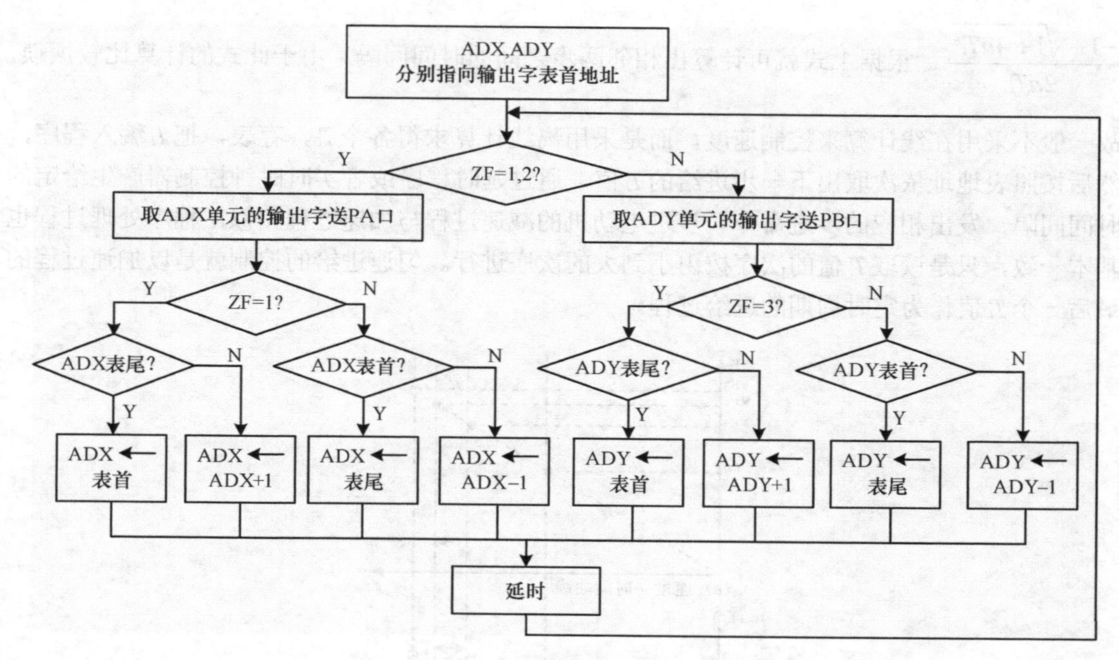

图 4-16 步进电动机的脉冲分配程序流程图

4.3.4 步进电动机的速度控制程序

由于步进电动机的转子有一定的惯性以及所带负载的惯性，故步进电动机在工作过程中不能立即启动和立即停止。在启动时应慢慢地加速到一个预定速度，在停止时应提前减速，否则将产生失步现象。其次，步进电动机的工作频率也有一定的限制，否则会因其速度跟不上也将产生失步现象。另外，给步进脉冲电动机就转，不给步进脉冲电动机就不转；步进脉冲频率高，步进电动机转得快；步进脉冲频率低，步进电动机转得就慢；改变各相的通电方式（叫脉冲分配）可以改变步进电动机的运行方式；改变通电顺序，可以控制步进电动机的正、反转。因此，对步进电动机的控制可以分为：按预定的方式分配各绕组的通电脉冲和步进电动机速度控制，使其始终遵循加速－匀速－减速的规律工作。步进电动机的速度控制，就是控制步进电动机产生步进动作的时间，即控制步进电动机各相绕组通电状态的切换时间，使步进电动机按照给定的速度规律进行工作。

图 4-17 所示为步进电动机的加速过程及其进给脉冲序列。图 4-17（b）中的实线代表理想的位置—时间曲线，曲线上的圆点代表步进位置，该图中的虚线表示步进电动机对变速命令作出的振荡性响应。图 4-17（a）表示步进电动机的速度—时间曲线，其中实线代表进给一步后的末速度，虚线代表每段时间间隔内的实际速度。因此，如果要产生一个接近线性上升的加速过程，就可控制进给脉冲序列的时间间隔，由疏到密地命令步进电动机产生步进动作。

设 T_i 为相邻两个进给脉冲之间的时间间隔（s），V_i 为进给一步后的末速度（步/s），a 为进给一步的加速度（步/s^2），则 $V_i=\dfrac{1}{T_i}$；$V_{i+1}=\dfrac{1}{T_{i+1}}$；$V_{i+1}-V_i=\dfrac{1}{T_{i+1}}-\dfrac{1}{T_i}=aT_{i+1}$；$T_{i+1}=$

$\frac{-1+\sqrt{1+4aT_i^2}}{2aT_i}$。根据上式就可计算出相邻两步之间的时间间隔。由于此式的计算比较烦琐，故一般不采用在线计算来控制速度，而是采用离线计算求得各个T_i，存表，把T_i编入程序，然后按照表地址依次取出下一步进给的T_i值，通过延时程序或者实时时钟控制器产生给定的时间间隔，发出相应的步进命令。步进电动机的减速过程与加速过程相似，程序处理过程也基本一致，只是读取T_i值的次序按由小到大的次序进行。匀速进给的控制就是以加速过程的最后一个T_i值作为定时周期的进给过程。

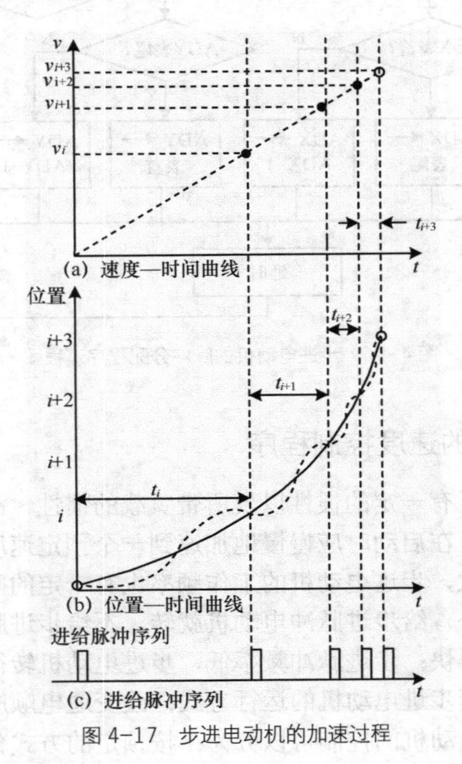

图 4-17　步进电动机的加速过程

步进电动机的速度控制曲线如图 4-18 所示。此图是按匀加速原理画出来的，对于某些场合也可采用变加速原理来实现速度控制。

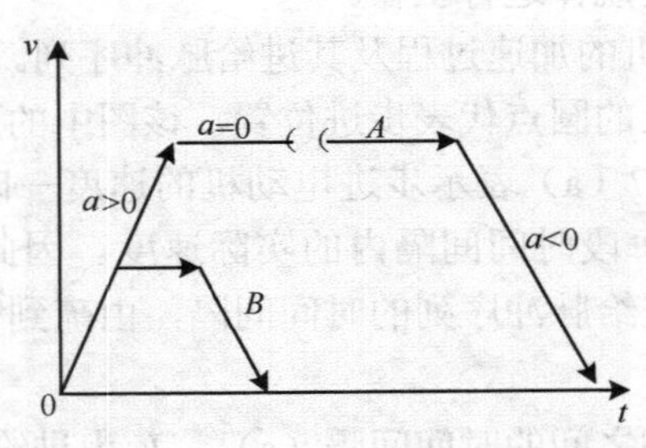

图 4-18　步进电动机的速度控制曲线

曲线 A：代表总步数大于达到最高速度的加速和减速步数

曲线 B：代表进给步数较少，不能达到最高运行速度

习题4

1．什么是数字程序控制？数字程序控制有哪几种方式？

2．什么是逐点比较法？

3．直线插补过程分哪几个步骤？有几种终点判别方法？

4．圆弧插补过程分哪几个步骤？

5．设给定的加工轨迹为第一象限的直线 OP，起点为坐标原点，终点坐标 $A(x_e, y_e)$，其值为（8，6），试进行插补计算，作出走步轨迹图，并标明进给方向和步数。

6．简述反应式步进电动机的工作原理。

第 5 章 计算机控制系统的数学模型

在计算机控制系统中，控制器由计算机代替，由于计算机采用的是数字信号传递，而一次仪表多采用模拟信号传递，如速度、压力、流量、液位等，而计算机控制系统是在离散时刻起控制作用，所以需要将连续的模拟信号离散化，即经过采样、量化，编码成数字量后才能输入计算机进行运算和处理。也就是说计算机控制系统中包含了模拟信号、离散信号和经过量化得到的数字信号。工程上多数情况下被控对象是连续的，从本质上讲，计算机控制系统属于离散控制系统。

为了更好、更方便地对实际系统进行研究、分析和控制，普遍采用的一种富有成效的方法就是模型法。所谓系统的“模型”，是指对具体系统的特征及其运动规律的一种表示或抽象，是对经过合理简化后的系统的描述。模型不同于系统的具体实体，模型不仅需要反映系统实体的本质，而且其表达形式需要适合具体问题的需求，以便于系统的分析和处理。

在连续系统中，表示输入信号和输出信号关系的数学模型用微分方程和传递函数来描述；在离散系统中，则用差分方程、脉冲传递函数和离散状态空间表达式来描述。在计算机控制系统中常用的数学模型主要有：以微分方程或差分方程形式表达的时域模型、以传递函数形式表达的频域模型、系统方框图以及现代控制理论中常用的状态空间模型。本章主要介绍这几种常用数学模型的形式及建立、分析方法，为分析和设计计算机控制系统打下基础。

5.1 计算机控制系统数学模型的建立

系统的模型有物理模型和数学模型之分。物理模型是指由物理性能已知的器件组合起来的一种具有与系统实体相似性质的模型。所谓数学模型就是对于现实世界的一个特定问题，为了某种目的，根据其内在规律，通过必要的抽象简化，运用适当的数学工具，得到的一个数学结构。通俗地说，数学模型就是描述实际问题某方面规律的数学公式、图形或算法。由于计算机技术的迅速发展和在控制系统的广泛应用，数学模型越来越受到重视，控制系统的分析与设计主要是建立在数学模型的基础之上。

数学模型与数学建模是用数学描述和解决实际问题的产物。数学建模是利用数学方法解决实际问题的一种实践，即通过深入了解元件及系统的动态特性，经过抽象、简化、假设等处理过程后，将实际问题用数学方式表达，建立起数学模型，然后运用先进的数学方法及计算机技术进行求解。

数学建模其实并不是什么新东西，可以说有了数学并需要用数学去解决实际问题，就一定要用数学的语言、方法去近似地刻画该实际问题，这种刻画的数学表述的就是一个数学模型，其过程就是数学建模的过程。

任何元件或系统实际上都是很复杂的，难以对它作出精确、全面的描述，必须进行简化或理想化。简化后的元件或系统为该元件或系统的物理模型。简化是有条件的，要根据问题的性质和求解的精确要求，来确定出合理的物理模型。

数学建模通常有两种不同的方法：分析法和实验法。分析法是系统地应用现有的科学理论与定律，对系统各部分的运动机理进行分析，并进一步按照系统中各组成部分之间的相互关系来获得数学模型的方法。各种物理规律、化学规律以及其他科学理论的合理应用是分析法建模的基础。实验法则是在一组假想或假设的模型中，需要人为施加某种测试信号，记录基本输出响应，以求得与系统实测数据吻合最好的模型的建模方法，因此也称为系统辨识。

分析法建立系统数学模型的一般步骤：

- 建立物理模型；
- 列写原始方程，利用适当的物理定律，如牛顿定律、基尔霍夫电流和电压定律、能量守恒定律等；
- 选定系统的输入量、输出量及状态变量（仅在建立状态模型时要求），消去中间变量，建立适当的输入/输出模型或状态空间模型。

实验法——基于系统辨识的建模方法步骤：

- 已知知识和辨识目的；
- 实验设计：选择实验条件；
- 模型阶次选择：选择适合于应用的适当的阶次；
- 参数估计：常采用最小二乘法进行参数估计；
- 模型验证：将实际输出与模型的计算输出进行比较，系统模型需保证两个输出之间在选定意义上的接近。

无论是分析法还是实验法建立的系统数学模型，其根本在于对系统实体的了解。通常情况下，人们不可能一下子对系统实体认识得很全面、很深刻，因此，系统数学建模是一个不断建立、不断修改、不断完善的过程。

5.2 计算机控制系统的时域模型

计算机控制系统的时域模型主要以微（差）分方程的形式表达，建立在传递函数基础之上，也称输入/输出描述法。其中，微分方程是连续时间系统数学模型的最基本表达形式，N阶线性常系数微分方程的基本形式为

$$\sum_{k=0}^{N} a_k \frac{\mathrm{d}^k}{\mathrm{d}t^k} y(t) = \sum_{k=0}^{M} b_k \frac{\mathrm{d}^k}{\mathrm{d}t^k} x(t) \tag{5-1}$$

相应地，差分方程是离散时间系统数学模型的最基本表达形式，N阶线性常系数差分方程的基本形式为

$$\sum_{k=0}^{N} a_k y(n-k) = \sum_{k=0}^{M} b_k x(n-k) \tag{5-2}$$

5.2.1 线性常系数微分方程

在计算机控制系统中往往存在储能元件：惯性元件（质量、电感）、容性元件（电容、热容等），考虑到物理系统输入/输出间的因果关系，其数学模型的阶次等于系统中独立储能元件的个数。

组成系统的元件或多或少地存在着非线性特性，实际意义上纯粹的线性系统是不存在的，对非本质的非线性特性需要进行线性化处理，即线性近似。比较简单常用的线性近似法就是小偏差线性化：若系统在工作点A附近很小的范围内工作，以A点处的切线来代替在范围内很小一端曲线。工作点不同，线性化系数不同，必须在某一个工作点处进行，工作点不同则线性化的结果也不一样。线性化的条件是在工作点附近的小范围内，满足小偏差的条件。只能针对非本质非线性特性进行，线性化的结果是得到工作点附近（邻域）变量增量 Δy、Δx 的线性方程式，习惯上仍写成 x、y。

列写如图5-1所示系统的微分方程式。

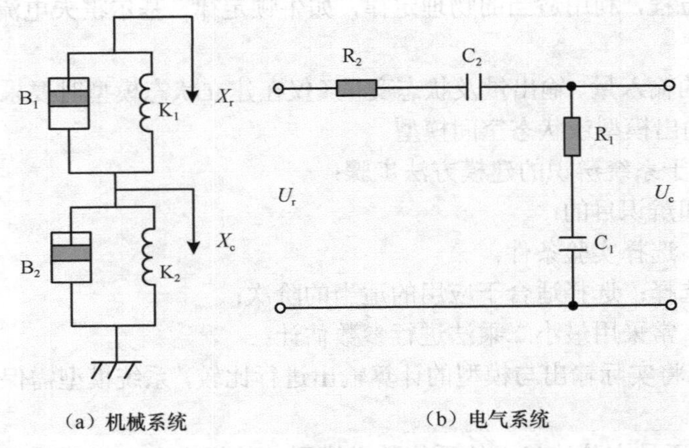

（a）机械系统　　（b）电气系统

图5-1　系统数学模型

对图（a）所示的机械系统，输入为 X_r，输出为 X_c，根据力平衡，可列出其运动方程式：

$$K_1(X_r - X_c) + B_1(\dot{X}_r - \dot{X}_c) = K_2 X_c + B_2 \dot{X}_c \tag{5-3}$$

整理，得

$$(B_1 + B_2)\dot{X}_c + (K_1 + K_2)X_c = B_1 \dot{X}_r + K_1 X_r \tag{5-4}$$

对图（b）所示的电气系统，假设电路串联电流为 i，可列出如下微分方程式：

$$R_2 i + \frac{1}{C_2}\int i\mathrm{d}t + R_1 i + \frac{1}{C_1}\int i\mathrm{d}t = U_r \tag{5-5}$$

$$C_1 U_{c1} = C_2 U_{c2} \tag{5-6}$$

$$U_c = R_1 i + U_{c1} \tag{5-7}$$

$$(R_1 + R_2)i + U_{c1} + U_{c2} = U_r \tag{5-8}$$

由式（5-6）、式（5-7）、式（5-8）解出 i 代入式（5-5），并将式（5-5）两边微分，得

$$(R_1 + R_2)\dot{U}_c + \left(\frac{1}{C_1} + \frac{1}{C_2}\right)U_c = R_1 \dot{U}_r + \frac{1}{C_1}U_r \tag{5-9}$$

比较微分方程式（5-4）和式（5-9）可见，机械系统和电气系统具有相同的数学模型，因此从数学角度看，两个系统的动态特性是一致的。故这些物理系统为相似系统，即电气系统为机械系统的等效系统。相似系统揭示了不同物理现象之间的相似关系，为我们利用简单易实现的系统（如电气系统）去研究复杂而不易实现的系统（如机械系统）提供了方便。

微分方程式所描述的输入、输出信号之间的关系不是将系统的输出作为输入信号的一种显式给出的，而是“隐含的”。为了得到输出信号的显式表达式，必须求得微分方程的解。在实际应用过程中，当采用微分方程来描述系统时，一般均需作初始松弛的假设。初始松弛条件也称为零初始状态或初始静止，在具体应用中几乎已经是默认的条件。

5.2.2　线性常系数差分方程

如果系统的输入/输出特性是线性的，则该系统为线性系统。其基本特性是满足叠加原理：$L(c_1u_1+c_2u_2)=c_1L(u_1)+c_2L(u_2)$，也就是说满足叠加原理的系统即为线性系统。有下面的关系表达式：

如果 $y_1(n)=T[x_1(n)]$，$y_2(n)=T[x_2(n)]$，且 $x(n)=ax_1(n)+bx_2(n)$，a、b 为任意常数，则 $y(n)=T[x(n)]=T[ax_1(n)+bx_2(n)]=aT[x_1(n)]+bT[x_2(n)]=ay_1(n)+by_2(n)$。

如果 $y(n)$是系统对 $x(n)$的响应，当输入序列为 $x(n-k)$时，系统的响应为 $y(n-k)$，$k=0$，±1，±2，…，如果 n 代表不同的采样时刻 nT，也将其称为“时不变系统”。简单地说，时不变系统的输出与输入之间的关系是不随时间改变的，所以又称“定常系统”。

一个单输入—单输出线性时不变离散系统，显然，在某一采样时刻的输出值 $y(n)$与这一时刻的输入值 $x(n)$有关，而且也与过去时刻的输入值 $x(n-1)$，$x(n-2)$，…有关，还与该时刻以前的输出值 $y(n-1)$，$y(n-2)$，…有关。这种关系可以描述如下：

$$\begin{aligned}&y(n)+a_1y(n-1)+a_2y(n-2)+\cdots+a_Ny(n-N)\\&=b_0x(n)+b_1x(n-1)+b_2x(n-2)+\cdots+b_Mx(n-M)\end{aligned}\tag{5-10}$$

或表示为

$$y(n)=-\sum_{k=1}^{N}a_ky(n-k)+\sum_{k=0}^{M}b_kx(n-k)\tag{5-11}$$

与线性定常连续时间系统类似，对于线性定常离散时间系统的数学表达，线性常系数差分方程式（5-11）同样需要加上初始松弛条件。对应的齐次方程为

$$y(n)+a_1y(n-1)+a_2y(n-2)+\cdots+a_Ny(n-N)=0\tag{5-12}$$

通解：

$$y(n)=A_1a_1^{\,n}+A_2a_2^{\,n}+\cdots+A_Na_N^{\,n}=\sum_{i=1}^{N}A_ia_i^{\,n}\tag{5-13}$$

式中系数 A_i 由边界条件（初始条件）决定。

差分方程的解法一般有迭代法和 Z 变换法两种。

【例 5-1】已知采样系统的差分方程是 $y(n)=ay(n-1)+x(n)$，其中 $x(n)=\delta(n)$；初始条件：$y(n)=0$，$n<0$。

解：$y(0)=ay(0-1)+\delta(0)=0+1=1$

$y(1)=ay(1-1)+\delta(1)=ay(0)+0=a$

$y(2)=ay(2-1)+\delta(2)=ay(1)+0=a^2$

…

$$y(n)=a^n$$

于是可得$\begin{cases} y(n)=a^n & 当 n\geqslant 0 \\ y(n)=0 & 当 n<0 \end{cases}$

例 5-1 采用的是迭代法，用 Z 变换法求解差分方程见下一节。

5.3 计算机控制系统的频域模型

上节所述系统的微分方程或差分方程，是在时间域里描述系统动态性能的数学模型。在给定输入及初始条件下，对方程求解即可得到系统的输出。这种方法比较直观，但却难以得到方程中的系数（对应于系统中元件的参数）对系统输出（系统被控量）的影响，因此不便于系统的分析与设计。

在经典控制论中，系统的频域模型占有不可替代的位置。一般来讲，傅里叶变换多用于信号的分析，拉普拉斯变换用于连续时间系统的分析，而 Z 变换则用于离散时间系统的分析。将微分方程或差分方程从时间域变换到频率域，并引入系统在复数域中的数学模型——传递函数，不仅可以表征系统的动态性能，而且可以借以研究系统的结构或参数变换对系统性能的影响。

5.3.1 Z 变换理论

计算机控制系统是线性离散系统或近似当做线性离散系统。研究一个物理系统，必须建立相应的数学模型、解决数学描述和分析工具的问题。Z 变换及其反变换就是分析和设计计算机控制系统重要工具之一。

1. Z 变换的定义

对于采样信号可以描述为：$x^*(t)=\sum\limits_{n=-\infty}^{+\infty}x(nT)\delta(t-nT)$，它的拉氏变换为

$$X^*(s)=\int_{-\infty}^{\infty}\left[\sum_{n=0}^{\infty}x(nT)\delta(t-nT)\right]\mathrm{e}^{-st}\mathrm{d}t=\sum_{n=-\infty}^{\infty}x(nT)\int_{-\infty}^{\infty}\delta(t-nT)\mathrm{e}^{-st}\mathrm{d}t=\sum_{n=-\infty}^{\infty}x(nT)\mathrm{e}^{-nTs}$$

其中，e^{-nTs} 为超越函数，T 为采样周期。引入新的变量 $z=\mathrm{e}^{Ts}$，则 $X(z)=\sum\limits_{n=-\infty}^{\infty}x(nT)z^{-n}$，称为序列 $x(nT)$ 的双边 Z 变换。

但一般工程上总是单边的，即当 $n<0$ 时，$f(n)$=0，则有单边 Z 变换：$X(z)=\sum\limits_{n=0}^{+\infty}x(nT)z^{-n}$。

Z 变换方法一般有级数求和法、部分分式法等方法。

在 MATLAB 符号数学工具箱中的命令 ztrans 可以用于求符号表达式的 Z 变换。Z 变换经常用于求解差分方程。Z 变换调用如下。

① F=ztrans(f)：符号表达式 f 的 Z 变换，缺省的自变量为 n，缺省返回关于 Z 的函数。如果 f=f(z)，则 ztrans(f)返回关于 w 的函数。

② F=ztrans(f，w)：返回关于符号变量 w 的函数 F，而不是关于符号变量 z 的。

③ F=ztrans(f，k，w)：对关于 k 的符号变量作 Z 变换，返回关于符号变量 w 的函数 F。

2. Z变换的性质

（1）线性性质

若$Z[x_1(n)]=X_1(z),Z[x_2(n)]=X_2(z)$，则

$$Z[a_1x_1(n)+a_2x_2(n)]=a_1X_1(z)+a_2X_2(z) \tag{5-14}$$

（2）平移定理

平移是指把整个采样序列 $x(n)$在时间轴上左、右移动若干个采样周期。允许超前，也允许延迟。若$Z[x(n)]=X(z)$，则

$$Z[x(n+k)]=z^kX(z)-\sum_{j=0}^{k-1}z^{k-j}x(j)，\ Z[x(n-k)]=z^{-k}X(z) \tag{5-15}$$

（3）微分定理

$$若Z[x(n)]=X(z)，则Z[nx(n)]=-z\frac{\mathrm{d}X(z)}{\mathrm{d}z} \tag{5-16}$$

（4）积分定理

$$若Z[x(n)]=X(z)，则Z[\frac{x(n)}{n}]=\int_z^{+\infty}\frac{X(z)}{z}\mathrm{d}z+\lim_{n\to 0}\frac{x(n)}{n} \tag{5-17}$$

（5）初值定理

$$\lim_{n\to 0}x(n)=\lim_{z\to+\infty}X(z)或者x(0)=\lim_{z\to+\infty}X(z) \tag{5-18}$$

（6）终值定理

$$\lim_{n\to+\infty}x(n)=\lim_{z\to 1}(z-1)X(z) \tag{5-19}$$

（7）复数位移定理

$$Z[x(t)\mathrm{e}^{\mp at}]=X(z\mathrm{e}^{\pm aT}) \tag{5-20}$$

（8）卷积定理

$$若g(n)=x(n)*y(n)，则G(z)=X(z)\cdot Y(z) \tag{5-21}$$

（9）比例尺变换

$$若Z[x(n)]=X(z)，则Z[x(an)]=X(z^{\frac{1}{a}}) \tag{5-22}$$

（10）乘以指数序列a^n

$$Z[a^nx(n)]=X(a^{-1}z)，a为整数 \tag{5-23}$$

3. Z反变换

已知变换式$X(z)$，求出相应的离散序列$x(n)$或$x(n\mathrm{T})$的过程称作Z反变换。一般有3种方法：部分分式展开法，幂级数展开法和反演积分法。也可以使用MATLAB的函数来计算。作反变换时，仍假定信号序列是单边的，即$n<0$，$x(n)=0$。

在MATLAB中，逆Z变换的调用如下。

① f=iztrans(F)：关于符号表达式对象F的逆Z变换，缺省的自变量为z。缺省返回是关于n的函数。如果F = F(n)，iztrans返回关于k的函数。

② f = iztrans(F,k)：返回关于k的函数，而不是关于n的函数。在此k为符号表达式对象。

③ f = iztrans(F,w,k)：F 是关于 w 的函数，而不是隐含的 findsym(F) 确定的，返回关于 k 的函数。

4. Z 变换法解差分方程

在离散系统中用 Z 变换求解差分方程，也使得求解运算变成代数运算，大大简化和方便了离散系统的分析和综合。用 Z 变换求解差分方程，主要用到了 Z 变换的实数位移定理。求解差分方程的一般方法可以归结如下。

① 对差分方程两端同时取 Z 变换。

② 利用初始条件化简 Z 变换式。

③ 将 Z 变换式改写成如下形式：$X(z)=\dfrac{b_m z^m + b_{m-1}z^{m-1}+\cdots+b_0}{a_n z^n + a_{n-1}z^{n-1}+\cdots+a_0}$　　$m<n$。

④ 求解 $X(z)$ 的 Z 反变换，即可得到差分方程的解。

【例 5-2】 用 Z 变换法解差分方程：$x(n+2)+3x(n+1)+2x(n)=0$，$x(0)=0, x(1)=1$。

解：取方程两端的 Z 变换，得 $z^2X(z)-z^2x(0)-zx(1)+3zX(z)-3zx(0)+2X(z)=0$，代入初始值，有 $z^2X(z)-z+3zX(z)+2X(z)=0$，所以

$$X(z)=\frac{z}{z^2+3z+2}=\frac{z}{z+1}-\frac{z}{z+2}$$

查 Z 反变换表，得 $x(n)=(-1)^n-(-2)^n$，n=0，1，2，…

5. Z 变换与拉普拉斯变换

（1）拉普拉斯变换（简称拉氏变换）与 Z 变换的应用系统不同

Z 变换是对连续信号的采样序列进行变换，因此 Z 变换与其原函数并非一一对应，而只是与采样序列对应。所以，不同的原函数可能会有相同的 Z 变换式。

（2）Z 变换的收敛区间

拉氏变换的存在条件是下式的绝对积分收敛：$\int_0^{\infty}\left|f(t)\mathrm{e}^{-\sigma t}\right|\mathrm{d}t<\infty$。

通常情况下，Z 变换的定义 $X(z)=\sum\limits_{n=-\infty}^{+\infty}x(n)z^{-n}$ 称为双边 Z 变换，而 $X(z)=\sum\limits_{n=0}^{+\infty}x(n)z^{-n}$ 称为单边 Z 变换。如果将 Z 写成 $z=r\mathrm{e}^{\mathrm{j}\omega T}$，$r=|z|$，则双边 Z 变换式就可写成 $X(z)=\sum\limits_{n=-\infty}^{+\infty}x(n)r^{-n}\mathrm{e}^{-\mathrm{j}n\omega T}$。

（3）巴什瓦定理

满足了收敛条件，则 Z 变换对存在。不难证明，对于 Z 变换也存在离散的巴什瓦（Parsval）定理：

$$\sum_{n=0}^{+\infty}x^2(n)=\frac{1}{2\pi j}\oint_{\mathrm{C}}X(z)\cdot X(z^{-1})\cdot z^{-1}\mathrm{d}z \tag{5-24}$$

定理的物理意义是：在时域计算 $x(n)$ 的总能量与在 Z 域计算序列 $X(z)$ 的总能量相等。

（4）S 域与 Z 域的关系

拉氏变换是以 s 为自变量，而 Z 变换是以 z 为自变量，沟通了 s 与 z 的关系，才使得 Z 变换与拉氏变换一样成为工程上有力的工具。由 $z=\mathrm{e}^{TS}$，便建立了 Z 域与 S 域的关系：$z=\mathrm{e}^{(\sigma+\mathrm{j}\omega)T}=\mathrm{e}^{\sigma T}\cdot\mathrm{e}^{\mathrm{j}\omega T}=\mathrm{e}^{\sigma T}\angle\omega T$，显然：当 $\sigma>0$，有 $|z|>1$；当 $\sigma=0$，有 $|z|=1$；当 $\sigma<0$，有 $|z|<1$。s 平面的虚轴表示实部 $\sigma=0$ 和虚部 ω 从 $-\infty$ 变到 $+\infty$，映射到 z 平面上，表示 $|z|=1$，

即单位圆上，和$\theta = T\omega$也从$-\infty$变到$+\infty$，即z在单位圆上逆时针旋转无限多圈。简单地说，就是s平面的虚轴在z平面的映射为一单位圆，如图 5-2 所示。同理，S 域的左半平面，映射到z平面上，对应单位圆内部；S 域的右半平面，映射到z平面上，对应单位圆外部。主频区：$-\frac{\omega_s}{2} \leqslant \omega \leqslant \frac{\omega_s}{2}$，$-\pi \leqslant \theta = T\omega \leqslant \pi$（$z$平面单位圆）。

设闭环离散系统的特征方程式的根为z_1，z_2，…，z_n（即是闭环脉冲传递函数的极点）。那么，线性离散控制系统稳定的充要条件是：闭环系统特征方程的所有根的模$|Z_i| < 1$，即闭环脉冲传递函数的极点均位于z平面的单位圆内。

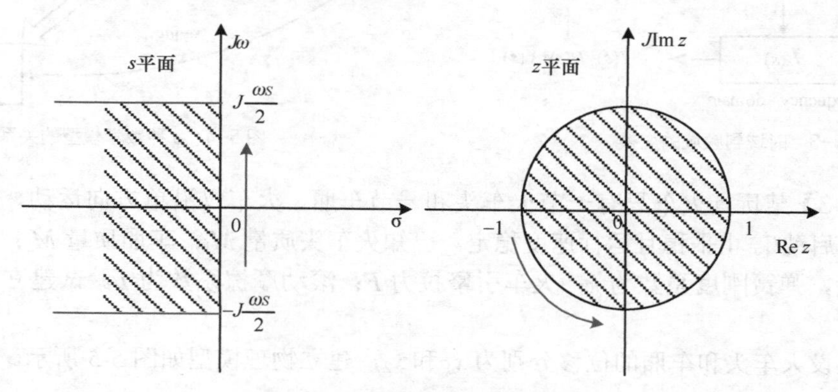

图 5-2　s平面与z平面的映射关系

5.3.2　连续时间系统的传递函数

微分方程反映了连续时间系统输入信号和输出信号之间的联系，是系统的最基本表达形式。尤其是线性常系数微分方程，常用来表达线性定常系统。拉普拉斯变换是通过变换的方式对线性常系数微分方程进行分析求解的一种重要方法。

傅里叶变换对：

$$\begin{cases} F(\omega) = \int_{-\infty}^{\infty} f(t)\mathrm{e}^{-\mathrm{j}\omega t}\mathrm{d}t \\ f(t) = \dfrac{1}{2\pi}\int_{-\infty}^{\infty} F(\omega)\mathrm{e}^{\mathrm{j}\omega t}\mathrm{d}\omega \end{cases} \tag{5-25}$$

拉普拉斯变换对：

$$\begin{cases} F(s) = \int_{0}^{\infty} f(t)\mathrm{e}^{-st}\mathrm{d}t \\ f(t) = \dfrac{1}{2\pi\mathrm{j}}\int_{\sigma-\mathrm{j}\omega}^{\sigma+\mathrm{j}\omega} F(s)\mathrm{e}^{st}\mathrm{d}s \end{cases} \tag{5-26}$$

如图 5-3 所示，经过拉普拉斯变换可以将连续时间系统从时域转移到频域进行分析。连续时间系统的 3 种数学模型之间的关系如图 5-4 所示，比如同一个系统可以在时域和频域分别用式（5-27）、式（5-28）、式（5-29）来分析。

$$(a_0 p^n + a_1 p^{n-1} + \cdots + a_{n-1} p + a_n) y(t) = (b_0 p^m + b_1 p^{m-1} + \cdots + b_{m-1} p + b_m) x(t) \tag{5-27}$$

$$\frac{Y(s)}{X(s)} = G(s) = \frac{b_0 s^m + b_1 s^{m-1} + \cdots + b_{m-1} s + b_m}{a_0 s^n + a_1 s^{n-1} + \cdots + a_{n-1} s + a_n} \tag{5-28}$$

$$G(\mathrm{j}\omega)=\frac{b_0(\mathrm{j}\omega)^m+b_1(\mathrm{j}\omega)^{m-1}+\cdots+b_{m-1}(\mathrm{j}\omega)+b_m}{a_0(\mathrm{j}\omega)^n+a_1(\mathrm{j}\omega)^{n-1}+\cdots+a_{n-1}(\mathrm{j}\omega)+a_n} \tag{5-29}$$

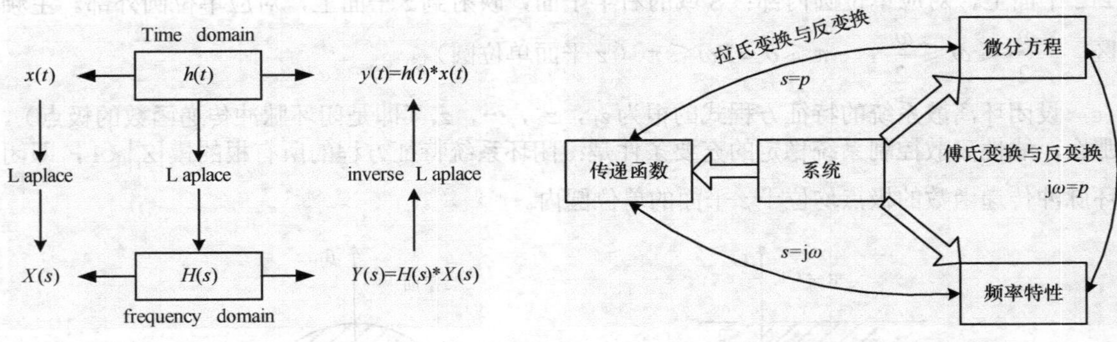

图 5-3 时域到频域的变换　　图 5-4 3 种数学模型的关系

【例 5-3】某玩具火车只有一节火车头和一节车厢，火车仅沿单方向运动，希望通过控制，使火车启动/停止平稳且运行速度稳定。已知火车头质量 M_1；车厢质量 M_2；M_1 与 M_2 通过弹簧连接，弹簧刚度系数为 k；火车引擎拉力 F；滚动摩擦系数为 μ。试建立系统的频域模型。

解：假设火车头和车厢的位移分别为 x_1 和 x_2，建立物理模型如图 5-5 所示。

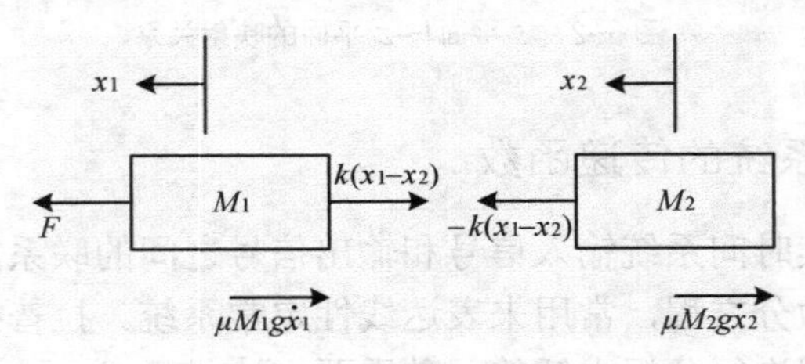

图 5-5 玩具火车物理模型

根据牛顿定律可得微分方程：

$$M_1\ddot{x}_1=F-k(x_1-x_2)-\mu M_1 g\dot{x}_1$$

$$M_2\ddot{x}_2=k(x_1-x_2)-\mu M_2 g\ddot{x}_2$$

定义火车引擎拉力 F 为系统输入变量，火车头速度 $v=\ddot{x}_1$ 为输出变量。对上面微分方程两边分别求拉普拉斯变换得

$$M_1 s^2 X_1(s)=F(s)-k(X_1(s)-X_2(s))-\mu M_1 g s X_1(s)$$

$$M_2 s^2 X_2(s)=k(X_1(s)-X_2(s))-\mu M_2 g s X_2(s)$$

整理可得

$$X_2(s)=\frac{kX_1(s)}{M_2s^2+\mu M_2 gs+k}$$

$$F(s)=[M_1s^2+k-\frac{k^2}{M_2s^2+\mu M_2 gs+k}+\mu M_1 gs]X_1(s)$$

则系统传递函数为

$$G(s)=\frac{Y(s)}{F(s)}=\frac{sX_1(s)}{F(s)}=\frac{M_2s^2+M_2\mu gs+k}{M_1M_2s^3+2M_1M_2\mu gs^2+[M_1k+M_2k+M_1M_2(\mu g)^2]s+k\mu g(M_1+M_2)}$$

若给出玩具火车参数：$M_1=1$ kg；$M_2=0.5$ kg；$k=1$ N/s；$F=1$ N；$\mu=0.002$ s/m；$g=9.8$ m/s^2。通过如下 MATLAB 程序：

```
num=[M2    M2*u*g    k];
den=[M1*M2
    2*M1*M2*u*g
    M1*k+M1*M2*u*u*g*g+M2*k
    M1*k*u*g+M2*k*u*g];
step(num,den)
```

仿真结果如图 5-6 所示。

拉氏变换将线性微分方程变换成线性代数方程，由于代数方程的计算及求解均比微分方程简单，因此拉氏变换为系统的分析带来了很多方便。

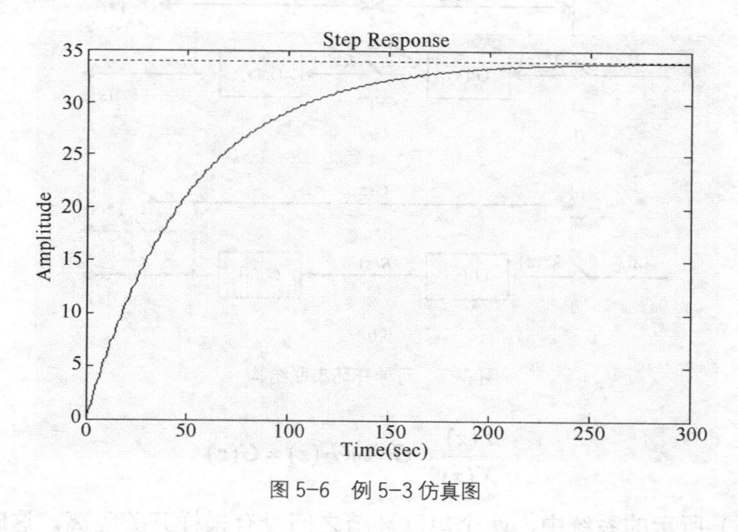

图 5-6　例 5-3 仿真图

5.3.3　离散时间系统的传递函数

线性离散时间系统，其输入与输出之间可用线性常系数差分方程式（5-11）描述。在离散系统中用 Z 变换求解差分方程，也使得求解运算变成代数运算，大大简化和方便了离散系统的分析和综合。用 Z 变换求解差分方程，主要用到了 Z 变换的实数位移定理式（5-15），在前面的 Z 变换法解差分方程里面已经分析过。

除此之外，另外一种分析离散系统的主要方法就是传递函数。

1. 离散时间系统传递函数的基本概念

对于离散系统，一般用差分方程来描述，其形式为

$$\begin{aligned}&y\left[(k+n)\right]+p_1y\left[(k+n-1)\right]+p_2y\left[(k+n-2)\right]+\cdots+p_ny(k)\\&=q_0x\left[(k+m)\right]+q_1\left[x(k+m-1)\right]+\cdots+q_mx(k)\end{aligned}$$

定义该离散系统的传递函数为：初始条件为零时，系统输出输入序列的 Z 变换的比值：

$$G(z)=\frac{Y(z)}{X(z)}=\frac{q_0z^m+q_1z^{m-1}+\cdots+q_m}{z^n+p_1z^{n-1}+\cdots+p_n} \tag{5-30}$$

通常将离散系统的传递函数称为Z传递函数，又叫做脉冲传递函数。系统的脉冲传递函数即为系统的单位脉冲响应 $g(t)$，经过采样后离散信号 $g^*(t)$ 的Z变换，可表示为 $G(z)=\sum_{n=0}^{\infty}g(nT)z^{-n}$，还可表示为 $G(z)=Z[g(t)]=Z\{L^{-1}[G(s)]\}=Z[G(s)]$。

2. 离散时间系统的开环脉冲传递函数

在图5-7（a）所示的开环系统中，两个串联环节之间有采样开关存在，这时

$$R(z)=G_1(z)X(z)$$

$$Y(z)=G_2(z)R(z)=G_1(z)G_2(z)X(z)$$

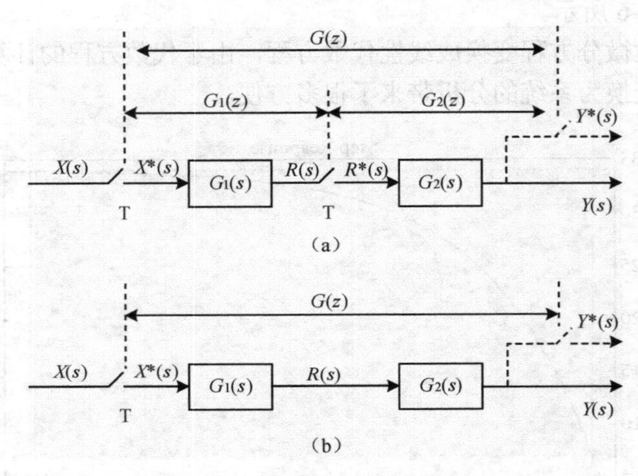

图5-7　两种开环串联结构

$$\frac{Y(z)}{X(z)}=G_1(z)G_2(z)=G(z) \tag{5-31}$$

在图5-7（b）所示的系统中，两个串联环节之间没有采样开关隔离。这时系统的开环脉冲传递函数为

$$G(z)=\frac{Y(z)}{X(z)}=Z[G_1(s)G_2(s)]=G_1G_2(z)=G_2G_1(z) \tag{5-32}$$

式（5-31）和式（5-32）中的 $G_1G_2(z)\neq G_1(z)G_2(z)$。

3. 离散时间系统的闭环脉冲传递函数

由图5-8所示的闭环系统可得

$$E(s)=X(s)-H(s)Y(s)$$

$$Y(s)=E^*(s)G(s)$$

$$E(z)=X(z)-Z[G(s)H(s)E^*(s)]$$

$$E(z)=X(z)-GH(z)E(z)$$

$$E(z)=\frac{X(z)}{1+GH(z)}$$

$$Y(z)=E(z)G(z)=\frac{G(z)}{1+GH(z)}X(z)$$

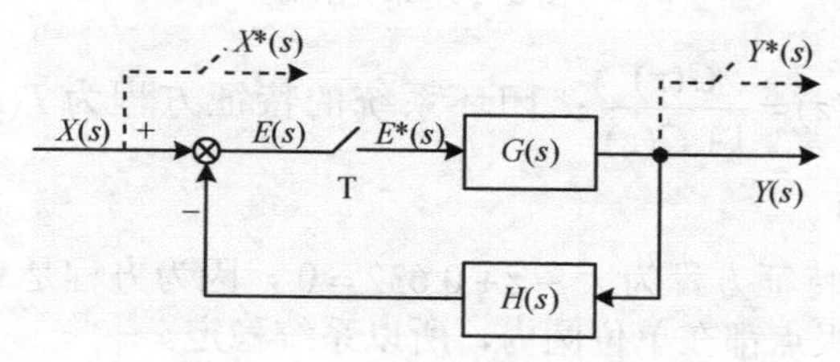

图 5-8　闭环采样控制系统

闭环离散系统对输入量的脉冲传递函数为

$$\Phi(z)=\frac{Y(z)}{X(z)}=\frac{G(z)}{1+GH(z)} \tag{5-33}$$

与线性连续系统类似，闭环脉冲传递函数的分母$1+GH(z)$即为闭环采样控制系统的特征多项式。

在计算机控制系统中，往往有数字控制器环节如图 5-9 所示，该具有数字控制器的采样系统的闭环传递函数为

$$\Phi(z)=\frac{Y(z)}{X(z)}=\frac{D(z)G(z)}{1+D(z)GH(z)} \tag{5-34}$$

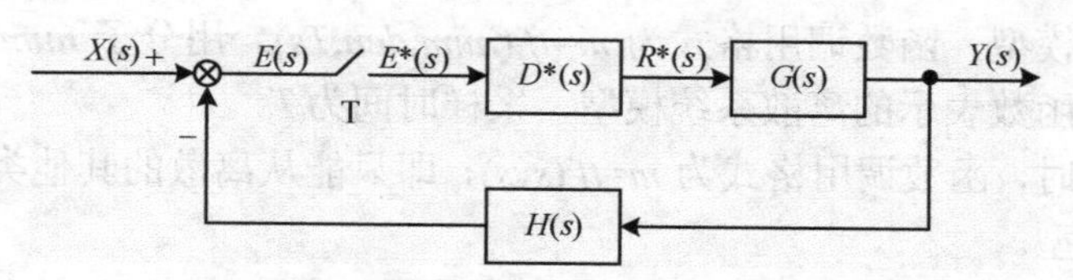

图 5-9　具有数字控制器的采样系统

4. 离散时间系统的稳定性分析

令闭环采样控制系统的特征多项式$1+GH(z)=0$，可解得系统的特征根z_1，z_2，…，z_n即为闭环传递函数的极点。闭环采样系统稳定的充分必要条件是：系统特征方程的所有根均分布在z平面的单位圆内，或者所有根的模均小于1，即$|z_i|<1(i=1, 2, \cdots, n)$。若闭环脉冲传递函数有位于单位圆外的极点，则闭环系统是不稳定的。

【例 5-4】 判断图 5-10 所示系统在采样周期$T=1\,\text{s}$和$T=4\,\text{s}$时的稳定性。

解：开环脉冲传递函数为

$$G(z)=Z\left(\frac{1-\mathrm{e}^{-Ts}}{s}\cdot\frac{1}{s(s+1)}\right)=Z\left((1-\mathrm{e}^{-Ts})\frac{1}{s^2(s+1)}\right)=(1-z^{-1})Z\left(\frac{1}{s^2}-\frac{1}{s}+\frac{1}{s+1}\right)$$

$$=(1-z^{-1})\left(\frac{Tz}{(z-1)^2}-\frac{z}{z-1}+\frac{z}{z-\mathrm{e}^{-T}}\right)=\frac{T(z-\mathrm{e}^{-T})-(z-1)(z-\mathrm{e}^{-T})+(z-1)^2}{(z-1)(z-\mathrm{e}^{-T})}$$

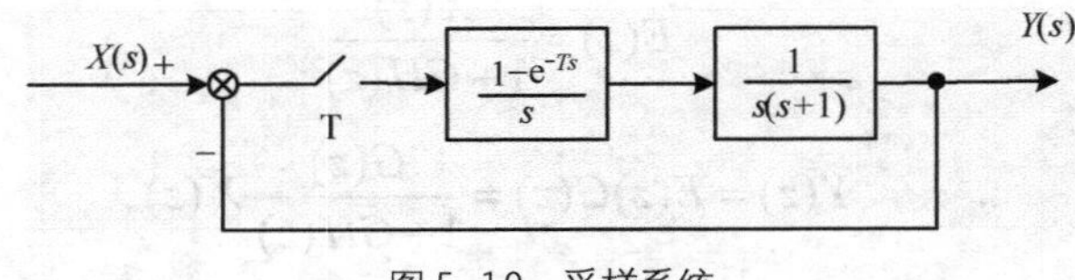

图 5-10　采样系统

闭环传递函数为$\Phi(z)=\dfrac{G(z)}{1+G(z)}$；闭环系统的特征方程为$T(z-\mathrm{e}^{-T})+(z-1)^2=0$，即$z^2+(T-2)z+1-T\mathrm{e}^{-T}=0$。

当T=1s 时，系统的特征方程为$z^2-z+0.632=0$，因为方程是二阶，故直接解得极点为$z_{1,2}=0.5\pm \mathrm{j}0.618$。由于极点都在单位圆内，所以系统稳定。

当$T=4\mathrm{s}$时，系统的特征方程为$z^2+2z+0.927=0$，闭环传递函数解得极点为$z_1=-0.73$，$z_2=-1.27$。有一个极点在单位圆外，所以系统不稳定。

采样周期Ts会影响离散系统稳定性，根据控制理论，Ts越大则系统的稳定性越差（参见例 5-4），从定性分析，采样周期越短，离散控制系统越接近连续系统；从定量分析，控制系统中引入采样开关和保持器，相当于引入了纯时滞，因此，系统的稳定性必然变差。纯时滞的大小等于采样周期的一半，采样周期小，引入的纯时滞小，对稳定性的影响也小。

一般来说，目前计算机的运算速度相对于控制对象是足够高的，因此计算机控制系统的采样周期可以取得足够小，既不会降低运算精度，也不会产生大的滞后。

5. 传递函数的模型

离散系统的动态特性可用差分方程或脉冲传递函数表示。脉冲传递函数是输出信号与输入信号的 Z 变换之比。

建立传递函数模型，函数调用格式为 *m=tf(num,den,Ts)*。用分子 *num* 和分母 *den* 多项式系数建立脉冲传递函数表示的离散系统模型，采样时间为Ts。

用于模型转换时，函数调用格式为 *m=tf(sys)*，即只能从离散的其他类型模型转换到脉冲传递函数的系统模型。

【例5-5】已知控制系统的传递函数为$G(s)=\dfrac{z^2+2z+1}{z^4+5z^3+3z^2+8z+9}$，采样周期为$Ts=2\mathrm{s}$，求离散系统的传递函数。

解：离散系统的传递函数，程序代码如下：

```
>> num=[121];
den=[15389];
Ts=2;
G=tf(num,den,Ts)
```

运行结果：

```
Transfer function:
z^2+2z+1
......................
z^4+5z^3+3z^2+8z+9
Sampling time: 2
```

6. 计算机控制系统方框图和信号流图

系统的方框图和信号流图是系统的两种图解描述方式，它们包含了系统各个组成部分的传递函数、系统的结构、信号流向等信息，表示了系统的输入和输出变量之间的因果关系以及系统内部变量所进行的运算。不论是前述的时域、频域模型，还是下一节将要介绍的状态空间模型，方框图和信号流图都是控制工程中描述复杂系统的有效方法。该方法在课程“自动控制原理”中都有详细讲解，这里我们不再赘述。要求熟练掌握实际物理系统方框图的绘制方法及其简化，熟练应用梅逊公式列写信号流图的传递函数。

5.4 计算机控制系统的状态空间模型

采用拉普拉斯变换或Z变换，将线性定常系统的时域模型变换到频域，得到系统的频域表达式——传递函数，给系统的设计与分析提供了一种实用而方便的方法。本节将介绍系统的另外一种时域表达方式——状态空间模型。假设系统可用N阶微分方程或差分方程表示，通过引入一组变量——状态变量，可将系统方程变换为一组一阶微分方程或差分方程。将这组方程采用矩阵的形式表达，即得到系统的状态空间模型。建立在时域上的状态空间模型非常适合利用计算机进行分析计算。

5.4.1 基本概念

系统的频域分析方法，通过引入复变量，将系统的微分或差分方程变换为代数方程形式，得到系统的传递函数。对系统进行描述的根本着眼点，是系统的输入、输出信号之间的关系，由于关系的重点在于系统的外部特征，因此称为外部描述方法。如前所述，这种方法最突出的局限性在于时域—频域变换时需要限定初始条件，且并不是所有函数均存在简单的变换表达式，因此该方法多用于线性定常系统。

系统的状态空间模型则从另一个角度对系统进行描述：输入信号会导致系统状态的改变，而系统状态的改变则会导致系统输出的改变，因此，通过对系统状态的描述即可实现对系统特性的表征。利用状态空间模型对系统进行描述和分析的方法称为状态空间法。由于这种方法的着眼点在于系统的内部，因此也称为内部描述方法。

状态空间模型有关的基本概念主要有状态、状态变量、状态向量、状态空间等。

1. 状态与状态变量

系统的状态是指，在已知未来输入情况下，对确定系统的未来行为所必要且充分的变量集合。从数学角度来看，系统的状态是指确定系统运动状况的最少数目的一组变量。只要知道了这组变量在$t=t_0$时的值，以及$t\geqslant t_0$时系统的输入$u(t)$，那么系统在$t\geqslant t_0$时的运动状况就可以完全确定。系统在t_0时刻初始条件的总合$x_1(t_0), x_2(t_0),\cdots x_n(t_0)$，就是系统在$t=t_0$时的状态。

如图5-11所示的简单力学系统，假设x、v分别表示质量块m的位移和运动速度，可得系统的运动微分方程：$m\ddot{x}(t)+b\dot{x}(t)+kx=f(t)$。

单纯从输入量$F(t_0,\infty)$无法确定M在t_0以后的运动状况，除非知道$x(t_0)$与$v(t_0)$。$x(t_0)$与$v(t_0)$是该系统的过去历史总结，可以作为系统的状态。则系统在 $t=0$ 时刻的状态（初始状态）为：$x(0), v(0)=\dot{x}(0)$；系统在$t\geqslant 0$时刻的状态（运动状况）为：$x(t), v(t)$。

在任意时刻t，系统的响应完全可以由该瞬时的系统状态和该瞬时的系统输入确定。

构成控制系统状态的变量，即能完全描述系统行为的最小变量组中的每一个变量，称为状态变量。如果完全描述控制系统的最小变量组为 n 个变量 $x_1(t)$，$x_2(t)$，$x_3(t)$，…，$x_n(t)$，则该系统就有 n 个状态变量。

状态变量有如下特点：状态变量并非唯一；选用的状态变量不一定在物理上能观能控；在最优控制中，通常选用物理上能观能控的状态变量。

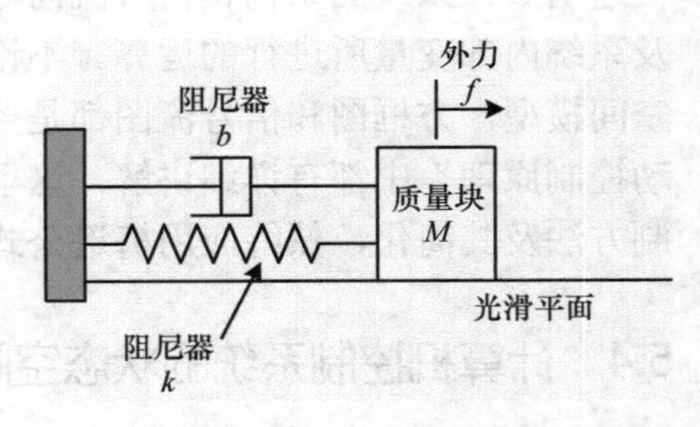

图 5-11　简单力学系统

图 5-11 所示的简单力学系统的状态变量为：$x_1 = x(t)$, $x_2 = \dot{x}(t)$；由系统的运动微分方程可得用状态变量表达的系统：$\dot{x}_1 = x_2, \dot{x}_2 = -\frac{k}{m}x_1 - \frac{b}{m}x_2 + \frac{f}{m}$。

2. 状态向量

设系统状态变量为 $x_1(t), x_2(t), x_3(t), \cdots, x_n(t)$，那么这 n 个状态变量所组成的 n 维向量 $x(t)$，就叫做状态向量。

$$x(t) = \begin{Bmatrix} x_1(t) \\ x_2(t) \\ x_3(t) \\ \cdot \\ \cdot \\ \cdot \\ x_n(t) \end{Bmatrix} \tag{5-35}$$

3. 状态空间

以状态变量 $x_1(t), x_2(t), x_3(t), \cdots, x_n(t)$ 为坐标轴构成的 n 维空间，称为状态空间。状态空间中的每一个点，对应于系统的某一特定状态；系统在任何时刻的状态，都可以用状态空间中的一个点来表示；如果给定了初始时刻 t_0 的状态 $x(t_0)$ 和 $t \geqslant 0$ 时的输入函数，随着时间的推移，$x(t)$ 将在状态空间中描绘出一条轨迹，称为状态轨迹。

5.4.2 状态空间表达式

1. 状态方程

假设系统的 r 个输入变量为 $u_1(t), u_2(t), \cdots, u_r(t)$；$m$ 个输出变量为 $y_1(t), y_2(t), \cdots, y_m(t)$；系统的状态变量为 $x_1(t), x_2(t), \cdots, x_n(t)$；把系统的状态变量与输入变量之间的关系用一组一阶微分方程来描述，即为系统的状态方程：

$$\begin{aligned} \dot{x}_1 &= a_{11}x_1 + a_{12}x_2 + \cdots + a_{1n}x_n + b_{11}u_1 + \cdots b_{1r}u_r \\ \dot{x}_2 &= a_{21}x_1 + a_{22}x_2 + \cdots + a_{2n}x_n + b_{21}u_1 + \cdots b_{2r}u_r \\ &\vdots \\ \dot{x}_n &= a_{n1}x_1 + a_{n2}x_2 + \cdots + a_{nn}x_n + b_{n1}u_1 + \cdots b_{nr}u_r \end{aligned} \tag{5-36}$$

上式状态方程也可以写成矩阵形式：

$$\frac{\mathrm{d}}{\mathrm{d}t}\begin{bmatrix} x_1 \\ x_2 \\ \vdots \\ x_n \end{bmatrix} = \begin{bmatrix} a_{11} & a_{12} & \cdots & a_{1n} \\ a_{21} & a_{22} & \cdots & a_{2n} \\ \vdots & \vdots & & \vdots \\ a_{n1} & a_{n2} & \cdots & a_{nn} \end{bmatrix}\begin{bmatrix} x_1 \\ x_2 \\ \vdots \\ x_n \end{bmatrix} + \begin{bmatrix} b_{11} & \cdots & b_{1r} \\ \vdots & & \vdots \\ b_{n1} & \cdots & b_{nr} \end{bmatrix}\begin{bmatrix} u_1 \\ \vdots \\ u_r \end{bmatrix} \tag{5-37}$$

$$\dot{x}(t) = A(t)x(t) + B(t)u(t),\ x \in R^n,\ u \in R^r \tag{5-38}$$

观察上面 3 个方程可见，状态方程里面没有输出变量，这是状态方程的一大特点。

2. 输出方程

系统的输出变量 $y(t)$ 与状态变量 $x(t)$、输入变量 $u(t)$ 之间的数学表达式称为系统的输出方程。例如：

$$y(t) = C(t)x(t) + D(t)u(t),\ y \in R^m \tag{5-39}$$

3. 状态空间表达式

状态方程和输出方程总合起来，构成对系统动态行为的完整描述，称为系统的状态空间表达式。状态空间表达式为

$$\begin{cases} \dfrac{\mathrm{d}}{\mathrm{d}t}x(t) = Ax(t) + Bu(t) & \text{状态方程} \\ y(t) = Cx(t) + Du(t) & \text{输出方程} \end{cases} \tag{5-40}$$

其中，向量 $x(t)$、$u(t)$ 和 $y(t)$ 分别表示 n 维状态向量、r 维输入向量和 p 维输出向量：

$$x(t) = \begin{bmatrix} x_1(t) \\ x_2(t) \\ \vdots \\ x_n(t) \end{bmatrix}_{n\times 1} \quad u(t) = \begin{bmatrix} u_1(t) \\ u_2(t) \\ \vdots \\ u_r(t) \end{bmatrix}_{r\times 1} \quad y(t) = \begin{bmatrix} y_1(t) \\ y_2(t) \\ \vdots \\ y_p(t) \end{bmatrix}_{p\times 1} \quad x(0) = \begin{bmatrix} x_1(0) \\ x_2(0) \\ \vdots \\ x_n(0) \end{bmatrix} \tag{5-41}$$

系数矩阵 A、B、C、D 表示如下：

$$A = \begin{bmatrix} & n\times n & \end{bmatrix} \quad B = \begin{bmatrix} & n\times r & \end{bmatrix} \quad C = \begin{bmatrix} & p\times n & \end{bmatrix} \quad D = \begin{bmatrix} & p\times r & \end{bmatrix} \tag{5-42}$$

【例 5-6】针对例 5-3 的玩具火车系统，求其状态空间模型。

解：根据图 5-5 所示物理模型及例 5-3 所求微分方程，系统的状态变量为 x_1、v_1、x_2、v_2；输入变量为 F。可列系统状态空间表达式：

$$\text{状态方程：}\begin{cases} \dot{x}_1 = v_1 \\ \dot{v}_1 = -k(x_1 - x_2)/M_1 - \mu g v_1 + F/M_1 \\ \dot{x}_2 = v_2 \\ \dot{v}_2 = k(x_1 - x_2)/M_2 - \mu g v_2 \end{cases} \tag{5-43}$$

$$\text{输出方程：}\quad y = \dot{x}_1 \tag{5-44}$$

系统的状态空间表达式也可以用矩阵表示：

$$\begin{bmatrix} \dot{x}_1 \\ \dot{v}_1 \\ \dot{x}_2 \\ \dot{v}_2 \end{bmatrix}=\begin{bmatrix} 0 & 1 & 0 & 0 \\ -k/M_1 & -\mu g & k/M_1 & 0 \\ 0 & 0 & 0 & 1 \\ k/M_2 & 0 & -k/M_2 & -\mu g \end{bmatrix}\cdot\begin{bmatrix} x_1 \\ v_1 \\ x_2 \\ v_2 \end{bmatrix}+\begin{bmatrix} 0 \\ 1/M_1 \\ 0 \\ 0 \end{bmatrix}[F] \tag{5-45}$$

$$y=[0 \quad 1 \quad 0 \quad 0]\begin{bmatrix} x_1 \\ v_1 \\ x_2 \\ v_2 \end{bmatrix}+[0][F] \tag{5-46}$$

MATLAB 程序：

```
A=[ 0  1  0  0;  -k/M1  -u*g  k/M1  0; 0  0  0  1;  k/M2   0   -k/M2  -u*g];
B=[  0;  1/M1;   0;  0];
C=[0 1 0 0];
D=[0];
t=0:0.1:300;
step(A,B,C,D,1,t)
```

仿真结果如图 5-12 所示。

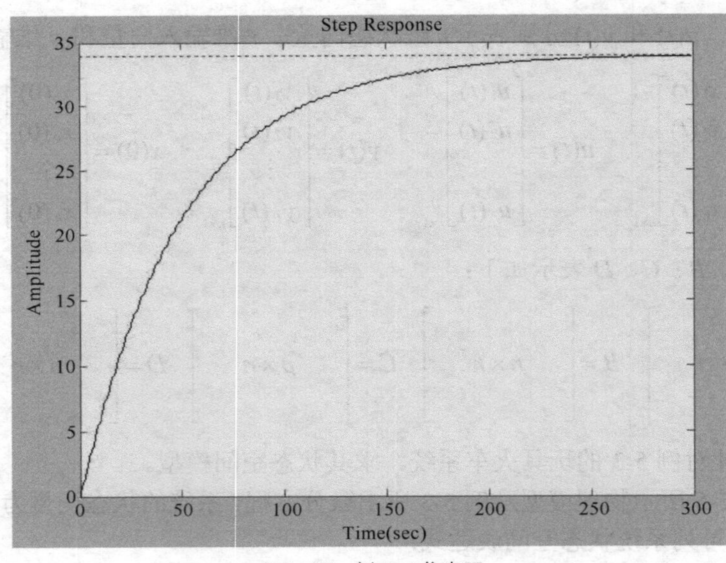

图 5-12　例 5-6 仿真图

用状态变量描述一个系统时，把输入、输出之间的关系分为两段加以描述：系统输入量引起系统内部的变化——状态方程；系统内部的变化引起系统输出量的变化——输出方程。该方法可深入到系统内部，故称为内部描述法。

5.4.3　传递矩阵

1. 传递矩阵

对 n 阶子系统，若输入为 p 维向量 $U(t)$，输出为 m 维向量 $Y(t)$，在初始条件为零时，存

在 $m\times p$ 维矩阵 $G(s)$，使 $Y(s)=G(s)U(s)$，即

$$\begin{bmatrix} y_1(s) \\ y_2(s) \\ \vdots \\ y_m(s) \end{bmatrix} = \begin{bmatrix} G_{11}(s) & G_{12}(s) & \cdots & G_{1p}(s) \\ G_{21}(s) & G_{22}(s) & \cdots & G_{2p}(s) \\ \vdots & \vdots & & \vdots \\ G_{m1}(s) & G_{m2}(s) & \cdots & G_{mp}(s) \end{bmatrix} \begin{bmatrix} u_1(s) \\ u_2(s) \\ \vdots \\ u_p(s) \end{bmatrix} \tag{5-47}$$

则 $G(s)$ 定义为该系统的传递矩阵。当 $p=m=1$ 时，传递矩阵 $G(s)$ 成为单输入输出系统的传递函数。因此，传递矩阵 $G(s)$ 也叫广义传递函数。

对于图 5-13 所示多输入多输出线性定常系统，其状态空间表达式为

$$\begin{cases} \dot{X}(t) = \boldsymbol{A}X(t) + \boldsymbol{B}U(t) \\ Y(t) = \boldsymbol{C}X(t) + \boldsymbol{D}U(t) \end{cases} \tag{5-48}$$

其中，$\boldsymbol{A}$，$\boldsymbol{B}$，$\boldsymbol{C}$，$\boldsymbol{D}$ 均为常数矩阵。

$$\boldsymbol{A} = \begin{bmatrix} a_{11} & a_{12} & \cdots & a_{1n} \\ a_{21} & a_{22} & \cdots & a_{2n} \\ \vdots & \vdots & & \vdots \\ a_{n1} & a_{n2} & \cdots & a_{nn} \end{bmatrix}$$

称为系统的状态矩阵（系统矩阵）。

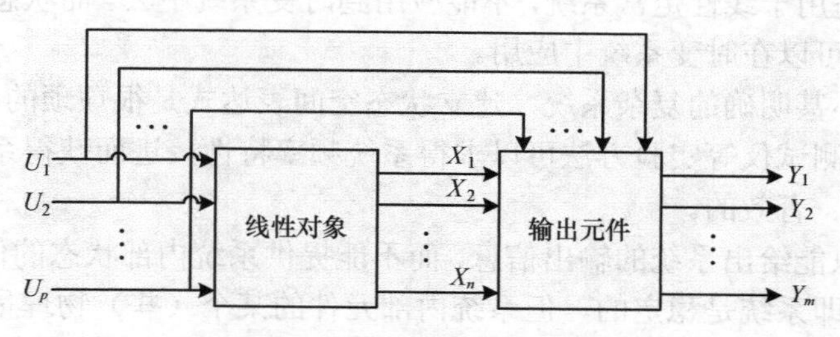

图 5-13　多输入输出线性定常系统

$$\boldsymbol{B} = \begin{bmatrix} b_{11} & b_{12} & \cdots & b_{1p} \\ b_{21} & b_{22} & \cdots & b_{2p} \\ \vdots & \vdots & & \vdots \\ b_{n1} & b_{n2} & \cdots & b_{np} \end{bmatrix}$$

称为系统的输入矩阵。

$$\boldsymbol{C} = \begin{bmatrix} c_{11} & c_{12} & \cdots & c_{1n} \\ c_{21} & c_{22} & \cdots & c_{2n} \\ \vdots & \vdots & & \vdots \\ c_{m1} & c_{m2} & \cdots & c_{mn} \end{bmatrix}$$

称为系统的输出矩阵。

$$\boldsymbol{D}=\begin{bmatrix} d_{11} & d_{12} & \cdots & d_{1p} \\ d_{21} & d_{22} & \cdots & d_{2p} \\ \vdots & \vdots & & \vdots \\ d_{m1} & d_{m2} & \cdots & d_{mp} \end{bmatrix}$$

称为系统的前馈矩阵。状态空间表达式（5-48）的拉普拉斯变换为

$$\begin{cases} sX(s)-X(0)=AX(s)+BU(s) \\ Y(s)=CX(s)+DU(s) \end{cases} \tag{5-49}$$

与传递函数类似，定义系统的零初始条件 $X(0)=0$，$sI-A$ 非奇异时，有

$$X(s)=[sI-A]^{-1}BU(s)$$

$$Y(s)=[C(sI-A)^{-1}B+D]U(s)$$

传递矩阵为

$$G(s)=C(sI-A)^{-1}B+D \tag{5-50}$$

当系统为单输入、单输出系统时，则上式传递矩阵就是系统的传递函数。

2. 传递函数（矩阵）与状态空间表达式之间的关系

① 传递函数是系统在初始条件为零的假定下输入输出之间的关系描述。状态空间表达式可以描述初始条件为零的系统，也可以描述初始条件为非零的系统。

② 传递函数适用于线性定常系统，不能应用到时变系统中去。而状态空间表达式可以在定常系统应用，也可以在时变系统中应用。

③ 对于机理不甚明确的复杂系统，建立状态空间表达式是很烦琐的，有时是不可能的，然而借助频率特性测试仪等实验方法可以求得系统频率特性，进而获得系统传递函数。这种方法往往是方便的、有效的。

④ 传递函数只能给出系统的输出信息，而不能提供系统内部状态的信息。这就有可能出现这样一种情况，即系统是稳定的，但系统内部元件的某个（些）物理量有可能超过它们的额定值。状态空间表达式描述不仅可以给出系统输出信息，而且给出内部的状态信息。

⑤ 一般来说，状态变量的维数高于输出量的维数。因此在控制中，用状态实现控制，可调参数多，容易得到比较满意的系统性能。

究竟选取哪种描述，应视所研究的问题以及对这两种描述方式的熟悉程度而定。

习题 5

1. 对于题图 5-1 所示的电路系统，试建立其时域微分方程及频域的传递函数。

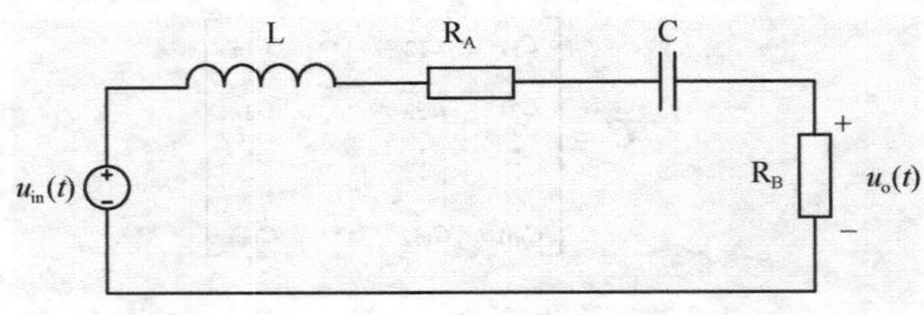

题图 5-1

2．用Z变换法求解差分方程。

$$c[(k+2)T]+4c[(k+1)T]+3c(kT)=0\text{，}\quad c(0)=0,\ c(T)=1$$

3．求题图5-2所示的闭环采样系统输出的Z变换。

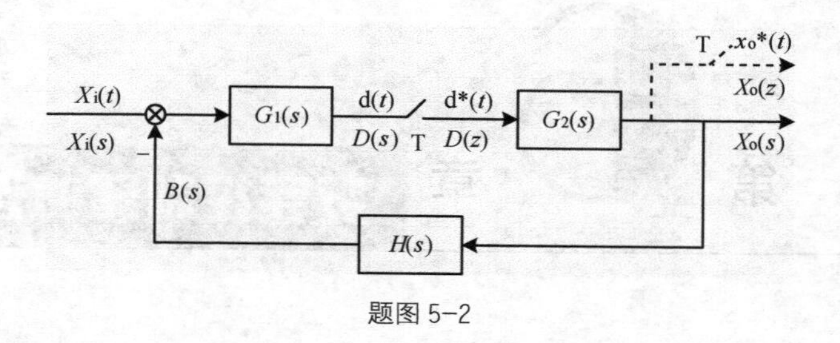

题图 5-2

4．什么是线性定常系统？

5．求下列系统的前几个状态。

$$\begin{cases} x(k+1)=\begin{pmatrix}-2 & 0\\ 2 & -3\end{pmatrix}x(k)+\begin{pmatrix}1\\ 1\end{pmatrix}u(k)\\ y(k)=[0\quad 1]x(k)\end{cases}$$

$$u(k)=\begin{cases}[1] & k\geqslant 0\\ [0] & k<0\end{cases}$$

$$\begin{bmatrix}x_1(0)\\ x_2(0)\end{bmatrix}=\begin{bmatrix}0\\ 0\end{bmatrix}$$

6．试述传递函数（矩阵）与状态空间表达式之间的关系。

第6章 数字控制器的连续化设计

前面我们已经知道一个控制系统包括被控对象、检测变送器、执行机构、控制器四大要素。计算机控制系统的设计，是指在给定系统性能指标的条件下，设计出控制器的控制规律和相应的数字控制算法。

数字控制系统的类型很多，但就其研究系统而言，它们都有共性，即它们都是由以下两部分组成的。

① 被控对象：输入输出均为模拟量，这是系统的连续部分。

② 数字控制器：由于数字控制器所处理的信号是离散的数字信号，因此这部分是系统的离散部分，这种连续—离散混合系统如图 6-1 所示。

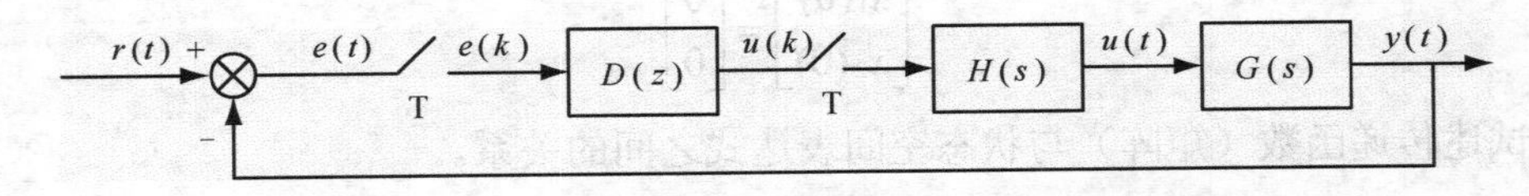

图 6-1 计算机控制系统的结构框图

图 6-1 所示为一个采样系统的框图：控制器 $D(z)$ 的输入量是偏差，$u(k)$ 是控制量，$H(s)$ 是零阶保持器 $H(s)=\dfrac{1-\mathrm{e}^{-sT}}{s}\approx\dfrac{1-1+sT-\dfrac{(sT)^2}{2}+\cdots}{s}=T(1-s\dfrac{T}{2}+\cdots)\approx T\mathrm{e}^{-s\frac{T}{2}}$，$G(s)$ 是被控对象的传递函数。

我们知道，对任何系统进行分析、综合或设计时，首先要解决的是数学描述问题。对于图 6-1 所示离散—连续信号混合系统的分析，存在着“离散化”与“连续化”两种不同的设计方法。离散化设计方法是把保持器与被控对象组成的连续部分用适当的方法离散化。整个系统完全变成离散系统，然后直接使用采样控制理论和离散控制系统的设计方法来确定数字控制器，并用计算机实现。这种方法将在第 7 章介绍，用于采样周期长的或控制复杂的系统。

数字控制器的连续化设计是忽略控制回路中所有的零阶保持器和采样器，在 S 域中按连续系统进行初步设计，求出连续控制器，然后通过某种近似，将连续控制器离散化为数字控制器，并由计算机来实现。这种方法用于采样周期短、控制算法简单的系统。本章主要介绍数字控制器的连续化设计技术。

6.1 数字控制器的连续化设计步骤

连续化设计方法的实质是在采样频率很高（相对于系统的工作频率）的情况下，其采样保持器所引进的附加偏差可以忽略，因此把保持器去掉，把数字控制器（A/D－采样、计算机、D/A－零阶保持）看做一个整体，其输入和输出为模拟量，将其等效为连续传递函数。把 $D(z)$ 用连续校正装置 $D(s)$ 来代替，这时图 6-1 所示混合系统就变成如图 6-2 所示的连续系统，系统的设计完全按以下 5 个步骤进行。

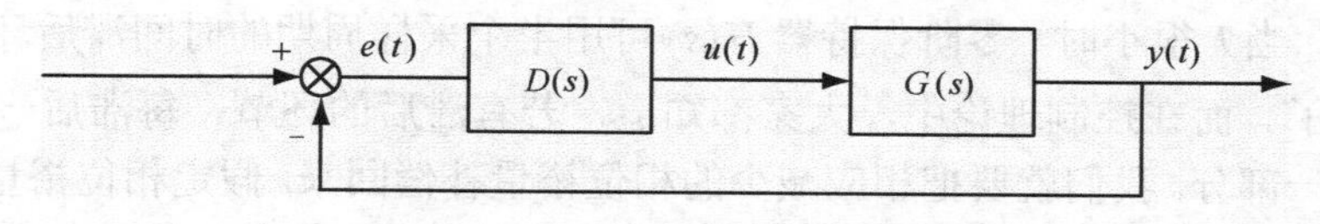

图 6−2　连续控制系统

第一步：用连续系统的理论设计假想的连续控制器 $D(s)$；

第二步：选择采样周期 T;

第三步：用合适的离散化方法，将 $D(s)$ 离散化成数字控制器 $D(z)$；

第四步：将数字控制器 $D(z)$ 表示成差分方程的形式，并编制程序，以便计算机实现；

第五步：校验。

其中第一步、第二步已经在自控原理中解决，那么本章将主要解决第三步与第四步，第五步可以通过仿真来检查系统的指标是否满足设计要求。

1. 设计假想的连续控制器 $D(s)$

以前，我们在设计连续系统时，只要给定被控对象的模型、超调量等性能指标，我们就可以设计了。因此，我们设计的第一步就是找一种近似的结构，来设计一种假想的连续控制器 $D(s)$，如图 6-2 所示。

已知 $G(s)$ 来求 $D(s)$ 的方法有很多种，比如频率特性法、根轨迹法等。控制系统的设计问题的 3 个基本要素为：模型、指标和容许控制。

如果性能指标以单位阶跃响应的峰值时间、调节时间（响应到达并保持在终值±5%内所需的时间）、超调量、阻尼比、稳态误差等时域特征量给出时，一般采用根轨迹法校正；如果性能指标以系统的相角裕度、幅值裕度、谐振峰值、闭环带宽、静态误差系数等频域特征量给出时，一般采用频率法校正。

目前，工程技术界多习惯采用频率法。

2. 选择采样周期 T

香农采样定理给出了从采样信号恢复连续信号的最低采样频率。在计算机控制系统中，完成信号恢复功能一般由零阶保持器 $H(s)$ 来实现。零阶保持器的传递函数为 $H(s)=\dfrac{1-\mathrm{e}^{-sT}}{s}$，其频率特性为

$$H(\mathrm{j}\omega)=\frac{1-\mathrm{e}^{-\mathrm{j}\omega T}}{\mathrm{j}\omega}=\frac{2\mathrm{e}^{-\mathrm{j}\omega T/2}(\mathrm{e}^{\mathrm{j}\omega T/2}-\mathrm{e}^{-\mathrm{j}\omega T/2})}{2\mathrm{j}\omega}$$

$$=T\frac{\sin\frac{\omega T}{2}}{\frac{\omega T}{2}}\mathrm{e}^{-\mathrm{j}\omega T/2}=T\frac{\sin\frac{\omega T}{2}}{\frac{\omega T}{2}}\angle-\frac{\omega T}{2} \tag{6-1}$$

从上式可以看出，零阶保持器将对控制信号产生附加相移（滞后）。对于小的采样周期，可把零阶保持器 $H(s)$ 近似为

$$H(s)=\frac{1-\mathrm{e}^{-sT}}{s}\approx\frac{1-1+sT-\frac{(sT)^2}{2}+\cdots}{s}=T(1-s\frac{T}{2}+\cdots)\approx T\mathrm{e}^{-s\frac{T}{2}} \tag{6-2}$$

上式表明，当 T 很小时，零阶保持器 $H(s)$ 可用半个采样周期的时间滞后环节来近似。它使得相角滞后了。而在控制理论中，大家都知道，若有滞后的环节，每滞后一段时间，其相位裕量就减少一部分。我们就要把相应减少的相位裕量补偿回来。假定相位裕量可减少 5°～15°，则采样周期应选为：$T\approx(0.15\sim0.5)\frac{1}{\omega_c}$。其中 ω_c 是连续控制系统的剪切频率。按上式的经验法选择的采样周期相当短。因此，采用连续化设计方法，用数字控制器去近似连续控制器，要有相当短的采样周期。

3．将 $D(s)$ 离散化为 $D(z)$

本章只介绍如下几种常用变换方法：双线性变换法、前向差分法和后向差分法。

（1）双线性变换法

双线性变换法也称梯形法或塔斯廷（Tustin）法，指 s 与 z 之间互为线性变换。

推导 1：将 $z=\mathrm{e}^{sT}$ 级数展开，得到

$$z=\mathrm{e}^{sT}=\frac{\mathrm{e}^{\frac{sT}{2}}}{\mathrm{e}^{\frac{-sT}{2}}}=\frac{1+\frac{sT}{2}+\cdots}{1-\frac{sT}{2}+\cdots}\approx\frac{1+\frac{sT}{2}}{1-\frac{sT}{2}}$$

$$s=\frac{2}{T}\frac{z-1}{z+1},\quad D(z)=D(s)\Big|_{s=\frac{2}{T}\frac{z-1}{z+1}}\text{。} \tag{6-3}$$

推导 2：从数值积分的梯形法对应得到。设积分控制规律为

$$u(t)=\int_0 e(t)\mathrm{d}t \tag{6-4}$$

两边求拉氏变换后可推导得出控制器为

$$D(s)=\frac{U(s)}{E(s)}=\frac{1}{s} \tag{6-5}$$

当用梯形法求积分运算可得算式如下：

$$u(k)=u(k-1)+\frac{T}{2}\left[e(k)+e(k-1)\right] \tag{6-6}$$

上式两边求 Z 变换后可推导得出数字控制器为

$$D(z)=\frac{U(z)}{E(z)}=\frac{1}{\frac{2}{T}\frac{z-1}{z+1}}=D(s)\Big|_{s=\frac{2}{T}\frac{z-1}{z+1}} \tag{6-7}$$

s 平面与 z 平面的映射关系如图 6-3 所示。

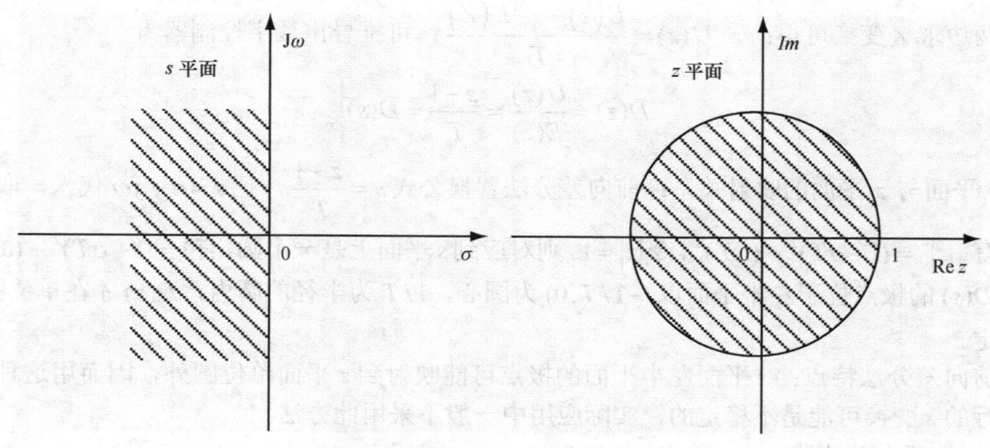

图 6-3　s 平面与 z 平面的映射关系

双线性变换法置换公式：

$$z=\frac{1+\frac{sT}{2}}{1-\frac{sT}{2}} \tag{6-8}$$

把 $s=\sigma+\mathrm{j}\omega$ 代入有：

$$|z|^2=\left|\frac{1+Ts/2}{1-Ts/2}\right|^2=\left|\frac{(1+T\sigma/2)+\mathrm{j}\omega T/2}{(1-T\sigma/2)-\mathrm{j}\omega T/2}\right|^2=\frac{(1+T\sigma/2)^2+(\omega T/2)^2}{(1-T\sigma/2)^2+(\omega T/2)^2} \tag{6-9}$$

则：$\sigma=0$（s 平面虚轴），$|z|=1$（z 平面单位圆上）；$\sigma<0$（s 左半平面），$|z|<1$（z 平面单位圆内）；$\sigma>0$（s 右半平面），$|z|>1$（z 平面单位圆外）。

双线性变换的特点如下。

① 将整个 s 左半平面变换为 z 平面单位圆内，因此没有频率混叠效应。

② $D(s)$ 稳定，则相应的 $D(z)$ 也稳定。

③ $D(z)$ 的频率响应在低频段与 $D(s)$ 的频率响应相近，而在高频段相对于 $D(s)$ 的频率响应有严重畸变。

④ 是一种近似的变换方法。

⑤ 适用于对象的分子和分母已展开成多项式的形式。

（2）前向差分法

推导 1：利用级数展开可将 $z=\mathrm{e}^{sT}$ 写成 $z=\mathrm{e}^{sT}=1+sT+\cdots\approx1+sT$，由上式可得 $s=\frac{z-1}{T}$，$D(z)=D(s)\Big|_{s=\frac{z-1}{T}}$。

推导 2：用一阶前向差分近似代替微分。设微分控制规律为 $u(t)=\frac{\mathrm{d}e(t)}{\mathrm{d}t}$，两边求拉氏变换后，可推导出控制器为 $D(s)=\frac{U(s)}{E(s)}=s$，采用前向差分近似可得：

$u(k)\approx\frac{e(k+1)-e(k)}{T}$，令 $n=k+1$，则：$u(n-1)\approx\frac{e(n)-e(n-1)}{T}$；

上式两边求 Z 变换可得：$z^{-1}U(z)=\dfrac{E(z)-z^{-1}E(Z)}{T}$；可推导出数字控制器为

$$D(z)=\frac{U(z)}{E(z)}=\frac{z-1}{T}=D(s)\Big|_{s=\frac{z-1}{T}}$$

s 平面与 z 平面的映射关系：前向差分法置换公式 $s=\dfrac{z-1}{T}$，把 $s=\sigma+\mathrm{j}\omega$ 代入，取模的平方有：$|z|^2=(1+\sigma T)^2+(\omega T)^2$，令 $|z|=1$，则对应到 s 平面上是一个圆，有 $1=(1+\sigma T)^2+(\omega T)^2$，即当 $D(s)$ 的极点位于左半平面以 $(-1/T,0)$ 为圆心，$1/T$ 为半径的圆内，$D(z)$ 才在单位圆内，才稳定。

前向差分法特点：s 平面左半平面的极点可能映射到 z 平面单位圆外，因而用这种方法所进行的 z 变换可能是不稳定的，实际应用中一般不采用此方法。

（3）后向差分法

利用级数展开还可将 $z=\mathrm{e}^{sT}$，写成 $Z=\mathrm{e}^{sT}=\dfrac{1}{\mathrm{e}^{-sT}}\approx\dfrac{1}{1-sT}$，即 $s=\dfrac{z-1}{Tz}$，$D(z)=D(s)\Big|_{s=\frac{z-1}{Tz}}$。后向差分法将 s 的左半平面映射到 z 平面内半径为 1/2 的圆，因此如果 $D(s)$ 稳定，则 $D(z)$ 稳定。

总结：双线性变换的优点在于，它把左半 s 平面转换到单位圆内。如果使用双线性变换或后向差分法，一个稳定的连续控制系统在变换之后仍将是稳定的，可是使用前向差分法，就可能把它变换为一个不稳定的离散控制系统。

4. 设计由计算机实现的控制算法

数字控制器 $D(z)$ 的一般形式为

$$D(z)=\frac{U(z)}{E(z)}=\frac{b_0+b_1z^{-1}+\cdots+b_mz^{-m}}{1+a_1z^{-1}+\cdots+a_nz^{-n}} \tag{6-10}$$

其中，$n\geqslant m$，各系数 a_i，b_i 为实数，且有 n 个极点和 m 个零点。

$$U(z)=(-a_1z^{-1}-a_2z^{-2}-\cdots-a_nz^{-n})U(z)+(b_0+b_1z^{-1}+\cdots+b_mz^{-m})E(z) \tag{6-11}$$

上式用时域表示为

$$\begin{aligned}u(k)=&-a_1u(k-1)-a_2u(k-2)-\cdots-a_nu(k-n)\\&+b_0e(k)+b_1e(k-1)+\cdots+b_me(k-m)\end{aligned} \tag{6-12}$$

5. 校验

控制器 $D(z)$ 设计完并求出控制算法后，须按图 6-1 所示的计算机控制系统检验其闭环特性是否符合设计要求，这一步可由计算机控制系统的数字仿真计算来验证，如果满足设计要求设计结束，否则应修改设计。

6.2 数字 PID 控制器的设计

6.2.1 PID 三量的控制作用

按偏差的比例、积分和微分进行控制（简称 PID 控制）是连续系统控制理论中技术最成熟。应用最广泛的一种控制技术。其结构简单，参数调整方便，是在长期的工程实践中总结出来的一套控制方法。

在工业过程控制中，由于难以建立精确的数学模型，系统的参数经常发生变化，所以人们往往采用PID控制技术，根据经验进行在线调整，从而得到满意的控制效果。

PID调节按其调节规律可分为比例调节、比例积分调节、比例积分微分调节等。下面分别说明它们的作用。

1. 比例调节器

比例调节器的控制规律为

$$u = K_{\mathrm{P}}e + u_0 \tag{6-13}$$

式中：u为调节器输出（对应于执行器开度）；K_P为比例系数；e为调节器的输入，一般为偏差，即$e = R - y$；y为被控变量；R为y的设定值；u_0为控制量的基准。

假设$u_0 = 0$，即执行器处于起始位置（后面的曲线也有这样的假设），比例调节的特性曲线如图6-4所示。

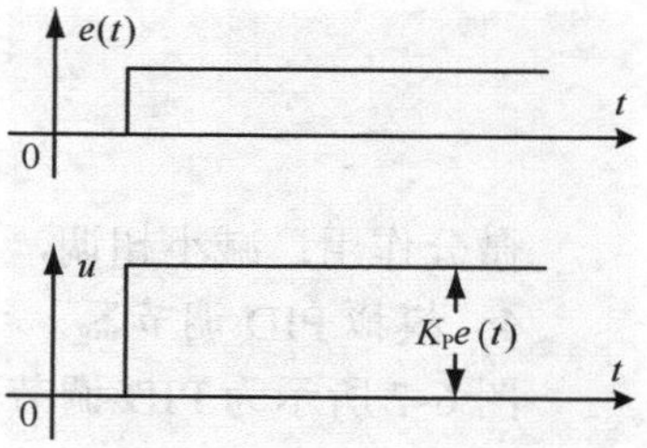

图6-4 比例调节的特性曲线

比例作用：迅速反应误差，加大比例系数，可以减小静差，但不能消除稳态误差，过大容易引起不稳定。

2. 比例积分调节器

比例积分调节器的控制规律为

$$u = K_{\mathrm{P}}\left(e + \frac{1}{T_{\mathrm{I}}}\int_0 e\mathrm{d}t\right) + u_0 \tag{6-14}$$

式中：T_{I}——积分时间常数。

比例积分调节的特性曲线如图6-5所示。

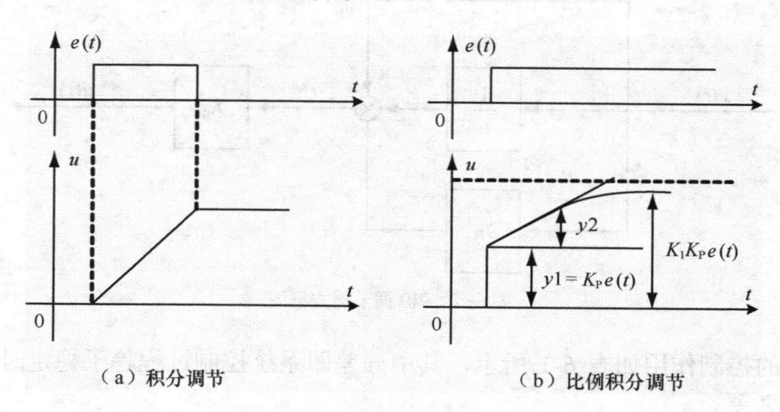

（a）积分调节　（b）比例积分调节

图6-5 比例积分调节的特性曲线

积分作用：消除静差，但容易引起超调，甚至出现振荡。

3. 比例微分调节器

比例微分调节器的控制规律为

$$u = K_{\mathrm{P}}\left(e + T_{\mathrm{D}}\frac{\mathrm{d}e}{\mathrm{d}t}\right) + u_0 \tag{6-15}$$

式中：T_{D}——微分时间常数。

比例微分调节的特性曲线如图 6-6 所示。

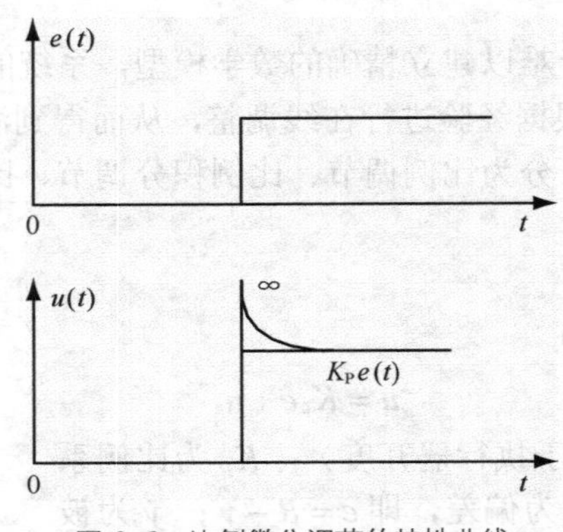

图 6-6　比例微分调节的特性曲线

微分作用：减小超调，克服振荡，提高稳定性，改善系统动态特性。

4. 模拟 PID 调节器

图 6-7 所示为 PID 调节器方框图，PID 调节器具有原理简单，易于实现，参数整定方便，结构改变灵活，适应性强等优点，仍然是应用最为广泛的一种控制器。

比例积分微分（PID）控制规律为

$$u(t)=K_{\mathrm{p}}[e(t)+\frac{1}{T_{\mathrm{I}}}\int e(t)\mathrm{d}t+T_{\mathrm{D}}\frac{\mathrm{d}e(t)}{\mathrm{d}t}] \tag{6-16}$$

式中：$u(t)$ 为控制器的输出；K_{P} 为比例系数；$e(t)$ 为控制器的输入，即偏差：$e(t)=r(t)-y(t)$；T_{D} 为微分时间常数；T_{I} 为积分时间常数。

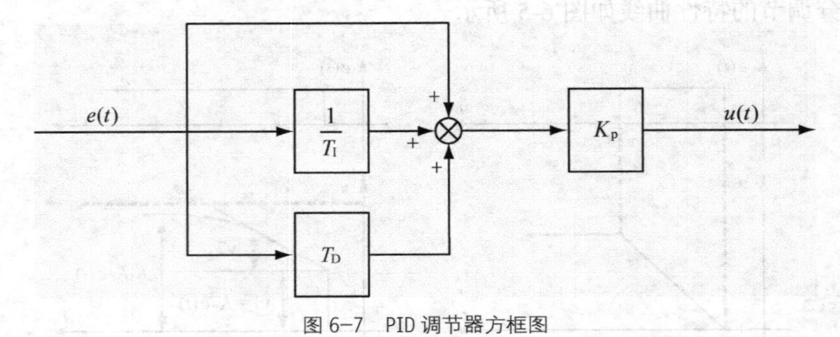

图 6-7　PID 调节器方框图

PID 三量的控制作用如表 6-1 所示，其中静差即系统控制过程趋于稳定时，给定值与输出量的实测值之差。

表 6-1　PID 三量的控制作用

	比　例	积　分	微　分
优点	响应快	消除静差	减小超调量、加快系统响应速度
缺点	存在静差	动态调节时间长	不能消除静差、易引入高频噪声

PID 控制器的阶跃响应特性曲线如图 6-8 所示。由图 6-8 可以看出，对于 PID 控制器，在控制器偏差输入为阶跃信号时，立即产生比例和微分控制作用，而且由于在偏差输入的瞬

时偏差的变化率非常大，此时的微分控制作用很强，此后微分控制作用迅速衰减，但积分作用越来越大，直至最终消除静差。因此，PID 控制器综合了比例、积分和微分三种作用，既能加快系统响应速度，减小振荡，克服超调，又能有效消除静差，系统的静态和动态品质得到很大改善，因而，PID 控制器在工业控制中得到了最为广泛的应用。

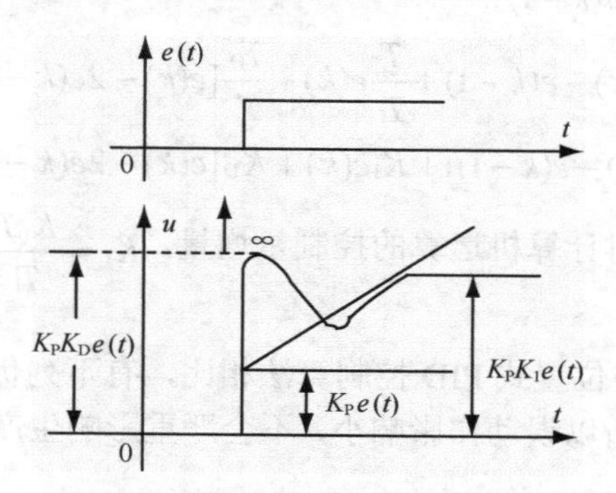

图 6-8 PID 控制器阶跃响应特性曲线

6.2.2 PID 控制规律的数字化实现算法

1. 位置式 PID 控制算法

模拟 PID 控制规律的离散化处理方法：当采样周期 T 比较小时，积分项可用求和近似代替，微分项可用后项差分近似代替。

$$\begin{cases} t \approx kT \qquad k = 0,1,2\cdots \\ \int_0^t e(t)\mathrm{d}t \approx T\sum_{j=0}^{k} e(jT) = T\sum_{j=0}^{k} e(j) \\ \dfrac{\mathrm{d}e(t)}{\mathrm{d}t} \approx \dfrac{e(kT) - e[(k-1)T]}{T} = \dfrac{e(k) - e(k-1)}{T} \end{cases} \tag{6-17}$$

式中，k 为采样序号，$e(kt)$ 简写成 $e(k)$，即省去 T，可得到数字化的位置式 PID 控制算式：

$$u(k) = K_\mathrm{P}[e(k) + \frac{T}{T_\mathrm{I}}\sum_{j=0}^{k} e(j) + T_\mathrm{D}\frac{e(k) - e(k-1)}{T}] \tag{6-18}$$

或

$$u(k) = K_\mathrm{P}e(k) + K_I\sum_{j=0}^{k} e(j) + K_\mathrm{D}[e(k) - e(k-1)] \tag{6-19}$$

式中：$u(k)$——第 k 次采样时计算机运算的控制量；

$e(k)$——第 k 次采样时的偏差量；

$e(k-1)$——第 $k-1$ 次采样时的偏差量；

$K_\mathrm{I} = \dfrac{K_\mathrm{P}T}{T_\mathrm{I}}$——积分系数；

$K_\mathrm{D} = \dfrac{K_\mathrm{P}T_\mathrm{D}}{T}$——微分系数。

计算得到的控制量 $u(k)$ 直接去控制执行机构的位置，如阀门的开度，$u(k)$ 的值和执行机构的位置是一一对应的。

缺陷：要对偏差量 $e(j)$ 进行累加，计算量大，占用大量的存储单元，不便于编写程序。

2. 增量式 PID 控制算法

$$u(k-1)=K_{\mathrm{P}}[e(k-1)+\frac{T}{T_{\mathrm{I}}}\sum_{j=0}^{k-1}e(j)+T_{\mathrm{D}}\frac{e(k-1)-e(k-2)}{T}] \tag{6-20}$$

$$\begin{aligned}\Delta u(k)&=u(k)-u(k-1)\\&=K_{\mathrm{P}}\left\{e(k)-e(k-1)+\frac{T}{T_{\mathrm{I}}}e(k)+\frac{T_{\mathrm{D}}}{T}[e(k)-2e(k-1)+e(k-2)]\right\}\\&=K_{\mathrm{P}}[e(k)-e(k-1)]+K_{\mathrm{I}}e(k)+K_{\mathrm{D}}[e(k)-2e(k-1)+e(k-2)]\end{aligned} \tag{6-21}$$

式中：$\Delta u(k)$ 为第 k 次采样时计算机运算的控制量增量，$K_{\mathrm{I}}=\dfrac{K_{\mathrm{P}}T}{T_{\mathrm{I}}}$——积分系数，$K_{\mathrm{D}}=\dfrac{K_{\mathrm{P}}T_{\mathrm{D}}}{T}$为微分系数。

增量式 PID 控制算法与位置式 PID 控制算法相比，有下列优点。

① 计算机输出增量，所以误动作影响小，不会严重影响生产过程，必要时可用逻辑判断的方法去掉。

② 在位置型控制算法中，由手动到自动切换时，必须首先使计算机的输出值等于阀门的原始开度，即 $u(k-1)$，才能保证手动/自动无扰动切换，这将给程序设计带来困难。而增量设计只与本次的偏差值有关，与阀门原来的位置无关，因而增量算法易于实现手动/自动无扰动切换。在位置控制算式中，不仅需要对 $e(i)$ 进行累加，而且计算机的任何故障都会引起 $u(k)$ 大幅度变化，对生产产生不利。

③ 无累积计算误差，计算误差或精度不足时对控制量的计算影响较小，不产生积分失控，所以容易获得较好的调节品质。

增量式 PID 控制算法与位置式 PID 控制算法相比，有下列缺点。

① 积分截断效应大，有静态误差。

② 溢出的影响大。

因此，应该根据被控对象的实际情况加以选择。一般认为，如图 6-9 所示，在以晶闸管或伺服电动机作为执行器件，或对控制精度要求高的系统中，应当采用位置型算法，而在以步进电动机或多圈电位器做执行器件的系统中，则应采用增量式算法。

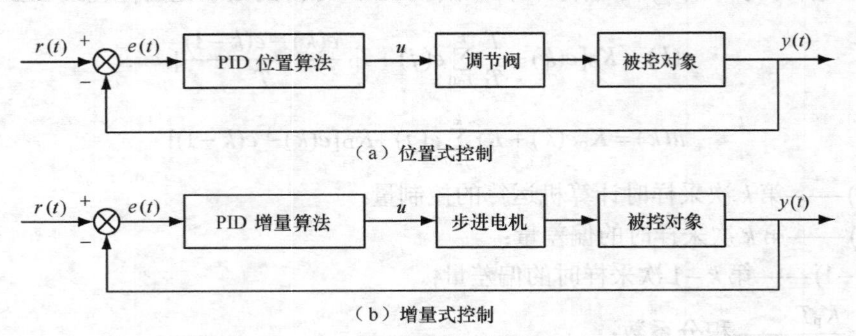

图 6-9　数字 PID 控制算法实现方式比较

6.2.3　MATLAB 仿真确认被控对象参数

1. 确立模型结构

在工程中 PID 控制多用于带时延的一阶或二阶惯性环节组成的工控对象，即有时延的单容被控过程，其传递函数：

$$G_0(s)=K_0\times\frac{1}{T_0S+1}\mathrm{e}^{-\tau S} \tag{6-22}$$

有时延的单容被控过程可以用两个惯性环节串接组成的自平衡双容被控过程来近似，本实验采用该方式作为实验被控对象，如图 6-9 所示。

$$G_0(s)=K_0\times\frac{1}{T_1S+1}\times\frac{1}{T_2S+1} \tag{6-23}$$

2. *被控对象参数的确认*

对于这种用两个惯性环节串接组成的自平衡双容被控过程的被控对象，在工程中普遍采用阶跃输入实验辨识的方法确认 T_0 和 τ，以达到转换成有时延的单容被控过程。阶跃输入实验辨识的原理方框图如图 6-10 所示。

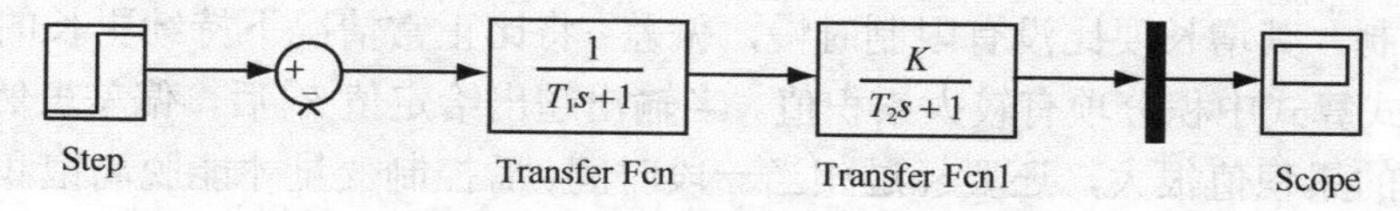

图 6-10　阶跃输入实验辨识的原理方框图

以 $T_1=0.2$s，$T_2=0.5$s，$K=1$ 为例，系统运行后，可得其响应曲线，如图 6-11 所示。

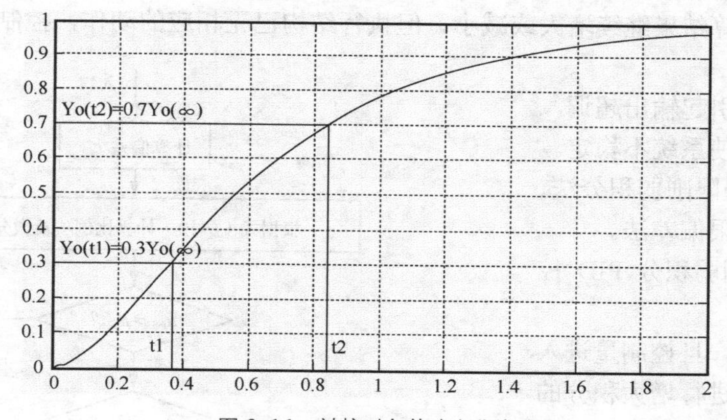

图 6-11　被控对象的响应曲线

通常取 $Y_0(t_1)=0.3Y_0(\infty)$，从图中可测得 $t_1=0.36$s。

通常取 $Y_0(t_2)=0.7Y_0(\infty)$，从图中可测得 $t_2=0.84$s。

$$T_0=\frac{t_2-t_1}{\ln[1-y_0(t_1)]-\ln[1-y_0(t_2)]}=\frac{t_2-t_1}{0.8473}$$

$$\tau=\frac{t_2\ln[1-y_0(t_1)]-t_1\ln[1-y_0(t_2)]}{\ln[1-y_0(t_1)]-\ln[1-y_0(t_2)]}=\frac{1.204t_1-0.3567t_2}{0.8473}$$

由上式计算，其被控对象的参数：$T_0=0.567$s，$\tau=0.158$s。

可得其传递函数：$G_0(s)=\dfrac{1}{0.56s+1}\mathrm{e}^{-0.158s}$

如被控对象中的两个惯性环节的时间常数 $T_2\geqslant 10T_1$，则可直接确定 $\tau=T_1$，$T_0=T_2$。

6.2.4 数字 PID 控制算法的改进

在实际过程中，控制变量因受执行元件机械和物理性能的约束而限制在有限范围内，即 $u_{min} \leqslant u \leqslant u_{max}$；其变化率也有一定的限制范围，即 $|\dot{u}| \leqslant \dot{u}_{max}$。如计算机给出的控制量在上述范围内，那么控制可以按预期的结果进行。如超出上述范围，则实际执行的将不再是计算值，由此将得不到预期结果，这类效应叫做“饱和”效应。因这种现象在给定值发生突变时特别容易发生，故有时也称为“启动效应”。

1. PID 位置算法的积分饱和作用及其抑制

（1）产生积分饱和的原因

若给定值 R 从 0 突变到 R^* 且由 PID 位置式算出的控制量 U 超出限制范围，如 $U > U_{max}$，则实际执行的控制量为上界值 U_{max}，而不是计算值。此时系统输出 y 虽不断上升，但由于控制量受到限制，其增长要比没有限制时慢，偏差 e 将比正常情况下持续更长的时间保持在正值，故位置式算式中积分项有较大累积值。当输出超出给定值 R^* 后，偏差虽然变为负值，但由于积分项的累积值很大，还要经过相当一段时间 t 后控制变量才能脱离饱和区，这样，就使系统输出出现了明显超调。

显然，在 PID 位置算法中“饱和作用”主要是由积分项引起的，故称为“积分饱和”。

如果执行机构已到极限位置，仍然不能消除偏差，由于积分的作用，尽管计算 PID 差分方程式所得的运算结果继续增大或减小，但执行结构已无相应的动作，控制信号则进入深度饱和区。

影响：饱和引起输出超调，甚至产生震荡，使系统不稳定。

改进方法：遇限削弱积分法、积分分离法、有限偏差法。

（2）遇限削弱积分 PID 控制算法

基本思想：一旦控制量进入饱和区，则停止进行增大积分的运算，如图 6-12 所示。

（3）积分分离 PID 控制算法

用途：防止系统因启动、结束或大幅度改变给定值时，积分项所引起的系统的较大的超调和震荡，改善系统的动态性能。

方法：大偏差时，去掉积分作用，即只用 PD 控制；小偏差时，引入积分控制作用，即系统用 PID 控制。

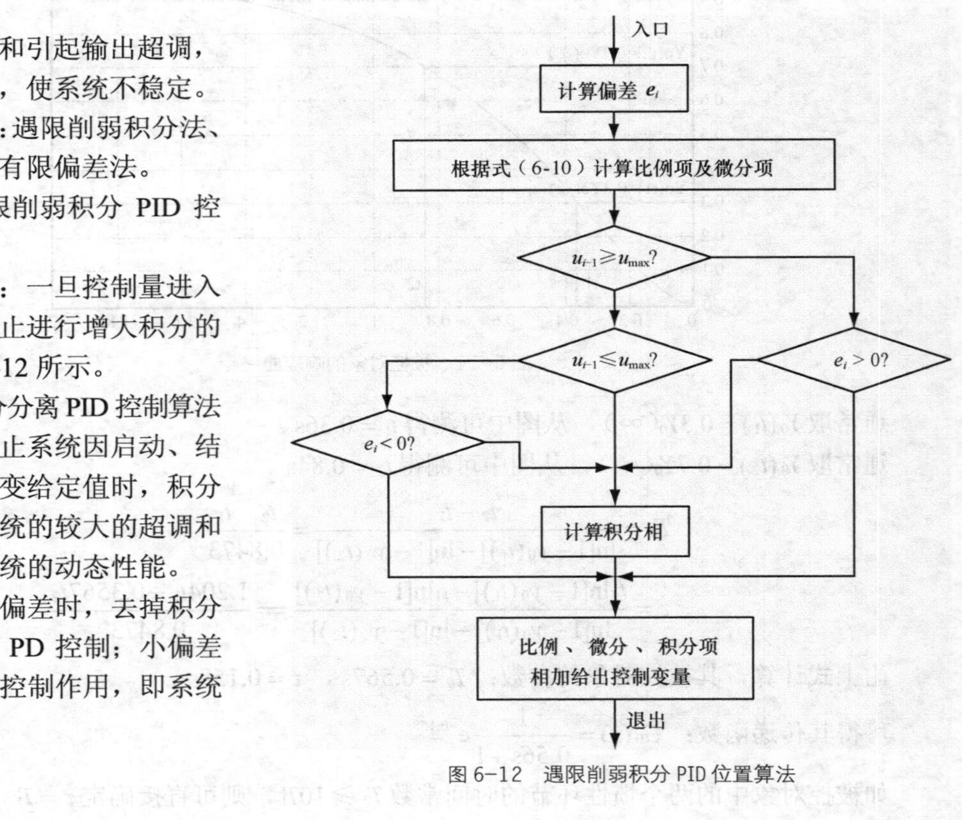

图 6-12 遇限削弱积分 PID 位置算法

控制算法：

$$u(k)=K_P[e(k)+\beta\frac{T}{T_I}\sum_{j=0}^{k-1}e(j)+T_D\frac{e(k)-e(k-1)}{T}] \tag{6-24}$$

式中，β 是一个权系数，按下式取值：

$$\beta=\begin{cases}1 & 当|e(k)|\leqslant e_0\\0 & 当|e(k)|>e_0\end{cases} \tag{6-25}$$

控制效果如图6-13所示。

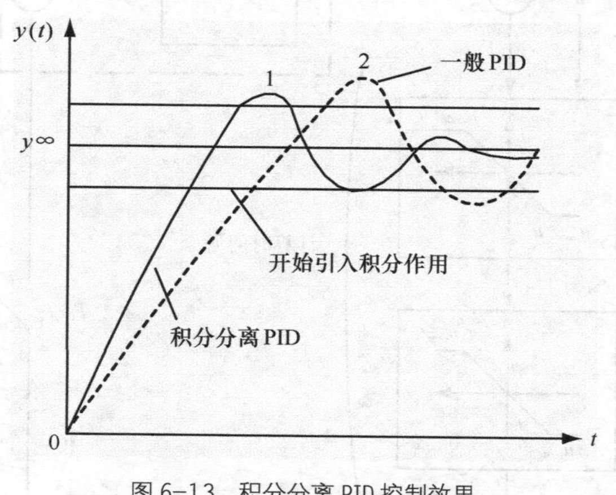

图6-13 积分分离PID控制效果

（4）有限偏差PID控制算法

当根据PID位置算式算出的控制量超出限制范围时，控制量实际上只能取边界值，即 $u=u_{max}$ 或 $u=u_{min}$。有效偏差法是将实际实现的控制量对应的偏差值作为有效偏差值计入积分累计而不是将理论计算的控制量对应的偏差计入积分累计。如果实际实现的控制量为 $u=u^*$（上限值或下限值），则有效偏差 e^* 可按式（6-10）逆推出。当算出的控制量超出限制范围时，将逆推出的相应这一控制量的偏差值 e^* 作为有效偏差值进行积分，而不是将实际偏差值进行积分。

2. PID增量算法的改进

在增量算法中，特别在给定值发生跃变时，由算法的比例部分和微分部分计算出的控制增量可能比较大。如果该值超过了执行元件所允许的最大限度，那么实际上实现的控制增量将是受到限制的值，计算值的多余信息没有执行就遗失了，这部分遗失的信息只能通过积分部分来补偿。因此，与没有限制时相较，系统的动态过程将变坏。对于增量式PID算法，由于执行机构本身是存储元件，在算法中没有积分累积，所以不容易产生积分饱和现象，但可能出现比例和微分饱和现象，其表现形式不是超调，而是减慢动态过程。这种现象称为“比例及微分饱和”。

（1）积累补偿PID控制算法

采用积累补偿法是纠正比例和微分饱和的办法之一，其基本思想是将那些因饱和而未能执行的增量信息积累起来，一旦可能时，再补充执行，如图6-14所示。

使用“积累补偿法”虽然可以抑制比例和微分饱和，但由于引入的累加器具有积分作用，使得增量算法中也可能出现积分饱和现象。为了抑制它，在每次计算积分项时，应判断其符号是否将继续增大累加器的积累。如果增大，则将积分项略去，这样，可以使累加器的数值积累不致过大，从而避免了积分饱和现象。

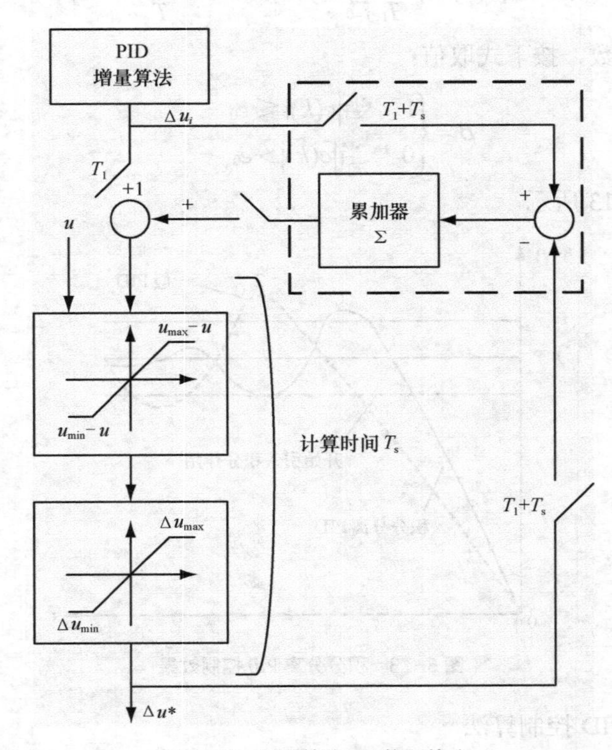

图 6-14　积累补偿 PID 控制算法

（2）不完全微分 PID 控制算法

采用不完全微分法是纠正比例和微分饱和的另一种办法，其基本思想是将过大的控制输出分几次执行，以避免出现饱和的现象，如图 6-15 所示。

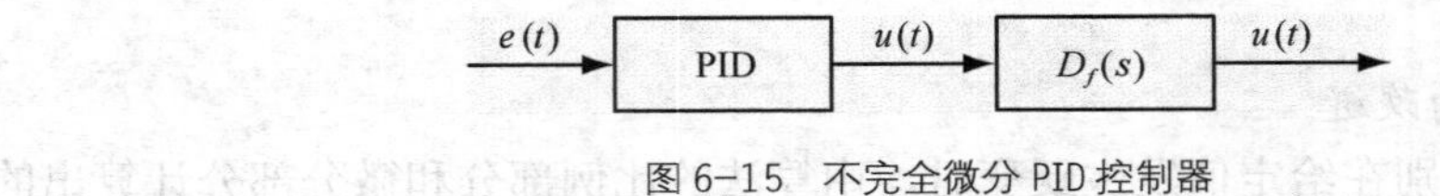

图 6-15　不完全微分 PID 控制器

用途：克服微分失控（饱和）现象，抑制高频干扰，平滑控制器的输出。

方法：在 PID 控制器的输出端串联一阶惯性环节。

控制算法：

不完全微分 PID 位置式控制算法为

$$u(k) = au(k-1) + (1-a)u'(k) \tag{6-26}$$

式中：$u'(k) = K_p[e(k) + \frac{T}{T_I}\sum_{j=0}^{k} e(j) + T_D \frac{e(k)-e(k-1)}{T}]$；$a = \frac{T_f}{T_f + T}$。

不完全微分 PID 控制器的增量式控制算法为

$$u(k) = au(k-1) + (1-a)u(k) \tag{6-27}$$

式中：$\Delta u(k)=K_P[e(k)-e(k-1)]+K_I e(k)+K_D[e(k)-2e(k-1)+e(k-2)]$

$K_I=\dfrac{K_P T}{T_I}$——积分系数；$K_D=\dfrac{K_P T_D}{T}$——微分系数。

控制效果如图6-16所示。

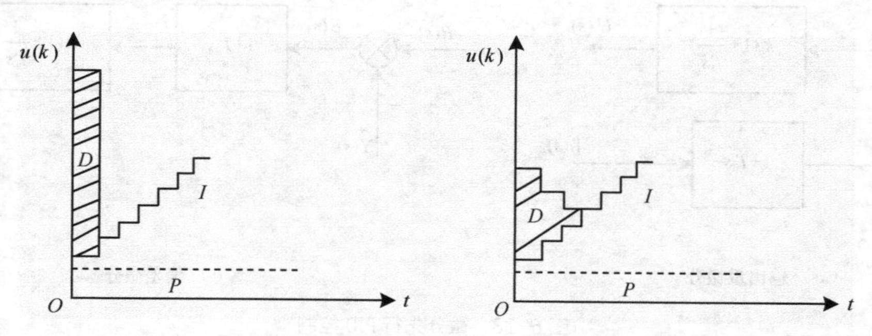

图6-16 不完全微分PID与标准PID控制效果比较图

3. 带有死区的PID控制算法

用途：避免控制动作过于频繁所引起的振荡。

方法：设置一个不灵敏区ε，当偏差为绝对值小于等于ε时，其控制输出维持上次采样的输出；当偏差的绝对值大于ε时，则进行正常的PID运算后输出，如图6-17所示。

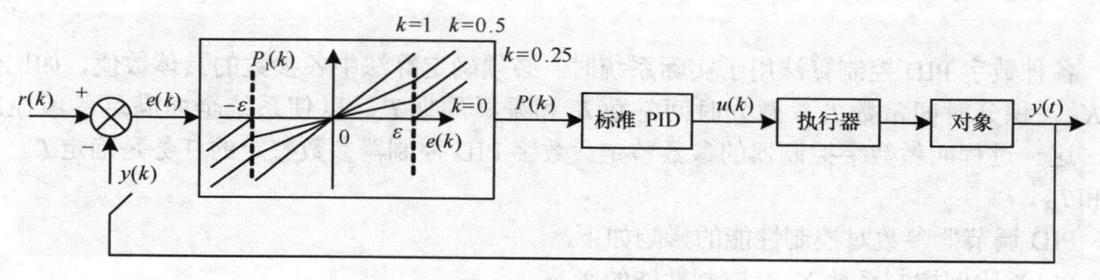

图6-17 带死区的PID控制算法

控制算法：

$$u(k)=K_P\{p(k)+\frac{T}{T_i}\sum_{j=0}^{k}p(j)+\frac{T_d}{T}[p(k)-p(k-1)]\}+u_0 \tag{6-28}$$

$$p(k)=\begin{cases}e(k) & |r(k)-y(k)|>\varepsilon \\ ke(k) & |r(k)-y(k)|<\varepsilon\end{cases} \tag{6-29}$$

式中，ε是一个可调的参数，其具体数值可根据实际控制对象由实验确定，其值太小，使调节过于频繁，达不到稳定被调节对象的目的；如果值取得太大，则系统将产生很大的滞后。当$\varepsilon=0$时，即为常规PID控制。

4. 微分先行PID算法

微分先行是把微分运算放在比较器附近，它有两种结构如图6-18所示。图6-18（a）所示为输出量微分，图6-18（b）所示为偏差微分。

输出量微分是只对输出量$y(t)$进行微分，而对给定值$r(t)$不作微分，这种输出量微分控制适用于给定值频繁提降的场合，可以避免因提降给定值时所引起的超调量过大、阀门动作过分剧烈地振荡。

偏差微分是对偏差值微分，也就是对给定值 $r(t)$ 和输出量 $y(t)$ 都有微分作用，偏差微分适用于串级控制的副控回路，因为副控回路的给定值是由主控调节器给定的，也应该对其作微分处理。因此，应该在副控回路中采用偏差微分 PID。

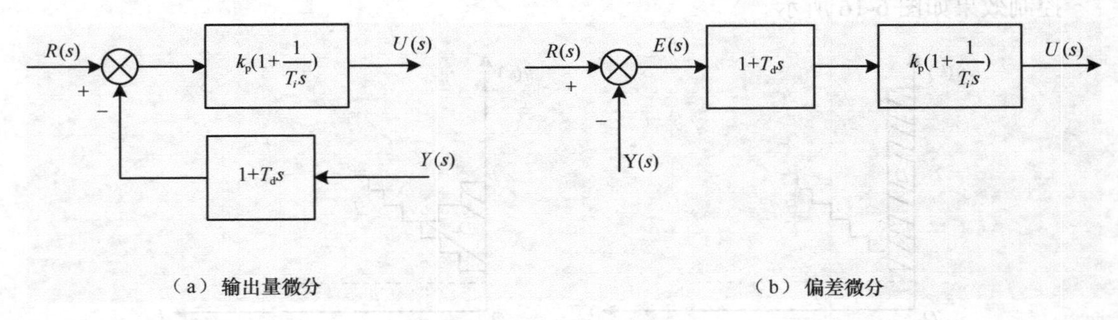

图 6-18 微分先行 PID 控制

以上介绍了几种自动控制系统中常用的数字 PID 控制算法的改进方法，限于篇幅，还有很多改进的数字 PID 控制算法没有介绍。在实际应用中可根据不同的场合灵活地选用这些改进的数字 PID 控制算法。

6.3 数字 PID 控制器参数整定

各种数字 PID 控制算法用于实际系统时，必须确定算法中各参数的具体数值，如比例增益 K_P、积分时间常数 T_I、微分时间常数 T_D 和采样周期 T，以使系统全面满足各项控制指标，这一过程叫做数字控制器的参数整定。数字 PID 控制器参数整定的任务是确定 T、K_P、T_I 和 T_D。

PID 调节器参数对控制性能的影响如下。

（1）比例控制系数 K_P 对控制性能的影响

① 对动态特性的影响。比例控制 K_P 加大，使系统的动作灵敏速度加快，K_P 偏大，振荡次数增多，调节时间加长。当 K_P 太大时，系统会趋于不稳定；若 K_P 太小，又会使系统的动作缓慢。

② 对稳态特性的影响。加大比例控制 K_P，在系统稳定的情况下，可以减小稳态误差 e_{ss}，提高控制精度，但是加大 K_P 只是减少 e_{ss}，却不能完全消除稳态误差。

（2）积分控制 T_I 对控制性能的影响

积分控制通常与比例控制或微分控制联合作用，构成 PI 控制或 PID 控制。

① 对动态特性的影响。积分控制 T_I 通常使系统的稳定性下降。T_I 太小系统将不稳定。T_I 偏小，振荡次数较多。T_I 太大，对系统性能的影响减少。当 T_I 合适时，过渡特性比较理想。

② 对稳态特性的影响。积分控制 T_I 能消除系统的稳态误差，提高控制系统的控制精度。但是若 T_I 太大时，积分作用太弱，以至于不能减小稳态误差。

（3）微分 T_D 控制对控制性能的影响

微分控制经常与比例控制或积分控制联合作用，构成 PD 控制或 PID 控制。

微分控制可以改善动态特性，如超调量 σ_P 减少，调节时间 t_s 缩短，允许加大比例控制，使稳态误差减小，提高控制精度。

当T_D偏大时，超调量σ_P较大，调节时间t_s较长。

当T_D偏小时，超调量σ_P也较大，调节时间t_s也较长。只有合适时，可以得到比较满意的过渡过程。

增大K_P：可以加快系统的响应，减小静差；但过大的比例系数会使系统有较大的超调，并产生振荡，使稳定性变差。

增大T_I：有利于减小超调，减小振荡，使系统稳定，但系统静差的消除将随之减慢。

增大T_D：有利于加快系统响应，减小超调，增强稳定性，但系统对扰动的抑制能力却将减弱。

1. 参数整定方法

PID 整定的理论方法：用采样系统理论进行分析设计确定参数；通过调整 PID 的 3 个参数K_P、T_I、T_D，将系统的闭环特征根分布在S域的左半平面的某一特定域内，以保证系统具有足够的稳定裕度并满足给定的性能指标。

只有被控对象的数学模型足够精确时，才能把特征根精确地配置在期望的位置上，而大多数实际系统一般无法得到系统的精确模型，因此理论设计的极点配置往往与实际系统不能精确匹配。

工程整定法：直接在系统中进行实验来确定参数。通常先理论计算确定控制策略，再工程整定确定参数，包括试凑法、扩充临界比例法、阶跃曲线法、归一参数整定法等。

2. 采样周期T的选择

（1）香农采样定理

香农（Shannon）采样定理给出了采样频率的下限，即采样频率应满足：$f \geqslant 2f_{smax}$，其中f为采样角频率，f_{smax}为被采样连续信号的上限角频率。由$f = 2\pi / T$，可得：$T \leqslant \pi / f_{smax}$。此时系统可真实地恢复到原来的连续信号。按香农采样定理，为了不失真地复现信号的变化，采样频率至少应为有用信号最高频率的 2 倍，实际常选用 4～10 倍。

T（采样周期）取得小些，可得到较好的控制效果；T选得太小，计算机的工作时间和工作量也随之增加。另外，当T小到一定程度后，对系统性能的改善并不显著。

（2）其次要考虑下列诸因素

① 给定值的变化频率。给定值变化频率越高，即T越小。采用周期要比对象的时间常数小得多，否则采样信号无法反映瞬变过程。

② 被控对象的变化速度。慢速的对象，T可以取大一点；被控对象若是较快速的系统时，T应该取得较小；当被控对象的纯滞后比较显著，系统纯滞后占主导地位时，应按纯滞后大小选取，并尽可能使纯滞后时间τ接近或等于采样周期T的整数倍。

③ 执行机构的类型。执行机构的动作惯性越大，T也应取得越大，这样，执行机构才来得及反映数字控制器输出值的变化。也就是说从执行机构的特性要求来看，考虑执行器的响应速度，有时需要输出信号保持一定的宽度，采样周期必须大于这一时间。

④ 控制算法的类型。当采用 PID 算法时，如果T选得过小，由于受计算精度的限制，偏差$e(k)$始终为零，将使积分和微分作用不明显。另外，各种控制算法也需要计算时间。从计算机的精度看，过短的采样周期是不合适的。

⑤ 测量控制回路数。测量控制回路数越多，则T越长。从微机的工作量和每个调节回路的计算来看，一般要求采样周期大些。

⑥ 控制系统的随动和抗干扰的性能。采样周期的选择应注意系统主要干扰的频谱，特别

是工业电网的干扰。一般希望它们有整倍数的关系，这对抑制在测量中出现的干扰和进行计算机数字滤波大为有益。从控制系统的随动和抗干扰的性能来看，要求采样周期短些，应远小于对象的扰动信号的周期。

实际上，用理论计算来确定采样周期存在一定的困难，信号最高频率、噪声干扰源频率都不易确定。因此，一般按表 6-2 所示的经验数据进行选用，然后在运行试验时进行修正。

表 6-2　　常见对象选择采样周期的经验数据

被测参数	采样周期	说　明
流量	1～5	优先选用 1～2s
压力	3～10	优先选用 6～8s
液位	6～8	优先选用 7s
温度	15～20	或纯滞后时间，串级系统：副环 T=1/4～1/5T 主环
成分	15～20	优先选用 18s

从以上分析可知，采样周期 T 的选择受各方面因素的影响，有时甚至是相互矛盾的，因此，必须根据具体情况和主要的要求做出折中的选择。

3．PID 参数的试凑法整定

方法：通过仿真或实际运行，观察系统对典型输入作用的响应曲线，然后根据各控制参数对系统的影响，反复调节试凑，直到达到满意的响应，从而确定 PID 各参数。K_P 增大，系统响应加快，静差减小，但系统振荡增强，稳定性下降；T_I 增大，系统超调减小，振荡减弱，但系统静差的消除也随之减慢；T_D 增大，调节时间减小，快速性增强，系统振荡减弱，稳定性增强，但系统对扰动的抑制能力减弱。

在凑试时，可参考以上参数分析控制过程的影响趋势，对参数进行先比例，后积分，再微分的整定步骤。

（1）整定比例部分

先置 PID 控制器中的 $T_I=\infty$、$T_D=0$，使之成为比例控制器，再将比例系数 K_P 由小调大，并观察相应的系统响应，直到得到反应快、超调小的响应曲线。如果系统没有静差或静差已经小到允许的范围内，并且响应曲线已经满意，那么只要用比例控制器即可，最优比例系数可由此确定。

（2）加入积分环节

如果只用比例控制，系统的静差不能满足设计要求，则需加入积分环节。整定时先置积分时间常数 T_I 为一较大值，并将经第一步整定得到的比例系数略为缩小（如缩小为原来值的 0.8），然后减小积分时间常数，使系统在保持良好动态性能的情况下消除静差。在此过程中，可根据响应曲线的好坏反复改变比例系数和积分时间常数，以期得到满意的控制过程与响应的参数。

（3）加入微分环节

若使用比例积分控制器能消除静差，但系统的动态过程经反复调整仍不能满意，则可加入微分环节，构成 PID 控制器。在整定时，可先置微分时间常数 T_D 为零，然后在第二步的基础上，增大 T_D，同时，相应地改变比例系数和积分时间常数，逐步试凑，以获得满意的控制效果和控制参数。

凑试过程中可以参考表6-3所示常见被控量的PID参数经验选择范围。

表6-3　常见被控量的PID参数经验选择范围

被调量	特　点	K_P	T_I（min）	T_D（min）
流量	时间常数小，并有噪声，故K_P较小，T_I较小，不用微分	1～2.5	0.1～1	
温度	对象有较大滞后，常用微分	1.6～5	3～10	0.5～3
压力	对象的滞后不大，不用微分	1.4～3.5	0.4～3	
液压	允许有静差时，不用积分和微分	1.25～5		

4. PID参数的简易工程法整定

（1）扩充临界比例度法

扩充临界比例法：对模拟调节器中使用的临界比例度法的扩充和推广。

整定数字控制器参数的步骤如下。

① 选择短的采样频率，一般选择被控对象纯滞后时间的十分之一。

② 用选定T，求出临界比例系数K_k及临界振荡周期T_k。具体办法是去掉积分与微分作用，只采用纯比例调节，逐渐增大比例系数，逐渐较小比例度$\delta(\delta=1/kr)$，直到系统发生持续等幅振荡。记录发生振荡的临界比例度和周期δ_r及T_r，如图6-19所示。

③ 选择控制度。

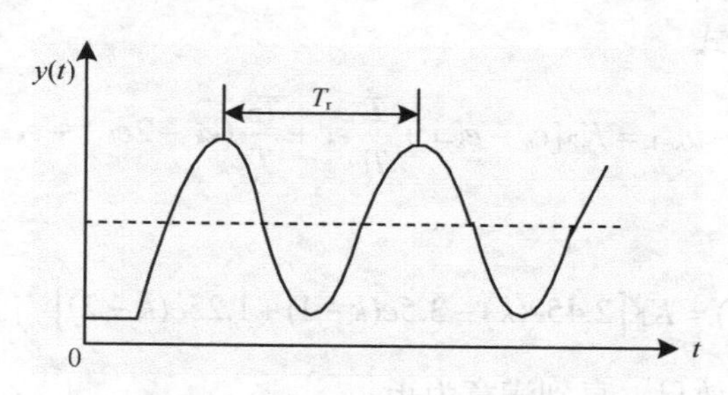

图6-19　扩充临界比例度实验曲线

控制度的定义：以模拟调节器为基准，将数字PID的控制效果与模拟调节器的控制效果相比较，采用误差平方积分表示：

$$控制度=\frac{\left[\int_0^\infty e^2 \mathrm{d}t\right]_{数字}}{\left[\int_0^\infty e^2 \mathrm{d}t\right]_{模拟}} \tag{6-30}$$

控制度的指标含意：控制度=1.05，数字PID与模拟控制效果相当；控制度=2.0，数字PID比模拟调节器的效果差。

④ 根据选定的控制度，查表6-4求得T、K_P、T_I、T_D的值。

表6-4　扩充临界比例度法整定的参数值表

控制度	控制规律	T	K_P	T_I	T_D
1.05	PI	$0.03\,T_r$	$0.53\,K_r$	$0.88\,T_r$	—
	PID	$0.014\,T_r$	$0.63\,K_r$	$0.49\,T_r$	$0.14\,T_r$

续表

控制度	控制规律	T	K_P	T_I	T_D
1.2	PI	$0.05\,T_r$	$0.49\,K_r$	$0.91\,T_r$	—
	PID	$0.043\,T_r$	$0.47\,K_r$	$0.47\,T_r$	$0.16\,T_r$
1.5	PI	$0.14\,T_r$	$0.42\,K_r$	$0.99\,T_r$	—
	PID	$0.09\,T_r$	$0.34\,K_r$	$0.43\,T_r$	$0.20\,T_r$
2.0	PI	$0.22\,T_r$	$0.36\,K_r$	$1.05\,T_r$	—
	PID	$0.16\,T_r$	$0.27\,K_r$	$0.4\,T_r$	$0.22\,T_r$

⑤ 按计算参数进行在线运行，观察结果。如果性能欠佳，可适当加大控制度值，重新求取各个参数，继续观察控制效果，直至满意为止。

（2）归一参数整定法

Roberts P.D.在 1974 年提出简化扩充临界比例度整定法，只需整定一个参数，因此称为归一参数整定法。

思想：根据经验数据，对多变量、相互耦合较强的系数，人为地设定"约束条件"，以减少变量的个数，达到减少整定参数数目，简易、快速调节参数的目的。

方法：设 T_r 为纯比例作用下的临界振荡周期，根据大量的经验和研究可令 $T=0.1T_r$，$T_I=0.5T_r$，$T_D=0.125T_r$，则式

$$\Delta u_k = u_k - u_{k-1} = K_P[e_k - e_{k-1} + \frac{T}{T_I}e_k + \frac{T_D}{T}(e_k - 2e_{k-1} + e_{k-2})] \tag{6-31}$$

即可变为

$$\Delta u(k) = K_P\left[2.45e(k) - 3.5e(k-1) + 1.25e(k-2)\right] \tag{6-32}$$

只需整定 K_P，观察效果，直到满意为止。

可见对 4 个参数的整定简化成了对一个参数的整定，使问题明显地简化了。应用约束条件减少整定参数数目的归一参数整定法是有发展前途的，因为它不仅对数字 PID 调节器的整定有意义，而且对实现 PID 自整定系统也将带来许多方便。

（3）扩充响应曲线法

在考虑了控制度后，数字控制器参数的整定中也可以采用类似模拟控制器的响应曲线法，称为扩充响应曲线法。应用该方法时，需要预先在对象动态响应曲线上求出等效纯滞后时间 τ，等效惯性时间常数 T_τ，以及它们的比值 T_τ/τ。其余步骤与扩充临界比例法相似。表 6-5 所示为扩充响应曲线法确定采样周期及数字控制器参数。

表 6-5　扩充响应曲线法确定采样周期及数字控制器参数

控制度	控制规律	T	K_P	T_I	T_D
1.05	PI	$0.1\,\tau$	$0.84\,T_\tau/\tau$	$0.34\,\tau$	—
	PID	$0.05\,\tau$	$0.15\,T_\tau/\tau$	$2.0\,\tau$	$0.45\,\tau$

续表

控制度	控制规律	T	K_P	T_I	T_D
1.2	PI	0.2τ	$0.78\,T_\tau/\tau$	3.6τ	—
	PID	0.16τ	$1.0\,T_\tau/\tau$	1.9τ	0.55τ
1.5	PI	0.5τ	$0.68\,T_\tau/\tau$	3.9τ	—
	PID	0.34τ	$0.85\,T_\tau/\tau$	1.62τ	0.65τ
2.0	PI	0.8τ	$0.57\,T_\tau/\tau$	4.2τ	—
	PID	0.6τ	$0.6\,T_\tau/\tau$	1.5τ	0.82τ

应用条件：已知系统的动态特性曲线。

操作步骤：

① 使系统工作在手动操作状态下，将被控量调到给定值附近使之稳定下来，再突然给对象一个阶跃输入信号；

② 用仪表记录被控量在阶跃输入下的整个变化过程曲线(即广义对象的飞升特性曲线)；

③ 在曲线最大斜率处作切线，如图 6-20 所示，求得滞后时间 τ，被控对象时间常数 T_τ，以及它们的比值 T_τ/τ，查表 6-5，即可得数字 PID 控制器的 T、K_P、T_I 和 T_D。

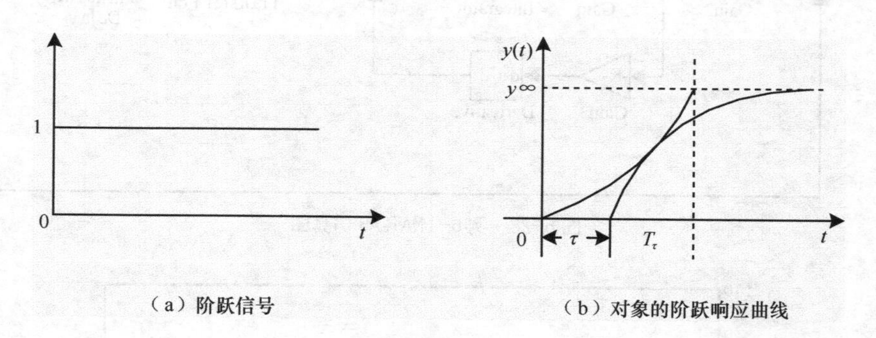

（a）阶跃信号　　（b）对象的阶跃响应曲线

图 6-20　对象的阶跃响应特性曲线

以上几种方法特别适用于被控对象是一阶滞后惯性环节，如果对象为其他特性，可以采用其他方法来整定。下面是 PID 参数整定的一个口诀，对参数整定有一定的帮助：

整定参数寻最佳，从小到大逐步查；先调比例后积分，微分作用最后加；曲线震荡很频繁，比例刻度要放大；曲线漂浮波动大，比例刻度要拉小；曲线偏离回复慢，积分时间往小降；曲线波动周期长，积分时间要加长；曲线震荡动作频繁，微分时间要加长。

【例 6-1】 多温区电气加热炉控制系统，控制系统数学模型，加热炉近似为一级惯性环节+纯滞后：$G(s)=\dfrac{K_c}{T_s+1}e^{-\tau s}$。阶跃响应曲线测试如图 6-21 所示，其中，$U_0=0.3$；$y\infty=50$；$T=1170$；$\tau=70$。加热炉模型：$y\infty=U_0G(0) ==> K_c=167$；$T=1170$；$\tau=70$。查表 6-5 得连续 PID 参数：$K=0.12$；$T_I=140\text{s}$；$T_D=29.4\text{s}$。带入 MATLAB 仿真图 6-22，可得如图 6-23 所示的仿真结果。

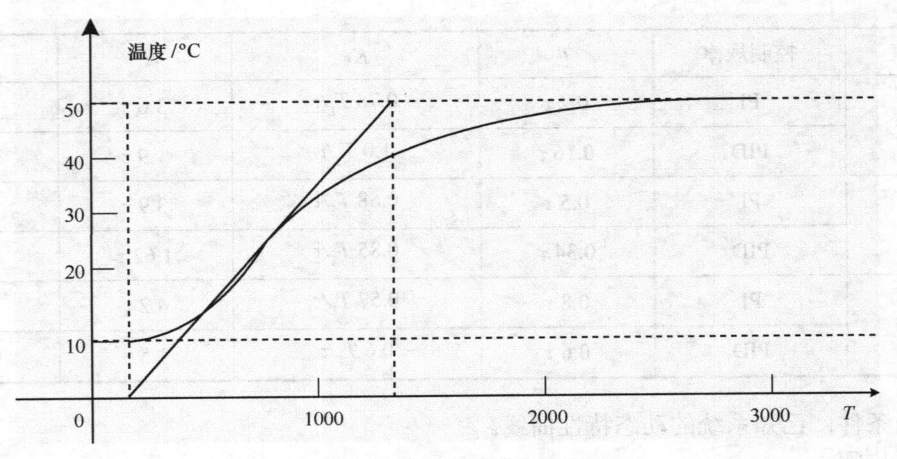

图 6-21 例 6-1 阶跃响应曲线

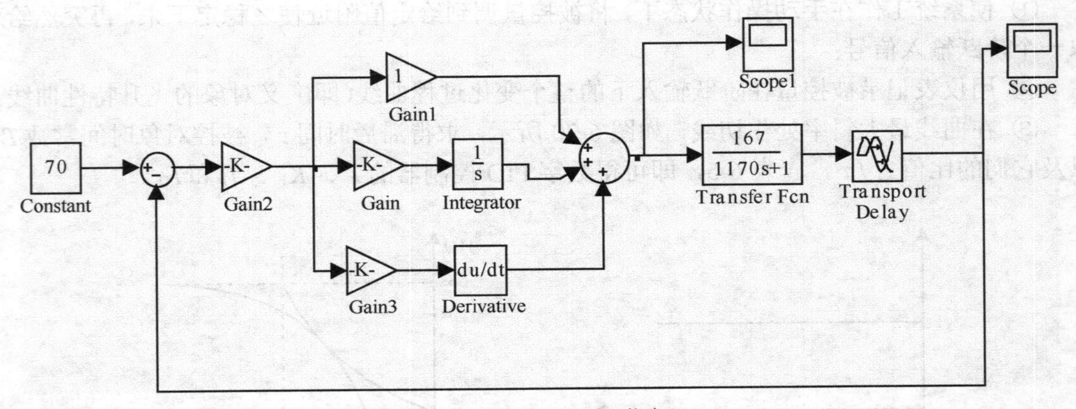

图 6-22 例 6-1MATLAB 仿真图

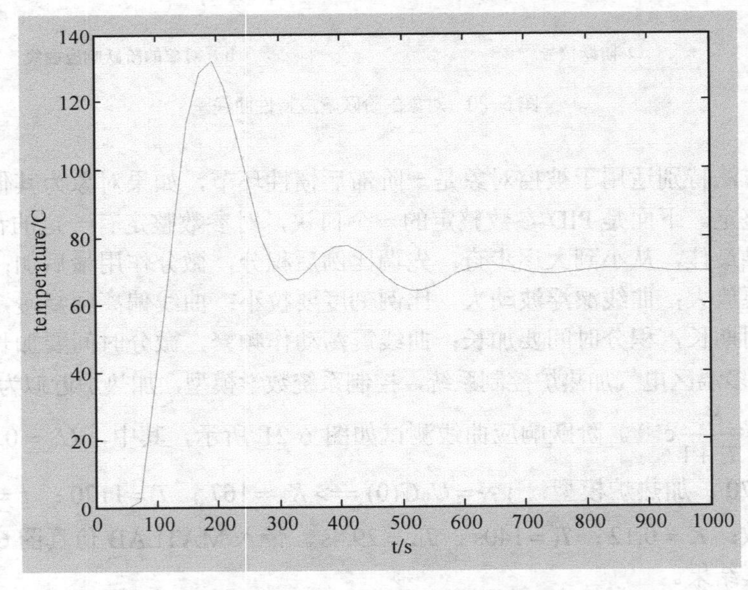

图 6-23 例 6-1MATLAB 仿真结果图

习题6

1．数字控制器连续化设计方法的步骤有哪些？

2．给出数字PID控制器的位置式算式、增量式算式，并比较它们的特点。

3．什么是积分饱和现象？它是怎样引起的？通常采取什么方法克服积分饱和？

4．在采用数字PID控制器的系统中，应当根据什么原则选择采样周期？

5．试描述 PID 调节器中的比例系数，积分时间常数和微分时间常数的变化对闭环系统控制性能的影响。

6．简述PID参数的试凑法整定的步骤。

7．简述扩充临界比例度法和扩充响应曲线法整定PID参数的步骤。

第7章 数字控制器的离散化设计

前面所讨论的连续化数字PID控制算法，是以连续时间系统的控制理论为基础的，并在计算机上数字模拟实现的，因此又称为模拟化设计方法。对于采样周期远小于被控对象时间常数的生产过程，把离散时间系统近似为连续时间系统，采用模拟调节器数字化的方法来设计系统，可达到满意的控制效果。但是，当采样周期并不是远小于对象的时间常数或对控制的质量要求比较高时，如果仍然把离散时间系统近似为连续时间系统，必然与实际情况产生很大差异，据此设计的控制系统就不能达到预期的效果，甚至可能完全不适用。在这种情况下，应采用离散化设计方法直接设计数字控制器。

离散化设计方法：是在 z 平面上设计的方法，对象可以用离散模型表示。或者用离散化模型的连续对象，根据系统的性能指标要求，以采样控制理论为基础，以Z变换为工具，在Z域中直接设计出数字控制器 $(1-z^{-1})$。这种设计法也称直接设计法或Z域设计法。

由于直接设计法无须离散化，也就避免了离散化误差。又因为它是在采样频率给定的前提下进行设计的，可以保证系统性能在此采样频率下达到品质指标要求，所以采样频率不必选得太高。因此，离散化设计法比模拟设计法更具有一般意义。

7.1 数字控制器的离散化设计步骤

在图7-1中，$R(z)$ 为系统输入即给定值，$Y(z)$ 为系统输出即系统响应，$D(z)$ 是数字控制器的脉冲传递函数，偏差 $E(z)=R(z)-Y(z)$ 为控制器输入，$U(z)$ 为控制器输出即控制量，广义对象的脉冲传递函数为

$$G_1(z)=Z\left[H_0(s)G(s)\right]=Z\left[\frac{1-\mathrm{e}^{-Ts}}{s}G(s)\right] \tag{7-1}$$

其中，$G(s)$ 为被控对象的传递函数，$H_0(s)$ 为零阶保持器 $H_0(s)=\dfrac{1-\mathrm{e}^{-Ts}}{s}$。

系统闭环脉冲传递函数为

$$\phi(z)=\frac{Y(z)}{R(z)}=\frac{D(z)G_1(z)}{1+D(z)G_1(z)} \tag{7-2}$$

偏差脉冲传递函数为

$$\phi_{\rm e}(z)=\frac{E(z)}{R(z)}=\frac{R(z)-Y(z)}{R(z)}=1-\phi(z)=\frac{1}{1+D(z)G_1(z)} \tag{7-3}$$

数字控制器脉冲传递函数为

$$D(z)=\frac{U(z)}{E(z)}=\frac{\phi(z)}{G_1(z)[1-\phi(z)]}=\frac{1-\phi_{\rm e}(z)}{G_1(z)\phi_{\rm e}(z)}=\frac{\phi(z)}{G_1(z)\phi_{\rm e}(z)} \tag{7-4}$$

分析图 7-1 可知，$Y(z)=\phi(z)R(z)=U(z)G_1(z)$，即

$$U(z)=\frac{\phi(z)R(z)}{G_1(z)} \tag{7-5}$$

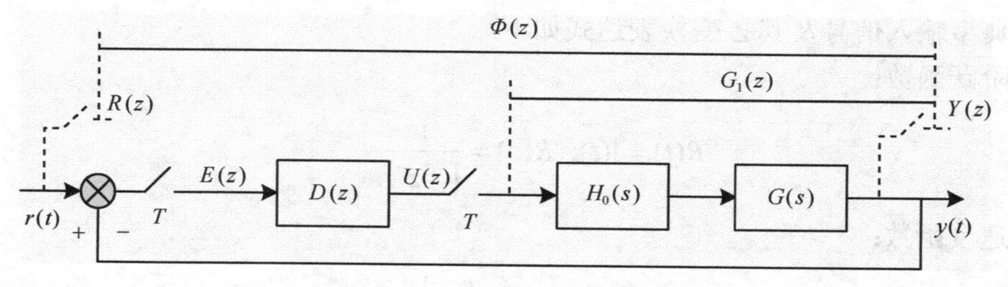

图 7-1 计算机控制系统结构图

从上面公式可以看出，广义对象 $G_1(z)$ 是零阶保持器和被控对象所固有的，不能改变。只需确定满足系统性能指标要求的 $\phi(z)$，就可以根据式（7-4），求得满足要求的数字控制器 $D(z)$。由此可得数字控制器的离散化设计步骤如下：

① 由 $H_0(s)$ 和 $G(s)$ 求取广义对象的脉冲传递函数 $G_1(z)$；

② 根据控制系统的性能指标及实现的约束条件构造闭环脉冲传递函数 $\phi(z)$；

③ 根据式（7-4）确定数字控制器的脉冲传递函数 $D(z)$；

④ 由 $D(z)$ 确定控制算法的递推计算公式，并编制程序。

7.2 最少拍随动系统的设计

在数字随动控制系统中，要求系统的输出值尽快地跟踪给定值的变化，最少拍控制就是满足这一要求的一种离散化设计方法。

在数字控制系统中，通常把一个采样周期称为一拍。所谓最少拍控制，就是要求设计的数字控制器能使闭环系统在典型输入作用下，经过最少拍数（最少个采样周期）达到无静差的稳态，显然这种系统对闭环脉冲传递函数的性能要求是快速性和准确性。

最少拍随动系统设计的具体要求：

① 对特定的参考输入信号，在到达稳态后，系统在采样点的输出值准确跟随输入信号，不存在静差；

② 在各种使系统在有限拍内到达稳态的设计中，系统准确跟踪输入信号所需的采样周期数最少；

③ 数字控制器必须在物理上可以实现；

④ 闭环系统必须是稳定的。

1．最少拍数字控制器 $D(z)$ 的设计

最少拍控制系统的性能指标是调节时间最短（或尽可能得短），要求闭环系统对于某种特定的输入在最少个采样周期内达到无静差的稳态。由式（7-3）得偏差表达式

$$E(z)=\phi_e(z)R(z)=m_1z^{-1}+\cdots+m_Nz^{-N} \tag{7-6}$$

要实现无静差、最少拍，偏差应在最短时间内趋近于零，即上式应为 z^{-1} 的有限项多项式。其中，N 是可能情况下的最小正整数，这一形式表明，偏差在 N 个采样周期后变为零，从而意味着系统在 N 拍之内达到稳定。因此，在输入 $R(z)$ 一定的情况下，必须对 $\phi_e(z)$ 提出要求。由上一节知道，一旦确定满足系统性能指标要求的 $\phi_e(z)$，便可确定 $\phi(z)$，就可以根据式(7-4)，求得满足要求的数字控制器 $D(z)$。

几种典型输入信号及其 Z 变换表达式如下。

单位阶跃函数：

$$R(t)=1(t);\ R(z)=\frac{1}{1-z^{-1}} \tag{7-7}$$

单位速度函数：

$$R(t)=t;\quad R(z)=\frac{Tz^{-1}}{(1-z^{-1})^2} \tag{7-8}$$

单位加速度函数：

$$R(t)=\frac{1}{2}t^2;\ R(z)=\frac{T^2z^{-1}(1+z^{-1})}{2(1-z^{-1})^3} \tag{7-9}$$

输入信号的一般表达式：

$$R(z)=\frac{A(z)}{(1-z^{-1})^N} \tag{7-10}$$

式中，$A(z)$ 为不包含 $(1-z^{-1})$ 因式的 z^{-1} 的多项式。根据 Z 变换的终值定理，求系统的稳态误差，并使其为零（无静差，即准确性约束条件），即

$$e_\infty=\lim_{z\to1}(1-z^{-1})E(z)=\lim_{z\to1}(1-z^{-1})R(z)\phi_e(z)=\lim_{z\to1}(1-z^{-1})\cdot\frac{\phi_e(z)A(z)}{(1-z^{-1})^N}=0 \tag{7-11}$$

很明显，要使稳态误差为零，$\phi_e(z)$ 中必须含有 $(1-z^{-1})^M$ 因子，且 $M\geqslant N$，要实现最少拍一般取 $M=N$。同样

$$E(z)=\phi_e(z)R(z)=\frac{\phi_e(z)A(z)}{(1-z^{-1})^N} \tag{7-12}$$

要使 $E(z)$ 成为 z^{-1} 有限项的多项式，应使

$$\phi_e(z)=(1-z^{-1})^NF(z) \tag{7-13}$$

$F(z)$ 为不包含 $(1-z^{-1})$ 因式的 z^{-1} 的多项式，$F(z)$ 应尽可能简单，故取 $F(z)=1$，据此，对于不同的输入信号，可选择不同的误差传递函数 $\phi_e(z)$，从而得到最少拍控制器 $D(z)$。

当输入信号为单位阶跃信号时，

$$\begin{cases} \phi_e(z)=(1-z^{-1})^N F(z)=1-z^{-1} \\ \phi(z)=1-\phi_e(z)=z^{-1} \\ E(z)=\phi_e(z)R(z)=\dfrac{1-z^{-1}}{1-z^{-1}}=1 \\ D(z)=\dfrac{\phi(z)}{G_1(z)\phi_e(z)}=\dfrac{z^{-1}}{(1-z^{-1})G_1(z)} \end{cases} \tag{7-14}$$

同理可得速度输入和加速度输入时的控制器，如表 7-1 所示。

表 7-1　　3 种典型输入的最少拍系统

$R(z)$	$\phi_e(z)$	$\phi(z)$	$D(z)$	t_s
$\dfrac{1}{1-z^{-1}}$	$1-z^{-1}$	z^{-1}	$\dfrac{z^{-1}}{(1-z^{-1})G_1(z)}$	T
$\dfrac{Tz^{-1}}{(1-z^{-1})^2}$	$(1-z^{-1})^2$	$2z^{-1}-z^{-2}$	$\dfrac{2z^{-1}-z^{-2}}{(1-z^{-1})^2G_1(z)}$	$2T$
$\dfrac{T^2z^{-1}(1+z^{-1})}{2(1-z^{-1})^3}$	$(1-z^{-1})^3$	$3z^{-1}-3z^{-2}+z^{-3}$	$\dfrac{3z^{-1}-3z^{-2}+z^{-3}}{(1-z^{-1})^3G_1(z)}$	$3T$

2. 最少拍控制器对典型输入的适应性差

最少拍控制器中的最少拍是针对某一典型输入设计的，对于其他典型输入则不一定为最少拍，甚至引起大的超调和静差。

【例 7-1】 对于图 7-1 所示系统，有 $G(s)=\dfrac{2}{s(0.5s+1)}$，$H_0(s)=\dfrac{1-e^{-Ts}}{s}$，$T=0.5s$，$R(t)=t$，设计最少拍数字控制器 $D(z)$。

解：$G_1(z)=H_0G(z)=z[\dfrac{1-e^{-Ts}}{s}\times\dfrac{2}{s(0.5s+1)}]=z[(1-e^{-Ts})\dfrac{4}{s^2(s+2)}]$

$$=z[\frac{4}{s^2(s+2)}]-z[\frac{4e^{-Ts}}{s^2(s+2)}]=z[\frac{2}{s^2}-\frac{1}{s}+\frac{1}{s+2}]-z[e^{-Ts}(\frac{2}{s^2}-\frac{1}{s}+\frac{1}{s+2})]$$

$$=(1-z^{-1})[\frac{2Tz^{-1}}{(1-z^{-1})^2}-\frac{1}{1-z^{-1}}+\frac{1}{1-e^{-2T}z^{-1}}]=\frac{0.368z^{-1}(1+0.718z^{-1})}{(1-z^{-1})(1-0.368z^{-1})}$$

① 按输入信号为单位速度输入来设计最少拍数字控制器 $D(z)$：

$$\phi_e(z)=(1-z^{-1})^2$$

$$D(z)=\frac{1-\phi_e(z)}{G_1(z)\phi_e(z)}=\frac{1-(1-z^{-1})^2}{\dfrac{0.368z^{-1}(1+0.718z^{-1})}{(1-z^{-1})(1-0.368z^{-1})}(1-z^{-1})^2}$$

$$=\frac{5.435(1-0.5z^{-1})(1-0.368z^{-1})}{(1-z^{-1})(1+0.718z^{-1})}$$

$$Y(z)=\phi(z)R(z)=(2z^{-1}-z^{-2})\frac{Tz^{-1}}{(1-z^{-1})^2}=2Tz^{-2}+3Tz^{-3}+4Tz^{-4}+5Tz^{-5}+\cdots$$

现考察此时的输出：$Y(0)=0,Y(T)=0,T(2T)=2T,Y(3T)=3T,Y(4T)=4T\cdots$

输出响应曲线如图 7-2 所示。

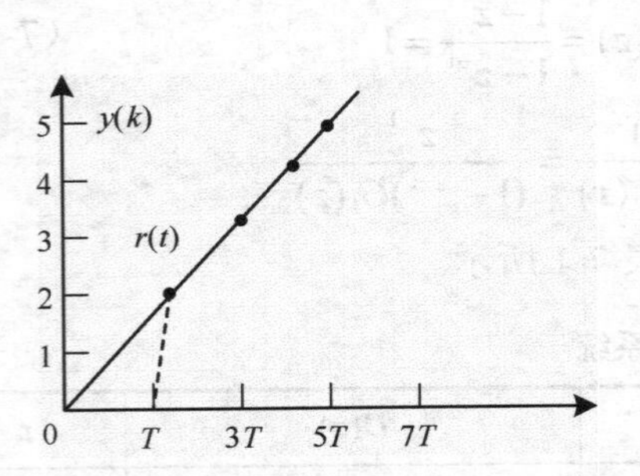

图 7-2 单位速度输入时最少拍系统响应曲线图

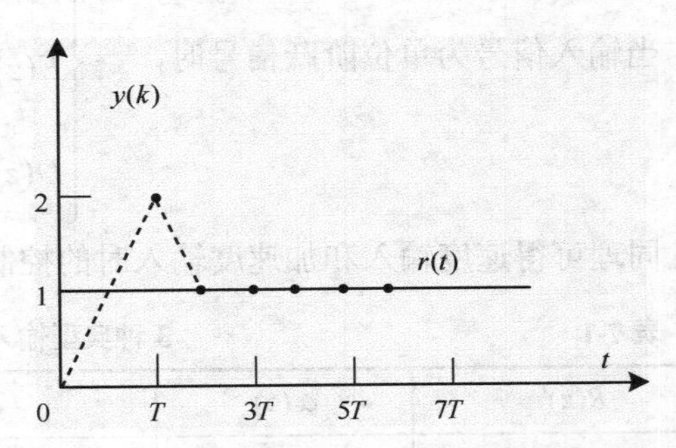

图 7-3 单位阶跃输入时最少拍系统响应曲线图

当$D(z)$不变，输入信号变为其他函数时，有如下分析。

② 只改变输入信号为单位阶跃信号：

$$Y(z)=\phi(z)R(z)=(2z^{-1}-z^{-2})\frac{1}{(1-z^{-1})}=2z^{-1}+z^{-2}+z^{-3}+z^{-4}+z^{-5}+\cdots$$

即
$$Y(0)=0,Y(T)=2,Y(2T)=1,Y(3T)=1,Y(4T)=1\cdots$$

输出响应曲线如图 7-3 所示。可见，按单位速度输入设计的最小拍系统，当输入信号为单位阶跃信号时，经过 2 个采样周期，$Y(KT)$=$R(KT)$，但在 K=1 时，将有 100%的超调量。

③ 只改变输入信号为单位加速度信号：

$$Y(z)=\phi(z)R(z)=(2z^{-1}-z^{-2})\frac{T^2z^{-1}(1+z^{-1})}{2(1-z^{-1})^3}$$
$$=T^2z^{-2}+3.5T^2z^{-3}+7T^2z^{-4}+11.5T^2z^{-5}+\cdots$$

即
$$Y(0)=0,Y(T)=0,Y(2T)=T^2,Y(3T)=3.5T^2,Y(4T)=7T^2\cdots$$

输入系列：$R(0)=0,R(T)=0.5T^2,R(2T)=2T^2,R(3T)=4.5T^2,R(4T)=8T^2\cdots$

输出响应曲线如图 7-4 所示。可见，按单位速度输入设计的最小拍系统，当输入信号为单位加速度信号时，输出响应与输入之间总存在偏差。

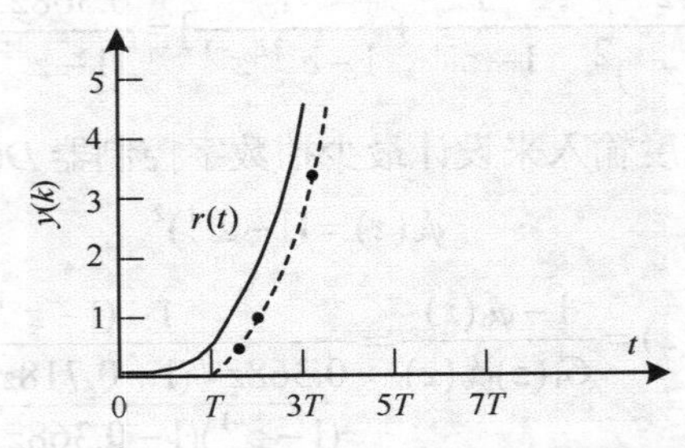

图 7-4 单位加速度输入时最少拍系统响应曲线

结论：最少拍系统对输入信号的变化适应性较差。

解决方法：预先编出不同输入时所对应的数字控制器的计算机程序，计算机根据输入类型调用相应程序。

3. 最少拍控制系统输出量在采样点之间存在波纹

【例 7-2】图 7-1 所示系统，有 $G(s)=\dfrac{10}{s(s+1)}$，$H_0(s)=\dfrac{1-\mathrm{e}^{-Ts}}{s}$，$T=1\mathrm{s}$，$R(t)=1(t)$，设计最少拍调节器 $D(z)$，并画出数字控制器输出控制量和系统输出波形。

解：$G_1(z)=H_0G(z)=Z[\dfrac{1-\mathrm{e}^{-Ts}}{s}\times\dfrac{10}{s(s+1)}]=10(1-z^{-1})Z[\dfrac{1}{s^2(s+1)}]$

$$=10(1-z^{-1})Z[\frac{1}{s^2}-\frac{1}{s}+\frac{1}{s+1}]=10(1-z^{-1})[\frac{Tz^{-1}}{(1-z^{-1})^2}-\frac{1}{1-z^{-1}}+\frac{1}{1-\mathrm{e}^{-T}z^{-1}}]$$

$$=\frac{3.68z^{-1}(1+0.718z^{-1})}{(1-z^{-1})(1-0.368z^{-1})}$$

若输入信号为单位阶跃信号，根据式（7-14）可得

$$\phi_e(z)=1-z^{-1}$$

$$D(Z)=\frac{1-\phi_e(Z)}{G_1(Z)\phi_e(Z)}=\frac{1-[1-z^{-1}]}{\dfrac{3.68z^{-1}(1+0.718z^{-1})}{(1-z^{-1})(1-0.368z^{-1})}(1-z^{-1})}=\frac{0.272-0.100z^{-1}}{1+0.718z^{-1}}$$

$$Y(z)=\phi(z)R(z)=[1-\phi_e(z)]R(z)=\frac{z^{-1}}{1-z^{-1}}=z^{-1}+z^{-2}+\cdots+z^{-k}+\cdots$$

$$E(z)=\phi_e(z)R(z)=(1-z^{-1})\frac{1}{1-z^{-1}}=1$$

现考察此时的输出序列：$y(0)=0;\ y(1)=y(2)=y(3)=\cdots=y(k)=\cdots=1$

偏差：$E(z)=e(0)+e(1)z^{-1}+e(2)z^{-2}+\cdots+e(k)z^{-k}+\cdots=1$

故 $e(0)=1;\ e(1)=e(2)=e(3)=\cdots=e(k)=\cdots=0$

可见当经过一个采样周期后（t_s=1s）系统稳态无静差。控制量：

$$U(z)=\frac{Y(z)}{G_1(z)}=D(z)E(z)=\frac{0.272-0.100z^{-1}}{1+0.718z^{-1}}\times1$$

$$=0.272-0.295z^{-1}+0.212z^{-2}-0.152z^{-3}+0.109z^{-4}+\cdots$$

画出系统数字控制器输出控制量和系统输出波形如图 7-5 所示。

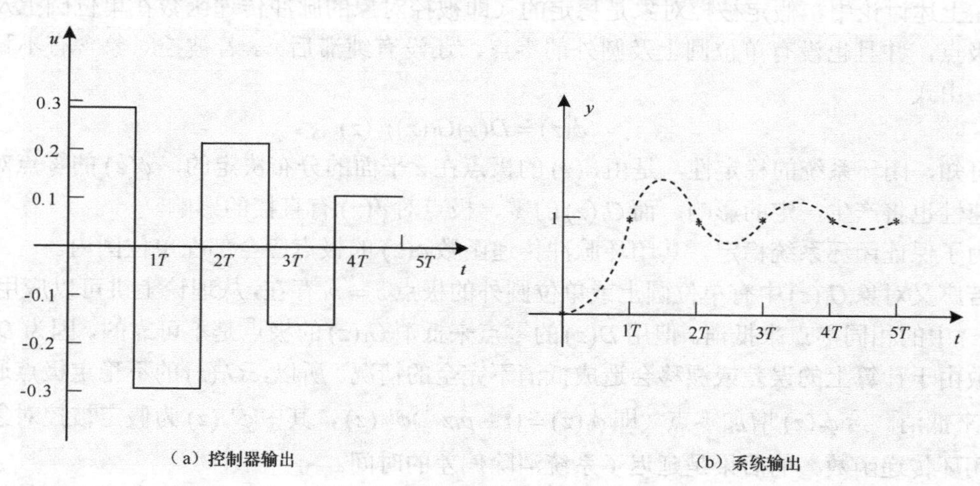

图 7-5 有限拍系统输出序列波形图

结论：经过一拍之后，输出量在采样点上完全等于输入信号，但由于控制量不稳定，输出量在采样点之间还存在一定的误差，即存在波纹。

4. 最少拍系统的其他局限性

（1）最少拍控制器对参数变化过于敏感

按最少拍控制设计的闭环系统只有多重极点 $z=0$，从理论上可以证明，这一多重极点对系统参数变化的灵敏度可达无穷，因此如果系统参数发生变化，将使实际系统控制严重偏离期望状态。

例如，对一阶对象 $G_1(z)=\dfrac{0.5z^{-1}}{1-0.5z^{-1}}$，选择单位速度输入来设计：$\phi(z)=2z^{-1}-z^{-2}$，由此得到数字控制器为：$D(z)=\dfrac{4(1-0.5z^{-1})}{(1-z^{-1})^2}$。若被控对象的时间常数发生变化，如对象的传递函数变为 $G_1(z)=\dfrac{0.6z^{-1}}{1-0.4z^{-1}}$，则系统的闭环传递函数为 $\phi(z)=\dfrac{2.4z^{-1}(1-0.5z^{-1})^2}{1-0.6z^{-2}+0.2z^{-3}}$，在单位速度输入时其输出为 $Y(z)=R(z)\phi(z)=2.4z^{-2}+2.4z^{-3}+4.44z^{-4}\cdots$。可见各采样时刻的输出值为 0，0，2.4，2.4，4.44，…，显然与期望值 0，1，2，3，…，相差甚远，已不再具备最少拍响应的性质。

（2）控制作用易超出范围

在最少拍控制设计中，对控制量未作限制，因此，所得到的结果应该是在控制能量不受限制时系统输出稳定地跟踪输入所需要的最少拍过程。从理论上讲，由于通过设计已经给出了达到稳态所需的最少拍，如果将采样周期取得充分小，便可使系统调整时间任意短。但这一结论是不实际的，因为当采样频率加大时，被控对象传递函数中的常数系数将会减小。

例如，对一阶惯性环节 $G_1(z)=\dfrac{(1-\sigma)z^{-1}}{1-\sigma z^{-1}}$，式中 $\sigma=\exp(-T/T_1)$，采样周期 T 的减小将引起 σ 增大，与此同时，控制量 $U(z)=\dfrac{\phi(z)}{G_1(z)}R(z)$ 将随着 $1-\sigma$ 的减小而增大。由于执行机构的饱和特性，控制量将被限制在最大值内。这样，按最少拍设计的控制量将不能实现。

5. 最少拍数字控制器的限制条件

在上述讨论中，假定被控对象是稳定的（即被控对象的脉冲传递函数在单位圆上及圆外没有极点，并且也没有单位圆上及圆外的零点，还没有纯滞后）。若被控对象含有不稳定因素呢？由式

$$\phi(z)=D(z)G_1(z)\phi_e(z)$$

可知，闭环系统的稳定性，是由 $\phi(z)$ 的极点在 z 平面的分布决定的，$\phi(z)$ 的零点对系统的快速性也将产生一定的影响。而 $G_1(z)$ 的零、极点对 $\phi(z)$ 有直接的影响。

为了保证闭环系统稳定，其闭环脉冲传递函数 $\phi(z)$ 的极点应全部在单位圆内。

若广义对象 $G_1(z)$ 中有单位圆上或单位圆外的极点 $z=p_i$ 存在，从理论上讲可以应用 $D(z)$ 或 $\phi_e(z)$ 中的相同零点来抵消。但用 $D(z)$ 的零点来抵消 $G_1(z)$ 的极点是不可靠的。因为 $D(z)$ 中的参数由于计算上的误差或漂移会造成抵消不完全的情况。所以，$G_1(z)$ 的不稳定极点通常由 $\phi_e(z)$ 来抵消。给 $\phi_e(z)$ 增加零点（即 $\phi_e(z)=(1-p_iz^{-1})\phi'_e(z)$，其中 $\phi'_e(z)$ 为假定被控对象是稳定的闭环传递函数）的后果是延迟了系统消除偏差的时间。

若广义对象 $G_1(z)$ 中出现单位圆上（或圆外）的零点 $z=q_i$，则既不能用 $\phi_e(z)$ 中的极点来

抵消，也不能用$D(z)$中的极点来抵消，因为这样会导致数字控制器$D(z)$的不稳定。

而对于$G_1(z)$中纯滞后环节z^{-1}因子，也不能由$D(z)$来消除，因为这样$D(z)$中将出现z的正次幂，使计算机出现超前输出，这实际是无法实现的。

因此，广义对象$G(z)$中的单位圆上（或圆外）零点$z=q_i$和纯滞后环节z^{-1}因子，必须还包括在所设计的闭环脉冲传递函数$\phi(z)$中，这将导致调整时间的延长。

综上所述，闭环脉冲传递函数$\phi(z)$和误差传递函数$\phi_e(z)$的选择必须有一定的限制：

① 当$G_1(z)$含有单位圆上或圆外的极点时，将这些极点作为$\phi_e(z)$的零点；

② 当$G_1(z)$含有单位圆上或圆外的零点时，将这些零点作为$\phi(z)$的零点；

③ 当$G_1(z)$含有纯滞后环节时，则在$\phi(z)$的分子中含有z^{-1}因子。

【例7-3】设最少拍随动系统，被控对象的传递函数$G(s)=\dfrac{10}{s(1+s)(1+0.1s)}$，采样周期$T=0.5\text{s}$，设计单位阶跃函数输入时的最少拍数字控制器。

解：该系统广义对象的脉冲传递函数

$$
\begin{aligned}
G_1(s)&=z[\frac{1-e^{-Ts}}{s}\frac{10}{s(1+s)(1+0.1s)}]=z[(1-e^{-Ts})(\frac{10}{s^2}-\frac{11}{s}+\frac{100/9}{1+s}-\frac{1/9}{10+s})]\\
&=\frac{1-z^{-1}}{9}[\frac{90Tz^{-1}}{(1-z^{-1})^2}-\frac{99}{1-z^{-1}}+\frac{100}{1-e^{-T}z^{-1}}-\frac{1}{1-e^{-10T}z^{-1}}]\\
&=\frac{0.7385z^{-1}(1+1.4815z^{-1})(1+0.05355z^{-1})}{(1-z^{-1})(1-0.6065z^{-1})(1-0.0067z^{-1})}
\end{aligned}
$$

上式中包含有z^{-1}和单位圆外零点$z=1.4815$，为满足限制条件（2）、条件（3），要求闭环脉冲传递函数由$\phi(z)$中含有$(1+1.4815z^{-1})$项及z^{-1}的因子。又因为式中含有一个极点（z=1）在单位圆上，因此，根据限制条件(1)，$\phi_e(z)$必须有一个$z=1$的零点。故可得（注意$\phi(z)$和$\phi_e(z)$中z^{-1}的最高次幂必须相等，因为$\phi(z)=1-\phi_e(z)$）

$$
\begin{cases}\phi(z)=1-\phi_e(z)=az^{-1}(1+1.4815z^{-1})\\ \phi_e(z)=(1-z^{-1})(1+bz^{-1})\end{cases}
$$

式中，a、b为待定系数。由上述方程组可得 $(1-b)z^{-1}+bz^{-2}=az^{-1}+1.4815az^{-2}$；比较等式两边的系数，可得$\begin{cases}1-b=a\\ b=1.4815a\end{cases}$；由此可解得待定系数$a=0.403$，$b=0.597$。代入方程组，则

$\begin{cases}\phi(z)=0.403z^{-1}(1+1.4815z^{-1})\\ \phi_e(z)=(1-z^{-1})(1+0.597z^{-1})\end{cases}$。于是，可求出数字控制器的脉冲传递函数

$$
D(z)=\frac{\phi(z)}{\phi_e(z)G_1(z)}=\frac{0.5457(1-0.6065z^{-1})(1-0.0067z^{-1})}{(1+0.597z^{-1})(1+0.05355z^{-1})}
$$

上述控制器在物理上是可以实现的。

离散系统经过数字校正后，在单位阶跃作用下，系统输出响应的Z变换为

$$
Y(z)=\phi(z)R(z)=0.403z^{-1}(1+1.4815z^{-1})\frac{1}{1-z^{-1}}=0.403z^{-1}+z^{-2}+z^{-3}+\cdots
$$

由此可得，$Y(0)=0,Y(T)=0.403,Y(2T)=Y(3T)=\cdots=1$，由于闭环$z$传递函数包含了单位

圆外零点，所以系统的调节时间延长到两拍(1s)。

6. 用 MATLAB 仿真被控过程

最少拍控制的 MATLAB 仿真被控过程的原理方框图，如图 7-6 所示。

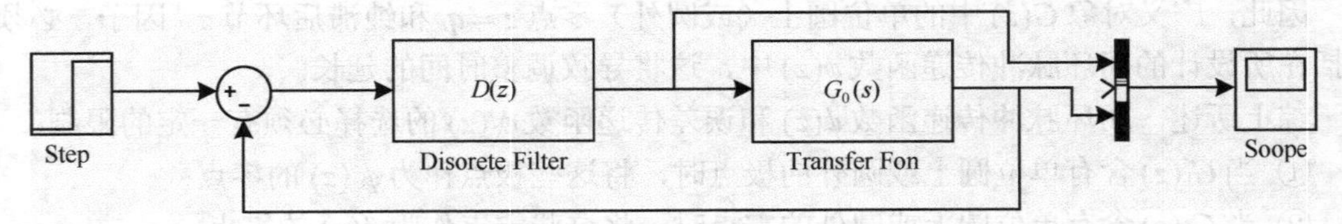

图 7-6 最少拍控制的 MATLAB 仿真被控过程的原理方框图 1

其中，$D(z)$ 是数字调节器的脉冲传递函数，$G_0(s)$ 为被控对象的传递函数。

注：在图中，Step 模块的 Step time 设置为采样周期值的 0 或 n 倍（n 为正整数），所有模块的 Sample time 设置必须都按采样周期值设置。

在被控对象为 $G_0(s)=\dfrac{5}{s(s+1)}$ 时，令采样周期为 T=1s，且输入为单位阶跃信号。

$G_1(z)$ 为包括零阶保持器在内的广义对象的脉冲传递函数：

$$G_1(z)=5(1-z^{-1})\left[\frac{Tz^{-1}}{(1-z^{-1})^2}-\frac{(1-\mathrm{e}^{-T})z^{-1}}{(1-z^{-1})(1-\mathrm{e}^{-T}z^{-1})}\right]=\frac{5Tz^{-1}}{1-z^{-1}}-\frac{5(1-\mathrm{e}^{-T})z^{-1}}{1-\mathrm{e}^{-T}z^{-1}}$$

由于采样周期 T=1s：

$$G_1(z)=\frac{5z^{-1}}{1-z^{-1}}-\frac{5(1-\mathrm{e}^{-1})z^{-1}}{1-\mathrm{e}^{-1}z^{-1}}=\frac{1.839z^{-1}(1+0.718z^{-1})}{(1-z^{-1})(1-0.368z^{-1})}$$

当系统为单位阶跃输入时，系统的闭环脉冲传递函数：$\phi(z)=z^{-1}$，从而有数字控制器的脉冲传递函数 $D(z)$：

$$D(z)=\frac{\phi(z)}{G_0(z)[1-\varphi(z)]}=\frac{z^{-1}(1-z^{1})(1-0.368z^{-1})}{1.839z^{-1}(1+0.718z^{-1})(1-z^{-1})}=\frac{0.544-0.2z^{-1}}{1+0.718z^{-1}}$$

把 $D(z)$ 的计算结果及 $G_0(s)$ 填入图 7-6 最少拍控制系统的 MATLAB 仿真被控过程的原理方框图，图中全部模块的 time 都设置为 1s，如图 7-7 所示。仿真被控过程的响应曲线如图 7-8 所示。

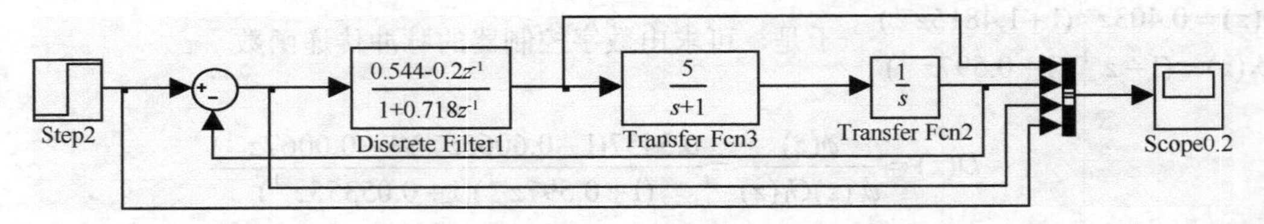

图 7-7 最少拍控制系统的 MATLAB 仿真被控过程的原理方框图 2

若被控对象保持不变，改变采样周期 T=0.5s，可得

$$G_1(z)=\frac{5z^{-1}}{1-z^{-1}}-\frac{5(1-\mathrm{e}^{-1})z^{-1}}{1-\mathrm{e}^{-1}z^{-1}}=\frac{0.5375z^{-1}(0.451z^{-2})}{(1-z^{-1})(1-0.6065z^{-1})}$$

则有

$$D(z)=\frac{\phi(z)}{G_1(z)[1-\phi(z)]}=\frac{1.8605-1.1284z^{-1}}{1+0.839z^{-1}}$$

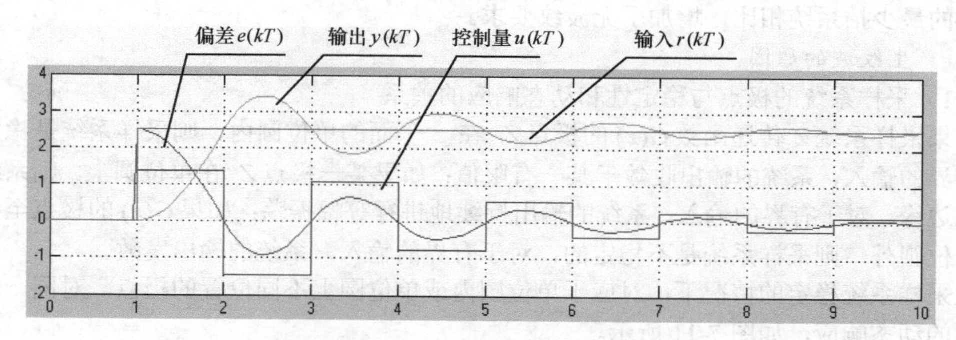

图7-8　最少拍控制系统的MATLAB仿真被控过程的响应曲线1

把$D(z)$的计算结果及$G_1(s)$，填入图7-6所示最少拍控制系统的MATLAB仿真被控过程的原理方框图，图中全部模块的time都设置为0.5s，如图7-9所示，可得响应曲线2，如图7-10所示。

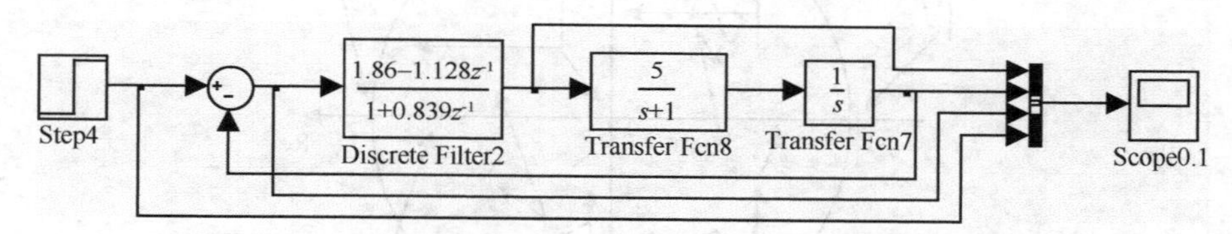

图7-9　最少拍控制系统的MATLAB仿真被控过程的原理方框图3

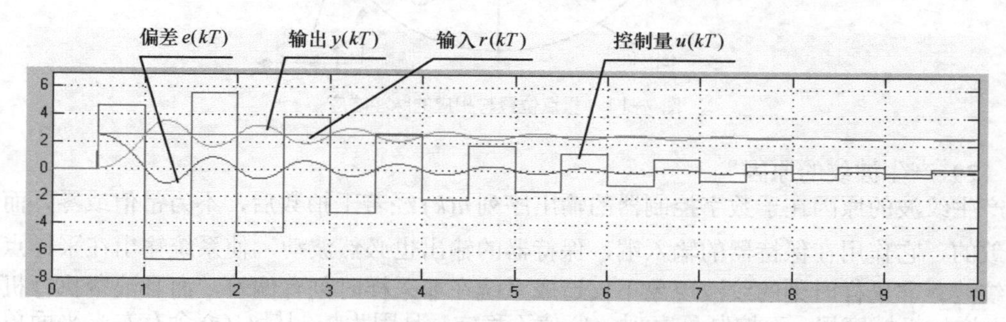

图7-10　最少拍控制系统的MATLAB仿真被控过程的响应曲线2

从图7-10中可知，数字调节器输出的第2拍、第3拍，已超过了本实验装置所允许的范围（−5～+5V），因此难以在此实验被控过程，即采样周期不宜取得过小。

7.3 最少拍无纹波随动系统的设计

1．最少拍有纹波随动系统存在的问题

① 系统的输出响应在采样点之间有波纹存在，输出波纹不仅影响系统质量（如过大的超调和持续振荡），而且还会增加机械磨损和功率消耗。

② 系统对输入信号的变化适应能力比较差。

③ 对参数变化过于敏感。系统参数一旦变化，就不能再满足控制要求。

因此，希望系统在典型的输入作用下，经过尽可能少的采样周期后（输出响应要快），系统达到稳定，并且在采样点之间没有纹波。这就是本节所要讲的最少拍无波纹系统。与上第一节讲的最少拍系统相比，增加了无波纹要求。

2. 产生纹波的原因

（1）采样系统的极点与稳定性和动态响应的关系

如果采样系统 Z 传递函数 $G(z)$ 的极点 Z_i 在 z 平面的单位圆内，则采样系统是稳定的，对于有界的输入，系统的输出收敛于某一有限值；如果某一极点 Z_j 在单位圆上，则系统处于稳定的边缘，对于有界的输入，系统的输出持续地进行等幅振荡；如果 $G(z)$ 的极点至少有一个在单位圆外，则采样系统是不稳定的，对于有界的输入，系统的输出发散。

在采样系统稳定的情况下，对应于单位圆内或单位圆上不同位置的极点，对同一输入将有不同的动态响应，如图 7-11 所示。

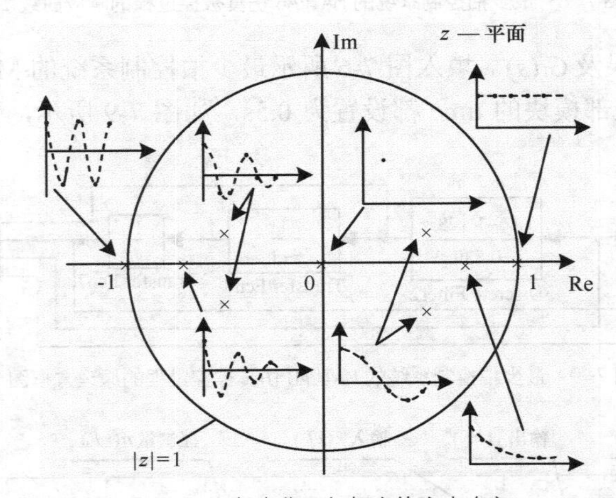

图 7-11　极点位置与相应的脉冲响应

（2）产生波纹的原因

产生纹波的原因在于数字控制器的输出序列 $u(k)$ 经若干拍数后，不为常值或零，而是振荡收敛的。它作用在保持器的输入端，保持器的输出也必然波动，使系统输出在采样点之间产生纹波。非采样时刻的纹波现象不仅造成系统在非采样时刻有偏差，而且浪费执行机构的功率，增加机械磨损。而控制量序列 $u(k)$ 值不稳定，是因为控制量 $U(z)$ 含有左半平面单位圆内非零极点。根据图 7-11 所示极点分布与瞬态响应的关系，左半平面单位圆内非零极点虽然是稳定的，但对应的时域响应是振荡收敛的。

3. 消除纹波的附加条件

最少拍无纹波系统的设计，是在最少拍控制存在波纹时，对期望闭环响应 $\phi(z)$ 进行修正，以达到消除采样点之间波纹的目的。

由式（7-5）$U(z)=\dfrac{\phi(z)R(z)}{G_1(z)}$ 可见设计最少拍无波纹控制器时，除了按照上一节选择 $\phi(z)$ 以保证控制器的可实现性和闭环系统的稳定性之外，还应将被控对象 $G_1(z)$ 在单位圆内的非零零点包括在 $\phi(z)$ 中，以便在控制量的 Z 变换中消除引起振荡的所有极点。无纹波系统的调整时间比有纹波系统的调整时间增加若干拍，增加的拍数等于 $G_1(z)$ 在单位圆内的零点数目。

4．最少拍无纹波随动系统的设计举例

由消除纹波的附加条件可确定最少拍无纹波$\phi(z)$的方法如下：

① 先按有纹波设计方法确定$\phi(z)$；

② 再按无纹波附加条件确定$\phi(z)$。

【例 7-4】设最少拍随动系统，被控对象的传递函数$G(s)=\dfrac{1}{s(1+2s)}$，采样周期$T=1\text{s}$，设计单位阶跃函数输入时的最少拍无纹波数字控制器。

解：① 最少拍有纹波设计。

该系统广义对象的脉冲传递函数

$$G_1(z)=z[\frac{1-e^{-Ts}}{s}\frac{1}{s(1+2s)}]=\frac{0.213z^{-1}(1+0.847z^{-1})}{(1-z^{-1})(1-0.6065z^{-1})}$$

$$\begin{cases}\phi(z)=1-\phi_e(z)=z^{-1}\\ \phi_e(z)=(1-z^{-1})\end{cases}$$

$$D(z)=\frac{\phi(z)}{\phi_e(z)G_1(z)}=\frac{1-0.6065z^{-1}}{0.213(1+0.847z^{-1})}$$

$$Y(z)=\phi(z)R(z)=[1-\phi_e(z)]R(z)=\frac{z^{-1}}{1-z^{-1}}=z^{-1}+z^{-2}+\cdots+z^{-k}+\cdots$$

$$U(z)=D(z)\phi_e(z)R(z)=\frac{(1-0.6065z^{-1})(1-z^{-1})}{0.213(1+0.847z^{-1})(1-z^{-1})}=\frac{4.695-2.847z^{-1}}{1+0.847z^{-1}}$$

$$=4.695-6.824z^{-1}+5.78z^{-2}-4.895z^{-3}+4.146z^{-4}-\cdots$$

控制量和系统输出波形如图 7-12 所示，可见控制量不稳定，将使系统输出出现纹波。

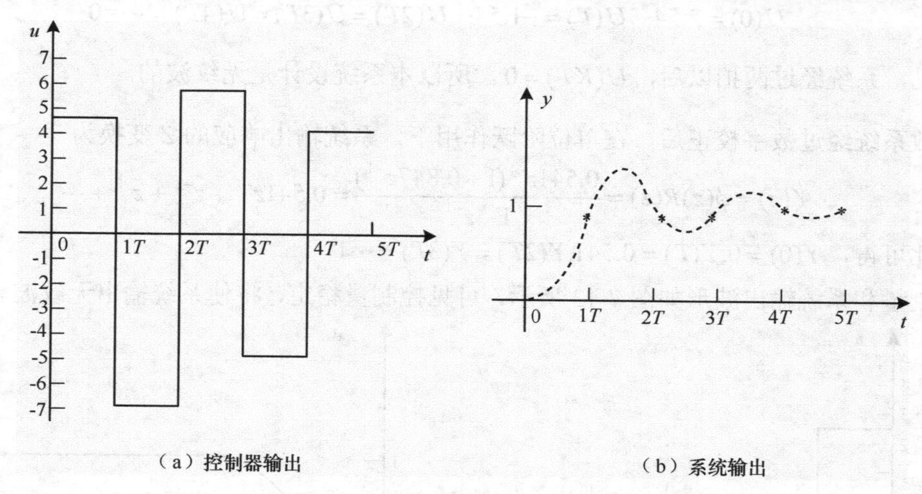

（a）控制器输出　　（b）系统输出

图 7-12　系统输出序列波形图

② 无波纹控制器设计。

由①可见，$G_1(z)$具有z^{-1}的因子，零点$z_1=-0.847$和单位圆上的极点$P_1=1$。根据前面的分析，$\phi(z)$应包含z^{-1}的因子和$G_1(z)$的全部零点，$\phi_e(z)$应由$G_1(z)$的不稳定极点和$\phi(z)$的阶次决定，所以有

$$\begin{cases}\phi(z)=1-\phi_e(z)=az^{-1}(1+0.847z^{-1})\\ \phi_e(z)=(1-z^{-1})(1+bz^{-1})\end{cases}$$

式中，a、b 为待定系数。

由上述方程组可得

$$(1-b)Z^{-1}+bZ^{-2}=aZ^{-1}+0.847aZ^{-2}$$

比较等式两边的系数，可得

$$\begin{cases}1-b=a\\ b=0.847a\end{cases}$$

由此可解得待定系数 $a=0.541$； $b=0.459$ 。

代入方程组，则

$$\begin{cases}\phi(z)=0.541z^{-1}(1+0.847z^{-1})\\ \phi_e(z)=(1-z^{-1})(1+0.459z^{-1})\end{cases}$$

于是，可求出数字控制器的脉冲传递函数

$$D(z)=\frac{\phi(z)}{\phi_e(z)G_1(z)}=\frac{2.54(1-0.6065z^{-1})}{1+0.459z^{-1}}$$

为了检验以上设计的 $D(z)$ 是否仍然有波纹存在，我们来看一下控制量 $U(z)$：

$$U(z)=D(z)\phi_e(z)R(z)=\frac{2.54(1-0.6065z^{-1})(1-z^{-1})(1+0.459z^{-1})}{(1+0.459z^{-1})(1-z^{-1})}$$
$$=2.54-1.54z^{-1}$$

由 Z 变化定义可知：

$$U(0)=2.54;\ U(T)=-1.54;\ U(2T)=U(3T)=U(4T)=\cdots=0$$

可见，系统经过两拍以后，$U(KT)=0$。所以本系统设计是无纹波的。

离散系统经过数字校正后，在单位阶跃作用下，系统输出响应的 Z 变换为

$$Y(z)=\phi(z)R(z)=\frac{0.541z^{-1}(1+0.847z^{-1})}{1-z^{-1}}=0.541z^{-1}+z^{-2}+z^{-3}+\cdots$$

由此可得， $Y(0)=0,Y(T)=0.541,Y(2T)=Y(3T)=\cdots 1$

控制量和系统输出波形如图 7-13 所示，可见控制量稳定，将使系统输出无纹波。无纹波

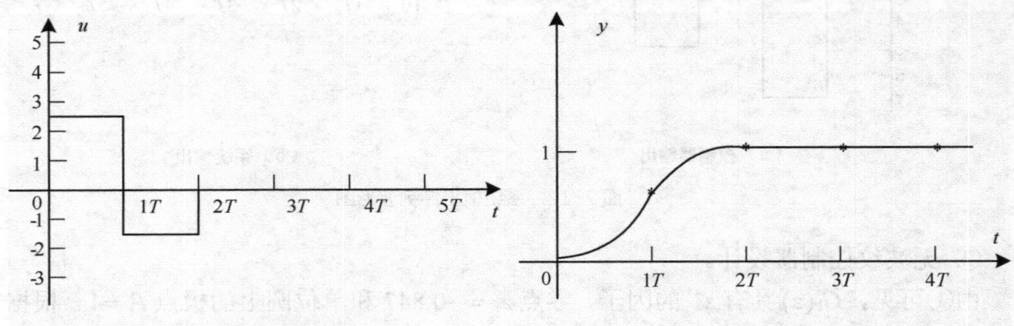

（a）控制器输出　　（b）系统输出

图 7-13　系统输出序列波形图

系统的调整时间比有纹波系统的调整时间增加一拍，增加的拍数正好等于 $G_1(z)$ 在单位圆内的零点数目。

7.4 大林算法

前面介绍的最少拍无波纹系统的数字控制器的设计方法只适合于某些随动系统，对于系统输出的超调量有严格限制的控制系统它并不理想。在一些实际工程中，经常遇到的却是一些纯滞后调节系统，它们的滞后时间比较长。对于这样的系统，一般强调要求系统没有超调量或很少的超调量，而调节时间则允许在较多的采样周期内结束（快速性是次要的）。IBM公司的大林（Dahlin）在1968年提出了一种针对工业生产过程中含有纯滞后的控制对象的控制算法，它具有良好的效果。下面介绍此算法。

7.4.1 大林算法的基本形式

1. 大林算法设计目标

设被控对象为带有纯滞后的一阶惯性环节或二阶惯性环节，其传递函数分别为

$$G(s)=\frac{K\mathrm{e}^{-\tau s}}{T_1 s+1} \tag{7-15}$$

$$G(s)=\frac{K\mathrm{e}^{-\tau s}}{(T_1 s+1)(T_2 s+1)} \tag{7-16}$$

其中，T_1、T_2 为对象的时间常数；τ 为对象纯延迟时间，为了简化，设其为采样周期的整数倍，即

$$\tau = NT \tag{7-17}$$

其中 N 为正整数。

大林算法的设计目标：如图7-14所示，设计一个合适的数字控制器，使整个闭环系统的传递函数 $\phi(s)$ 相当于一个带有纯滞后的一阶惯性环节，并期望整个闭环系统的纯滞后时间和被控对象 $G(s)$ 的纯滞后时间 τ 相同，即

$$\phi(s)=\frac{\mathrm{e}^{-\tau s}}{T_\tau s+1} \tag{7-18}$$

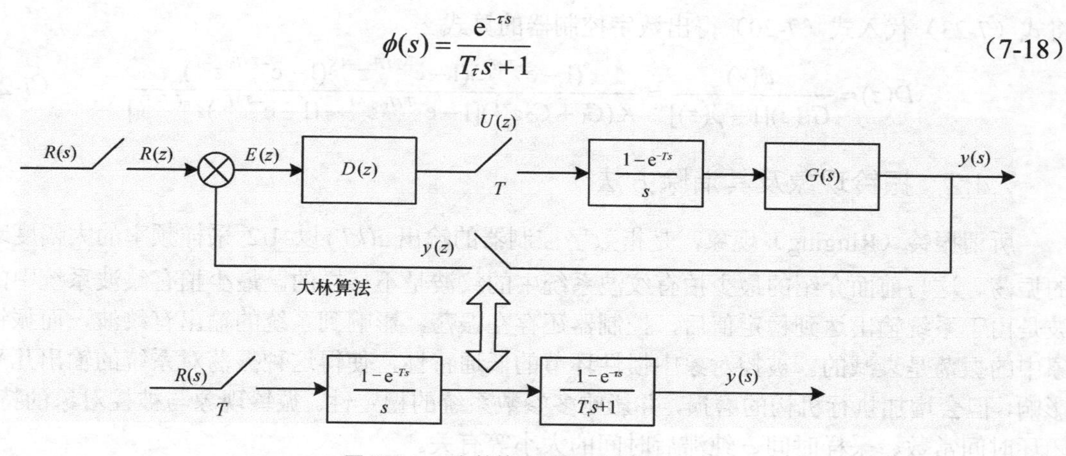

图7-14　大林算法设计目标等效图

式（7-18）中T_τ为闭环系统的时间常数。通常认为对象与一个零阶保持器串联，相对应的整个闭环系统的脉冲传递函数$\phi(z)$为

$$\phi(z)=Z\left[\frac{1-e^{-Ts}}{s}\cdot\frac{Ke^{-\tau s}}{T_\tau s+1}\right]=z^{-N-1}\frac{1-e^{-T/T_\tau}}{1-e^{-T/T_\tau}z^{-1}} \tag{7-19}$$

由公式（7-4）得

$$D(z)=\frac{U(z)}{E(z)}=\frac{\phi(z)}{G_1(z)[1-\phi(z)]}=\frac{1}{G_1(z)}\frac{z^{-N-1}(1-e^{-T/T_\tau})}{1-e^{-T/T_\tau}z^{-1}-(1-e^{-T/T_\tau})z^{-N-1}} \tag{7-20}$$

假若已知被控对象的广义脉冲传递函数$G_1(z)$，就可由式（7-19）求出数字控制器的脉冲传递函数$D(z)$。

2. 被控对象为带纯滞后的一阶惯性环节

设式（7-15）为被控对象传递函数，将式（7-17）代入式（7-15）并进行Z变换得

$$G_1(z)=Z\left[\frac{1-e^{-Ts}}{s}\frac{Ke^{-\tau s}}{T_1 s+1}\right]=Kz^{-N-1}\frac{1-e^{-T/T_1}}{1-e^{-T/T_1}z^{-1}} \tag{7-21}$$

将式（7-21）代入式（7-20）得出数字控制器的算式

$$D(z)=\frac{\phi(z)}{G_1(z)[1-\phi(z)]}=\frac{(1-e^{-T/T_\tau})(1-e^{-T/T_1}z^{-1})}{K(1-e^{-T/T_1})\left[1-e^{-T/T_\tau}z^{-1}-(1-e^{-T/T_\tau})z^{-N-1}\right]} \tag{7-22}$$

3. 被控对象为带纯滞后的二阶惯性环节

设式（7-16）为被控对象传递函数，将式（7-17）代入式（7-16）并进行Z变换得

$$G_1(z)=Z\left[\frac{1-e^{-Ts}}{s}\cdot\frac{Ke^{-\tau s}}{(T_1 s+1)(T_2 s+1)}\right]=Kz^{-N-1}\frac{C_1+C_2 z^{-1}}{(1-e^{-T/T_1}z^{-1})(1-e^{-T/T_2}z^{-1})} \tag{7-23}$$

其中

$$\begin{cases} C_1=1+\dfrac{1}{T_2-T_1}(T_1 e^{-T/T_\tau}-T_2 e^{-T/T_\tau}) \\ C_2=e^{-T(1/T_1+1/T_2)}+\dfrac{1}{T_2-T_1}(T_1 e^{-T/T_2}-T_2 e^{-1/T_1}) \end{cases} \tag{7-24}$$

将式（7-23）代入式（7-20）得出数字控制器的算式

$$D(z)=\frac{\phi(z)}{G_1(z)[1-\phi(z)]}=\frac{(1-e^{-T/T_\tau})(1-e^{-T/T_1}z^{-1})(1-e^{-T/T_2}z^{-1})}{K(C_1+C_2 z^{-1})[1-e^{-T/T_\tau}z^{-1}-(1-e^{-T/T_\tau})z^{-(N+1)}]} \tag{7-25}$$

7.4.2 振铃现象及其消除方法

所谓振铃（Ringing）现象，是指数字控制器的输出$u(kT)$以1/2采样频率的大幅度衰减的振荡。这与前面介绍的最少拍有纹波系统中的纹波是不一样的。最少拍有纹波系统中的纹波是由于系统输出达到稳定值后，控制器还存在振荡，影响到系统的输出有纹波，而振铃现象中的振荡是衰减的。被控对象中惯性环节的低通特性，使得这种振荡对系统的输出几乎无影响，但会增加执行机构的磨损，并影响多参数系统的稳定性。振铃现象与被控对象的特性、闭环时间常数、采样时间、纯滞后时间的大小等有关。

1. 振铃现象的分析

由式（7-5）可得

$$\frac{U(z)}{R(z)}=\frac{\phi(z)}{G_1(z)} \tag{7-26}$$

令

$$\phi_m(z)=\frac{U(z)}{R(z)}=\frac{\phi(z)}{G_1(z)} \tag{7-27}$$

显然

$$U(z)=\phi_m(z)R(z) \tag{7-28}$$

$\phi_m(z)$ 表达了数字控制器的输出与输入函数在闭环时的关系，是分析振铃现象的基础。

对于单位阶跃输入函数 $R(z)=1/(1-z^{-1})$，含有极点 $z=1$，如果 $\phi_m(z)$ 的极点在 z 平面的负实轴上，且与 $z=-1$ 点相近。那么数字控制器的输出序列 $u(KT)$ 中将含有这两种幅值相近的瞬态项，而且瞬态项的符号在不同时刻是不同的。当两瞬态项符号相同时，数字控制器的输出控制作用加强，符号相反时，控制作用减弱，从而造成数字控制器的输出序列大幅度波动。根据图 7-11 所示极点位置与相应的脉冲响应图，分析 $\phi_m(z)$ 在 z 平面负实轴上的极点分布情况，就可得出振铃现象的有关结论：

① 极点距离 $z=-1$ 越近，振铃现象越严重；

② 单位圆内右半平面的零点会加剧振铃现象；

③ 单位圆内右半平面的极点会减弱振铃现象。

下面分析带纯滞后的一阶惯性环节和二阶惯性环节系统中的振铃现象。

（1）带纯滞后的一阶惯性环节

被控对象为带纯滞后的一阶惯性环节时，将式（7-19）和式（7-21）代入式（7-27），有

$$\phi_m(z)=\frac{\phi(z)}{G_1(z)}=\frac{(1-e^{-T/T_\tau})(1-e^{-T/T_1}z^{-1})}{K(1-e^{-T/T_1})(1-e^{-T/T_\tau}z^{-1})} \tag{7-29}$$

其极点 $z=e^{-T/T_\tau}>0$，不在负实轴上，因此不会出现振铃现象。若式（7-17）不满足，在这时就会发生振铃现象。

（2）带纯滞后的二阶惯性环节

被控对象为带纯滞后的二阶惯性环节时，将式（7-19）和式（7-23）代入式（7-27），有

$$\phi_m(z)=\frac{(1-e^{-T/T_\tau})(1-e^{-T/T_1}z^{-1})(1-e^{-T/T_2}z^{-1})}{KC_1\left(1+\frac{C_2}{C_1}z^{-1}\right)(1-e^{-T/T_\tau}z^{-1})} \tag{7-30}$$

第一个极点 $z=e^{-T/T_\tau}>0$，不会出现振铃现象；第二个极点 $z=-C_2/C_1$，由于 $\lim\limits_{T\to 0}\left(-\frac{C_2}{C_1}\right)=-1$，将引起振铃。

2. 振铃幅度

振铃幅度（Ringing amplitude，RA）是用来衡量振铃强烈的程度。RA 定义为：数字控制器在单位阶跃输入作用下，第 0 拍输出与第 1 拍输出之差，即

$$RA=u(0)-u(T) \tag{7-31}$$

式中 $RA\leqslant 0$，则无振铃现象；$RA>0$，则存在振铃现象，且 RA 值越大，振铃现象越严重。

$\phi_m(z)$ 可以写成一般形式

$$\phi_{m}(z)=\frac{1+b_1 z^{-1}+b_2 z^{-2}+\cdots}{1+a_1 z^{-1}+a_2 z^{-2}+\cdots} \tag{7-32}$$

单位阶跃输入下

$$U(z)=\phi_{m}(z)R(z)=\frac{1+b_1 z^{-1}+b_2 z^{-2}+\cdots}{1+(a_1-1)z^{-1}+(a_2-a_1)z^{-2}+\cdots}=1+(b_1-a_1+1)z^{-1}+\cdots \tag{7-33}$$

因此

$$RA=1-(b_1-a_1+1)=a_1-b_1 \tag{7-34}$$

对带纯滞后的二阶惯性环节

$$RA=\frac{C_2}{C_1}-e^{-T/T_{\tau}}+e^{-T/T_1}+e^{-T/T_2} \tag{7-35}$$

将式（7-24）代入（7-35），当$T\to 0$时，$\lim\limits_{T\to 0}RA=2$。

3. 振铃现象的消除

有两种方法可用来消除振铃现象。

方法 1：找出$D(z)$中引起振铃的因子（$z=-1$附近的极点），令其中的$z=1$。

对带纯滞后的二阶惯性环节

$$D(z)=\frac{(1-e^{-T/T_{\tau}})(1-e^{-T/T_1}z^{-1})(1-e^{-T/T_2}z^{-1})}{K(C_1+C_2 z^{-1})(1-e^{-T/T_{\tau}}z^{-1}-(1-e^{-T/T_{\tau}})z^{-N-1})}$$

极点$z=-C_2/C_1$导致振铃，令$z=-C_2/C_1$中$z=1$，得到$D(z)$为

$$\begin{aligned}D(z)&=\frac{(1-e^{-T/T_{\tau}})(1-e^{-T/T_1}z^{-1})(1-e^{-T/T_2}z^{-1})}{K(C_1+C_2)(1-e^{-T/T_{\tau}}z^{-1}-(1-e^{-T/T_{\tau}})z^{-N-1})}\\&=\frac{(1-e^{-T/T_{\tau}})(1-e^{-T/T_1}z^{-1})(1-e^{-T/T_2}z^{-1})}{K(1-e^{-T/T_1})(1-e^{-T/T_2})(1-e^{-T/T_{\tau}}z^{-1}-(1-e^{-T/T_{\tau}})z^{-N-1})}\end{aligned}$$

这种消除振铃现象的方法虽然不影响输出稳态值，但却改变了数字控制器的动态特性，将影响闭环系统的瞬态性能。

方法 2：这种方法是从保证闭环系统的特性出发，选择合适的采样周期T及系统闭环时间常数T_{τ}，使得数字控制器的输出避免产生强烈的振铃现象。从式（7-35）中可以看出，带纯滞后的二阶惯性环节组成的系统中，振铃幅度与被控对象的参数T_1、T_2有关，与闭环系统期望的时间常数T_{τ}以及采样周期T有关。通过适当选择T和T_{τ}，可以把振铃幅度抑制在最低限度以内。有的情况下，系统闭环时间常数T_{τ}作为控制系统的性能指标被首先确定了，但仍可通过式（7-35）选择采样周期T来抑制振铃现象。

7.4.3 大林算法的设计步骤

大林算法所考虑的主要性能是控制系统不允许产生超调并要求系统稳定。系统设计中一个值得注意的问题是振铃现象。下面是考虑振铃现象影响时设计数字控制器的一般步骤。

① 根据系统的性能，确定闭环系统的参数T_{τ}，给出振铃幅度 RA 的指标。

② 由式（7-35）所确定的振铃幅度 RA 与采样周期T的关系，解出给定振铃幅度下对应的采样周期，如果T有多解，则选择较大的采样周期。

③ 确定纯滞后时间τ与采样周期T之比(τ/T)的最大整数N。

④ 求广义对象的脉冲传递函数 $G_1(z)$ 及闭环系统的脉冲传递函数 $\phi(z)$。

⑤ 求数字控制器的脉冲传递函数 $D(z)$。

大林算法由于修改了控制器的结构，使系统闭环传递函数 $\phi(z)$ 也发生了变化，一般应检查其在改变后是否稳定。大林算法只适合于稳定的对象。如果广义对象的 Z 传递函数 $G_1(z)$ 中出现了单位圆外的零点，它将引起不稳定的控制，在这种情况下，相应于控制器中的这一不稳定极点，可采用前面消除振铃极点相同的办法来处理

【例 7-5】 图 7-1 所示系统，有 $G(s)=\dfrac{\mathrm{e}^{-2s}}{s(s+1)}, H_0(s)=\dfrac{1-\mathrm{e}^{-Ts}}{s}, T=1\mathrm{s}, T_\tau=2\mathrm{s}, \tau=2\mathrm{s}$。设计大林调节器，并分析是否存在振铃现象，若有，消除之。

解：

$$G_1(z)=Z[\frac{1-\mathrm{e}^{-Ts}}{s}G(s)]=Z[\frac{1-\mathrm{e}^{-s}}{s}\times\frac{\mathrm{e}^{-2s}}{s(s+1)}]=\frac{0.368z^{-3}(1+0.718z^{-1})}{(1-z^{-1})(1-0.368z^{-1})}$$

$$\phi(z)=Z[\frac{1-\mathrm{e}^{-Ts}}{s}\times\frac{\mathrm{e}^{-\tau s}}{\lambda s+1}]=Z[\frac{1-\mathrm{e}^{-s}}{s}\times\frac{\mathrm{e}^{-2s}}{2s+1}]=\frac{0.393z^{-3}}{1-0.607z^{-1}}$$

$$D(z)=\frac{U(z)}{E(z)}=\frac{\phi(z)}{G_1(z)[1-\phi(z)]}=\frac{1.068(1-z^{-1})(1-0.368z^{-1})}{(1+0.718z^{-1})(1-0.607z^{-1}-0.393z^{-3})}$$

$$Y(z)=\phi(z)R(z)=\frac{0.393z^{-3}}{1-0.607z^{-1}}\times\frac{1}{1-z^{-1}}=\frac{0.393z^{-3}}{(1-0.607z^{-1})(1-z^{-1})}$$

$$U(z)=\frac{Y(z)}{G_1(z)}=\frac{1.068(1-0.368z^{-1})}{(1-0.607z^{-1})(1+0.718z^{-1})}$$
$$=1.068-0.512z^{-1}+0.523z^{-2}-0.281z^{-3}+0.259z^{-4}-\cdots$$

因为 $D(z)$ 有极点 $z=-0.718$，故有振铃现象。

按照大林算法消除振铃现象，则

$$D(z)=\frac{U(z)}{E(z)}=\frac{1.068(1-z^{-1})(1-0.368z^{-1})}{(1+0.718)(1-0.607z^{-1}-0.393z^{-3})}=\frac{0.622(1-z^{-1})(1-0.368z^{-1})}{1-0.607z^{-1}-0.393z^{-3}}$$

7.4.4 用 MATLAB 仿真被控过程

大林算法的 MATLAB 仿真被控过程的原理方框图，如图 7-15 所示。

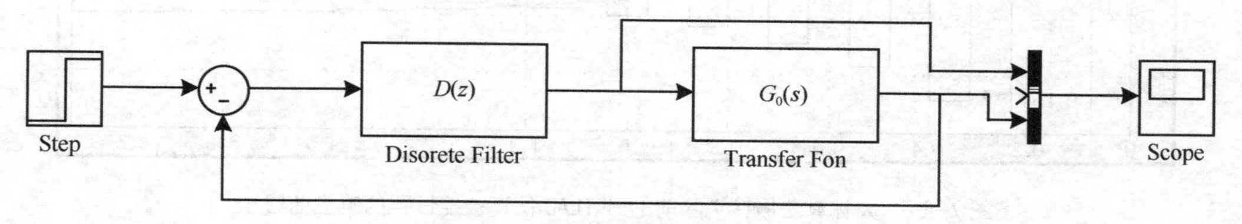

图 7-15 大林算法的 MATLAB 仿真被控过程的原理方框图

其中，$D(z)$ 是数字调节器的脉冲传递函数，$G_0(s)$ 为被控对象的传递函数。

若已知被控对象为两个惯性环节串接组成，T_1、T_2 分别 $T_1=0.2s$，$T_2=0.5s$，$K_0=5$，其传递函数为

$$G_0(s)=\frac{1}{0.5s+1}\times\frac{5}{0.2s+1} \tag{7-36}$$

且 $T_0=0.567$，$\tau=0.158$。

则广义对象的脉冲传递函数

$$G_1(z)=1.6667\times\frac{0.0799z^{-1}+0.0663z^{-2}}{1-1.5224z^{-1}+0.5712z^{-2}} \tag{7-37}$$

闭环系统的脉冲传递函数

$$\phi(z)=\frac{0.18127z^{-3}}{1-0.81873z^{-1}} \tag{7-38}$$

则数字调节器 $D(z)$的脉冲传递函数

$$D(z)=\frac{\phi(z)}{G_1(z)\left[1-\phi(z)\right]}=\frac{0.1813z^{-2}-0.276z^{-3}+0.1035z^{-4}}{0.1333+0.0015z^{-1}-0.0905z^{-2}-0.0243z^{-3}-0.02z^{-4}}$$

$$=\frac{1.36z^{-2}-2.07z^{-3}+0.78z^{-4}}{1+0.01z^{-1}-0.68z^{-2}-0.18z^{-3}-0.15z^{-4}} \tag{7-39}$$

把 $G_0(s)$、$D(z)$ 填入图 7-15 所示大林算法的 MATLAB 仿真被控过程的原理方框图，如图 7-16 所示，图中全部模块的 time 都设置为 0.08s。可得响应曲线，如图 7-17 所示。

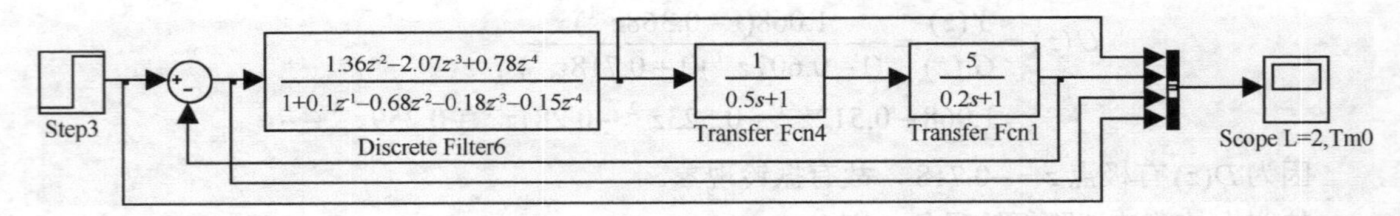

图 7-16　大林算法振铃消除前的 MATLAB 仿真被控过程的原理方框图 1

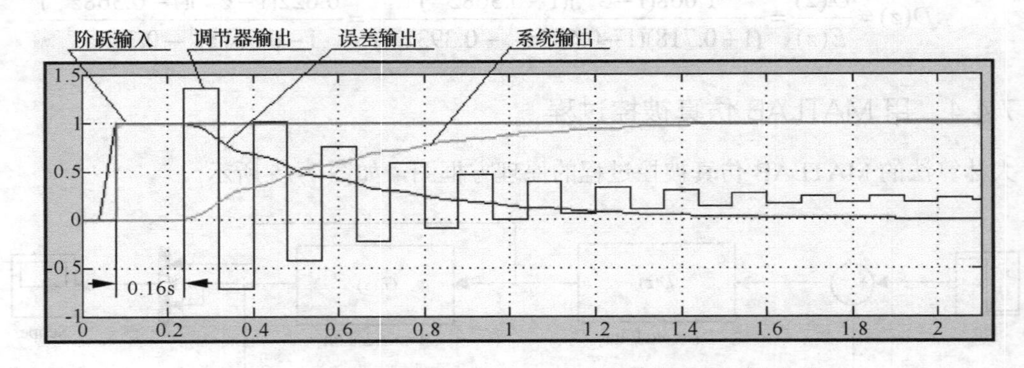

图 7-17　大林算法振铃消除前的 MATLAB 仿真被控过程的响应曲线 1

从大林算法振铃消除前的 MATLAB 仿真被控过程的响应曲线图 7-17 中看出，数字调节器 $D(z)$ 的输出有强烈的振铃，必须进行振铃消除。

（1）数字调节器 $D(z)$ 的时间序列输出

根据数字控制器的结构可得其 $U(z)$：

$$U(z)=D(z)E(z)=\frac{1.3601z^{-2}-2.0705z^{-3}+0.7764z^{-4}}{1-0.9887z^{-1}-0.6902z^{-2}+0.4966z^{-3}+0.0323z^{-4}+0.15z^{-5}} \quad (7\text{-}40)$$

将$U(z)$用长除法展开成 Z 的降幂级数，根据 Z 变换的定义，可以得到其数值序列 $u(kT)$ 的前若干项。

$$U(z)=1.3601z^{-2}-0.727z^{-3}+0.998z^{-4}\cdots \quad (7\text{-}41)$$

根据 Z 变换的定义，可知

$$u(0)=0,u(T)=0,u(2T)=1.36,u(3T)=-0.727,u(4T)=0.998,\cdots \quad (7\text{-}42)$$

（2）修正大林算法控制系统的设计目标

若使大林算法控制系统的振铃幅度降低，可修正大林算法控制系统的设计目标中的闭环系统的时间常数，使T_τ从 0.4s 增大到 0.6s，其余不变，则控制系统的闭环传递函数为

$$\phi(z)=\frac{0.1248z^{-3}}{1-0.8752z^{-1}} \quad (7\text{-}43)$$

$$D(z)=\frac{\phi(z)}{G(z)[1-\phi(z)]}=\frac{0.9369z^{-2}-1.4264z^{-3}+0.5353z^{-4}}{1-0.045z^{-1}-0.726z^{-2}-0.1246z^{-3}-0.1036z^{-4}}=\frac{0.94z^{-2}-1.43z^{-3}+0.54z^{-4}}{1-0.05z^{-1}-0.73z^{-2}-0.12z^{-3}-0.1z^{-4}} \quad (7\text{-}44)$$

把$G_0(s)$、$D(z)$填入图 7-15 所示大林算法的 MATLAB 仿真被控过程的原理方框图，图中全部模块的 time 都设置为 0.08s，如图 7-18 所示。可得响应曲线，如图 7-19 所示。

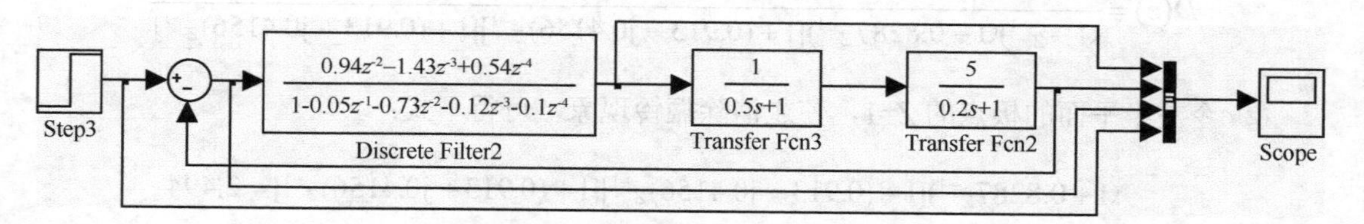

图 7-18 大林算法振铃消除前的 MATLAB 仿真被控过程的原理方框图 2

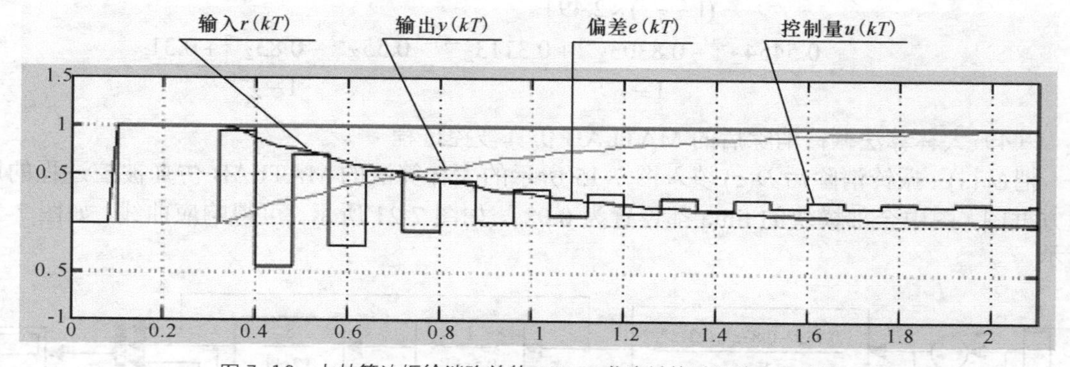

图 7-19 大林算法振铃消除前的 MATLAB 仿真被控过程的响应曲线 2

从图 7-19 中可以看出校正后闭环系统的响应曲线，其时间常数变大了，数字调节器 $D(z)$ 的输出的振铃减小了，但仍必须进行振铃消除。

（3）振铃消除

① 找出数字调节器 $D(z)$ 的极点。用 MATLAB 找出 $D(z)$ 中的极点如图 7-20 所示。

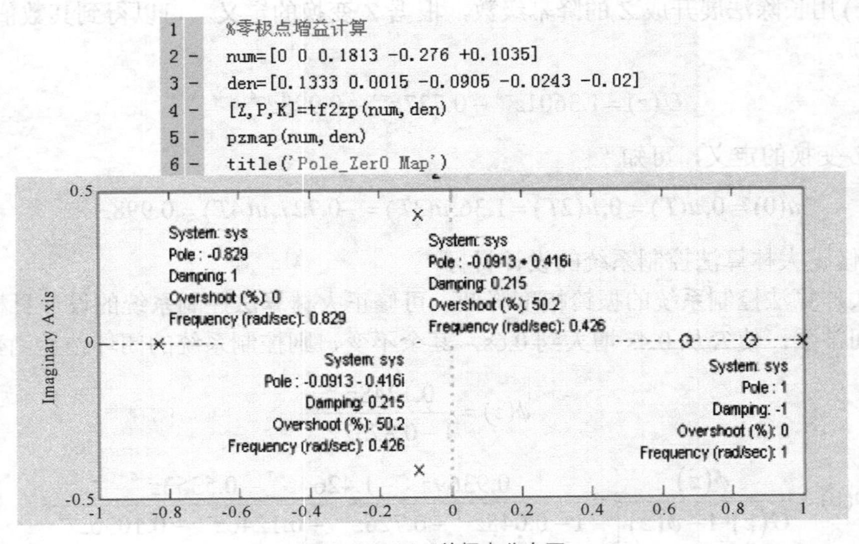

图 7-20 $D(z)$的极点分布图

$$p_1 = 1, p_2 = -0.8287, p_3 = -0.0913 + \mathrm{j}0.4156, p_4 = -0.0913 - \mathrm{j}0.4156$$

$$D(z) = \frac{1.3601z^{-2} - 2.0705z^{-3} + 0.7764z^{-4}}{(1 - z^{-1})(1 + 0.8287z^{-1})[1 + (0.913 - \mathrm{j}0.4156)z^{-1}][1 + (0.913 + \mathrm{j}0.4156)z^{-1}]}$$

② 令左半平面的极点的 Z=1，使之消除振铃现象，可得下式：

$$(1 + 0.8287z^{-1})[1 + (0.913 - \mathrm{j}0.4156)z^{-1}][1 + (0.913 + \mathrm{j}0.4156)z^{-1}] = 2.494$$

$$\begin{aligned} D(z) &= \frac{1.3601z^{-2} - 2.0705z^{-3} + 0.7764z^{-4}}{(1 - z^{-1}) \times 2.494} \\ &= \frac{0.5454z^{-2} - 0.8303z^{-3} + 0.3113z^{-4}}{1 - z^{-1}} = \frac{0.55z^{-2} - 0.83z^{-3} + 0.31z^{-4}}{1 - z^{-1}} \end{aligned}$$

（4）大林算法振铃消除后的 MATLAB 仿真被控过程

把 $G_0(s)$、振铃消除后 $D(z)$ 填入图 7-15 所示的大林算法的 MATLAB 仿真被控过程的原理方框图，图中全部模块的 time 都设置为 0.08s，如图 7-21 所示。可得响应曲线，如图 7-22 所示。

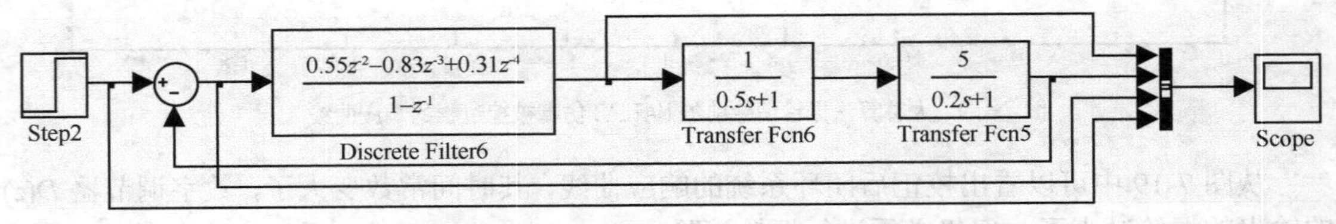

图 7-21 大林算法振铃消除后的 MATLAB 仿真被控过程的原理方框图

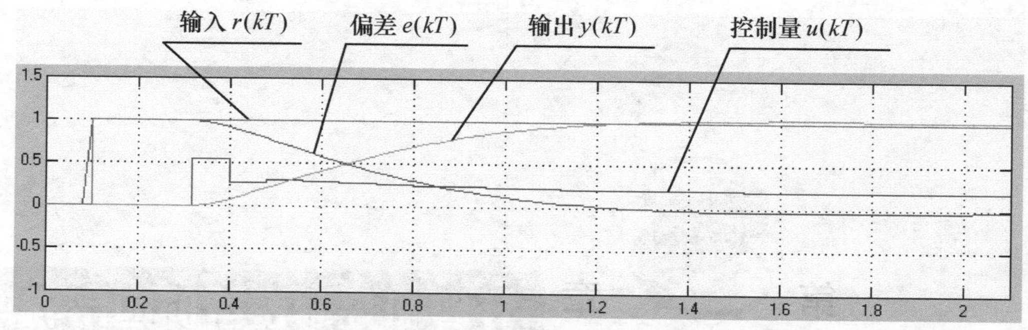

图 7-22　大林算法振铃消除后的 MATLAB 仿真被控过程的响应曲线

上面介绍的直接设计数字控制器的方法，结合快速的随动系统和带有纯滞后及惯性环节的系统，设计出不同形式的数字控制器。由此可见，数字控制器直接设计方法比起模拟调节器规律离散化方法更灵活，使用范围更广泛。但是，数字控制器直接设计法使用的前提是必须已知被控对象的传递函数。如果不知道传递函数或传递函数不准确，设计的数字控制器控制效果将不会是理想的，这是直接设计法的局限性。

习题 7

1．数字控制器的离散化设计步骤有哪些？

2．什么是最少拍数字控制系统？在最少拍数字控制系统的设计当中应当考虑哪些因素？

3．最少拍控制系统有什么缺点？为了克服这些缺点，通常采取什么办法？

4．在图 7-1 所示的系统中，被控制对象的传递函数为 $G(s)=\dfrac{10}{(s+1)^2}$，设采样周期为 0.1s 试针对单位阶跃输入设计最少拍控制器，计算在采样瞬间数字控制器输出和系统输出响应，并绘制响应图形。

5．如图 7-1 所示系统，设广义对象的脉冲传递函数

$$G(z)=\frac{0.000392z^{-1}(1+2.78z^{-1})(1+0.2z^{-1})}{(1-z^{-1})^2(1-0.268z^{-1})}$$

设系统采样周期 $T=0.05\text{s}$，典型输入信号为阶跃信号，试设计最少拍控制系统。

6．振铃现象是怎样产生的？它有什么样的危害？怎样克服？

7．已知某控制系统被控对象的传递函数为 $G_c(s)=\dfrac{\text{e}^{-s}}{s+1}$。试用大林算法设计数字控制器 $D(z)$。设采样周期为 $T=0.5\text{s}$，并讨论该系统是否会发生振铃现象。如果振铃现象出现，如何消除？

8．已知控制系统的被控对象传递函数为 $G(s)=\dfrac{\text{e}^{-s}}{(2s+1)(s+1)}$，已知采样周期 $T=1\text{s}$，使用大林算法设计 $D(z)$。

第8章 计算机控制系统的应用软件

软件是信息化的核心，国民经济、国防建设、社会发展及人民生活都离不开软件。软件产业是增长最快的朝阳产业，是高投入、高产出、无污染、低能耗的绿色产业。软件产业关系到国家经济和文化安全，体现了国家综合实力，是决定 21 世纪国际竞争地位的战略性产业。

8.1 计算机控制系统软件概述

8.1.1 软件的含义

计算机发展的初期，所谓软件就是程序，甚至是机器指令程序，软件的设计是在一个人的头脑中完成的，程序的质量完全取决于个人的编程技巧。随着计算机技术的发展，在研制计算机系统时，既要考虑硬件，也要考虑软件，这时的软件就是程序加说明书。将工程学的基本原理和方法引进软件设计和生产中，即出现了软件工程（运用系统的、规范的和可定量的方法来开发、运行和维护软件），这时软件的含义就成了文档加程序，文档是软件“质”的部分，程序则是文档代码化的表现形式。

因此，软件是能够完成预定功能和性能的可执行的计算机程序和使程序正常执行所需要的数据，加上描述软件开发过程及其管理、程序的操作和使用的有关文档。

8.1.2 软件的特点

软件与硬件相比，具有以下特点。

① 表现形式不同。硬件是有形的，看得见、摸得着，而软件是无形的。软件大多存在于人们的脑袋里或纸面上，它的正确与否，是好是坏，一定要将程序在机器上运行才能知道。

② 生产方式不同。软件的开发是人类智力的高度发挥，不是传统意义上的硬件制造。硬件制造阶段可能引入的质量问题在软件开发中不会出现，并且软件是逻辑产品。

③ 要求不同。硬件产品允许有误差，生产时只要达到规定的精度要求就认为是合格的，而软件产品却不允许有误差。

④ 维护不同。硬件在使用过程中，受环境和其他因素影响会出现腐蚀和磨损，以致故障率高，不能使用，而软件不会受这些因素的影响。硬件某一部分变坏可以使用备用件，而软件不存在备用件，因为软件中的任何缺陷都会在机器上导致错误。所以软件的维护比硬件复杂得多。

8.1.3 软件的分类

按作用分，软件可分为以下几类。

1. 系统软件

系统软件是服务于其他程序的程序集，一般由计算机生产厂家配置，如操作系统、设备驱动程序等。

2. 应用软件

应用软件是在系统软件的基础上，为解决特定领域应用开发的软件，包括事务软件、实时软件、工程科学软件、嵌入式软件、个人计算机软件和人工智能软件。例如，工程与科学计算软件、CAD/CAM 软件、CAI 软件、信息管理系统等。

注意：实时的概念与交互或分时的区别，一个实时系统必须在严格的时间限制内做出响应，而一个交互系统的响应时间，如果不发生灾难性的后果，一般是可以延后的。

3. 工具软件

工具软件是用来辅助和支持开发人员开发和维护应用软件的工具，如编辑程序、程序库、图形软件包等。

8.1.4 软件设计的一般过程

软件设计是计算机控制系统设计的一项重要工作。软件的质量对系统的功能、技术指标及操作等有很大的影响。一般而言，研制一套复杂的控制系统，其软件编制工作量往往大于硬件设计工作量。随着控制系统的结构越来越复杂，功能越来越多，对软件质量的要求就越来越高。一个好的程序不但要求实现预定的功能，能够正常运行，而且应该满足以下条件：程序结构化，简单、易读、易调试；运行速度快；占用存储空间少。

计算机控制系统的软件设计需要先分析系统对软件的要求，画出总体软件功能框图；然后用模块化设计方法设计每一软件功能模块，绘出每一功能模块的流程图，选择合适的语言编写程序；最后按照总体软件框图，将各模块连接成一个完整的程序。

8.1.5 软件设计的一般方法

软件设计一般分为模块化与结构化程序设计两种方法。

1. 模块化设计法

模块化设计法是把一个大的程序划分成若干个程序模块分别进行设计和调试，如图 8-1 所示。由主模块控制各子模块完成测量任务。

模块化设计应遵循的基本原则如下。

① 保证模块的独立性，即一个模块内部的改动不应影响其他模块。两个模块之间避免互相任意转移和互相修改。模块只能有一个入口和一个出口。

② 模块不宜划分得过大、过小。模块过大会失去模块化的特点，且编程和连接时可能会遇到麻烦；模块过小会增加连接通信的工作量。

③ 对每一模块应给出具体定义，定义包括解决问题的算法，允许的输入、输出值范围等。

④ 简单的任务不必模块化。因为在这种情况下，编写和修改整个程序比起装配和修改模块要容易一些。

模块化设计的优点是：相对于整个程序，单个模块易于编写、调试及修改；便于程序设计任务的划分，可以按照编程人员的经验、熟悉程度分配编程任务，提高编程效率；程序的易读性好；频繁使用的任务可以编制成模块存放在库里，供多个任务使用。

模块化编程也有一些缺点，如程序执行时往往占用较多的内存空间和CPU时间，原因之一是通用化的子程序必然比专用化的子程序效率低一些；其次，由于模块独立性的要求，可能使相互独立的各模块中有重复的功能；此外，由于模块划分时考虑不周，容易使各模块汇编在一起时发生连接上的困难，特别是当各模块分别由几个人编程时尤为常见。

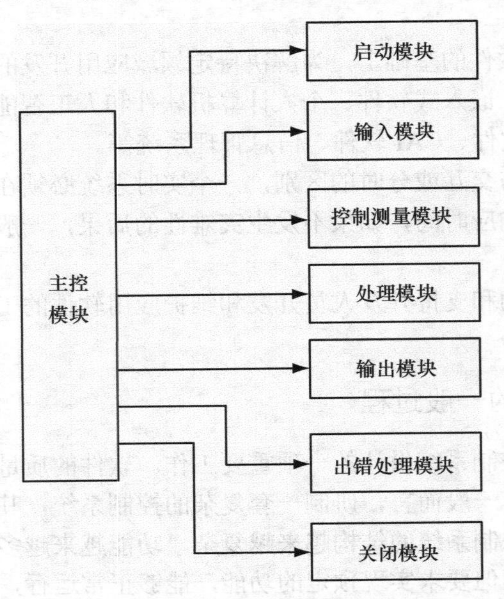

图 8-1 控制系统模块化设计软件结构图

（1）“自顶向下”设计法

“自顶向下”设计，概括地说，就是从整体到局部再到细节，即把整体任务分成一个个子任务，子任务再分成子子任务，这样一层一层地分下去，直到最底层的每一个任务都能单独处理为止。

具体步骤为：首先对最高层进行编码和调试，为了测试这些最高层模块，可以用“节点”来代替还未编码的较低层模块，“节点”的输入和输出满足程序的说明部分要求，但功能少得多。这种方法一般适合用高级语言来设计程序。

软件设计的“自顶向下”设计法，需要遵循以下原则。

① 对于每一个程序模块，应明确规定其输入、输出和功能。

② 一旦已认定一部分问题能够纳入一个模块之内，就不要再进一步地考虑如何具体地实现它，即不要纠缠于编程的一些细节问题。

③ 不论在哪一层次，每一模块的具体说明、规定不要过分庞大，如果过分庞大，就应该考虑进一步细分。

④ 模块间信息数据的设计，与模块中过程或算法的设计同样重要。这些数据是模块之间的接口，必须予以仔细规定。

“自顶向下”设计法的优点是，比较符合人的日常思维、分析习惯，能够按照真实系统环境直接进行设计。其主要缺点是，某一级的程序将对整个程序产生影响，一处修改可能牵动全局，需要对程序全面修改；此外，这种设计法也不便于使用现成软件。

自顶向下设计方法，仅适合于规模较小的任务和实时监测与控制中较为简单的任务。对于功能、任务复杂的较大系统宜采用模块化、结构化设计方法。

（2）自底向上模块化设计

这种方法首先对最低层模块进行编码、测试和调试。这些模块正常工作后就可以用它们来开发较高层的模块。

实际工作中，最好将两种方法结合起来，先开发高层模块和关键性低层模块，用“节点”来代替以后开发的不太重要的模块。

2. 结构化设计法

结构化程序设计法是20世纪70年代起逐渐被采用的一种新型程序设计方法。采用结构化程序设计法的目的是使程序易读、易查、易调试，并提高编程效率。结构化程序设计法综合了“自顶向下”设计法、模块化设计法的优点，并采用了3种基本的程序结构编程。这3种基本结构，即顺序结构、条件结构、循环结构，每一程序模块可以是3种基本结构之一，也可以是3种基本结构的有限次组合。

8.2 计算机控制系统的应用软件

计算机控制系统的输入/输出功能、运算控制功能和人—机交互等功能的实现，除了需要合适的硬件和控制算法外，还要有相应的软件来支持，硬件、算法和软件合理的结合，才能构成完整的计算机控制系统。本节主要介绍控制系统中输入/输出模块、运算处理模块和人—机交互模块中对应的软件设计。

8.2.1 控制系统的输入/输出软件

计算机控制系统的输入/输出单元由各种类型的I/O模板或模块组成，它是主控单元与生产过程之间I/O信号连接的通道。与输入/输出单元配套的输入/输出软件有I/O接口程序、I/O驱动程序和实时数据库（real-time data base，RTDB），如图8-2所示。

1. I/O接口程序

I/O接口程序是针对I/O模板或模块编写的程序。常用的I/O模板有AI板，AO板，DI板和DO板，每类模板中按照信号类型又可以分为几种信号模板。例如，AI模板中又分成大信号（0~10mA/4~20mA/0~5V）、小信号、热电偶和热电阻模板。不同信号类型的I/O模板所对应的I/O接口程序不一样，即使是同一种信号类型的模板所选用的元器件及结构原理不同，它所对应的I/O接口程序也不一样。I/O接口程序是用汇编语言或指令编写的最初级的程序，位于I/O单元内。

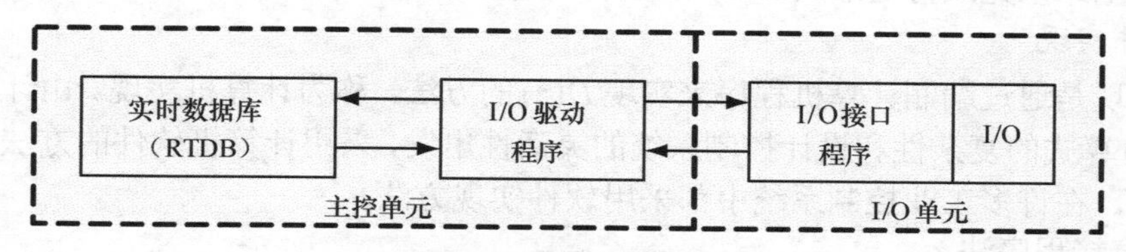

图8-2 输入输出软件结构图

2. I/O驱动程序

I/O驱动程序是针对I/O单元与主控单元之间的数据交换或通信而编写的程序，位于主控单元内。I/O 驱动程序的主要功能如下。

① 接收来自 I/O 单元的原始数据，并对数据进行有效性检查（如有无超出测量上、下限），再将数据转换成实时数据库所需要的数据格式或数据类型（如实型数、整型数、字符型数）。

② 向 I/O 单元发送控制命令或操作参数，发送之前必须将其转换成 I/O 单元可以接收的数据格式。

③ 与实时数据库进行无缝连接，两者之间一般采用进程间通信、直接内存映像、动态数据交换（dynamic data exchange，DDE）、对象链接嵌入（object link embedding，OLE）方式。

I/O 单元与主控单元之间的通信方式主要有板卡方式，如 I/O 板与主机板共用一块总线母板的混合式结构；串行通信方式，如 I/O 模块与主控单元之间用串行接口（RS-485）互连；OPC（OLE for process control，用于过程控制的 OLE）方式，如独立 I/O 单元（或 I/O 设备）与主控单元之间的串行通信或网络通信方式。

3. 实时数据库

实时数据库的数据既有时间性也有时限性，所谓时间性是指某时刻的数据值，所谓时限性是指数据值在一定时间内有效。

I/O 驱动程序接收来自 I/O 单元的原始数据，进行有效性检查及处理后，再送到实时数据库建立数据点，每个数据点有多个点参数；另外，还有量程下限、量程上限、工程单位和采样时间等参数。I/O 单元的原始数据没有实用价值，即使可用也十分麻烦，只有交换成实时数据库的数据，其他程序或软件才能方便地使用数据。

实时数据库中不仅有来自 I/O 单元的数据，也有发送到 I/O 单元的数据，如控制命令或操作参数。这些数据都是运算控制的结果，如 PID 控制器的控制量、逻辑运算的开关量。

历史数据库的数据来自实时数据库的过时数据，随着时间的推移历史数据库中的数据逐渐增多。按用户需要选择存储时间，如 1 小时、1 天、1 月或 1 年。历史数据存于硬盘，历史数据的数量及存储时间取决于主控单元的硬盘空间。

实时数据库位于主控单元内，它的主要功能是建立数据点、输入处理、输出处理、报警处理、累计处理、统计处理、历史数据存储、数据服务请求和开放的数据库连接（open data base connectivity，ODBC）。

8.2.2 数字控制算法的计算机实现

实现数字控制器 $D(z)$ 算法的方法有硬件电路实现和软件实现两种。

1. 硬件实现

利用数字电路（如加法器、乘法器、延时电路等）实现 $D(z)$。这实际上是制作一个特殊的专用处理电路来完成特定形式 $D(z)$ 的运算，一般用于某些特定系统。

2. 软件实现

软件实现是通过编制计算机程序来实现 $D(z)$ 的方法，称为计算机实现。由计算机的特点以及从 $D(z)$ 算式的复杂性和设计控制系统的灵活性出发，采用计算机软件的方法实现更具有优势。因而，在许多工业控制系统中都采用软件实现方法。

（1）直接程序法

$$D(z)=\frac{U(Z)}{E(Z)}=\frac{b_0+b_1z^{-1}+\cdots+b_mz^{-m}}{1+a_1z^{-1}+\cdots+a_nz^{-n}}=\frac{\sum_{i=0}^{m}b_iz^{-i}}{1+\sum_{i=1}^{n}a_iz^{-i}}$$

其中，a_i、b_i 都是实系数，$n \geqslant m$。

由此得出数字控制器输出量的 Z 变换为

$$U(z)=\sum_{i=0}^{m} b_i z^{-i} E(Z)-\sum_{i=1}^{n} a_i z^{-i} U(Z) \tag{8-1}$$

对上式进行 Z 反变换，在初始静止条件下可以得到差分方程：

$$u(kT)=\sum_{i=0}^{m} b_i e(kT-iT)-\sum_{i=1}^{n} a_i u(kT-iT) \tag{8-2}$$

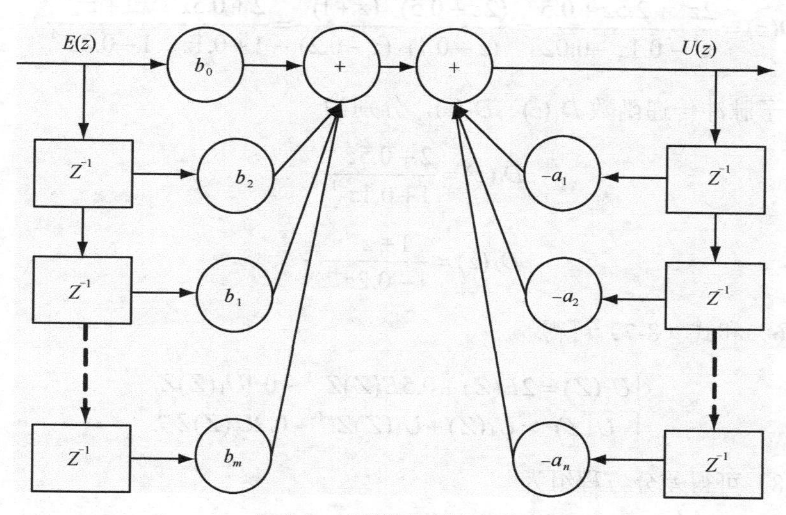

图 8-3　直接程序法原理框图

式（8-2）的实现形式如图 8-3 所示，该形式称为直接程序形式，它对于脉冲传递函数的分子分母分别用了两组纯滞后元件。分子用了 m 个元件，分母用了 n 个元件，共用了 $m+n$ 个纯滞后元件。由式（8-2）即可编制出计算机程序，计算 $u(kT)$。

（2）串联程序法

串联程序法是指将数字控制器 $D(z)$ 分解为一阶或二阶脉冲传递函数的串联连接。如果数字控制器 $D(z)$ 的零、极点为已知时，$D(z)$ 可以写为

$$D(z)=d_0\prod_{i=1}^{j} D_i(z) \tag{8-3}$$

式中，$D_i(z)$ 通常可以表示为

$$D(z)=D_1(z)D_2(z)\text{L}\ D_j=d_0\prod_{i=1}^{l}\frac{1+b_i z^{-1}}{1+a_i z^{-1}}\prod_{i=l+1}^{j}\frac{1+c_i z^{-1}+d_i z^{-2}}{1+e_i z^{-1}+f_i z^{-2}} \tag{8-4}$$

那么数字控制器 $D(z)$ 就可以看成由 $D_1(z)$，$D_2(z)$,L $D_j(z)$ 串联而成，如图 8-4 所示。

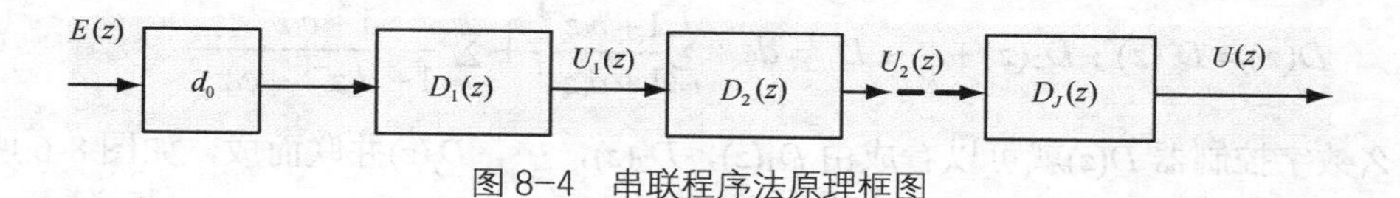

图 8-4　串联程序法原理框图

为了计算$u(k)$，可以先求出$u_1(k)$，然后通过迭代方法求出$u_2(k)$，…，最后求出$u(k)$。

【例 8-1】设数字控制器$D(z)=\dfrac{2z^2+2.5z+0.5}{z^2-0.1z-0.02}$，试用串联程序法实现 $D(z)$表达式，画出串联程序法的框图。

解：将$D(z)$变为

$$D(z)=\frac{2z^2+2.5z+0.5}{z^2-0.1z-0.02}=\frac{(2z+0.5)}{(z+0.1)}\frac{(z+1)}{(z-0.2)}=\frac{2+0.5z^{-1}}{1+0.1z^{-1}}\frac{1+z^{-1}}{1-0.2z^{-1}} \tag{8-5}$$

可以写出子脉冲传递函数$D_1(z)$、$D_2(z)$，分别为

$$D_1(z)=\frac{2+0.5z^{-1}}{1+0.1z^{-1}} \tag{8-6}$$

$$D_2(z)=\frac{1+z^{-1}}{1-0.2z^{-1}} \tag{8-7}$$

由式（8-6）和式（8-7）可得

$$\begin{cases}U_1(Z)=2E(Z)+0.5E(Z)Z^{-1}-0.1U_1(Z)Z^{-1}\\ U(Z)\ =U_1(Z)+U_1(Z)Z^{-1}+0.2U(Z)Z^{-1}\end{cases} \tag{8-8}$$

由式（8-8）可得差分方程组为

$$\begin{cases}u_1(k)=2e(k)+0.5e(k-1)-0.1u_1(k-1)\\ u(k)=u_1(k)+u_1(k-1)+0.2u(k-1)\end{cases}$$

由式（8-5）可画出串联程序法的原理框图，如图 8-5 所示。

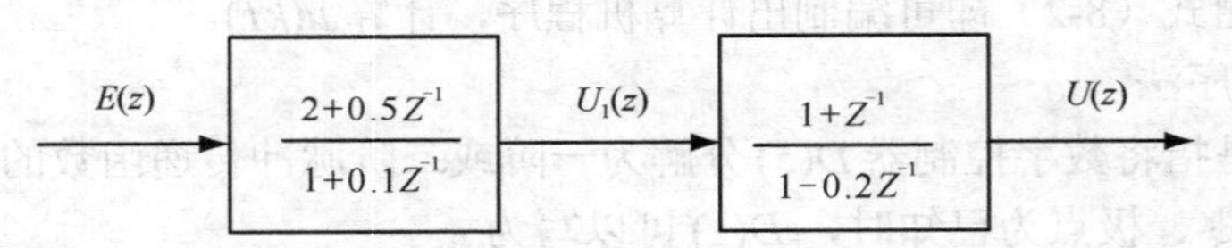

图 8-5　串联程序法原理框图

（3）并联程序法

对于数字控制器$D(z)$，若能写成部分分式形式，可以将其化简为多个一阶或二阶脉冲传递函数相加的形式。

$$D(z)=d_0+\sum_{i=1}^{j}D_i(z) \tag{8-9}$$

式中，$D_i(z)$通常可以表示为

$$D(z)=D_1(z)+D_2(z)+\cdots+D_j=d_0+\sum_{i=1}^{l}\frac{1+b_iz^{-1}}{1+a_iz^{-1}}+\sum_{i=l+1}^{j}\frac{1+c_iz^{-1}}{1+d_iz^{-1}+e_iz^{-2}} \tag{8-10}$$

那么数字控制器$D(z)$就可以看成由$D_1(z)$，$D_2(z)$，…，$D_j(z)$并联而成，如图 8-6 所示。

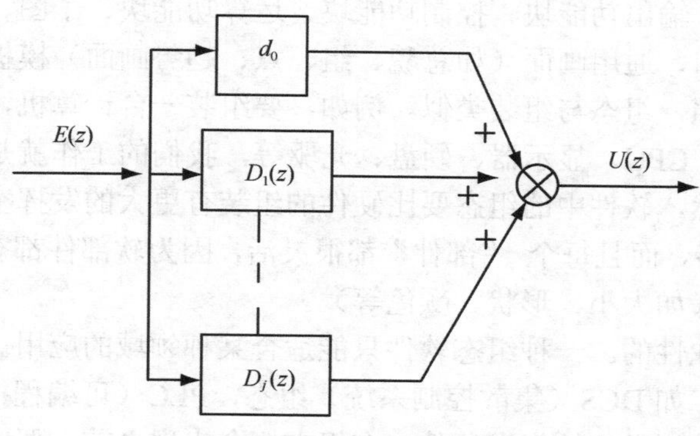

图 8-6 并联程序法原理框图

先求出 $u_1(k)$，$u_2(k)$，…，然后通过求和的方法求出 $u(k)$。

【例 8-2】设数字控制器 $D(z)=\dfrac{z^2+2z+1}{z^2+5z+6}$，试用并联程序法实现 $D(z)$表达式，画出并联程序法的框图。

解：对 $D(z)$ 进行因式分解，以部分分式形式表示。

$$D(z)=\frac{U(z)}{E(z)}=\frac{z^2+2z+1}{z^2+5z+6}=1+\frac{1}{z+2}-\frac{4}{z+3}$$

由上式可得差分方程组如下：

$$\begin{cases} u_1(k)=e(k) \\ u_2(k)=e(k-1)-2u_2(k-1) \\ u_3(k)=-4e(k-1)-3u_3(k-1) \end{cases}$$

根据该方程组可得并联程序法的原理框图，如图 8-7 所示。

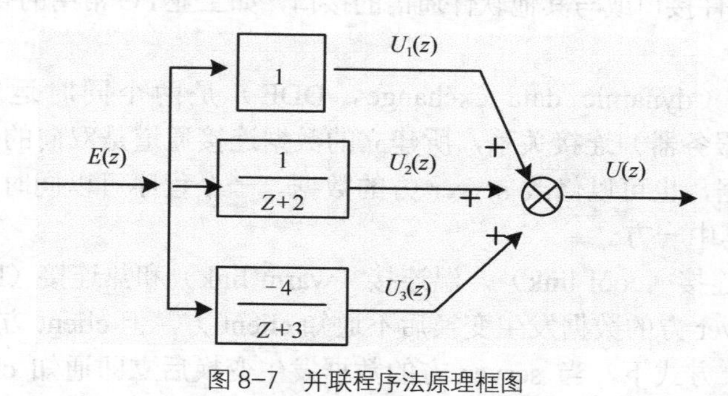

图 8-7 并联程序法原理框图

8.2.3 控制系统的监控组态软件

1. 组态软件的含义

组态（configuration）的含义是使用软件工具，按用户的需要对计算机资源进行组合，达到应用的目的。组态的过程可以看做是软件装配的过程，软件提供了各种“零部件”供用户选择，如输入功能块、输出功能块、控制功能块、运算功能块、子图、动态点、动态控件、操作点、操作显示窗口、通用画面（如总貌、组、点、趋势画面）模板、打印模板等。

与硬件生产相对照，组态与组装类似。例如，要组装一台计算机，事先提供了各种型号的主板、机箱、电源、CPU、显示器、硬盘、光驱等，我们的工作就是用这些部件组装成自己需要的计算机。当然，软件中的组态要比硬件的组装有更大的发挥空间，因为它一般要比硬件中的“部件”更多，而且每个 “部件”都很灵活，因为软部件都有内部属性，通过改变属性可以改变其规格（如大小、形状、颜色等）。

组态软件是有专业性的。一种组态软件只能适合某种领域的应用。组态的概念最早出现在工业计算机控制中，如 DCS（集散控制系统）组态，PLC（可编程控制器）梯形图组态。人—机界面生成软件就叫做工控组态软件。在组态概念出现之前，要实现某一任务，都是通过编写程序（如使用 BASIC、C、FORTRAN 等）来实现的。编写程序不但工作量大、周期长，而且容易出现错误，不能保证工期。组态软件的出现，解决了这个问题。对于过去需要几个月才能完成的工作，通过组态几天就可以完成。

其实在其他行业也有组态的概念，人们只是不这么叫而已，如 AutoCAD、Photoshop、办公软件（PowerPoint）都存在相似的操作，即用软件提供的工具来形成自己的作品，并以数据文件保存作品，而不是执行程序。组态形成的数据只有其制造工具或其他专用工具才能识别。但是不同之处在于，工业控制中形成的组态结果是用在实时监控的。组态工具的解释引擎，要根据这些组态结果实时运行。从表面上看，组态工具的运行程序就是执行自己特定的任务。

目前，常用的工业组态软件有美国商业组态软件公司 Wonderware 的 Intouch，Rock-Well 公司的 Rsview32，德国西门子公司的 WinCC 等。国内的组态软件有北京昆仑通态自动化软件科技有限公司的 MCGS，北京三维力控科技有限公司的力控，北京亚控科技发展有限公司的组态王，我国台湾研华的 GENIE 等。

2. 开放软件

计算机控制系统的对外开放除了提供硬件接口（如 RS-232，RS-485 和网络）之外，还需要有对外开放的软件接口或与其他软件通信的接口，如工业 PC 常用的软件接口有以下 4 种。

（1）DDE

动态数据交换（dynamic data exchange，DDE）是两个同时运行的程序之间建立 client/server（客户/服务器）连接关系，所建立的数据连接通道是双向的，即 client 方既可以读取 server 方的数据，也可以修改 server 方的数据。一个程序可以同时是 client 方和 server 方，当然可以只是其中一方。

DDE 方式有冷连接（cool link）、温连接（warm link）和热连接（hot link）3 种。在冷连接方式下，当 server 方的数据发生变换后不通知 client 方，但 client 方可以随时读写 server 方的数据。在温连接方式下，当 server 方的数据发生变换后立即通知 client 方，然后 client 方从 server 方读取变化后的数据。在热连接方式下，当 server 方的数据发生变换后立即通知 client 方，同时主动将变化后的数据送给 client 方。

DDE 方式的通信效率比较低，当通信数据量较大时数据刷新速度慢，但数据量较少时还是比较实用的。

（2）OLE

对象连接嵌入（object link embedding，OLE）的初始含义是一个程序引用另一个程序中的某个对象时，直接用指针指向该对象，而不必将被引用对象复制到程序中。

OLE 的含义扩展后制定了规范的接口，并产生了构件对象模型（component object model，COM）、分布式构件对象模型（distributed COM，DCOM）和 Active X 技术，使得程序之间交换数据有了更高效的手段。

COM 是一种接口标准，它负责将 OLE 对象连接起来。按照 COM 标准设计的 OLE 对象一旦在系统中注册后就可以被外部调用。这种基于 COM 的能够被外部调用的 OLE 对象被称为 Active X 控件或 OLE 控件，简称 OCX。

Active X 控件不能独立存在，必须将它置入控件容器的服务器中才能够被引用。Active X 控件有属性、方法和事件 3 个主要特性。其中属性类似于可以进行各种修改的变量；方法类似于脚本函数，可以在控件容器中调用。

（3）OPC

用于过程控制的 OPC（OLE for process control）是 OLE 的扩展，为工业控制设备硬件和应用软件之间提供了数据访问和通信接口的标准。设备硬件制造者只需要为其设备编写一套符合 OPC 标准的驱动程序，就可以满足支持 OPC 标准的各种应用软件的需要；同样，应用软件开发者也只需要为其软件编写一套符合 OPC 标准的接口，就可以满足支持 OPC 标准的设备驱动程序的需要。这样双方两全其美，同时也给用户自由选择设备硬件和应用软件提供了方便。

OPC 采用 client/server（客户/服务器）体系结构，设备硬件驱动程序作为 OPC 接口中的 server 方，应用软件作为 OPC 接口中的 client 方，每一个 client 方的应用程序可以连接若干个 server 方，每一个 server 方的驱动程序可以为若干个 client 方的应用程序提供数据。

OPC Server 由服务器（server）、组（group）和数据项（item）这 3 类对象组成。

服务器（server）对象包含服务器的所有信息，同时还是组对象的容器，一个 server 方可以有若干个组。

组对象包含本组的所有信息，同时还是数据项对象的容器，一个组中可以有若干个项。组对象分为公共（public）组和私有（private）组，公共组属于多个客户共有，私有组只属于一个客户。

数据项对象是读写数据的最小单位，它只代表服务器中与数据源的连接，并不是数据源。数据项不能独立于组存在，必须属于某个组。数据项没有对外接口，只能通过它的容器来访问。

OPC 客户和 OPC 服务器之间的数据交互有同步方式和异步方式。同步方式实现简单，适用于客户数较少和数据量也较少的情况；异步方式实现复杂，适用于客户数较多和数据量也较多的情况，其优点是效率高。

（4）ODBC

开放的数据库连接（open data base connectivity，ODBC）规定了开放数据库互连的标准，其目的是实现异构数据库的互连。支持 ODBC 标准的数据库都提供基于自己数据库管理系统（data base management system，DBMS）的 ODBC 接口程序。这样支持 ODBC 标准的应用程序通过 DBMS 的 ODBC 接口程序，就可以直接访问 DBMS 中的数据项，进行读写操作。

数据库支持结构化查询语言（structured query language，SQL），这是一种数据库访问语言。尽管不同数据库的 SQL 语法不尽相同，但都支持标准版本的 SQL。ODBC 就是建立在标准版本 SQL 之上的，通过 ODBC 和 SQL 就可以编写独立于任何 DBMS 的数据库访问程序。

8.3 计算机控制系统的数据处理技术

8.3.1 软件抗干扰技术

在控制系统的输入/输出通道中，采用某种计算方法对通道的信号进行数字处理，以削弱或滤除干扰噪声，这就是数字滤波方法。这是一种廉价而有效的软件程序滤波，在控制系统中被广泛采用。而对于那些可能穿过通道而进入CPU的干扰，可采取指令冗余、软件陷阱以及程序运行监视等措施来使CPU恢复正常工作。

1. 数字滤波

数字滤波是通过一定的计算机程序减少干扰信号在有用信号中的比重的方法。

数字滤波技术的优点如下。

① 因为用程序滤波，数字滤波只是一个计算过程，无需硬件，且可多通道共享一个滤波器（多通道共同调用一个滤波子程序），从而降低了成本。

② 各回路之间不存在阻抗匹配、特性波动、非一致性等问题。模拟滤波器在频率很低时较难实现的问题，不会出现在数字滤波器的实现过程中，故可靠性高，稳定性好。

③ 可以对频率很低的信号（如0.01Hz以下）进行滤波，这是模拟滤波器做不到的。

④ 只要适当改变数字滤波程序有关参数，就能方便地改变滤波特性，因此，数字滤波使用时方便灵活。

（1）程序判断滤波

方法：根据经验确定出两次采样输入信号可能出现的最大偏差 Δx，若相邻两次采样信号的差值大于 Δx，则表明该采样信号是干扰信号，应去掉；若小于 Δx，则该信号作为本次采样信号。

① 限幅滤波。如果前后两次采样的实际增量 $|x_k - x_{k-1}| \leqslant \Delta x$，则认为是正常的，否则认为是干扰造成的，这种情况下用上次的采样代替本次采样，即

$$y_k = \begin{cases} x_k, & |x_k - x_{k-1}| \leqslant \Delta x; \\ x_{k-1}, & |x_k - x_{k-1}| > \Delta x。 \end{cases} \tag{8-11}$$

这种方法适用于变化比较缓慢的参数，如温度、物位等测量系统。使用时关键问题是最大允许误差 Δx 的选取。Δx 是相邻两个采样值的最大允许增量，其数值可根据 x 的最大变化速率 $V_{\max}$ 及采样周期 T 确定，即 $\Delta x = V_{\max}T$ 。

② 限速滤波。$|\Delta x_k| = |x_k - x_{k-1}|$，若 $|\Delta x_k| \leqslant \Delta x$，则认为本次采样有效；否则再重新采样一次，得 x_{k+1}；如果 $|x_{k+1} - x_k| \leqslant \Delta x$，则 x_{k+1} 作滤波输出；相反，就以 x_{k+1} 和 x_k 算术平均值作为滤波输出，即

$$y_k = \begin{cases} x_k, & |x_k - x_{k-1}| \leqslant \Delta x; \\ （再次采样）\begin{cases} x_{k+1}, & |x_{k+1} - x_k| \leqslant \Delta x; \\ \dfrac{x_{k+1} + x_k}{2}, & |x_{k+1} - x_k| > \Delta x。 \end{cases} \end{cases} \tag{8-12}$$

这种方法抑制带有随机性的干扰，适用于变化比较缓慢的参数，如温度、液位。关键问题仍是Δx的确定。Δx值太大，干扰会乘机而入；Δx值太小，会使某些有用信号被拒之门外，使采样效率变低。Δx值往往需要经过大量的观测和实验才能确定。

（2）算术平均滤波

方法：算术平均滤波就是连续采样n次，把n次采样结果的算术平均值作为本次滤波器的输出，即

$$y_k = \frac{1}{n}\sum_{i=1}^{n} x_{ki} \tag{8-13}$$

滤波效果主要取决于采样次数n，n越大，结果越准确，滤波效果越好，但计算时间也越长，系统的灵敏度要下降。通常，流量$n=12$，压力$n=14$。这种滤波方法适用于对压力、流量等周期脉动的采样值进行平滑加工，但对脉冲性干扰的平滑作用不理想，不宜用于脉冲性干扰较严重的场合。因此，这种方法只适用于慢变信号。

下面给出算术平均滤波法的应用程序，设N为采样值（10位）个数，SAMP为存放双字节采样值的内存单元首地址，且假定N个采样值之和不超过16位，滤波值存入DATA开始的两个单元中。DIV21为双字节除以单字节子程序，R7R6为被除数，R5为除数，商在R7R6中，则实现滤波的MCS-51程序如下：

```
ARIFILE: MOV  R2, #N  ;置累加次数
         MOV  R0, #SAMP  ;置采样值首地址
         CLR  A
         MOV  R6, A  ;清累加值单元
         MOV  R7, A
LOOP:    MOV  A, R6  ;完成双字节加法
         ADD  A, @R0
         MOV  R6, A
         INC  R0
         MOV  A, R7
         ADDC  A, @R0
         MOV  R7, A
         INC  R0
         DJNZ  R2, LOOP
         MOV  R5, #N   ;数据个数送入R5
         ACALL  DIV21  ;除法，求滤波值
         MOV  DATA+1, R7
         MOV  DATA, R6
         RET
```

上述程序在计算平均值时调用了除法子程序。应当指出，当采样次数N为2的整数幂时，可以通过对累加结果进行一定次数的右移来实现除法运算，这样可以大大节省运算时间。

（3）滑动平均滤波

算术平均滤波需连续采样若干次后才能进行一次运算，因而速度较慢。对于采样速度较慢或要求数据更新率较高的实时系统，算术平均滤波是无法使用的。为了进一步提高平均滤波的滤波效果，适应各种不同场合的需要，在算术平均滤波程序的基础上又出现了许多改进型。

滑动平均滤波法把N个测量数据看成一个队列，队列的长度固定为N，每进行一次新的采样，把测量结果放入队尾，而去掉原来队首的一个数据，这样在队列中始终有N个“最新”的数据，对这n个数据求算术平均值，得到的数据也可以较有效地减小随机误差。

$$\bar{X}_n = \frac{1}{N}\sum_{i=0}^{N-1} X_{n-i} \tag{8-14}$$

其中，$\bar{X}_n$为第n次采样经滤波后的输出，X_{n-i}为未经滤波的第$n-i$次采样值，N为滑动平均项数。

这种方法的特点是平滑度高，灵敏度低；对于周期性干扰有良好的抑制作用，但对偶然出现的脉冲性干扰的抑制作用差。实际应用时，通过观察不同N值下滑动平均的输出响应来选取N值，以便少占用计算机时间，又能达到最好的滤波效果。

滑动平均滤波的编程实现：先在 RAM 中建立一个数据缓冲区，依顺序存放N次采样数据；然后每采一个新数据，就将最早采集的数据去掉；再求出当前 RAM 缓冲区中N个数据的算术平均值或加权平均值。这样，每进行一次采样，就计算出一个新的平均值，大大加快了数据处理的能力。

为了实现移动平均滤波，数据在 RAM 中的存放形式可以采用环形队列结构，设置一个队尾指针，前N个数据从队首至队尾按顺序排列，第N+1 个数据到来时，使队尾指针指向队首，又从队首开始排列。设环形队列地址为 40H～4FH 共 16 个单元，R0 作为队尾指示，其程序流程图如图 8-8 所示。

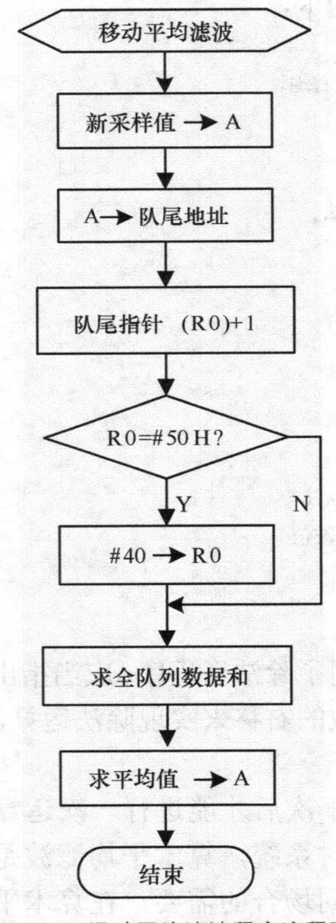

图 8-8 滑动平均滤波程序流程图

程序清单如下：

```
FLT30: ACALL  INPUTA  ;采样新值并放入 A 中
       MOV  @R0, A  ;排入队尾
```

```
        INC  R0  ;调整队尾指针
        MOV  A, R0
        ANL  A, #4FH
        MOV  R0, A  ;建新队尾指针
        MOV  R1, #40H  ;初始化
        MOV  R2, #00H
        MOV  R3, #00H
FLT31:  MOV  A, @R1  ;取一个采样值
        ADD  A, R3  ;累加到R2, R3中
        MOV  R3, A
        CLR  A
        ADDC  A, R2
        MOV  R2, A
        INC  R1
        CJNE  R1, #50H, FLT31  ;累计完16次
        FLT32:  SWAP  A  ;(R2, R3)/16
        XCH  A, R3
        SWAP  A
        ADD  A, #80H  ;四舍五入
        ANL  A, #0FH
        ADDC  A, R3
        RET  ;结果在A中
```

（4）加权平均滤波

上述各种平均滤波法中，每次采样在平均结果中的比重是均等的，即 $1/N$。用这样的滤波算法，对于时变信号会引入滞后，N 越大，滞后越严重。为了增强最后一次（或某一次）在平均结果中的比重，以增强实时性，可采用加权平均滤波。

增加新的采样数据在滑动平均中的比重，以提高系统对当前采样值的灵敏度，即对不同时刻的数据加以不同的权。通常，越接近现时刻的数据，权取得越大，以提高系统对当前采样值的灵敏度。这种方法可以根据需要，突出信号的某一部分，抑制信号的另一部分。

具体方法是在算术平均滤波基础上，对不同时刻的采样值赋以不同的加权因子，即

$$y_k = \sum_{i=1}^{n} \alpha_i x_i \tag{8-15}$$

其中，$0 \leqslant \alpha_i \leqslant 1$ 且 $\sum_{i=1}^{n} \alpha_i = 1$。

该方法适用于系统纯延迟时间常数较大而采样周期较短的情况。该方法实现的关键在于加权因子的选取。一般是越新的采样值赋以较大的比重，以迅速反应系统当前所受干扰的严重程度。

（5）中值滤波

中值滤波是一种典型的非线性滤波器，其运算简单，在滤除脉冲噪声的同时可以很好地保护信号的细节信息。

方法：中值滤波是对某一被测参数连续采样 n 次（$n \geqslant 3$，n 为奇数），取采样值居中者作为滤波器的输出。一般，n 取 3 或 5。对某一被测参数连续采样 n 次（一般 n 应为奇数），然后将这些采样值进行排序，选取中间值为本次采样值。

中值滤波对于去掉由于偶然因素引起的波动或采样器不稳定所引起的脉动干扰十分有效。对缓慢变化的过程变量采用此方法有良好的效果，但不宜用于快速变化的过程参数（如

流量）。

适用：滤除由于偶然因素引起采样值波动的脉冲干扰，对变化缓慢的被测参数有良好的滤波效果，但不适用于快速变化的过程参数。

下面给出一个中值滤波程序的实例。

该中值滤波程序采样次数 N 选为 3，三次采样后的数据分别存放在 R2，R3，R4 中，执行之后，中值放在 R3。

程序清单如下：

```
FLT10:  MOV   A, R2        ; R2<R3 否?
        CLR   C
        SUBB  A, R3
        JC      FLT11      ; R2<R3，不变
        MOV   A,  R2       ; R2>R3，交换
        XCH   A,  R3
        MOV   R2, A
FLT11:  MOV   A,  R3       ; R3<R4 否?
        CLR   C
        SUBB  A, R4
        JC FLT12           ; R3<R4，结束
        MOV   A,  R4       ; R3>R4，交换    XCH    A,  R3
        XCH   A,  R4       ; R3>R2 否?
        CLRC
        SUBBA,  R2
        JNC    FLT12       ; R3>R2，结束
        MOV    A, R2       ; 否则 R2 为中值
        MOV    R3,  A      ; 中值送入 R3
FLT12: RET
```

（6）惯性滤波

硬件 RC 滤波器的缺点：难以实现抑制低频干扰——大时间常数的 RC 网络不易制作。因为增大网络的 R 值会引起信号较大幅值衰减，而增大 C 值，则使电容的漏电和等效串联电感也随之增大，影响滤波效果。

方法：模拟 RC 滤波器电路如图 8-9 所示。设采样周期为 T，离散化后有

$$RC\frac{\mathrm{d}y}{\mathrm{d}x}+y=x \tag{8-16}$$

$$RC\frac{y_k-y_{k-1}}{T}+y_k=x_k \tag{8-17}$$

$$y_k=\frac{RC}{RC+T}y_{k-1}+\frac{T}{RC+T}x_k \tag{8-18}$$

令滤波平滑系数：$\alpha=\dfrac{RC}{RC+T}$，显然平滑系数小于 1，则

$$y_k=\alpha y_{k-1}+(1-\alpha)x_k \tag{8-19}$$

此式即为惯性滤波算法，其中的 α 根据实际情况确定。

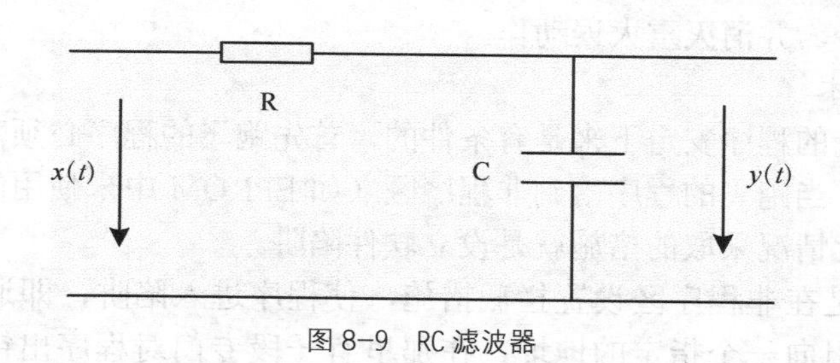

图 8-9 RC 滤波器

总结：对于变化缓慢的参数（如温度），选用程序判断滤波及惯性滤波；对变化比较快的信号（如压力、流量等），选用算术平均滤波或加权平均滤波等；对要求较高的系统可考虑复合滤波方法，即将某几种方法一并使用。

2. 冗余技术

所谓冗余，也称容错技术或故障掩盖技术，就是为了保证整个系统在局部发生故障时能够正常工作，而在系统中设置一些备份部件，一旦发生故障便启动备份部件投入工作，使系统保持正常工作。

例如，在电路设计中，对那些容易产生短路的部分，以串联形式复制；对那些容易产生开路的部分，以并联的形式复制。冗余技术包括硬件冗余、软件冗余、信息冗余、时间冗余等。

（1）硬件冗余

硬件冗余是用增加硬件设备的方法，当系统发生故障时，将备份硬件顶替上去，使系统仍能正常工作。

（2）信息冗余技术

对计算机控制系统而言，保护信号和重要数据是提高其可靠性的重要方面。为了防止系统因故障等原因而丢失信息，常将重要数据或文件多重化，复制一份或多份“拷贝”，并存于不同空间。一旦某一区间或某一备份被破坏，则自动从其他部分重新复制，使信息得以恢复。

（3）指令冗余

当计算机系统受到外界干扰，破坏了 CPU 正常的工作时序，可能造成程序计数器 PC 的值发生改变时，跳转到随机的程序存储区。当程序跑飞到某一单字节指令上，程序便自动纳入正轨；当程序跑飞到某一双字节指令上，有可能落到其操作数上，则 CPU 会误将操作数当做操作码执行；当程序跑飞到三字节指令上，因它有两个操作数，出错的概率会更大。

为了解决这一问题，可采用在程序中人为地插入一些空操作指令 NOP 或将有效的单字节指令重复书写，此即指令冗余技术。由于空操作指令为单字节指令，且对计算机的工作状态无任何影响，这样就会使失控的程序在遇到该指令后，能够调整其 PC 值至正确的轨道，使后续的指令得以正确地执行。

但我们不能在程序中加入太多的冗余指令，以免降低程序正常运行的效率。一般是在对程序流向起决定作用的指令之前以及影响系统工作状态的重要指令之前都应插入两三条 NOP 指令，还可以每隔一定数目的指令插入 NOP 指令，以保证跑飞的程序迅速纳入正确轨道。

指令冗余技术可以减少程序出现错误跳转的次数，但不能保证在失控期间不出现别的错误，更不能保证程序纳入正常轨道后就太平无事了。解决这个问题还必须采用软件容错技术，使系统的误动作减少，并消灭重大误动作。

3. 软件陷阱技术

指令冗余使跑飞的程序安定下来是有条件的，首先跑飞的程序必须落到程序区，其次必须执行到冗余指令。当跑飞的程序落到非程序区（如 EPROM 中未使用的空间、程序中的数据表格区）时，对此情况采取的措施就是设立软件陷阱。

软件陷阱，就是在非程序区设置拦截措施，使程序进入陷阱，即通过一条引导指令，强行将跑飞的程序引向一个指定的地址，在那里有一段专门对程序出错进行处理的程序。如果我们把这段程序的入口标号称为 ERROR，软件陷阱即为一条 JMP ERROR 指令。为加强其捕捉效果，一般还在它前面加上两条 NOP 指令，因此真正的软件陷阱是由 3 条指令构成，即

```
NOP
NOP
JMP ERROR
```

软件陷阱安排在以下 4 种地方：未使用的中断向量区，未使用的大片 ROM 空间，程序中的数据表格区以及程序区中一些指令串中间的断裂点处。

由于软件陷阱都安排在正常程序执行不到的地方，故不影响程序的执行效率，在当前 EPROM 容量不成问题的条件下，还应多安插软件陷阱指令。

4. 程序运行监视系统

工业现场难免会出现瞬间的尖峰高能脉冲干扰，可能会长驱直入作用到 CPU 芯片上，使正在执行的程序跑飞到一个临时构成的死循环中，这时候的指令冗余和软件陷阱技术也无能为力，系统将完全瘫痪。此时必须强制系统复位，摆脱死循环。由于操作者不可能一直监视系统，这就需要一个独立于 CPU 之外的监视系统，在程序陷入死循环时，能及时发现并自动复位系统，这就是看守大门作用的程序运行监视系统，国外称为“Watchdog Timer”，即看门狗定时器或看门狗。

（1）Watchdog Timer 工作原理

为了保证程序运行监视系统的可靠性，监视系统中必须包括一定的硬件部分，且应完全独立于 CPU 之外，但又要与 CPU 保持时时刻刻的联系。因此，程序运行监视系统是硬件电路与软件程序的巧妙结合。图 8-10 所示为 Watchdog Timer 的工作原理。

CPU 可设计成由程序确定的定时器 1，看门狗被设计成另一个定时器 2，它的计时启动将因 CPU 的定时访问脉冲 P_1 的到来而重新开始，定时器 2 的定时到脉冲 P_2 连到 CPU 的复位端。两个定时周期必须是 $T_1 < T_2$，T_1 就是 CPU 定时访问定时器 2 的周期，也就是在 CPU 执行的应用程序中每隔 T_1 时间安插一条访问指令。

在正常情况下，CPU 每隔 T_1 时间便会定时访问定时器 2，从而使定时器 2 重新开始计时而不会产生溢出脉冲 P_2；而一旦 CPU 受到干扰陷入死循环，便不能及时访问定时器 2，那么定时器 2 会在 T_2 时间到达时产生定时溢出脉冲 P_2，从而引起 CPU 的复位，自动恢复系统的正常运行程序。

（2）Watchdog Timer 的实现方法

以前的 Watchdog Timer 硬件部分是用单稳电路或自带脉冲源的计数器构成的，一是电路有些复杂，二是可靠性有些问题。美国 Xicor 公司生产的 X5045 芯片，集看门狗功能、电源监测、EEPROM 和上电复位 4 个功能为一体，使用该器件将大大简化系统的结构并提高系统的性能。

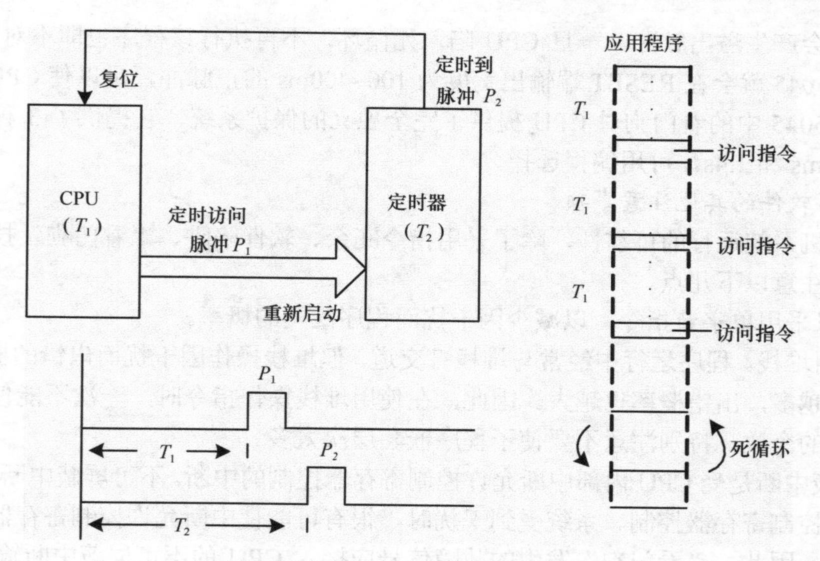

图 8-10 Watchdog Timer 的工作原理图

X5045 与 CPU 的接口电路如图 8-11 所示。X5045 只有 8 根引脚。

SCK：串行时钟。

SO：串行输出，时钟 SCK 的下降沿同步输出数据。

SI：串行输入，时钟 SCK 的上升沿锁存数据。

CS：片选信号，低电平时 X5045 工作，变为高电平时将使看门狗定时器重新开始计时。

WP：写保护，低电平时写操作被禁止，高电平时所有功能正常。

RESET：复位，高电平有效。用于电源检测和看门狗超时输出。

VSS：地。

VCC：电源电压。

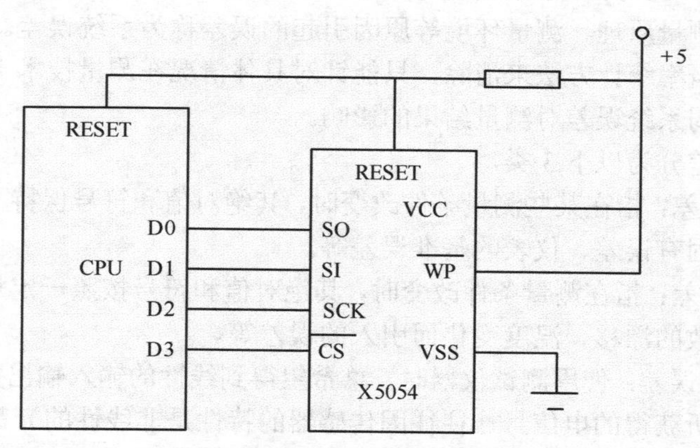

图 8-11 X5045 与 CPU 的接口电路

X5045 与 CPU 的接口电路很简单，它的信号线 SO、SI、SCK、CS 与 CPU 的数据线 D0~D3 相连，用软件控制引脚的读（SO）、写（SI）及选通（CS）。X5045 的引脚 RESET 与 CPU 的复位端 RESET 相连，利用访问程序造成 CS 引脚上的信号变化，就算访问了一次 X5045。

在 CPU 正常工作时，每隔一定时间（小于 X5045 的定时时间）运行一次这个访问程序，

X5045 就不会产生溢出脉冲。一旦 CPU 陷入死循环，不再执行该程序也即不对 X5045 进行访问，则 X5045 就会在 RESET 端输出宽度为 100~400ms 的正脉冲，足以使 CPU 复位。

这里 X5045 中的看门狗对 CPU 提供了完全独立的保护系统，它提供了 3 种定时时间：200ms、800ms 和 1.4s，可用编程选择。

5. 编写软件的其他注意事项

提高微机系统运行的可靠性，除了采用指令冗余、软件陷阱、“看门狗”技术外，编写程序时还应注意以下几点。

① 尽量采用单字节指令，以减少因干扰而程序乱飞的概率。

② 慎用堆栈。程序运行中经常与堆栈打交道，但堆栈操作因干扰而出错的概率较大，堆栈操作次数越多，出错概率也越大。因此，在使用堆栈操作指令时，一次不能使用太多，以减少子程序的个数，特别注意不要使子程序嵌套层次太多。

③ 屏蔽中断是受 CPU 内部中断允许控制寄存器控制的中断。不可屏蔽中断不受 CPU 内部中断允许控制寄存器控制。系统受到干扰时，很有可能使中断允许控制寄存器失效，从而使中断关闭。因此，“看门狗”发生的故障信号应接入 CPU 的不可屏蔽中断输入端 NMI。MCS-51 单片机没有不可屏蔽中断控制方式，“看门狗”电路输出的故障信号应接复位信号 RESET 端。

④ 微机系统所采用的可编程 I/O 芯片（如 8255、8251 等），原则上在上电启动后初始化一次即可。但工作模式控制字可能因噪声干扰等原因受到破坏，使系统输入/输出状态发生混乱。因此，在应用过程中，每次用到这种接口时，都要对有关功能重新设定一次，确保接口的可靠工作。

8.3.2 系统误差的校正

1. 系统误差

在一定的条件下，多次重复测量同一变量时其误差的数值保持恒定或遵循某种变化规律，这种因测量仪器、测量原理、测量环境等原因引起的误差称为系统误差。系统误差不同于随机误差，不能依靠概率统计方法来消除，只能针对具体情况在测量技术上采取相应措施。这些措施可消除或消弱系统误差对测量结果的影响。

我们把系统误差分为以下 3 类。

① 恒定系统误差：指在某些测量条件改变时，其绝对值和符号保持不变的误差。校验仪表时标准表存在的固有误差、仪表的基准误差等。

② 变化系统误差：指在测量条件改变时，其绝对值和符号按照一定规律变化的误差。仪表的零点和放大倍数的漂移、温度变化而引入的误差等。

③ 非线性系统误差：使用测试仪器时，总希望得到线性的输入输出关系，但实际上，很多变量与测量转换所获得的电信号（往往因传感器的特性是非线性的）都呈非线性关系。例如，热电偶在测温中产生的毫伏信号与温度之间为非线性关系，纸浆浓度变送器在测量中输出的电流信号与纸浆浓度之间是非线性关系等。

由于传感器、测量电路、放大器等不可避免地存在温度漂移和时间漂移，所以会给仪器引入零位误差和增益误差。这些漂移和增益波动误差属于系统误差，可能有一定的变化规律，但变化频率很低，不能依靠滤波或其他概率统计的办法来消除，而必须先建立系统误差模型，再根据模型通过自动校准技术削弱该系统误差。利用误差模型校正系统误差的基本方法是：

先通过理论分析建立系统的误差模型，然后由误差模型求出修正误差的表达式（修正公式），式中一般含有若干误差因子，我们可以通过校准技术求得这些误差因子，从而利用修正公式来修正测量结果。

误差模型的建立，没有统一的方法可循，必须根据具体情况进行具体分析，建立相应系统的误差模型。下面给出计算机控制系统常用的校准模型电路及几种常见系统误差的校正方法。控制系统自动校准电路结构如图 8-12 所示。

该校准电路由多路转换开关（可以用 CD4051 实现）、输入及放大电路、A/D 转换电路和微机组成。系统可以在刚通电或每隔一定时间，自动进行一次校准，找到 A/D 输出 N 与输入测量电压 V_x 之间的关系，以后再求测量电压时则按照该修正后的公式计算。

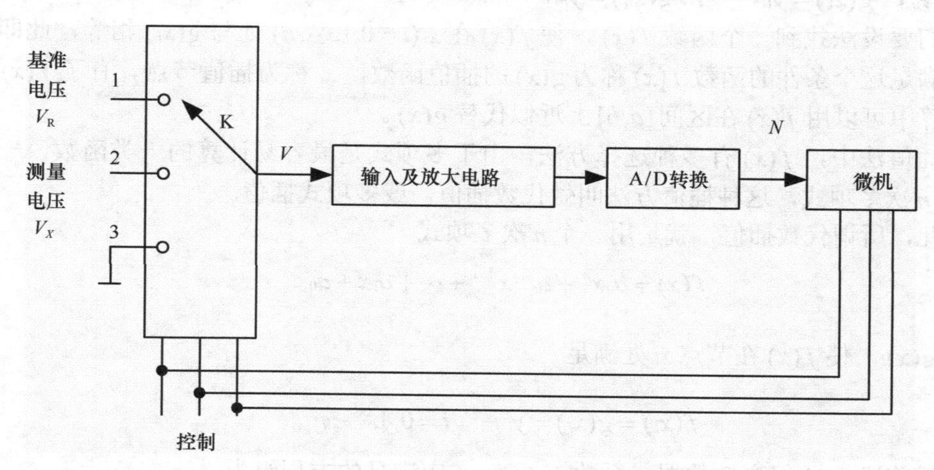

图 8-12 控制系统自动校准电路结构图

2. 零位误差的校正方法

在每一个测量周期或中断正常的测量过程中，把输入接地（即使输入为零），此时整个测量输入通道的输出即为零位输出（一般其值不为零）N_0；再把输入接基准电压 V_R 测得数据 N_R，并将 N_0 和 N_R 存于内存；然后输入接 V_x，测得 N_x，则测量结果可用下式计算出来。

$$V_X = \frac{V_R}{N_R - N_0}(N_x - N_0) \tag{8-20}$$

3. 增益误差的自动校正方法

其基本思想是测量基准参数，建立误差校正模型，确定并存储校正模型参数。在正式测量时，根据测量结果和校正模型求取校正值，从而消除误差。

需要校正时，先将开关接地，所测数据为 X_0，然后把开关接到 V_R，所测数据为 X_1，存储 X_0 和 X_1，得到校正方程：$Y = A_1 X + A_0$

$$A_1 = V_R / (X_1 X_0)$$
$$A_0 = V_R X_0 / (X_0 X_1)$$

这种校正方法测得信号与放大器的漂移和增益变化无关，降低了对电路器件的要求，达到与 V_R 等同的测量精度，但增加了测量时间。

8.3.3 非线性处理

为了最后获得输入/输出之间的线性关系，模拟式仪表不得不采用校正机构或线性化电路对测量特性进行补偿校正。这些硬件补偿措施的效果不可能很好，却增加了成本，降低了可靠性。计算机控制系统能充分利用微机的运算能力，通过测量算法进行非线性校正，而不需要任何硬件补偿装置。与硬件补偿方法比较，计算机控制系统既可大大提高精度，又能降低成本，提高可靠性。这里具体介绍一下代数插值法的基本原理。

设有 $n+1$ 组离散点：(x_0, y_0)，(x_1, y_1)，…，(x_n, y_n)，$x \in [a,b]$ 和未知函数 $g(x)$，并有：$g(x_0) = y_0$，$g(x_1) = y_1$，…，$g(x_n) = y_n$。

我们要设法找到一个函数 $f(x)$，使 $f(x)$ 在 $x_i (i = 0,1,\cdots,n)$ 处与 $g(x_i)$ 相等，此即为插值问题。满足这个条件的函数 $f(x)$ 称为 $g(x)$ 的插值函数，x_i 称为插值节点。有了 $f(x)$，在以后的计算中可以用 $f(x)$ 在区间 $[a,b]$ 上近似代替 $g(x)$。

在插值法中，$f(x)$ 有多种选择方法，由于多项式是最容易计算的一类函数，一般选取 $f(x)$ 为 n 次多项式，这种插值方法叫做代数插值，或多项式插值。

因此，所谓代数插值，就是用一个 n 次多项式

$$f(x) = a_n x^n + a_{n-1} x^{n-1} + \cdots + a_1 x + a_0 \tag{8-21}$$

去逼近 $g(x)$，使 $f(x)$ 在节点 x_i 处满足

$$f(x_i) = g(x_i) = y_i \qquad i = 0, 1, \cdots, n \tag{8-22}$$

对于前述 $n+1$ 组离散数据，系数 a_n,L a_1, a_0 应满足的方程组为

$$\begin{cases} a_n x_0^n + a_{n-1} x_0^{n-1} + \cdots a_1 x_0^1 + a_0 = y_0 \\ a_n x_1^n + a_{n-1} x_1^{n-1} + \cdots a_1 x_1^1 + a_0 = y_1 \\ \quad \vdots \\ a_n x_n^n + a_{n-1} x_n^{n-1} + \cdots a_1 x_n^1 + a_0 = y_n \end{cases} \tag{8-23}$$

要用已知的 $(x_i, y_i)\ (i = 0,1,\cdots,n)$ 去求解方程组，即可求得 $a_i (i = 0,1,\cdots,n)$，从而得到 $f(x)$。此即为求出插值多项式的最基本的方法。对于每一个信号的测量数值 x_i 就可近似地实时计算出被测量 $y_i = g(x_i) \approx f(x_i)$。

通常，给出的数据组数总是多于求解插值函数所需要的组数，因此在用多项式插值方法求解插值函数时，首先必须根据所需要的逼近精度来决定多项式的次数。多项式的次数与所要逼近的函数有关。例如，函数关系接近线性的，可从数组中选取两组，用一次多项式来逼近（n=1）；接近抛物线的可从数组中选取 3 组，用二次多项式来逼近（n=2）。

同时，多项式的次数还与自变量 x_i 的范围有关。一般的，自变量的允许范围越大（即插值区间越大），达到同样精度时的多项式的次数也越高。对于无法预先决定多项式次数的情况，可采用试探法，即先选取一个较小的 n 值，分析逼近误差是否接近所要求的精度，如果误差太大，则使 n 加 1，再试一次，直到误差接近精度要求为止。在满足精度要求的前提下，n 不应取得太大，以免增加计算时间。一般常用的多项式插值是线性插值和抛物线插值。

1. 线性插值

从一组数据(x_i, y_i)中选取两个有代表性的点(x_0, y_0)和(x_1, y_1)，然后根据插值原理，求出插值方程

$$f(x)=\frac{x-x_1}{x_0-x_1}y_0+\frac{x-x_0}{x_1-x_0}y_1=a_1x+a_0 \tag{8-24}$$

上式中的待定系数：

$$a_1=\frac{y_1-y_0}{x_1-x_0}, a_0=y_0-a_1x_0$$

并用插值函数$f(x)$代替未知非线性函数$g(x)$。

当(x_0, y_0)、(x_1, y_1)取在非线性特性曲线$f(x)$或数组的两端点A，B时，线性插值的几何意义就如图8-13所示。

在图8-13所示的线性插值中，当$x_i \neq a,b$时，$f(x_i)$与$g(x_i)$一般不相等，存在拟合误差V_i：

$$V_i=\left|f(x_i)-g(x_i)\right|, \qquad i=1,2,\cdots,n-1 \tag{8-25}$$

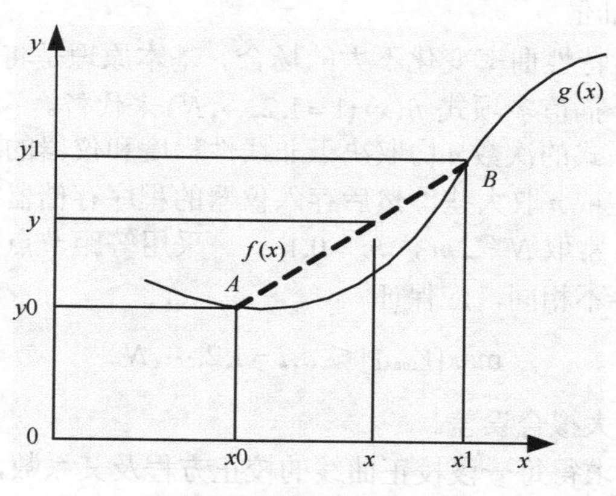

图8-13 线性插值法示意图

若在x的全部取值区间$[a,b]$上始终有$V_i<\varepsilon$（ε为允许拟合误差），则直线方程$f(x)=a_1x+a_0$就是满足允许误差的插值方程。用线性插值法校正系统误差时，只需将测量值x代入插值方程（即校正方程）$f(x)=a_1x+a_0$进行计算，就得到被测量y的校正值。

2. 抛物线插值（二阶插值）

线性插值法能解决大部分非线性校正问题，但有一些特殊情况需另外考虑。如图8-14所示，当传感器校准曲线某部分很弯时，如仍用线性插值法，则产生很大误差。这时，可适当提高$f(x)$的阶次，尝试用抛物线插值来解决。

抛物线插值法是在一组数据中选取(x_0, y_0)，(x_1, y_1)，(x_2, y_2)3点，求出相应的插值方程：

$$f(x)=\frac{(x-x_1)(x-x_2)}{(x_0-x_1)(x_0-x_2)}y_0+\frac{(x-x_0)(x-x_2)}{(x_1-x_0)(x_1-x_2)}y_1+\frac{(x-x_0)(x-x_1)}{(x_2-x_0)(x_2-x_1)}y_0 \tag{8-26}$$

提高插值多项式的次数可以提高校正精度。考虑到实时计算这一情况，多项式的次数一般不宜取得太高，当多项式的次数在允许范围内仍不能满足校正精度要求时，可以采用分段插值法。

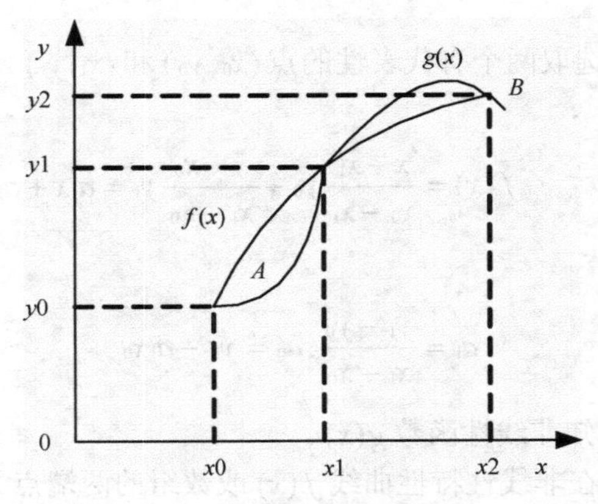

图 8-14 抛物线插值法示意图

3. 分段插值法

分段插值法有等距节点分段插值和不等距节点分段插值两类。

（1）等距节点分段插值

该方法适用于非线性特性曲率变化不大的场合。基本原理是将曲线 $y=g(x)$ 按等距节点分成 N 段，每一段用一个插值多项式 $f_i(x)\,(1=1,2,\cdots,N)$ 来代替。

分段数 N 及插值多项式的次数 n 均取决于非线性程度和仪器的精度要求。非线性越严重或精度越高，则 N 取大些或 n 取大些，然后存入仪器的程序存储器中。

为了实时计算方便，常取 $N=2m$，$m=0,1,\cdots$。采用等距节点分段插值法，每一段插值曲线的拟合误差 V_i 一般各不相同，应保证

$$\max[V_{\max i}]\leqslant\varepsilon, i=1,2,\cdots,N \tag{8-27}$$

其中，$V_{\max i}$ 为第 i 段的最大拟合误差。

实际应用中，先离线求得每一段校正曲线的校正方程及其系数，将其存入程序存储器中。实际测量时，用程序判断输入 x（即传感器输出数据）位于校正曲线的哪一段，然后取出该段插值多项式的系数进行计算，就可以得到被测物理量的近似值。

（2）不等距节点分段插值

对于曲率变化大的非线性特性，若采用等距节点的方法进行插值，要使最大误差满足精度要求，分段数 N 就会变得很大（因为一般取 $n\leqslant2$），这将使多项式的系数组数相应增加。此时更宜采用非等距节点分段插值法，即在线性好的部分，节点间距离取大些，反之则取小些，从而使误差达到均匀分布。

分段插值可以在大范围内用较低的插值多项式（通常不高于二阶）来达到很高的校正精度。

8.3.4 标度变换

工业过程的各种被测量不仅量纲不同，其数值变化范围往往也相差很大。为了数据采集，不管用何种传感器测量何种被测量所得的信号，都要处理成与 A/D 转换器输入特性相匹配的电压信号（如 0～5V），然后经过 A/D（如 8 位）转换后才能成为数字量（如 00H～0FFH）进入计算机。为使系统的显示、记录、打印等结果能反映被测量的实际数值，就必须对 A/D

转换后的数字信号进行变换。这种测量结果的数字变换就是标度变换，如图 8-15 所示。

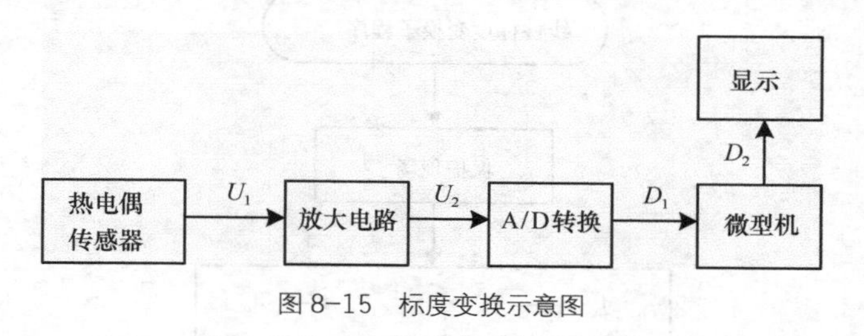

图 8-15　标度变换示意图

例如，测量机械压力时，当压力变化为 0～100N 时，压力传感器输出的电压为 0～10mV，放大为 0～5V 后进行 A/D 转换，得到 00H～FFH 的数字量（假设也采用 8 位 ADC）。这时需要标度变换，将数字量 D_1 转换成具体压力值。再比如，在某个以微处理器为核心的温度测量系统中，首先采用热电偶把现场 0～1200℃的温度转变电压为 0～48mV 的电信号，然后经通道放大器放大到 0～5V，再由 8 位 A/D 转换器转换成 00H～FFH 的数字量。微处理器读入该数据后，必须把这个数据再转换成量纲为℃的温度值（如数据 FFH 转换为 1200，单位为℃），才能送到显示器进行显示。

标度变换分为线性标度变换与非线性标度变换两种。计算机控制系统中的标度变换是由软件自动完成的。

1. 线性标度变换

若被测量的变换范围为 $A_0 \sim A_m$，A_0 对应的数字量为 N_0，A_m 对应的数字量为 N_m，A_x 对应的数字量为 N_x；实际测量值为 A_x；假设包括传感器在内的整个数据采集系统是线性的，则标度变换公式为

$$A_x = A_0 + (A_m - A_0)(N_x - N_0) / (N_m - N_0) \tag{8-28}$$

若 A_0 对应的数字量 N_0 为零，则上式可以简化为

$$A_x = (N_x / N_m)(A_m - A_0) + A_0 \tag{8-29}$$

式中，A_0、A_m、N_0、N_m 对于某一固定的参数，或者仪器的某一量程来说，均为常数，可以事先存入计算机。对于不同的参数或者不同的量程它们会有不同的数值，这种情况下，计算机应存入多组这样的常数。进行标度变换时，根据需要调入不同的常数来计算。

2. 标度变换及其程序设计

标度变换需要进行加、减、乘、除算术运算。为了实现上述运算，可以设计一个专用的标度变换子程序，需要时调用这一子程序即可。变换运算中所需常数可由程序到存储器中约定单元提取。例如，约定 A_0、A_m、N_0、N_m 分别存放在以符号 ALOWER、AUPPER、NLOWER、NOPPER 表示的内存单元中，N_x 和 A_x 分别存放在符号 SAMP、DATA 表示的单元中，于是可用图 8-16 所示程序框图设计程序进行标度变换。

3. 非线性标度变换

线性标度变换公式是针对线性化电路而导出的，实际中许多系统所使用的传感器都是非线性的。这种情况下应先进行非线性校正，然后再按照前述的标度变换方法进行标度变换。但是，如果传感器输出信号与被测物理量之间有明确的数学关系，就没有必要先进行非线性校正，然后再进行标度变换，可以直接利用该数学关系式进行标度变换。

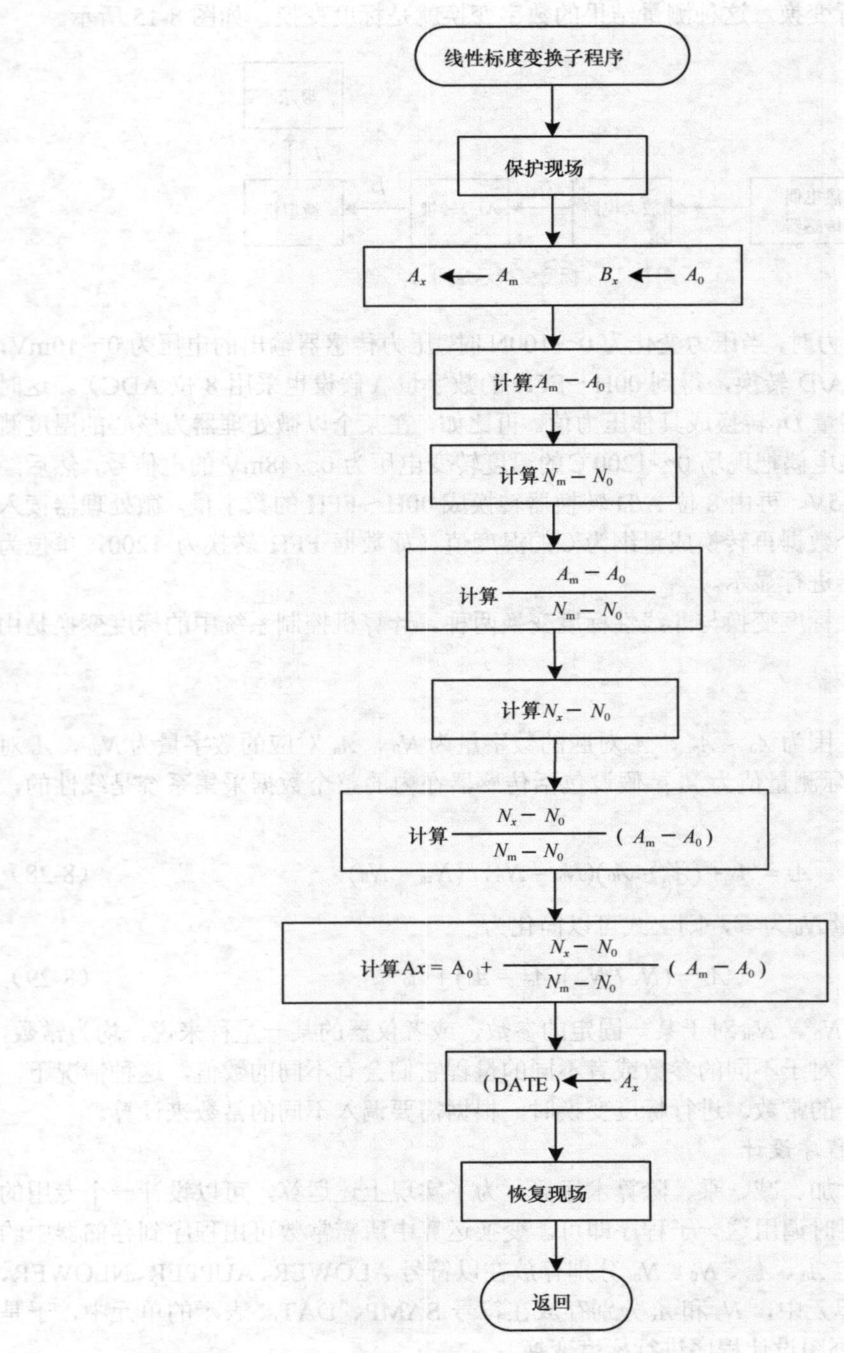

图 8-16　标度变换程序流程图

例如，利用节流装置测量流量时，流量与节流装置两边的差压之间有以下关系：

$$G = k\sqrt{\Delta P} \tag{8-30}$$

式中，G 为流量（即被测量），k 为系数（与流体的性质及节流装置的尺寸有关），ΔP 为节流装置两边的差压。显然，该式中 G 和 ΔP 之间是线性关系，因此可以方便地得出流量的标度变换公式：

$$G_x = G_0 + (G_m - G_0)\frac{\sqrt{N_x} - \sqrt{N_0}}{\sqrt{N_m} - \sqrt{N_0}} \qquad (8\text{-}31)$$

式中，G_x 为被测流量值，G_m 为被测流量上限，G_0 为被测流量下限，N_x 为差压变送器所测得的差压值（数字量），N_m 为差压变送器上限对应的数字量，N_0 为差压变送器下限对应的数字量。

由于一般情况下，流量的下限可取为 0，因此上式可以改写成

$$G_x = G_m\frac{\sqrt{N_x}}{\sqrt{N_m}} \qquad (8\text{-}32)$$

根据上式，可绘出流量标度变换的程序框图，如图 8-17 所示。

非线性测量的标度变换也是一种线性化措施。只要有确定的输入、输出非线性特性模型，通过变换计算，就能获得正确的被测量，这相当于进行了线性化处理。

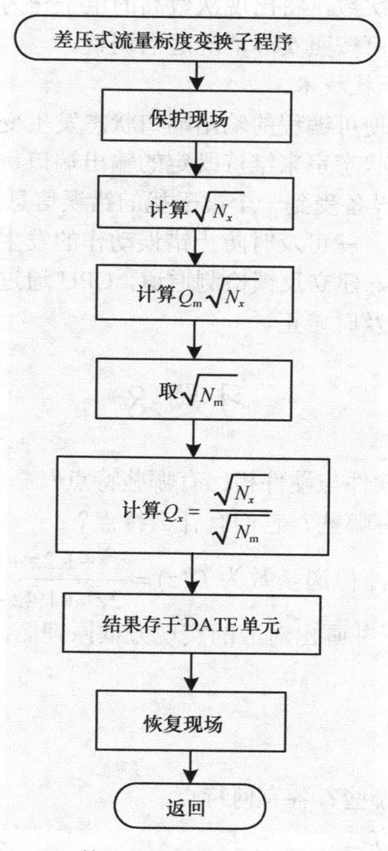

图 8-17 差压式流量计标度变换程序流程图

8.3.5 越限报警

越限报警是工业控制过程常见而又实用的一种报警形式，它分为上限报警、下限报警、上下限报警。如果需要判断的报警参数是 x_n，该参数的上下限约束值分别为 x_{max} 和 x_{min}，则

上下限报警的物理意义如下。

上限报警：若 $x_n > x_{max}$，则上限报警，否则执行原定操作；

下限报警：若 $x_n < x_{min}$，则下限报警，否则执行原定操作；

上下限报警：若 $x_n > x_{max}$，则上限报警，否则继续判断 $x_n < x_{min}$ 是否成立，若成立则下限报警，否则执行原定操作。

根据上述规定，编写程序可以实现对被控参数、偏差、控制量等进行上下限报警。

8.4 输入/输出数字量的软件抗干扰技术

1. 输入数字量的软件抗干扰技术

干扰信号多呈毛刺状，作用时间短。利用这一特点，对于输入的数字信号，可以通过重复采集的方法，将随机干扰引起的虚假输入状态信号滤除掉。

若多次数据采集后，信号总是变化不定，则停止数据采集并报警；或者在一定采集时间内计算出现高电平、低电平的次数，将出现次数高的电平作为实际采集数据。对每次采集的最高次数限额或连续采样次数可按照实际情况适当调整。

2. 输出数字量的软件抗干扰技术

当系统受到干扰后，往往使可编程的输出端口状态发生变化，因此，可以通过反复对这些端口定期重写控制字、输出状态字来维持既定的输出端口状态。

重复周期尽可能短，外部设备受到一个被干扰的错误信息后，还来不及作出有效的反应，一个正确的输出信息又来到了，就可及时防止错误动作的发生。

对于重要的输出设备，最好建立反馈检测通道，CPU 通过检测输出信号来确定输出结果的正确性，如果检测到错误则及时修正。

习题 8

1．软件的含义是什么？软件与硬件相比有哪些特点？

2．软件设计的一般方法有哪些？它们有什么特点？

3．已知数字控制器的脉冲传递函数为 $D(z)=\dfrac{z^2+1.2z+0.5}{2z^2+1.4z-2}$，试用以下 3 种方法实现 $D(z)$，求出对应的差分方程，并画出对应的实现方框原理图。

（1）直接程序法；

（2）串联程序法；

（3）并联程序法。

4．软件抗干扰技术都有哪些？各有何特点。

5．简述零位误差的校正方法。

6．简述插值算法的基本原理。

7．某温度控制系统采用 8 位 ADC，测量范围为 10～100℃，传感器采样并经滤波和非线性校正后的数字量为 28H，试对其进行标度变换求出所对应的温度值。

第9章 计算机控制系统设计

9.1 控制系统设计的原则与步骤

9.1.1 设计原则

1. 安全可靠

因为系统工作环境恶劣，控制任务不允许系统发生异常，故把安全可靠性放在第一位。

措施如下：

① 选择高性能的工控机；

② 设计可靠的控制方案；

③ 设置各种安全保护措施（报警、事故预测、事故处理、不间断电源等）；

④ 设计后备装置：手动操作（一般的控制回路）；

⑤ 常规仪表控制（重要的控制回路）；

⑥ 双机系统（特殊的控制对象）。

2. 操作维护方便

操作方便：操作简单、直观形象、便于掌握。

维护方便：易于查找、排除故障。例如，安装工作指示灯和监测点，配置诊断程序等。

3. 实时性强

实时性表现在对内部和外部事件能及时地响应和处理。

事件分：定时事件——系统设置时钟，保证定时处理；随机事件——系统设置中断。

4. 通用性好

体现在两个方面：

硬件模板设计采用标准总线结构，配置各种通用的功能模板，便于扩充；

软件模板设计采用标准模块结构，用户使用时无须二次开发，只需按要求选择即可。

5. 经济效益高

表现在两方面：性能价格比要尽可能高；投入产出比要尽可能低。

9.1.2 系统设计的步骤

系统工程项目的研制分 4 个阶段：工程项目和控制任务的确定阶段；工程项目的设计阶

段；离线仿真和调试阶段；在线调试和运行阶段。

1. 工程项目和控制任务的确定阶段

① 甲方一定要提供正式的书面委托书，要有明确的系统技术性能指标要求、经费、计划进度、合作方式等。

② 乙方研究任务委托书。要认真阅读，并逐条研究，对含糊不清、认识上有分歧和需要补充和删节的部分要逐条标记，并拟订出要进一步弄清的问题及修改意见。

③ 双方对委托书进行确认性修改。为避免因行业和专业不同所带来的局限性，应请各方面有经验的人员参加讨论。双方的任务和技术界面必须划分清楚。

④ 乙方初步进行系统总体方案设计。因经费和任务没有落实，这时的系统总体方案设计只能是“粗线条”，但应把握三大技术关键问题：技术难点、经费概算、工期。

可多做几个方案以便比较。

⑤ 乙方进行可行性研究。

目的：估计承接该项任务的把握性，并为签订合同后的设计打下基础。

主要内容：技术可行性；经费可行性；进度可行性。

⑥ 签订合同书。包含如下内容：经双方修改和认可的甲方“任务委托书”的全部内容；双方的任务划分和各自应承担的责任；合作方式；付款方式；进度和计划安排；验收方式及条件；成果归属及违约的解决办法。

2. 工程项目的设计阶段

工程项目的设计阶段流程如图 9-1 所示。

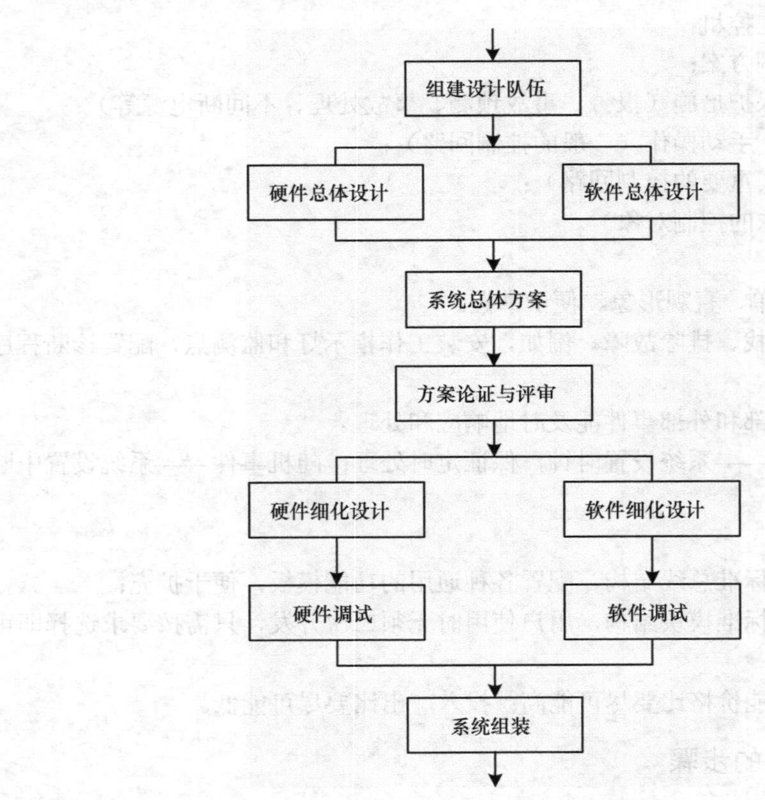

图 9-1　工程项目的设计阶段流程

① 组建设计队伍，各成员要明确分工和相互的协调合作关系。

② 硬件和软件总体设计，绘制硬件和软件的方块图。

③ 系统总体方案设计，汇总硬件和软件的方块图，并建立说明文档，包括控制策略和控制算法的确定。

④ 方案论证与评审。

方案论证与评审是对系统设计方案的把关和最终裁定。评审后确定的方案是进行具体设计和工程实施的依据，因此应邀请有关专家、主管领导、甲方代表参加。评审后应重新修改总体方案，评审过的方案设计应作为正式文件存档，原则上不应再作大的改动。

⑤ 硬件和软件的分别细化设计。

细化设计就是将方块图中的方块画到最底层，然后进行底层块内的结构细化设计。硬件方面就是选购模板及制作专用模板，软件方面就是完成编程。

⑥ 硬件和软件的分别调试。

⑦ 系统组装。

工程项目的设计阶段是离线仿真和调试阶段的前提和必要条件。

3. 离线仿真和调试阶段

离线仿真和调试流程图如图 9-2 所示。离线仿真和调试是指在实验室而不是在工业现场进行的仿真和调试。在离线仿真和调试试验后，还要进行拷机运行，其目的是要在连续不断地运行中暴露问题和解决问题。

4. 在线调试和运行阶段

在线调试和运行流程如图 9-3 所示。在线调试和运行就是将系统和生产过程连接在一起，进行现场调试和运行。

系统运行正常后，再试运行一段时间，即可组织验收。

验收是系统项目最终完成的标志，应由甲方主持乙方参加，双方协同办理。验收完毕应形成文件存档。

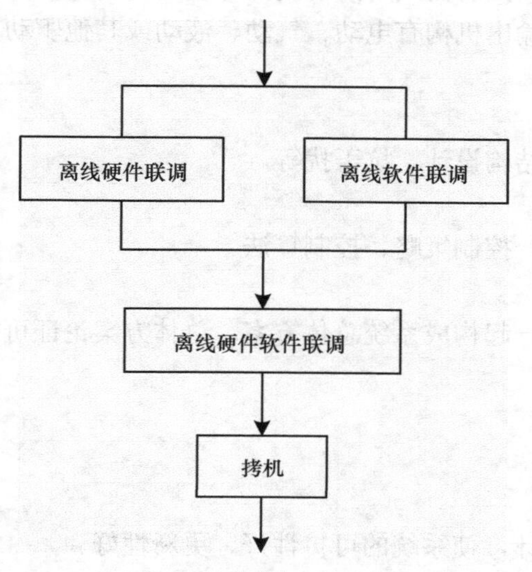

图 9-2 离线仿真和调试流程图

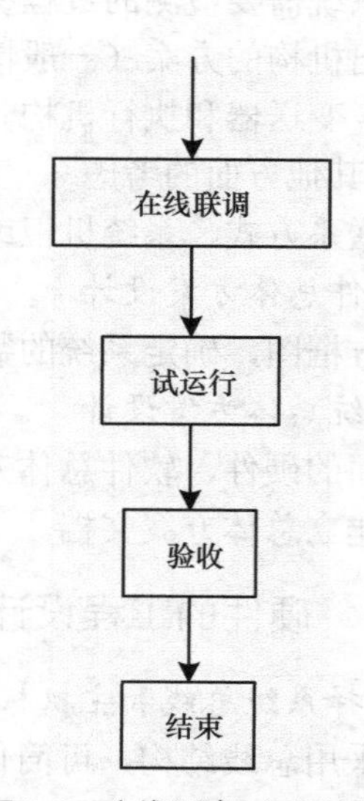

图 9-3 在线调试和运行流程

9.2 系统的工程设计和实现

9.2.1 系统总体方案设计

①必须深入生产现场，熟悉生产工艺流程，了解系统的控制要求，明确系统要完成的任务和要达到的最终目标。

②充分考虑硬件和软件功能的合理分配。

快速性：多采用硬件可以提高系统的反应速度，简化软件设计工作。

可靠性和抗干扰能力：过多地采用硬件，会增加系统元器件数目并降低系统的可靠性，同时，硬件的增加也使系统的抗干扰性能下降。

成本：多采用软件可以降低成本。

对于实际的控制系统，要综合考虑系统速度、可靠性、抗干扰性能、灵活性、成本来合理地分配系统硬件和软件的功能。

1. 硬件总体方案设计

方法："黑箱"设计法，即画方块图的方法。用此方法做出的系统结构设计，只需明确各方块之间的信号输入输出关系和功能要求，而无须知道"黑箱"内的具体结构。

（1）确定系统的总体结构和类型

确定结构：确定系统的总体结构是开环控制还是闭环控制。

确定类型：操作指导控制系统、直接数字控制系统、监督控制系统、分级控制系统、分散控制系统等。

（2）确定系统的构成方式

主要是要确定主机的类型：工业控制计算机、PLC、智能调节器等。

（3）现场设备选择

根据系统需要检测的过程参量的个数，所需采用的检测元件及其检测精度；根据所确定的系统输出机构的方案（一般情况下，输出机构有电动、气动、液动或其他驱动方式）等选择传感器、变送器和执行机构。

（4）其他方面的考虑

人机联系方式、系统机柜或机箱的结构设计、抗干扰等。

2. 软件总体方案设计

画出方框图，确定系统的数学模型、控制策略、控制算法。

3. 系统总体方案设计

将上面的硬件、软件总体方案合在一起构成系统总体方案。总体方案论证可行后，要形成文件，建立总体方案文档。

9.2.2 硬件的工程设计和实现

1. 选择系统总线和主机机型

系统采用总线结构，可简化硬件设计，使系统的可扩性好、更新性好。

内总线：常用有PC总线和STD总线两种，一般选PC总线。

外总线：指计算机与计算机、计算机与智能仪表、智能外设之间通信的总线，有串行和并行两大类。根据通信的距离、速率、系统的拓扑结构、通信协议等要求综合分析来确定。

主机机型的选择应根据微型计算机在控制系统中所承担的任务来确定，包括微型计算机系统组成方案选择和微型计算机功能以及性能指标的选择。

（1）微型计算机系统构成方案选择

① 组装方案。选择微处理器芯片，适当配置存储器和接口电路，选择合适的总线，设计出完整的系统硬件线路图和相应的印制电路板图，组装起来并和已设计好的软件一起进行调试。

适用性：大批量生产的小型专用控制系统。

优点：整个系统结构紧凑、性能价格比高。

缺点：要求设计者具有丰富的专业理论知识和工程设计能力及经验，设计工作量大，过程复杂，软件需全部自行开发，研制周期长。

② 单片机方案。体积小，重量轻，价格低，可靠性高，广泛应用于小规模控制系统、智能控制装置、智能化仪表和各种先进的家电产品中。

③ 通用微型计算机系统方案。

适用性：需同时兼顾信息处理和控制功能的控制系统，现场工作环境较好，可靠要求不太高。

优点：容易实现各种复杂的控制功能，硬、软件设计工作量小。硬件一般只需根据任务要求进行必要的接口扩展，软件开发可在已有的开发平台上进行，研制周期短。

缺点：系统成本高（相对单片机而言），计算机利用率低，可靠性和抗干扰能力相对于工业控制机差一些。

④ 专用工业控制计算机系统方案。

优点：可靠性高，具有很强的抗干扰能力。

缺点：价格高。

（2）微型计算机性能指标选择

作为工业控制用计算机，应满足下述基本要求。

① 完善的中断系统。

② 足够的存储容量。

③ 微处理器具有足够的数据处理能力。

- 字长的选择（8 位、16 位或 32 位）：其数据处理速度、处理能力等随字长的增加递增。
- 根据被控对象的变化速度选择微处理器的速度：速度的选择和字长的选择可以一起考虑。对于同一控制算法、同一精度要求，当字长短时，就要采用多字节运算以保证精度，这样完成计算和控制的时间就会增长。为保证实时控制能力，就必须选用指令执行速度快的微处理器。同理，当微处理器的字长足够保证精度时，不必用多字节运算，这样完成计算和控制的时间短，因此可选用指令执行速度较慢的微处理器。
- 指令系统：通常，8 位及 8 位以上的微处理器都有足够的指令种类和数量，能满足基本的控制要求。

2. 选择输入输出通道模板

（1）数字量（开关量）输入/输出（DI/DO）模板

并行接口模板分：TTL 电平 DI/DO 模板（常用于和主机共地的装置的接口）；带光电隔离的 DI/DO 模板（常用于其他装置与主机的接口）。

（2）模拟量输入/输出（AI/AO）模板

包括 A/D、D/A 板和信号调理电路等。选择 AI/AO 模板时必须注意分辨率、转换速度、量程范围等技术指标。

3. 选择变送器和执行机构

变送器：将被测变量转换为可远传的统一标准的电信号。

常用的变送器有温度变送器、压力变送器、液位变送器、差压变送器、流量变送器等。根据被测参数的种类、量程、被测对象的介质类型和环境来选择具体型号。

执行机构分电动调节阀、气动调节阀、液动调节阀 3 种类型，另外有触点开关、无触点开关、电磁阀等。

气动：结构简单、价格低、防火防爆，需将电信号转换成气压信号。

电动：体积小、种类多、使用方便，可直接接收电信号。实现连续的精确的控制目的，必须选用气动或电动调节阀。

液动：推力大、精度高，但使用不普遍。

电磁阀：对要求不高的控制系统可选用。

9.2.3 软件的工程设计和实现

1. 划分模块

程序设计应先模块后整体。设计时通常是按功能来划分模块。划分模块时要注意 4 点：一是一个模块不宜划分得太长或太短；二是力求各模块之间界线分明，逻辑上彼此独立；三是力图使模块具有通用性；四是简单任务不必模块化。

2. 资源的分配

硬件资源包括 ROM、RAM、定时/计数器、中断源、I/O 地址等。

ROM 用于存放程序和表格，定时/计数器、中断源、I/O 地址在任务分析时已经分配好了。资源分配的主要工作是 RAM 的分配，应列出一张 RAM 资源的详细分配清单，作为编程依据。

3. 实时控制软件设计

（1）数据的采集及数据处理程序

数据的采集：包括信号的采集、输入变换、存储。

数据处理：包括数字滤波、标度变换、线性化、越限报警等处理。

（2）控制算法程序

控制算法设计要根据具体的对象、控制性能指标要求以及所选择的微型计算机对数据的处理能力来进行。在设计中注意以下几个问题。

① 由于控制算法对系统性能指标有直接的影响，因此，选定的控制算法必须满足控制速度、控制精度和系统稳定性的要求。

② 控制算法一旦确定以后，对于具体的被控对象需要做出必要的修改和补充，不要生搬硬套。

③ 对于一些复杂的控制系统，应抓住影响系统性能的主要因素，适当地对系统进行简化，进而简化系统数学模型和控制算法程序，给系统设计和软件调试带来很多方便。

（3）控制量输出程序

实现对控制量的处理（上下限和变化率处理）、控制量的变换及输出。

（4）实时时钟和中断处理程序

许多实时任务如采样周期、定时显示打印、定时数据处理等都必须利用实时时钟来实现，并由定时中断处理程序去完成任务。

事故报警、重要的事件处理等常常使用中断技术。

（5）数据管理程序

主要用于完成画面显示、变化趋势分析、报警记录、统计报表打印输出等。

（6）数据通信程序

主要用于完成计算机与计算机、计算机与智能设备之间的信息交换。

9.2.4 系统的调试与运行

1. 离线仿真和调试

（1）硬件调试

对各标准功能模板，按照说明书检查主要功能。

对现场仪表和执行机构，必须在安装前按照说明书检查。

调试通信功能，验证数据传送的正确性。

（2）软件调试

顺序：子程序、功能模块、主程序。

系统控制程序应分为开环和闭环，开环调试是检查它的阶跃响应特性，闭环调试是检查它的反馈控制功能。通过分析记录的曲线，判断工作是否正确。

整体调试：对模块之间连接关系的检查。

（3）系统仿真

2. 在线仿真和调试

在实际运行前制定调试计划、实施方案、安全措施、分工合作细则等。

现场调试运行过程是从小到大、从易到难、从手动到自动、从简单到复杂逐步过渡。

9.3 某新型建材厂全自动预加水控制系统设计

9.3.1 工程概述

煤矸石烧结多孔砖、空心砖以煤矸石为原料，以其节能、节土、环保、轻质、高强、隔热、隔声等多种优良性能，在墙材领域占据着非常重要的地位，受到越来越多的重视。如何降低投资，减小成本，使生产易于控制，能够充分发挥原料的性能，使制品质量最优是一个非常重要的研究课题。

在烧结空心砖生产过程中，多种因素共同影响最终成品质量，其中在砖坯生产过程中原料的含水量直接影响后续挤砖机成型过程，煤矸石粉末含水量的多少直接影响其可塑性，只有在适当的含水量范围内煤矸石粉末才显示良好的可塑性，水量超过一定限度则变成了泥浆，水量过少则不能形成连续水膜，所以预加水量的多少将严重影响砖坯的成型，进而影响成品砖的质量，也影响着砖窑的产量。图9-4所示为当前采用的加水方法。

为了调整原料含水量，煤矸石制砖行业普遍采用预加水方案，即在原料搅拌过程中通过测定原料含水量及来料量进行补充加水，从而使含水量达到最适宜的水平。

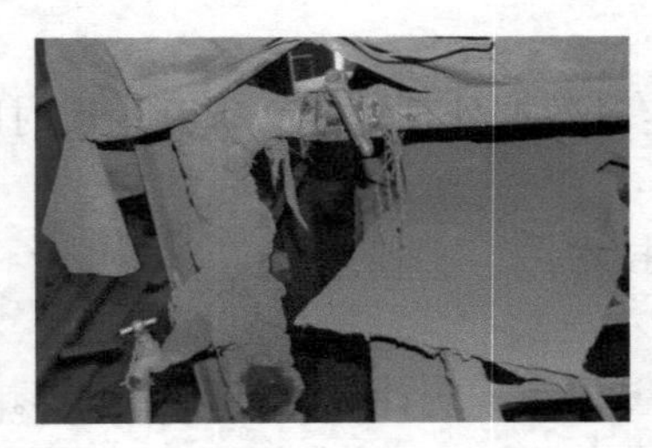

图 9-4　当前采用的人工经验加水

该新型建材厂成型车间现有两条生产线，砖坯成型过程中原料的预加水工作都是采用人工控制，依靠人工经验通过调节加水阀的开度对含水量进行控制。这种调节方式对工人的操作经验有较高的要求，不同操作人员在不同状态下的操作致使原料含水量变动范围较大，生产过程中往往需要与挤砖操作工人多次协调才能达到生产技术要求。砖坯含水量波动范围大，水分含量不均，工艺的不协调造成废坯率高，煤矸石烧结砖质量差、合格率低，砖窑产量低、能耗高，并导致设备的故障率提高。

9.3.2　系统总体方案设计

1. 确定系统的控制任务

控制对象：来料以及原料的含水率的测量。

主要任务要求：

① 来料参数的测量；

② 来料以及原料含水率的智能控制；

③ 实时数据的人—机界面显示；

④ 通过触摸屏完成人—机对话，实现过程的可视化及操作人员的过程控制等。

2. 确定系统的总体控制方案

本系统主要分为来料参数测量装置、智能控制系统和执行机构 3 个部分。通过来料参数测量装置实时获取原料参数并传递给智能控制系统作出决断。智能控制系统根据测量装置测得的来料量以及原料含水率，通过内置的模糊—PID 控制算法进行运算，从而给出指令驱动执行机构完成含水率的调节，这是本系统的核心部分。执行机构接收智能控制系统给出的指令，直接对含水率进行控制，主要由比例电动阀、阀门、管道、喷淋机构等组成。另外，智能流量计也安装在本部分的管道上，实现对流量的测量从而组成闭环控制系统。系统的整体框图如图 9-5 所示。

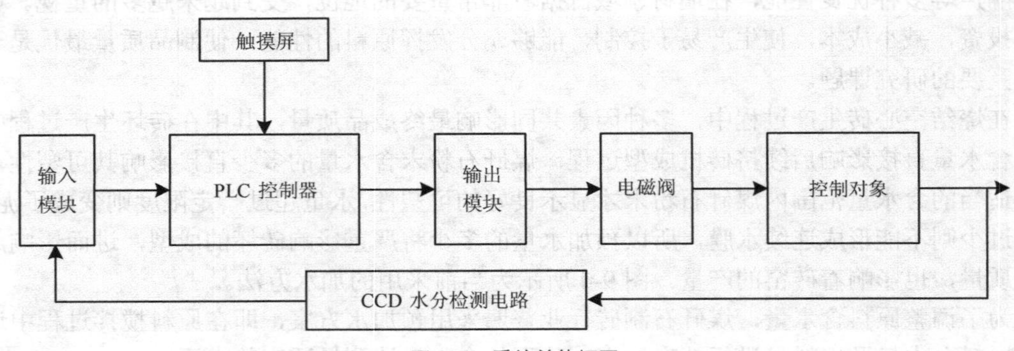

图 9-5　系统总体框图

9.3.3 硬件设计

1. 智能控制单元 PLC

本系统采用西门子 S7-200PLC 作为智能控制单元。S7-200 是德国西门子公司推出的一种可编程序控制器，适用于各行各业，各种场合中的检测、监测及控制的自动化。S7-200 系列的高可靠性及强大功能使其无论在独立运行中，或相连成网络皆能实现复杂控制功能。

本系统选择的 CPU 224XP 集成 14 输入/10 输出共 24 个数字量 I/O 点，2 输入/1 输出共 3 个模拟量 I/O 点，可连接 7 个扩展模块，最大扩展值至 168 路数字量 I/O 点或 38 路模拟量 I/O 点。20KB 程序和数据存储空间，6 个独立的高速计数器（100kHz），2 个 100kHz 的高速脉冲输出，2 个 RS485 通信/编程口，具有 PPI 通信协议、MPI 通信协议和自由方式通信能力。本机还新增多种功能，如内置模拟量 I/O，位控特性，自整定 PID 功能，线性斜坡脉冲指令，诊断 LED，数据记录及配方功能等，是具有模拟量 I/O 和强大控制能力的新型 CPU。

2. 水分测量仪 CCD

CCD 的选取：CCD 摄像头的选择在本项目中是至关重要的，因为它的成像质量决定着测量的精度，其工作原理决定了测量方案的可行性。目前，使用较为广泛的是数字摄像头，它具有分辨率高、无须单独供电、体积小、寿命长、价格便宜等优点。因此，由本项目的测量要求和使用条件确定选择数字 CCD 摄像头。

在进行原料含水量检测前，首先需要获取外观样本，拍摄原料表层图像。由于这些易受外界因素的影响，具有很大的随意性和主观性，为了尽可能排除其他因素的影响，使所检测的含水量处于同等条件下采集，以便于比较分析，特为本系统设定了获取表层外观图像的方式。

取样方式：能够采集到一定面积的原料。

拍照距离：摄像头距离表层为 20～50cm。

光照要求：摄像头进光轴线与原料表层垂直。

精度要求：选择具有合适分辨率的 CCD 摄像头。

镜头要求：镜头的质量要好，由镜头引起的球差、畸变等几何像差不致影响测量的精度。

原料含水量的测量系统分为 3 个部分，原料图像的在线采集，灰度特征参数的提取和含水量的计算。待检测的试样置于摄像头下，在相关软件控制下，就构成了一个实时的含水量检测系统。

3. 传输总线

选取 485 总线作为传感器和 PLC 控制单元以及触摸屏之间的传输总线，从而实现数据的采集与传输。

4. 触摸屏、电磁阀

触摸屏选用步科 MT4522T10.1 寸 TFT 触摸屏。电磁阀采用 DN40 电动蝶阀，4～20mA 控制。

系统的硬件连接实物图如图 9-6 所示。

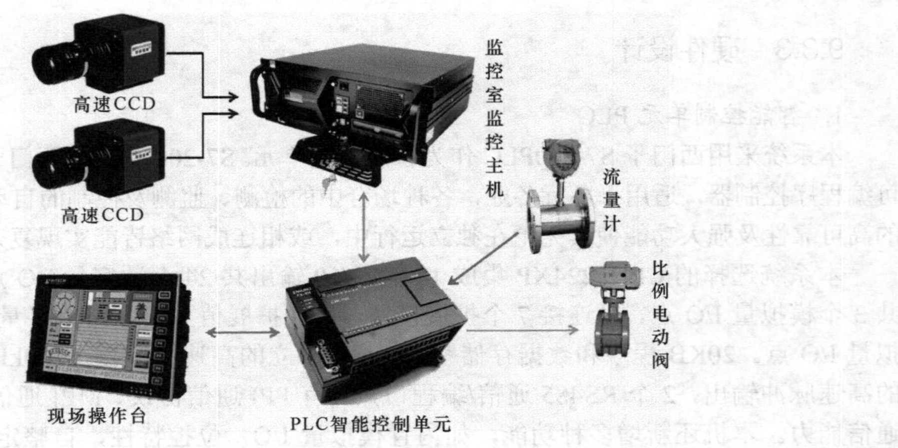

图 9-6　硬件连接实物图

9.3.4　软件设计

本系统的软件设计分为两部分：PLC 的软件编程和触摸屏的界面设计。

1. PLC 的软件编程

系统的软件流程图如图 9-7 所示。

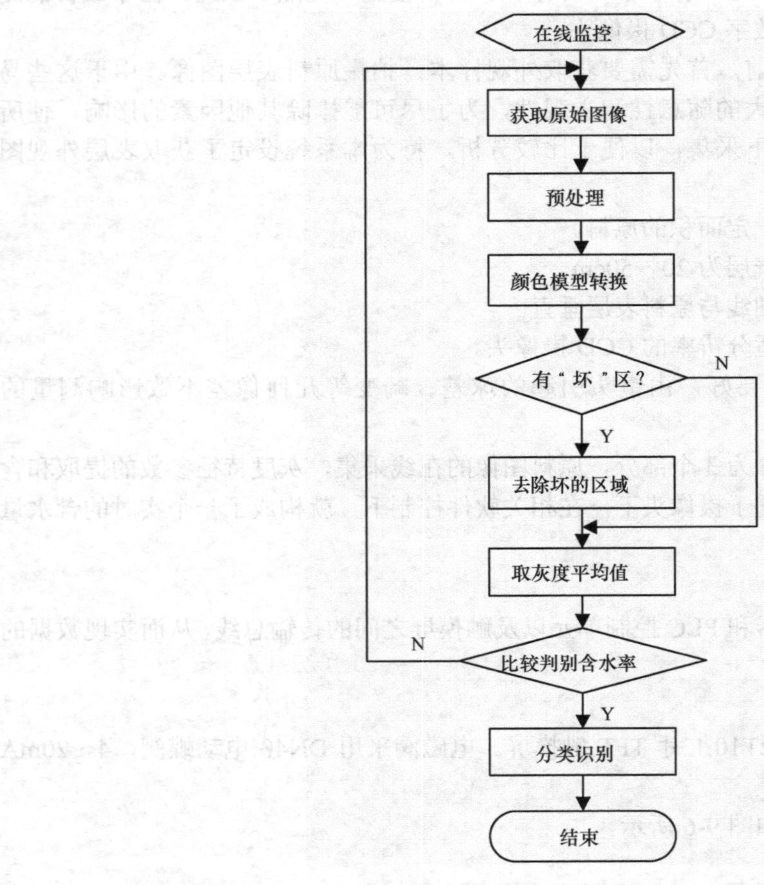

图 9-7　软件流程图

本系统中智能控制系统单元负责采集外部数据进行分析处理，从而给出正确的指令使外部设备正常运行。本项目控制核心为一台 S7-200 PLC 处理单元。

（1）PID 控制算法的 PLC 实现

自动加水控制系统数学模型传递函数参数的确定采用目前工程上常用的方法，即对过程对象施加阶跃输入信号，测取过程对象的阶跃响应，然后由阶跃响应曲线根据科恩—库恩(Cohen-Coon)公式确定近似传递函数。Cohen-Coon 公式如公式（9-1）所示。

$$\begin{cases} K = \dfrac{\Delta C}{\Delta M} \\ aT = 1.5(t_{0.632} - t_{0.28}) \\ \tau = 1.5(t_{0.28} - \dfrac{1}{3}t_{0.632}) \end{cases} \tag{9-1}$$

ΔM 为系统阶跃输入；ΔC 为系统的输出响应；$t_{0.28}$ 是对象飞升曲线为 0.28 ΔC 时的时间；$t_{0.632}$ 是对象飞升曲线为 0.632 ΔC 时的时间。

据 Cohen-Coon 公式和现场测量过程现场阶跃响应曲线即可求得自动加水控制系统数学模型传递函数的参数。

PID 参数的整定可通过试凑法及 Ziegler-Nichols 阶跃响应法来实现以达到控制系统的最佳效果。

系统数学模型参数及 PID 参数整定好后，PLC 编程实现 PID 的闭环控制，此部分可直接利用 S7200 中的 PID 指令，也可用常规指令编程实现。

（2）模糊控制算法的 PLC 实现

在该系统中将实测物料含水量与设定的最佳物料含水量的误差 e 及误差的变化率 de 作为模糊控制器输入语言变量，把控制水泵转速的变频器的频率 f 作为模糊控制器输出语言变量 u，这样设计一个二维模糊控制器。根据模糊控制器设计规则计算出模糊控制器的控制表。模糊控制表的建立是模糊控制系统设计的关键，它关系到系统实时、快速、准确的控制要求。

在原料自动加水实时控制系统中考虑到模糊控制算法的 PLC 的实现性及控制系统的实时准确性，将自动加水控制系统中的输入量论域量化为 5 挡{−2，−1，0，1，2}，且令它们的模糊词集为{NB，NS，0，PB，PS}，隶属函数取为三角形隶属函数，通过隶属函数可方便地求得输入语言变量赋值表，利用输入语言变量赋值表及模糊控制规则，最后利用拉森推理法得到一个模糊控制查询表。

在控制系统中我们选用的是西门子公司的 S7-200 型 PLC，首先将量化因子置入 PLC 中，然后利用其 A/D 模块将输入量采集到 PLC 中，利用其 D/A 模块实现执行元件的输出。图 9-8 所示为模糊控制策略的 PLC 程序设计流程图。

在 PLC 编程中可将 PID 控制算法与模糊控制算法用两个子程序来实现，当物料实际含水量与给定最适含水量误差 e 较大时，调用模糊控制子程序对物料含水量进行调解；当含水量误差 e 较小时，调用常规 PID 控制子程序对物料含水量进行调节。在系统中两种控制算法的结合实现最佳的控制效果。

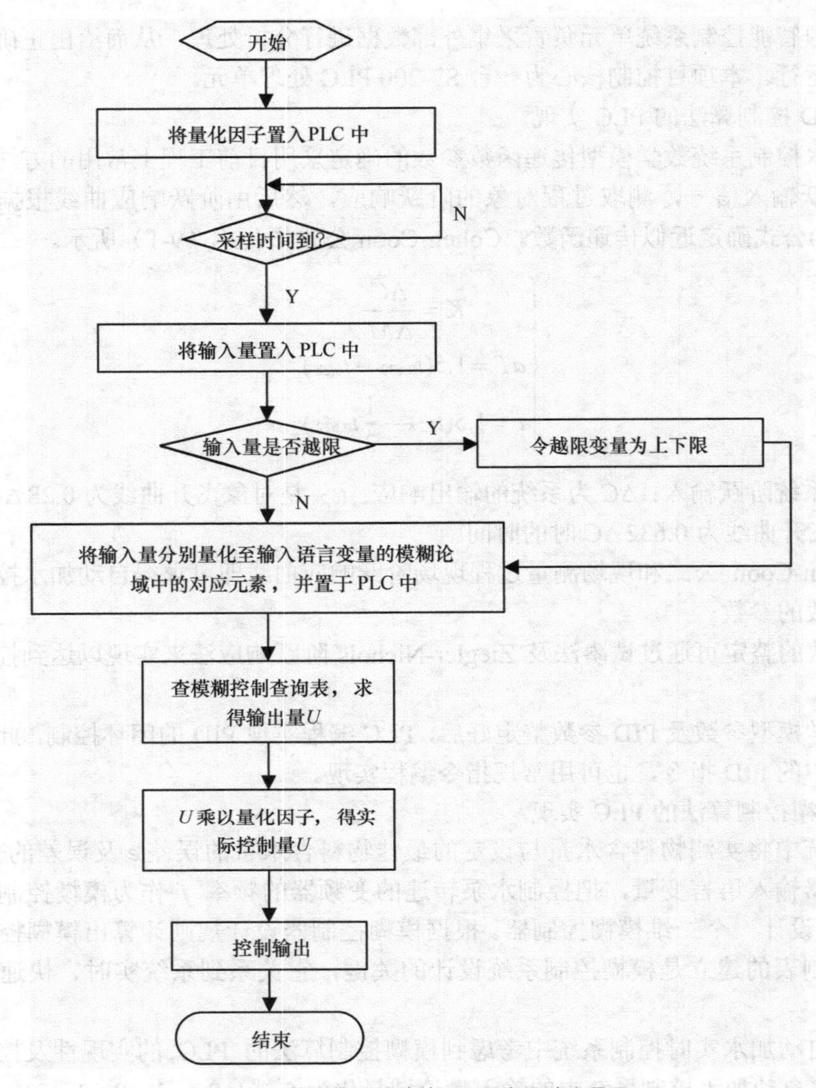

图 9-8 模糊控制策略的 PLC 程序设计流程图

2. 触摸屏软件设计

通过触摸屏的软件编程界面，实现对人—机交互界面的设计。本系统中采用 INTOUCH 组态软件，设计和开发了触摸屏的用户界面。触摸屏操作台如图 9-9 所示。

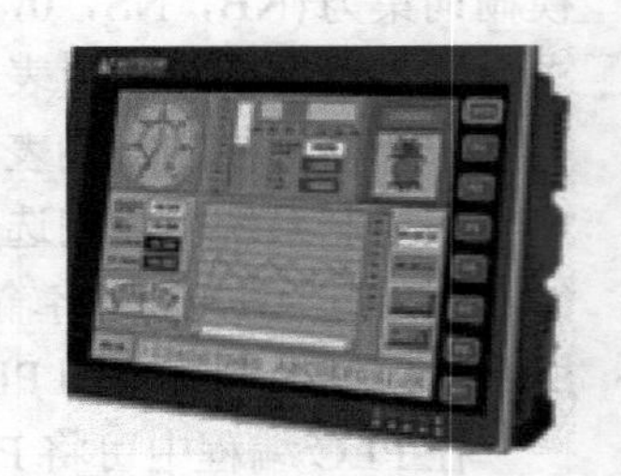

图 9-9 触摸屏操作界面

9.3.5 运行调试

本系统已在兖州煤业股份有限公司宏力新型建材厂空心砖烧结生产线上运行，运行结果表明，该自动加水系统能够实现根据测量装置测得的来料量以及原料含水率，通过内置的模糊—PID 控制算法进行运算，从而给出指令驱动执行机构完成含水率调节的功能。降低了工人劳动强度，改善了操作人员作业环境，缩短了砖坯烘干时间，保证了烘干后砖坯的干燥程度和行火速度，从而提高了成品砖质量、产量，降低了设备故障率，减少了因设备故障而导致的停工停产造成的巨大损失。

9.4　基于单片机的智能车模型设计

9.4.1　系统概述与总体方案的设计

1. 系统概述

该智能车模型系统以 MC9S12XS128 微控制器为核心控制单元，通过 CCD 摄像头检测赛道信息，采用 8 位高速 A/D 转换器 TLC5510 对图像进行软件二值化，提取黑色引导线用于赛道识别；通过光电编码器检测模型车的速度，使用经典 PID 控制算法和 Bang-Bang 控制算法控制舵机的转向和驱动电动机的转速，实现了对模型车的运动方向和运动速度的闭环控制。为了提高模型车的速度和稳定性，我们使用 LABVIEW 仿真平台、无线模块等调试工具进行了大量硬件与软件测试，经过多套方案的设计，分析大量的数据和参数信息，最终确定了现有的系统结构和各项控制参数。

2. 系统的总体设计方案

（1）系统的基本工作原理

智能车的基本工作原理为：CCD 图像传感器拍摄赛道图像并以 PAL 制式信号输出到信号处理模块进行二值化处理并进行视频同步信号分离，二值化后的数据和视频同步信号同时输入到 MC9S12X128 控制核心，进行进一步处理以获得图像信息；通过光电编码器来检测车速，通过外接两个计数器计数进而计算速度以实现差速；舵机转向采用 PD 控制算法；电机转速控制采用 PID 控制算法，并通过 PWM 脉冲控制驱动电路；通过综合控制，使智能车能够自主循迹。

（2）系统设计框架

智能车系统主要包括以下模块：MC9S12XS128 单片机模块、CCD 图像采集模块、转向舵机模块、驱动电机模块和速度检测模块。

系统整体架构如图 9-10 所示。

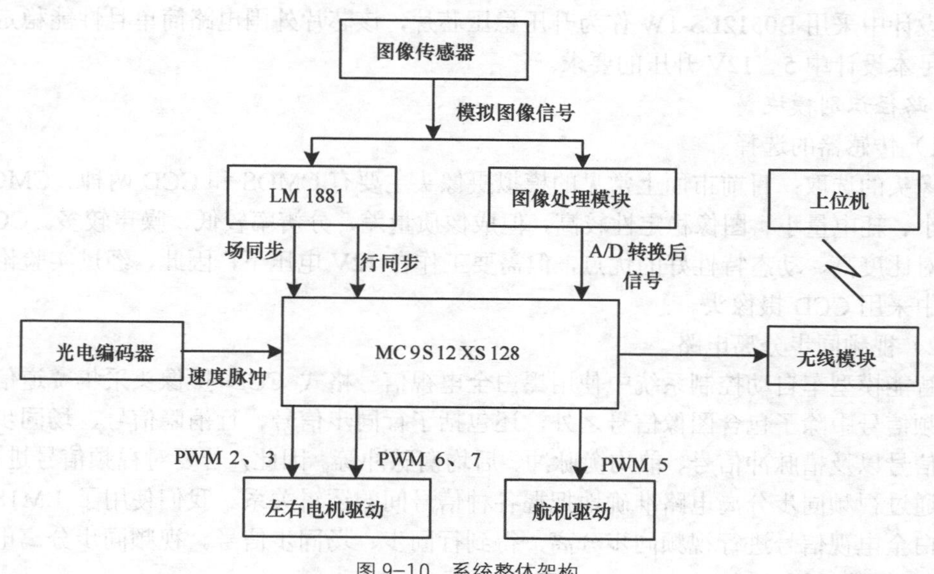

图 9-10　系统整体架构

9.4.2 硬件设计

硬件电路主要包括电源模块、路径识别模块、高速 AD 模块、电机驱动模块、舵机转向模块、速度检测模块。以下将分别介绍各个模块。

1. 单片机最小系统板

为了减小智能车系统中各个分系统之间的干扰，在设计整个电路的时候都采用了模块化的设计。单片机最小系统部分使用 MC9S12XS128 单片机，112 引脚封装。为减少电路板空间，板上仅将本系统所用到引脚引出，包括 PWM 接口、定时器接口、外部中断接口、若干预留普通 I/O 接口。其他部分还包括电源滤波电路、时钟振荡电路、复位电路、BDM 接口。

2. 电源管理模块

全部硬件电路的电源用 7.2V 2000mA/h Ni-cd 蓄电池提供。由于电路中的不同电路模块所需要的工作电压和电流容量各不相同，因此电源模块应该包含多个稳压电路，将充电电池电压转换成各个模块所需要的电压。

（1）降压稳压电路的设计

我们采用的降压稳压芯片是 LM2940、LM2596-5.0、lM2596-ADJ。LM2940 是一种 1.25A 高电流低压差的线性稳压器件，其输出电压波动范围小，精度高。本设计中主要为单片机、TLC5510 等对电源要求较高的额定电压为 5V 的器件提供电源。LM2596-5.0 为 150kHz、3A 开关型降压稳压器，为除单片机、TLC5510 之外的额定电压为 5V 的器件提供电源。lM2596-ADJ 为 150kHz、3A 可调开关型降压稳压器，专门为舵机提供 6V 工作电压。经实验证明，LM2940、LM2596-5.0、lM2596-ADJ 均能够满足本智能车系统中的各项要求。其电路如图 9-11 所示。

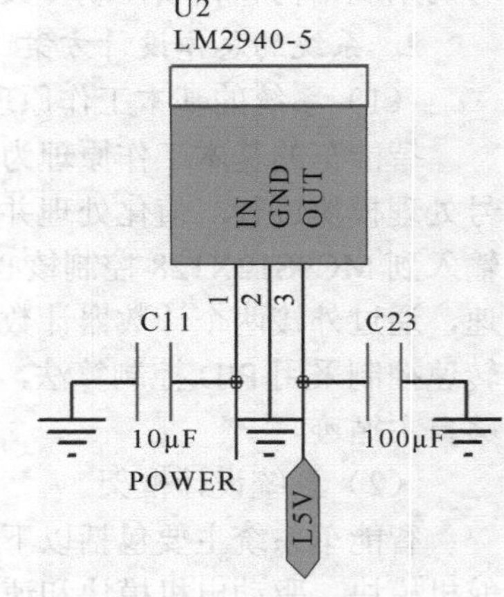

图 9-11 降压稳压电路

（2）升压稳压电路

本设计中采用 B0512LS-1W 作为升压稳压芯片，该芯片外围电路简单且性能稳定，完全能够满足本设计中 5～12V 升压的要求。

3. 路径识别模块

（1）传感器的选择

摄像头的选取：目前市面上常见的模拟摄像头主要有 CMOS 和 CCD 两种。CMOS 摄像头体积小、耗电量小、图像稳定性较高，但成像质量差，分辨率较低，噪声较多。CCD 摄像头具有对比度高、动态特性好的优点，但需要工作在 12V 电压下，因此，经过实验论证之后本系统中采用 CCD 摄像头。

（2）视频同步分离电路

该智能模型车自动控制系统中使用黑白全电视信号格式 CCD 摄像头采集赛道信息。摄像头视频信号中除了包含图像信号之外，还包括了行同步信号、行消隐信号、场同步信号、场消隐信号以及槽脉冲信号、前均衡脉冲、后均衡脉冲等。因此，若要对视频信号进行采集，就必须通过视频同步分离电路准确地把握各种信号间的逻辑关系。我们使用了 LM1881N 芯片对黑白全电视信号进行视频同步分离，得到行同步、场同步信号。视频同步分离电路原理如图 9-12 所示。

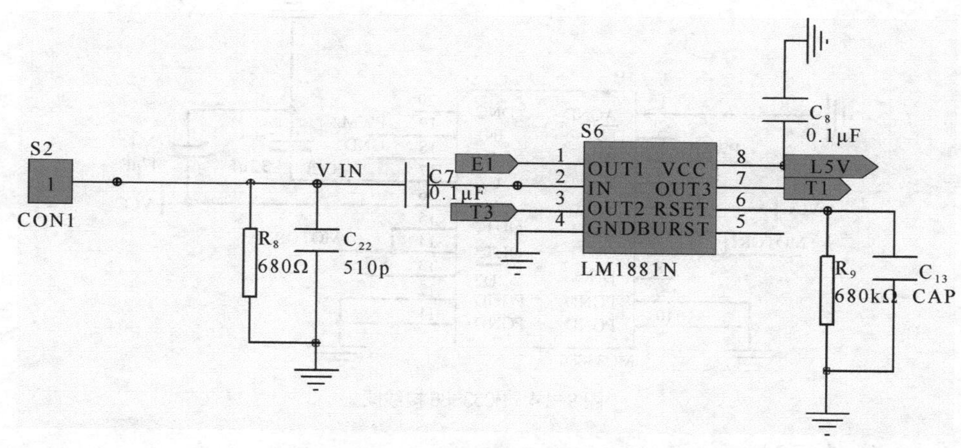

图 9-12 视频同步分离电路原理图

（3）图像处理电路

由于摄像头输出的黑白全电视信号为 PAL 制式模拟信号，所以必须经过相应的图像处理模块进行相应转换之后才能由单片机进行处理。首先，我们对 PAL 信号进行硬件二值化处理，结果并不理想。因此我们放弃了硬件二值化方案而采用 8 位高速 A/D 转换器 TLC5510 进行 AD 转换，通过算法进行软件二值化。TLC5510 外围电路设计如图 9-13 所示。

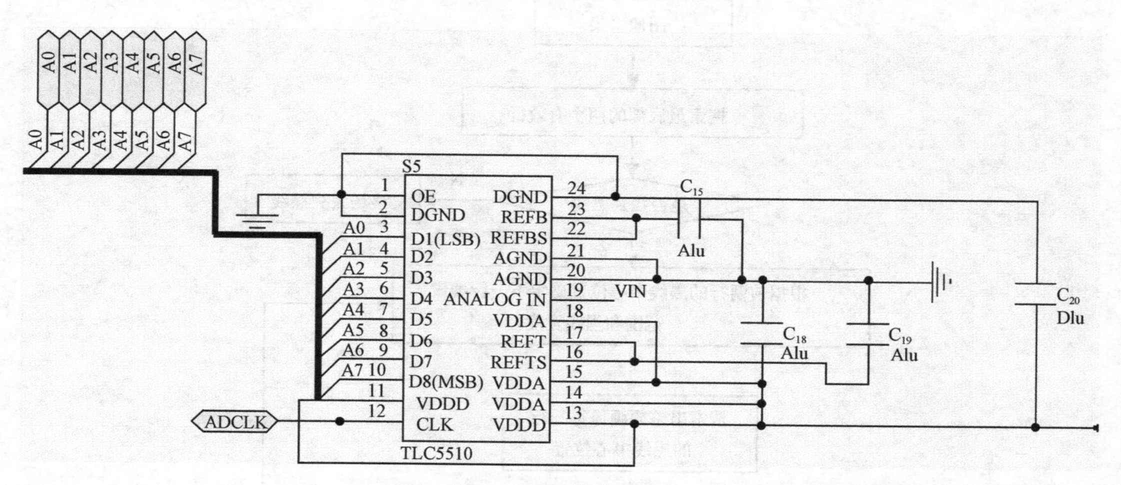

图 9-13 TLC5510 的外围电路设计

4. 电机驱动模块（舵机转向模块）

电机驱动模块和舵机转向模块硬件电路一致，区别在于软件控制的不同。本设计中我们采用组委会提供的 33886 电机驱动芯片，MC33886 接线图如图 9-14 所示。

5. 车速检测模块

要使车能够快速稳定地运行，并且能很好地实现加速和减速，速度控制是很重要的，本方案采用光电编码器作为系统的速度传感器。

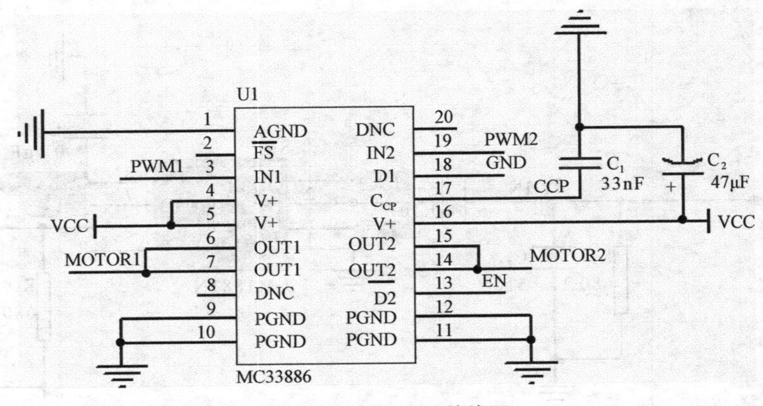

图 9-14　MC33886 接线图

9.4.3　软件设计

控制系统的总框图如图 9-15 所示。

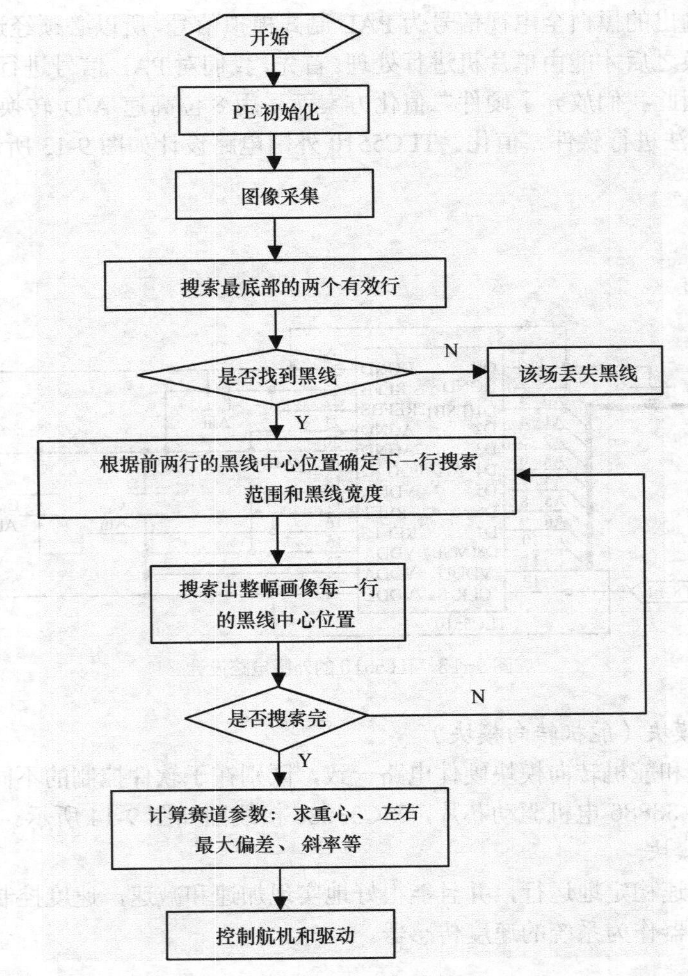

图 9-15　控制系统的框图

1. 系统初始化程序

对于 MC9S12XS128 单片机来说，初始化的部分主要有以下几部分：PLL 初始化，PWM 模块初始化，ECT 模块初始化，PIT 模块初始化，A/D 初始化。下面分别介绍各个模块的初始化程序。

（1）PLL 初始化

S12 的总线时钟是整个 MCU 系统的定时基准和工作同步脉冲，其频率固定为晶体频率的 1/2。对于 S12，可以利用时钟合成寄存器 SYNR、时钟分频寄存器 REFDV 来改变晶振频率 fOSCCLK，可以选用 8MHz 或 16MHz 外部晶体振荡器作外时钟。设计中将 SYNR 设为 4，REFDV 设为 1，因此，总线时钟为 40MHz，CPU 工作频率为 80MHz。

```
void PLL_init(void)        //设定总线时钟 40MHz
{
    DisableInterrupts;
    CLKSEL=0X00;
    PLLCTL_PLLON=1;
    SYNR=4;
    REFDV=1;
    while(!(CRGFLG_LOCK==1));
    CLKSEL_PLLSEL=1;
}
```

（2）PWM 初始化

通过寄存器 PWME 来控制 PWM0~PWM7 的启动或关闭。为了提高精度，将 PWM0 和 PWM1 构成 16 位的 PWM 通道。级联时，2 个通道的常数寄存器和计数器均连接成 16 位的寄存器，3 个 16 位通道的输出分别使用通道 7、3、1 的输出引脚，时钟源分别由通道 7、3、1 的时钟选择控制位决定。级联时，通道 7、3、1 的引脚变成 PWM 输出引脚，通道 6、2、0 的时钟选择没有意义。通过寄存器 PWMPRCLK、PWMSCLA、PWMSCLB、PWMCLK 对各通道的时钟源进行设置。

PWM 模块的初始化设置过程如下：

```
void PWM_Init(void)
{
  PWME = 0x00;
  PWMCTL = 0x50;
  PWMCLK = 0x00;      //时钟选择寄存器
  PWMCLK_PCLK1 =1;    //1 选 SA 时钟
  PWMCLK_PCLK2 =1;    //2 选 SB 时钟
  PWMCLK_PCLK3 =1;    //3 选 SB
  PWMCLK_PCLK5 =0;    //5 选 A 时钟
  PWMCLK_PCLK6 =1;    //6 选 SB 时钟
  PWMCLK_PCLK7 =1;    //7 选 SB 时钟
  PWMPRCLK = 0x10;    //预分频寄存器 B2 分频
  PWMSCLA = 12;
  PWMSCLB = 15;
  PWMPOL_PPOL1 = 1; //极性选择寄存器
  PWMPOL_PPOL3 = 1;
  PWMPOL_PPOL5 = 1;
  PWMPOL_PPOL7 = 1;
  PWMCAE = 0x00;
  PWMPER01 = 20000; //舵机需要 50Hz 周期 20ms 的基波
  PWMPER2 = 200;      //右电机 2kHz
  PWMPER3 = 200;
  PWMPER45 =2 ;       //作为 A/D 转化的时钟 12M
```

```
    PWMPER6 = 200;      //左电机 2kHz
    PWMPER7= 200;
    PWMDTY01 = 1200;    //舵机初始化方向为正方向 1.5ms 的高电平
    PWMDTY2 = 0;
    PWMDTY3 = 100;
    PWMDTY45 = 1;       //A/D 转换输出方波
    PWMDTY6 = 100;      //与 23 共同控制左右电机占空比都为 50%
    PWMDTY7 = 100;
    PWME = 0xff;        //打开 PWM 各通道输出
}
```

（3）ECT 模块初始化

S12 的 ECT 具有 8 个输入（IC）/输出（OC）比较通道，可以通过设置 TIOS 寄存器选择输入或输出比较功能。ECT 既可以作为一个时基定时产生中断，也可以用来产生控制信号。

```
void ECT_Init(void)
{
    PACTL=0X50;         //PT7 PIN, 16BIT,NOT INTERRUPT
    TCTL3=0x52;         //通道 6、7 仅捕捉上升沿用于测速
    TCTL4=0x10;
    TIE  =0x54;
    TIOS =0x00;         //每一位对应通道的：0 输入捕捉，1 输出比较
    TSCR1=0x80;
}
```

（4）PIT 模块初始化

```
void PIT_init (void)        //周期中断初始化函数，周期 20ms 中断设置
{
    PITCFLMT_PITE=0;        //定时中断通道 1 关
    PITCE_PCE0=1; //定时器通道使能选择：通道 0、1、2、3PITMUX_PMUX0 = 0;
    PITMTLD0=20-1;
    PITLD0=40000   1;
    PITINTE_PINTE0=1;
    PITCFLMT_PITE=1;
}
```

（5）A/D 初始化

高速 A/D 模块工作时，CPU 向该模块发出启动命令，然后进行采样，A/D 转换，最后将结果保存到相应的寄存器。高速 A/D 模块由 A/D 转换芯片及相应的外围电路组成。

```
void AD15_Init(void)
{
    ATD0CTL0 = 0x00;
    ATD0CTL1 = 0x00;            //8 位转换
    ATD0CTL2 = 0x40;
    ATD0CTL3 = 0x88;
    ATD0CTL4 = 0x19;
    ATD0CTL5 = 0x0f;            //第 15 通道转换
    ATD0DIEN = 0x00;
}
```

A/D 模块是视频信息采集的基础，也是整个系统识别道路的基础。A/D 初始化不是在主程序中完成的，而是在每次采集视频信息之前完成的。所以，A/D 的初始化不同前面的初始化部分，它需要在每个控制周期都初始化一次。

2. 驱动电机的 PID 控制算法

本设计中，通过光电编码器获取的当前速度值来调整电机的 PWM 占空比，可以实现速度的闭环控制。这样做改变了通过直接设置 PWM 占空比调整电机转速的开环控制方法，通过对速度的闭环控制，去掉电源电压和车身重量对车速的影响，采取了最可靠的方法，保证

赛车各段速度较为稳定。电机控制主要要求提高电机的响应速度和调速准确性，故选用 PID 参数时选取较大的 P 参数，而积分参数 I 对车速控制有惯性，影响反应速度，而积分参数 I 过大会使速度波动增加，影响车辆的稳定运行，所以选择了非常小的积分参数。因此，对速度的控制采用增量式 PID 算法，PID 算法原理图如图 9-16 所示。在速度控制中采取的基本策略是弯道降速、直道加速。

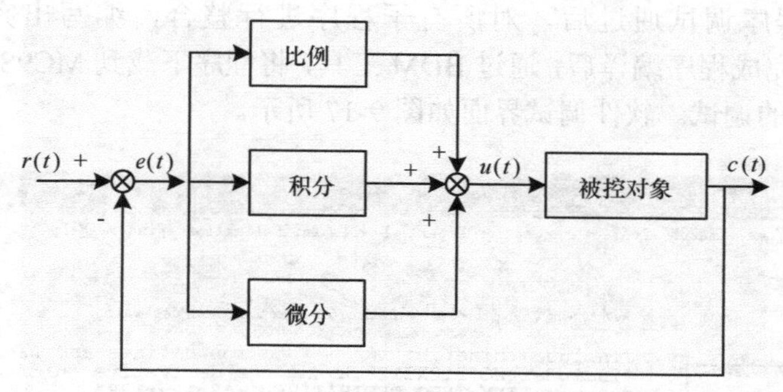

图 9-16　PID 控制算法原理图

3. 舵机的 PID 控制算法

设计中舵机的控制采用了增量式 PID 算法，根据测试，将图像经过算法处理后得到的黑线位置和对应的舵机 PID 参照角度处理成一次线性关系。

经过反复测试，选择的 PID 调节策略是：将积分项系数置零，此时相比稳定性和精确性，舵机在这种动态随动系统中对动态响应性能要求更高。更重要的是，在 K_i 置零的情况下，通过合理调节 K_p 参数，发现车能在直线高速行驶时仍能保持车身非常稳定，没有震荡，基本没有必要使用 K_i 参数；微分项系数 K_d 则使用定值，原因是舵机在一般赛道中都需要好的动态响应能力；通过选择测试一些 PID 参数，从而得到较为理想的转向控制效果。

9.4.4　系统调试

系统调试是实验室工程设计中一个很重要的环节，在完成系统和软件设计后要进行系统的调试，以检查系统的完整性和有效性。系统调试分为软件调试和硬件调试两部分。

1. 硬件调试

首先是对硬件电路的电源部分、传感器部分以及驱动部分进行调试，电源部分的调试主要看其输出电压是否满足要求，摄像头的调试主要包括图像清晰度调节以及安装位置的调整。接着就是调试舵机的中心值、左右最大极限以及转动方向是否正确，再接着就是检验电机的驱动，以及编码器的工作是否正常，所采用的调试方法是给一个恒定 PWM 占空比，观察电机是否会转，如果转起来了再观察所捕捉到的脉冲数是否稳定，若波动很小则说明其工作情况正常。

最后对整体进行调试。各部分子电路调试结束后，对小车进行整体调试，先令小车以某一较低的速度行驶，通过弯道时保证有合适的舵机转角。在舵机转角调试过程中得到经验值的基础上进行修改。利用软件对参数进行修改，提高小车直流电机的转速和修改舵机转角。如此反复进行，直到得到较为合适的经验值。先让小车行驶稳定，在此基础上逐步提高小车的速度。

2. 软件调试

在软件设计中，根据之前的各模块的规划进行初始化设置，在编写程序前，要先对各个模块分别进行调试，并编写各部分的子程序。调试 PWM 时观察示波器产生的波形是否正常。也可通过示波器观测编码器产生的波形是否正常，有无丢失脉冲的现象也可由示波器观测到。然后就是观察采到的数据是否正常，黑线是否稳定。原始图像稳定是一切算法的前提，所以必须保持图像的稳定，然后再看阀值是否合适以及黑线是否提取准确，通过 BDM 在线观察所求出来的各量是否合适。

在每一部分程序调试通过后，对所有子程序进行整合，编写出完整的主程序，在 CodeWarrior 界面完成程序编译后，通过 BDM 工具，将程序下载到 MC9S12XS128 微处理器中，然后进行小车的调试。软件调试界面如图 9-17 所示。

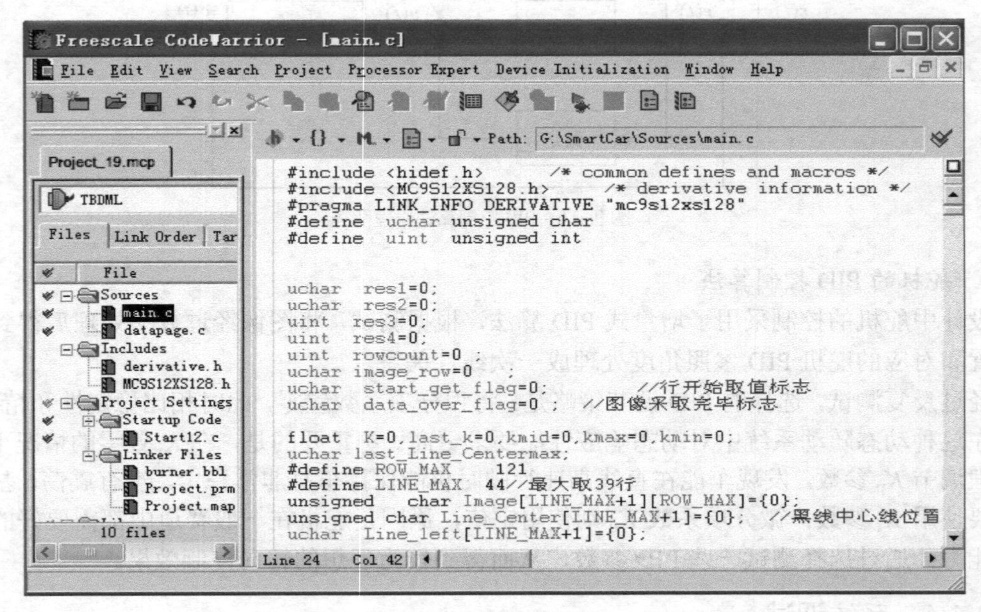

图 9-17　软件调试界面

3. 调试结果

经过硬件和软件的调试，该智能小车能够实现结合路况调整参数，可以做到直线加速，弯道减速。能够在最短的时间内完成设定好的路程。最终该智能小车具备了综合控制、智能变速和自主循迹的功能。

9.5 基于 DSP2812 的离网型智能光伏逆变器

9.5.1 工程概述

本设计研制的基于 DSP2812 的离网型智能光伏逆变器广泛用于离网型光伏发电系统、风光互补发电系统。它采用 Boost 升压电路，将直流输入电压 48V 升压，再通过 IPM 模块实现全桥逆变，输出 220V/50Hz 的交流电。采用 TI 公司的高速 DSP TMS320F2812 作为主控芯片，实现数字控制。通过 CAN 现场总线或 RS485 与上位机进行网络通信，实现真正的智能化。

9.5.2　系统总体方案设计

① 采用 DSP 2812 作为主控芯片，输出电压精度高、输出既可以是交流正弦波也可以是方波，且具有 3 种工作模式，即正常工作模式，管理员模式，睡眠模式。这些功能可以满足各种用电设备的要求。

② 采用 Boost 电路升压+全桥逆变的方式。由于没有变压器的存在，大大降低了逆变器的体积和重量，外形美观、体积小。

③ 通过 CAN 现场总线和/或 RS485 与上位机网络通信，实现智能监控。

系统的总体设计框图如图 9-18 所示。

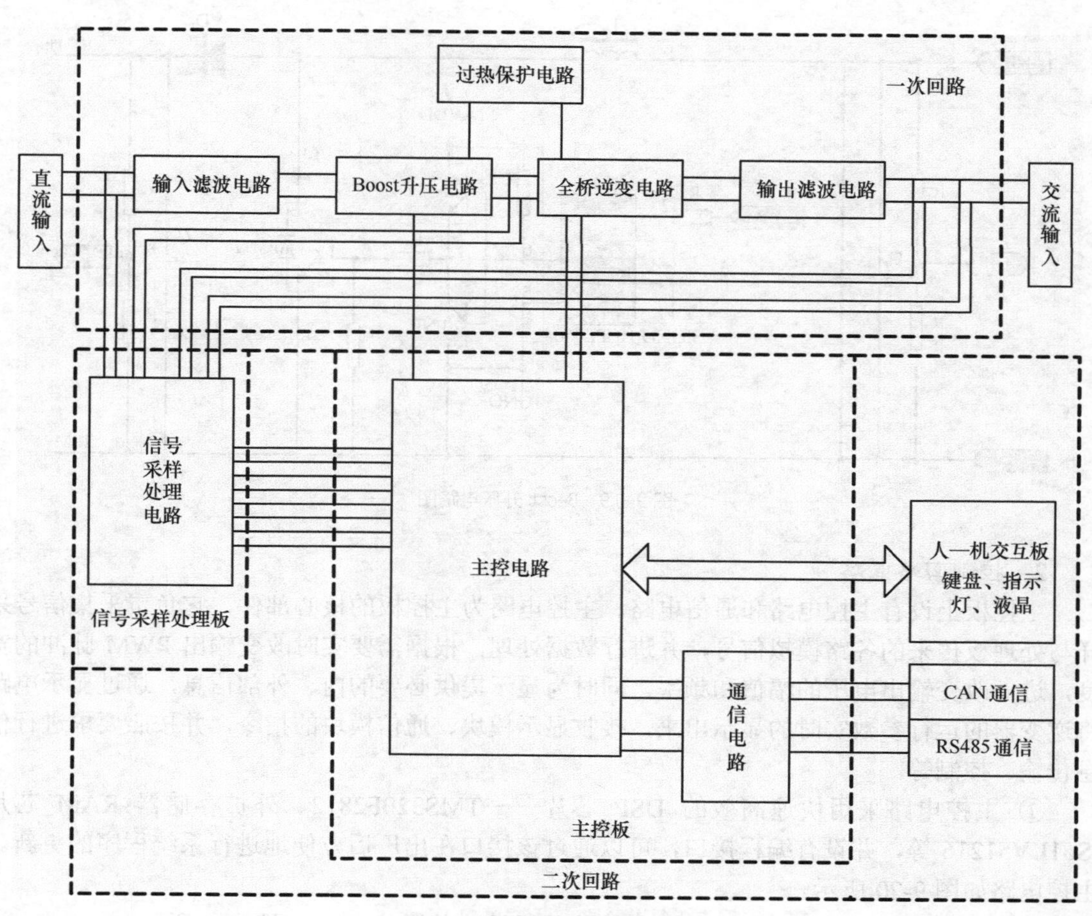

图 9-18　逆变器原理框图

9.5.3　硬件设计

本逆变器主要由一次回路（又称主回路）和二次回路（控制回路）组成。一次回路包括 Boost 升压电路和全桥逆变电路，以及输入滤波电路、输出滤波电路。二次回路包括 3 块功能板：主控板、信号采样处理板和人—机交互板。

1. 主回路电路

主电路起着传输电能的作用，它采用续流电感、IGBT、快恢复二极管等构成 Boost 电路，将较低的直流电压升至幅值较高的稳定电压；采用功率模块 IPM 实现全桥逆变。

Boost 电路和全桥逆变电路上还设有过热保护电路，过热保护采用热敏电阻检测逆变器功率器件的温度，当温度超过一定值后，风扇将开启转动。

本产品采用 Boost 电路升压的方式，无须变压器，因而可大大降低逆变器的体积和重量；采用智能功率模块 IPM 进行直流/交流的逆变，IPM 模块具有卓越的自保护功能，集电力半导体器件、驱动电路、保护、检测电路于一身，具有功率齐全、体积小、使用可靠等优点。Boost 升压电路如图 9-19 所示。

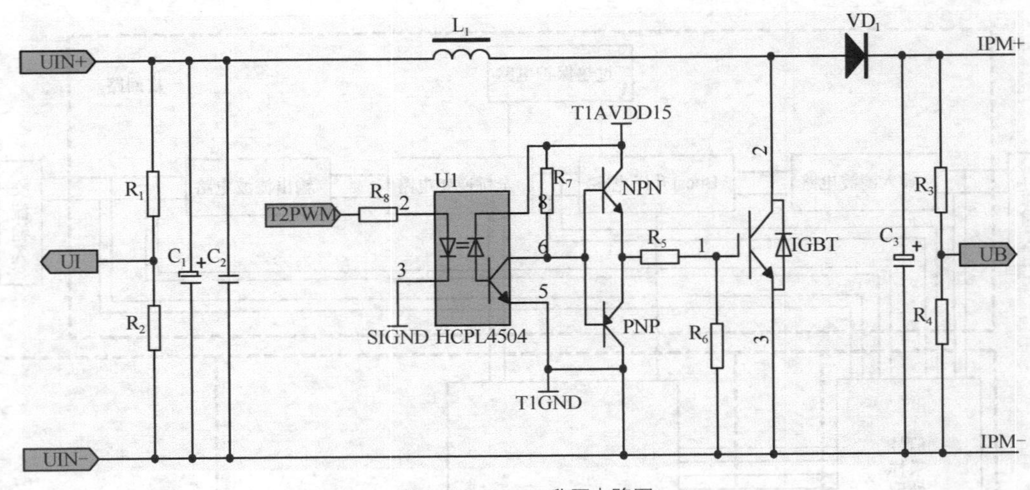

图 9-19　Boost 升压电路图

2. 控制回路电路

主控板上设有主控电路和通信电路。主控电路为主控板的核心部件，它负责采集信号采样与处理板传来的各路模拟信号，并进行数据处理，根据需要实时改变输出 PWM 脉冲的宽度，进而改变输出电压的幅值和频率，同时为显示提供必要的内、外部信息，通过显示电路将逆变器的运行参数实时的显示出来，接收显示模块、通信模块的指令，并按照要求进行信息传输、控制等。

① 主控电路采用快速高效的 DSP 芯片——TMS320F2812、外扩存储器 RAM 芯片 IS61LV51216 等，并设有编程接口，可以通过该接口在出厂后方便地进行系统程序的更新。主控电路如图 9-20 所示。

② 通信总线采用 CAN 总线和 485 总线的设计，其通信电路如图 9-21 所示。

③ 信号采样与处理板上设有信号采样处理电路，包括电压采样处理电路和电流采样处理电路，主要对逆变器的输入电压、Boost 电路输出电压、交流输出电压以及交流输出电流进行采样。信号采样电路如图 9-22 所示。

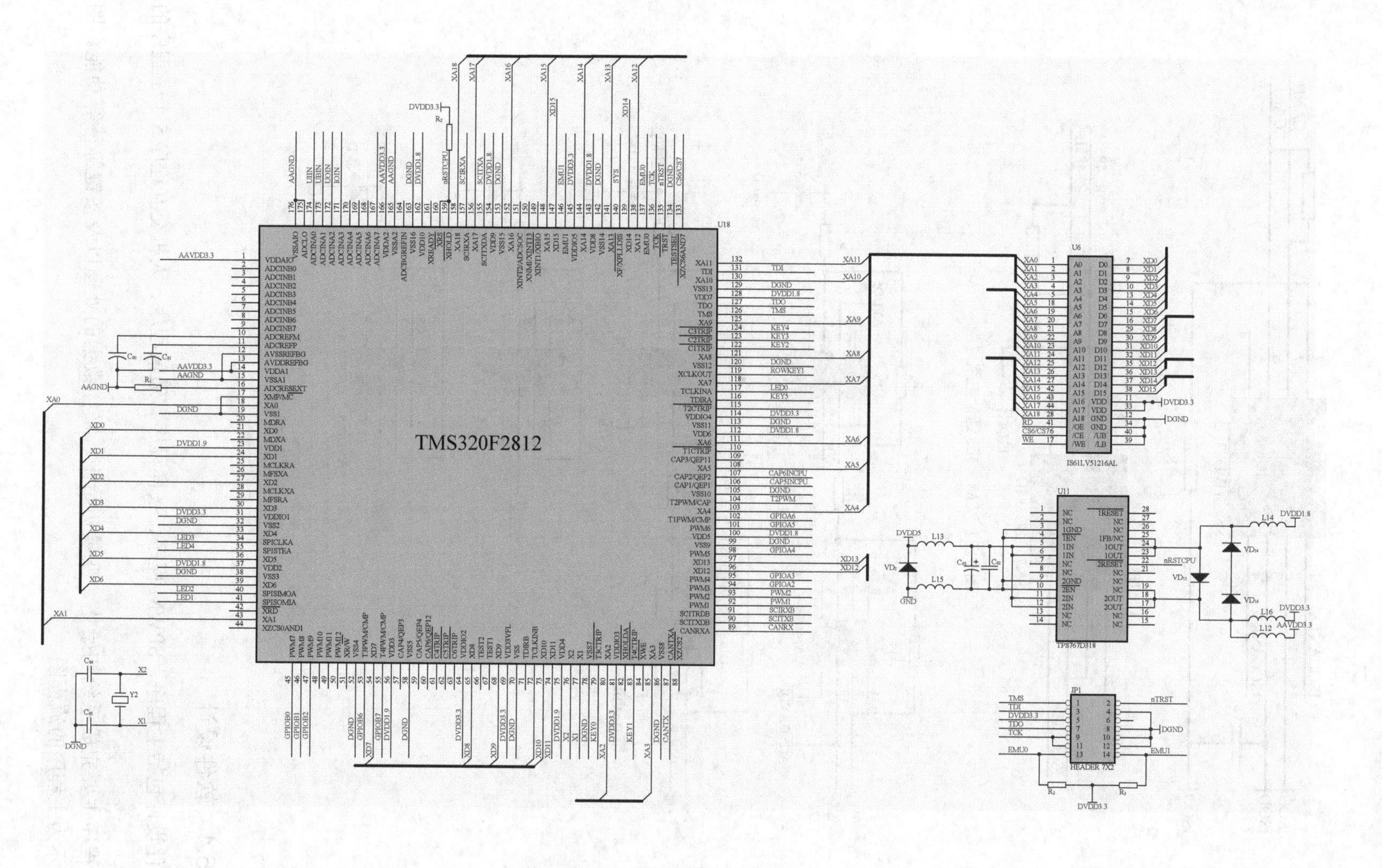

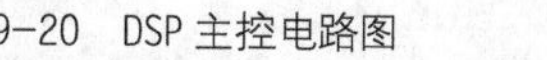
图 9-20 DSP 主控电路图

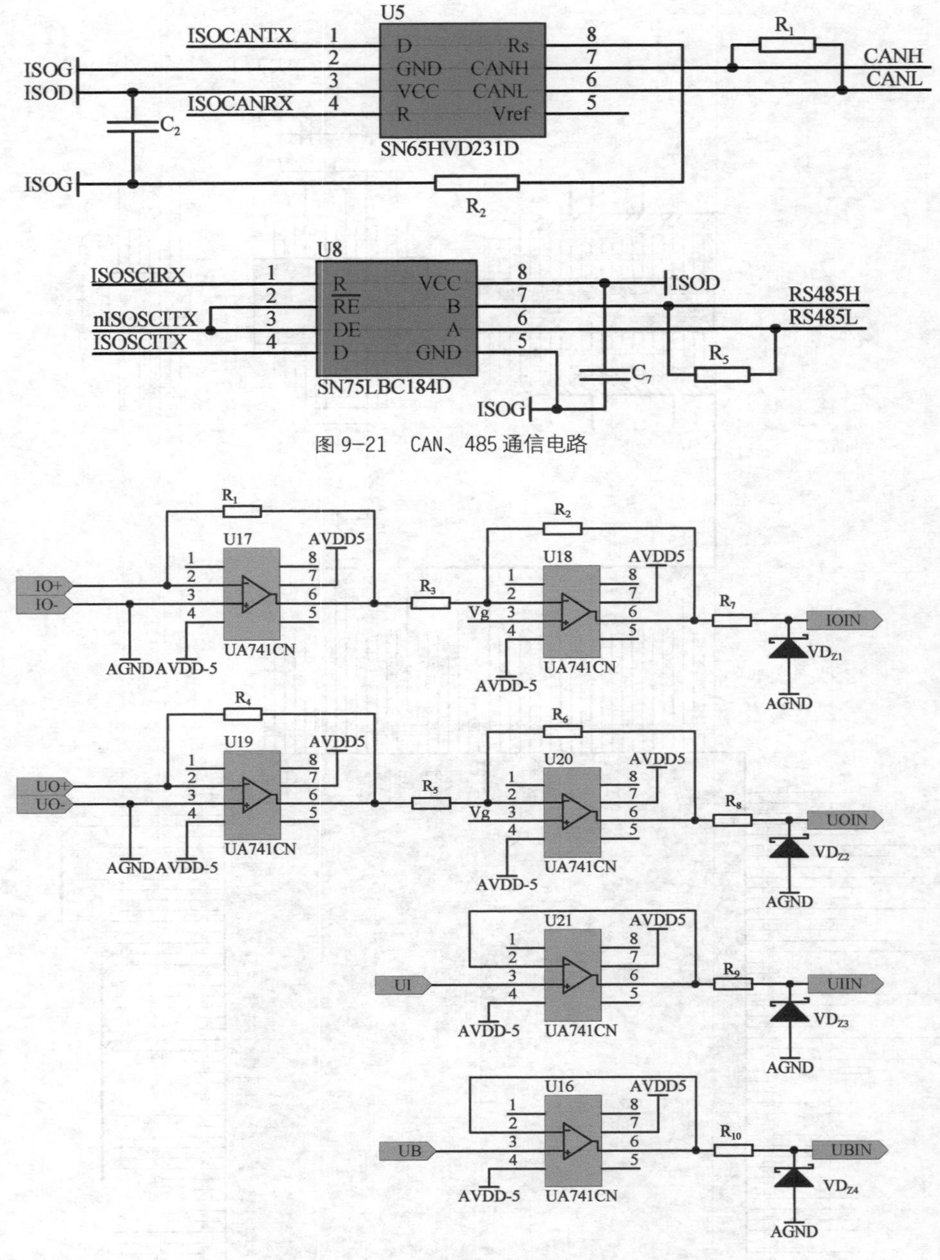

图 9-21　CAN、485 通信电路

图 9-22　信号采样原理图

9.5.4　软件设计

软件设计包括主程序、SPWM 程序、采样程序、通信程序、人机交互程序 5 个子程序的设计。

主程序主要完成系统初始化、变量初始化、采样数据的处理以及按键等待等功能。图 9-23 所示为主程序的流程图。

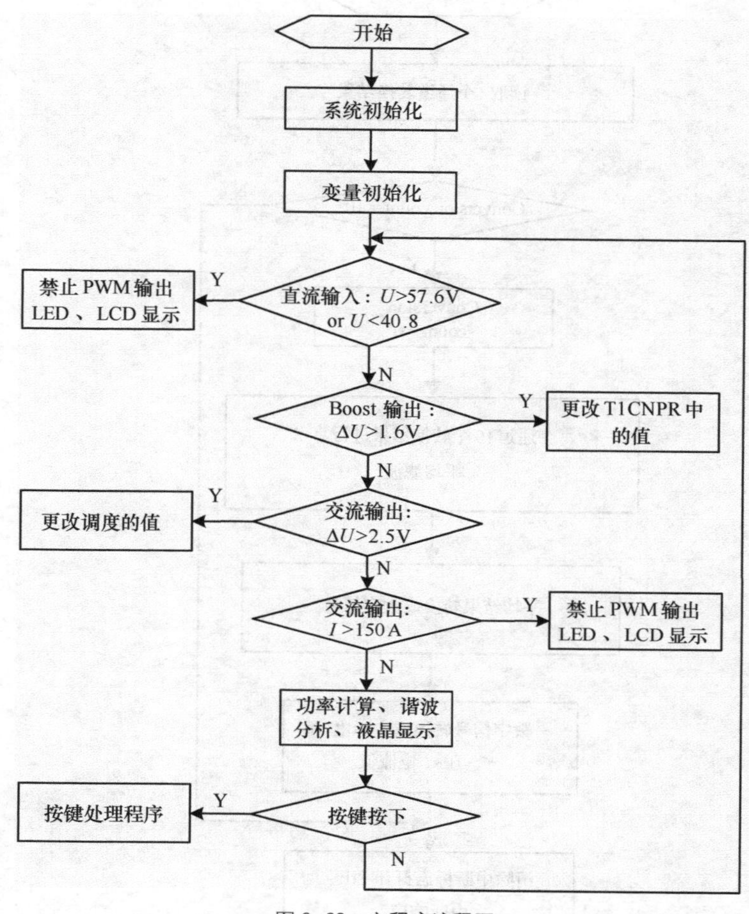

图 9-23　主程序流程图

SPWM 程序主要包括：对 EV 初始化、相关变量初始化、正弦表的产生和 CMPR1 的重载。该程序利用事件管理器的一个完全比较单元输出一对互补的 PWM 脉冲，时钟由通用定时器 1 提供，计数器的工作方式设置为连续增减方式。功率开关器件有一定的关断延迟，当同一桥臂的上管关断时，下管不能马上开通，否则将会由于短路而击穿。因此，需要使用全比较单元中的死区控制器，在同一桥臂的开通与关断间插入一个死区时间，从而防止短路现象发生，保护功率器件。

采样程序也就是 A/D 转换中断服务程序，用来检测三路电压信号和一路电流信号。A/D 转换的触发源可设置为软件触发或 EV 中的事件源触发，当 A/D 单元接收到触发信号时，自动开始模数转换，且将转换结果自动存入结果寄存器 ADCRESULT 中，当转换结束信号到来时，进入 ADCINT 中断服务程序进行相应处理。在中断服务程序中首先读取转换结果，利用算术平均值滤波算法对转换结果进行数字滤波，按一定关系转换成相应的实际电压和电流，计算电流和电压的有效值，把这些有效值传递到主程序中进行判断和谐波分析并将其通过液晶显示出来，程序流程图如图 9-24 所示。

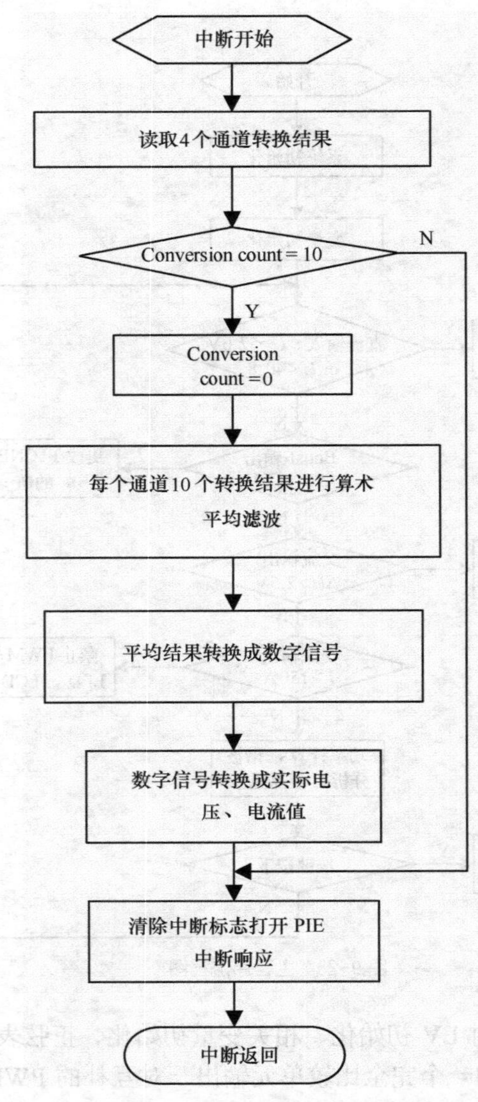

图 9-24　A/D 转换中断服务程序流程图

通信程序包括SCI通信程序和CAN通信程序。SCI通信的主要任务是将光伏逆变器运行状态值以及历史故障数据传递给工业现场的PC。CAN通信程序分为两部分：消息发送程序和消息接收程序。可以上传电压值、电流值、频率值、逆变器工作状态，也可以在上位机上设定参数值，实现遥测、遥信、遥调、遥控功能。

人—机交互程序按键部分主要是对光伏逆变器工作模式、输入过压及欠压值、输出频率值、输出电压值等参数进行设定，并实时显示输入电压值、输出电压值、输出电流值和输出正弦波的频率。

9.5.5　系统调试

1. 搭建样机

为了验证硬件电路和软件程序的正确性和可行性，搭建了一套原理样机的实验系统。样机实物共分为以下 4 部分：集输入电路、升压电路、采样电路、驱动电路为一体的电路板；IPM 自成一体的功率板；BOOST 电感以及输出交流滤波电路；控制电路及人工交互板。

样机的测试环境如图 9-25 所示。

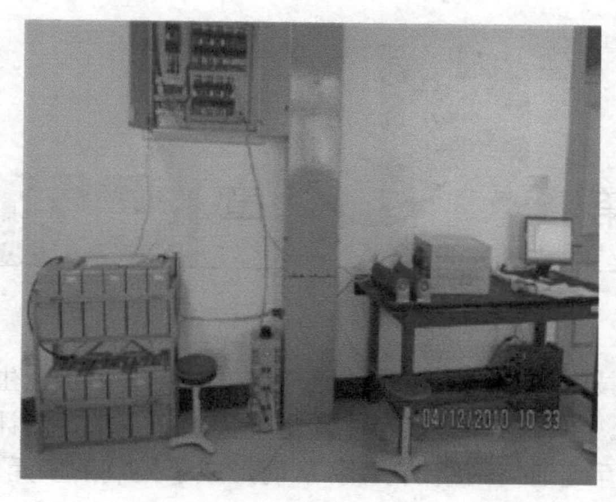

图 9-25　样机试验环境图

2. 样机调试结果

样机调试运行结果如图 9-26 和图 9-27 所示。

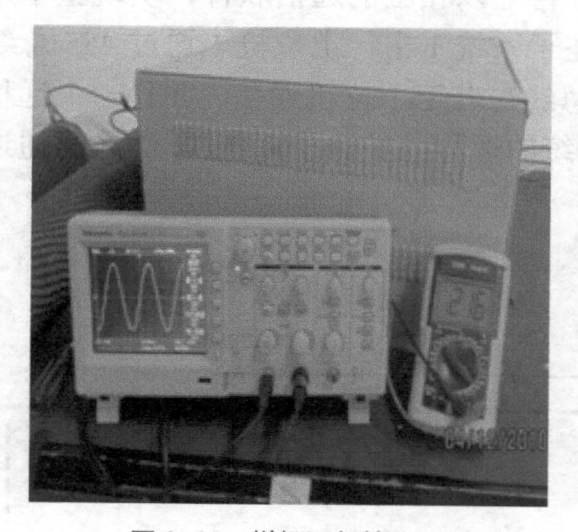

图 9-26　样机运行结果

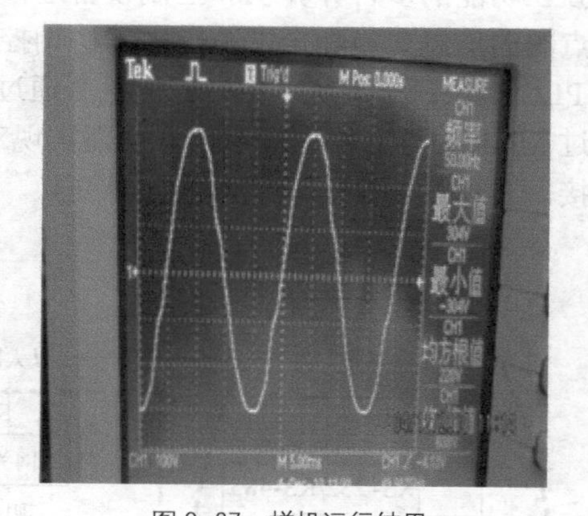

图 9-27　样机运行结果

样机的运行结果显示，该系统的硬件电路和软件程序正确、可靠，满足系统设计的要求。

习题 9

1. 计算机控制系统设计的原则有哪些？
2. 简述计算机控制系统的设计步骤。
3. 简述计算机控制系统硬件的设计步骤。
4. 计算机软件系统的设计包括哪些内容？

第10章 计算机控制网络技术

计算机技术、通信技术和微电子技术的迅速发展，促进了工业生产规模的扩大以及综合监控与管理要求的提高。单机自动化已不能满足现代生产需求，而计算机网络的发展推进了自动化领域的开放系统互连通信网络的应用，从而形成了控制的多元化和系统结构的分散化。集散控制系统和现场总线控制系统正是当今自动化领域重要的新型计算机控制系统，它们构成了工业过程控制典型实现模式。

图10-1所示为用于工业控制的网络系统的示意图，该系统利用通信线路和通信设备，把具有独立功能的多台计算机和控制设备连接起来，再配以相应的通信软件，实现整个系统内各节点间的信息交换和全网范围内的协调控制。在子系统1中，上位机1通过485总线监控若干PLC模块；子系统2中，上位机2通过现场总线与若干下位机通信，并且一个远程计算机通过Modem与上位机2通信，从而实现对子系统的远程监控。子系统1、2之间通过以太网连接，实现了两个子系统间的信息交换。

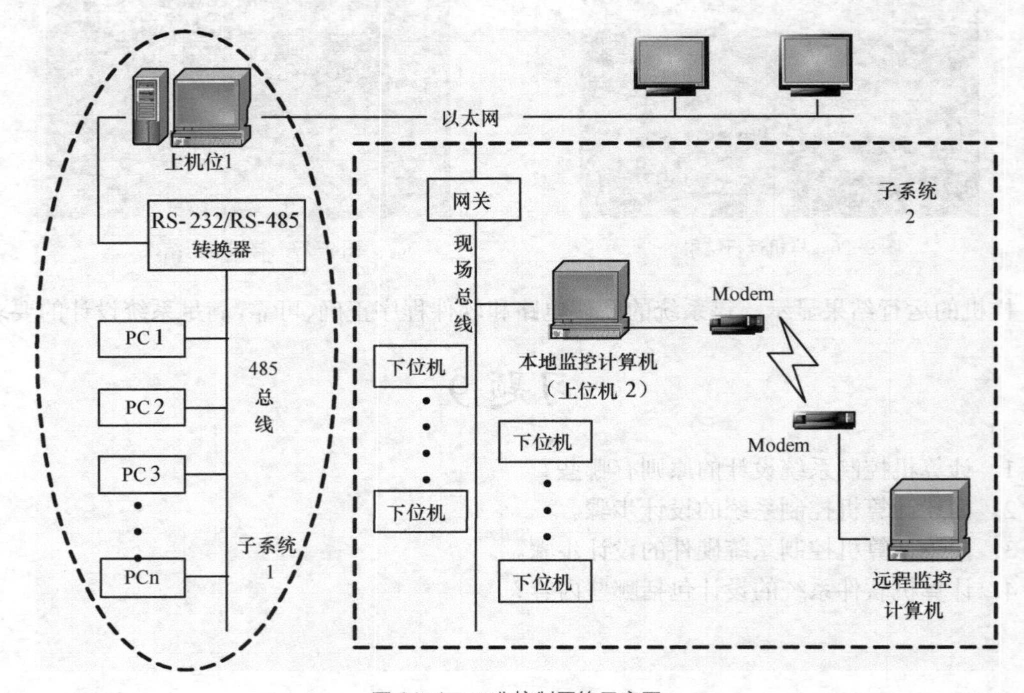

图10-1　工业控制网络示意图

随着信息采集与智能计算技术的迅速发展和互联网与移动通信网的广泛应用，大规模发展物联网及相关产业的时机日臻成熟，欧美等发达国家将物联网作为未来发展的重要领域。物联网技术和产业的发展将引发新一轮信息技术革命和产业革命，是信息产业领域未来竞争的制高点和产业升级的核心驱动力。物联网概念是庞大和丰富的，其中涵盖了大量现有的专业门类和技术体系，可以说随着物联网技术的发展，必将与计算机控制技术结合，在控制领域掀起一场新的革命，实现物联网无线远程控制，以取代停滞不前的现场总线控制系统。物联网可以应用于工业、农业、服务业、环保、军事、交通、家居等几乎所有的领域。本章将对物联网有关知识作一简单介绍，并举例说明物联网技术和控制技术结合有较好的应用效果。

10.1 工业控制网络概述

工业计算机网络是在通用计算机网络基础上发展起来的，用于完成与工业自动化相关的各种生产任务的计算机网络系统，其目的是实现资源共享、分散处理和工业控制与管理的一体化。工业网络在体系结构上可分为信息网和控制网两个层次，信息网位于上层，是企业决策级数据共享和协同操作的载体；控制网位于下层，与信息网紧密地集成在一起，服从信息网的操作，同时，又具有独立性和完整性。因此，工业计算机网络可理解为是利用传输媒体把分布在不同地点的多个独立的计算机系统、自动控制装置、现场设备等按照不同的拓扑结构，应用各种数据通信方式连接起来的一种网络。计算机数据通信技术则是计算机网络的支撑技术之一。

10.1.1 网络拓扑结构

网络拓扑结构是从网络拓扑的观点来讨论和设计网络的特性，也就是讨论网络中的通信节点和通信信道连接构成的各种几何构形，用以反映出网络各组成部分之间的结构关系，从而反映整个网络的结构外貌。网络中互连的点称为节点或站，节点间的物理连接结构称为拓扑，采用拓扑学来研究节点和节点间连线(称链路)的几何排列。局域网络常见的拓扑结构有星型、环型、总线型和树型。

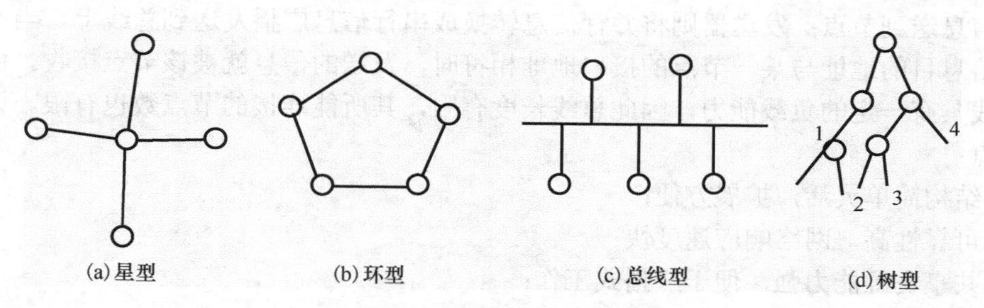

图 10-2 常见网络拓扑结构图

1. 星型结构

如图 10-2（a）所示，星型拓扑结构是一种以中央节点为中心，把若干个外围节点连接起来的辐射式互连结构。星型的中心是通信交换节点，它接收各分散节点的信息再转发给相应节点，具有中继交换和数据处理功能。外围节点则是各个远程站，每个节点都是通过点对点线路与中央节点相连接，呈星形状态，因而得名。

具体工作过程为：当某一节点想要传输数据时，它首先向中心节点发送一个请求，以便同另一个目的节点建立连接。一旦两个节点建立了连接，则在这两点间就像是一条专用线路连接起来一样，进行数据传输。该结构的主要特点如下：

① 网络结构简单，便于控制和管理，建网容易；

② 网络延迟时间短，传输错误率较低；

③ 网络可靠性较低，一旦中央节点出现故障将导致全网瘫痪；

④ 网络资源大部分在外围点上，相互节点必须经过中央节点才能转发信息；

⑤ 通信电路都是专用线路，利用率不高，故网络成本较高。

2. 环型结构

如图 10-2（b）所示，各节点通过环接口连于一条首尾相连的闭合环型通信线路中，环型网中，数据按事先规定好的方向从一个节点单向传送到另一节点。在这种结构中线路上的信息按点对点的方式传输，即由一个节点发出的信息只传到下一个节点，若该节点不是信息的接收站，就再把信息传到下一个节点，重复进行，直到信息到达目的节点为止。

环型结构具有如下特点：

① 信息流在网络中是沿固定的方向流动，故两个节点之间仅有唯一的通路，简化了路径选择控制；

② 环路中每个节点的收发信息均由环接口控制，控制软件较简单；

③ 环路中，当某节点故障时，可采用旁路环的方法，提高了可靠性；

④ 环型结构其节点数的增加将影响信息的传输效率，故扩展受到一定的限制。

环型网络结构较适合于信息处理和自动化系统中使用，是微机局部网络中常用的结构之一。特别是 IBM 公司推出令牌环网之后，环型网结构就被越来越多的人所采用。

3. 总线型结构

如图 10-2（c）所示，各节点经其接口，通过一条或几条通信线路与公共总线连接。其任何节点的信息都可以沿着总线传输，并且能被任一节点接收。由于信息传输方向是从发送节点向两端扩散，因此又称为广播式网络。

总线型网络的接口内具有发送器和接收器。接收器接收总线上的串行信息，并将其转换为并行信息送到节点；发送器则将并行信息转换成串行信息广播发送到总线上。当在总线上发送的信息目的地址与某一节点的接口地址相符时，发送的信息就被该节点接收。由于一条公共总线具有一定的负载能力，因此总线长度有限，其所能连接的节点数也有限。该结构有如下特点：

① 结构简单灵活，扩展方便；

② 可靠性高，网络响应速度快；

③ 共享资源能力强，便于广播式工作；

④ 设备少，价格低，安装和使用方便；

⑤ 由于所有节点共用一条总线，因此总线上传送的信息容易发生冲突和碰撞，故不易用在实时性要求高的场合。

总线型结构是目前使用最广泛的结构，也是一种最传统的主流网络结构，这种结构最适于信息管理系统、办公室自动化系统、教学系统等领域的应用。

4. 树型结构

如图 10-2（d）所示，树型结构是一种分层结构，适用于分级管理和控制系统。与星型结构相比，由于通信线路总长度较短，故它联网成本低，易于维护和扩展，但结构较星型结构复杂。

该结构的特点如下：

① 通信线路总长度较短，联网成本低，易于扩展，但结构较星型复杂；

② 网络中除叶节点外，任一节点或连线的故障均影响其所在支路网络的正常工作。

实际组建网时，其网络结构不一定仅限于其中的某一种，通常是几种结构的综合。

10.1.2 介质访问控制技术

网络的传输介质就是网络中连接收发双方的物理通路，也是通信中实际传送信息的载体。网络中常用的传输介质有电话线，同轴电缆，双绞线，光缆，无线与卫星通信。

在局部网络中，由于各节点通过公共传输通路传输信息，因此任何一个物理信道在某一时间段内只能为一个节点服务，即被某节点占用来传输信息，这就产生了如何合理使用信道、合理分配信道的问题，保证各节点能充分利用信道的空间时间传送信息，而不至于发生各信息间的互相冲突。传输访问控制方式的功能就是合理解决信道的分配。目前，常用的传输访问控制方式有3种：冲突检测的载波侦听多路访问（CSMA/CD）；令牌环（Token Ring）；令牌总线（Token Bus）。3种方式都得到IEEE 802委员会的认可，成为国际标准。

1. 冲突检测的载波侦听多路访问

CSMA/CD是由Xerox公司提出，又称随机访问技术或争用技术，主要用于总线型和树型网络结构。载波侦听多路访问是指多个节点共同使用同一条线路，任何节点发送信息前都必须先检查网络的线路是否有信息传输。该控制方法的工作原理是：当某一节点要发送信息时，首先要侦听网络中有无其他节点正发送信息，若没有则立即发送；否则，即网络中已有某节点发送信息（信道被占用），该节点必须等待一段时间，再侦听，直至信道空闲，开始发送。

CSMA/CD技术中，必须解决信道被占用时等待时间的确定和信息冲突两个问题。其中确定等待时间的方法有：①当某节点检测到信道被占用后，继续检测，发现空闲，立即发送；②当某点检测到信道被占用后就延迟一个随机时间，然后再检测。重复这一过程，直到信到空闲，开始发送。

由于传输线上不可避免的有时间的延迟，有可能多个站同时监听到线上空闲并开始发送，从而导致冲突。冲突的解决方法是，当节点开始发送信息时，该节点继续对网络检测一段时间，且把收到的信息和自己发送的信息进行比较，若相同，则发送正常进行；若不同，说明由其他节点发送信息，为了避免引起混乱，应立即停止，等待一个随机时间，再重复上述过程。

CSMA/CD方式原理较简单，且技术上较易实现。网络中各节点处于同等地位，无须集中控制，但不能提供优先级控制，所有节点都有平等竞争的能力，在网络负载不重的情况下，有较高的效率，但当网络负载增大时，发送信息的等待时间加长，效率显著降低。

由于CSMA的访问存在发报冲突问题，而产生冲突的原因是由于各站点发报是随机的。为了解决这种由于“随机”而产生的冲突问题，可采用有控制的发报方式。下面介绍一种有控制的发报方式——令牌发送技术。

2. 令牌环

令牌环全称是令牌通行环（token passing ring），仅适用于环型网络结构。在这种方式中，令牌是控制标志，网中只设一张令牌，只有获得令牌的节点才能发送信息，发送完毕，令牌又传给相邻的另一节点。

令牌有两个状态：一是“空”状态，表示令牌没有被占用，当其传至正待发送信息的节点时，该节点立即发送，并置令牌为“忙”状态；二是“忙”状态，表示令牌被占用，即令牌正在携带信息发送，当所发信息环绕一周，由发送节点将“忙”令牌置为“空”令牌。其工作过程大致如下：令牌依次沿每个节点传送，使每个节点都有平等发送信息的机会。当一个节点占令牌期间其他节点只能处于接收状态。当所发信息绕环一周，并由发送节点清除，“忙”令牌又被置为“空”状态，绕环传送令牌。当下一节点要发送信息时，则下一节点便得到这一令牌，并可发送信息。

令牌环的优点是，能提供可调整的访问控制方式，能提供优先权服务，有较强的实时性。缺点是需要对令牌进行维护，且空闲令牌的丢失将会降低环路的利用率；控制电路复杂。

3. 令牌总线

将令牌访问原理应用于总线网，便构成了令牌总线方式。令牌总线方式主要用于总线型或树型网络结构中。这种方式和CSMA/CD方式一样，采用总线网络拓扑，但不同的是在网上各工作站按一定的顺序形成一个逻辑环。每个工作站在环中均有一个指定的逻辑位置，末站的后站就是首战，即首尾相连。每站都有先行站和后继站的地址，总线上各站的物理地址和逻辑位置无关。

该方式的工作过程为：当各站都没有帧发送时，令牌的形式为01111111，成为空标记。当一个站要发送帧时，需要等待空标记通过，然后将它改为忙标志，即01111110。紧跟着忙标记，该站把数据帧发送到环上。由于标记是忙状态，所以其他站不能发送帧，必须等待。接收帧的过程为：当帧通过站时，该站将帧的目的地址和本站的地址相比较，如地址不符合，则不接收数据，同时将帧送入环上。如果符合，则将帧放入接收缓冲器，再输入到站内，同时将帧送回到环上。发送的帧在环上循环一周后再回到发送站，将该帧从环上移去，同时将标记改为空闲标记。

不同于令牌环的是，在令牌总线中，信息可以双向传送，任何节点都能“听到”其他节点发出的信息。为此，节点发送的信息中要有指出下一个要控制的节点的地址。由于只有获得令牌的节点才可发送信息（此时其他节点只收不发），因此该方式不用检测冲突就可以避免冲突。

令牌总线具有如下优点：

① 吞吐能力大，吞吐量随数据传输速率的提高而增加；

② 控制功能不随电缆线长度的增加而减弱；

③ 不需冲突检测，故信号电压可以有较大的动态范围；

④ 具有一定的实时性。

但是基于该方式的网络必须要有初始化功能，即能够产生一个顺序访问的次序。这就是一个争用的过程，争用的结果是只有一个站能够获得标记，并产生次序。当网络中的标记丢失或者产生多个标记时，必须有故障恢复功能，必须有消除不活动节点或者添加新的节点的功能。

可见，采用总线方式网络，其联网距离较CSMA/CD及Token Ring方式的网络远。令牌总线的主要缺点是节点获得令牌的时间开销较大，一般一个节点都需要等待多次无效的令牌传送后才能获得令牌。

10.1.3 差错控制

由于通信线路上的各种干扰，传输信息时会使接收端收到错误信息。提高传输质量的方法有两种：一种方法是改善信道的电性能，使误码率降低；另一种方法是接收端检验出错误后，自动纠正错误，或让发送端重新发送，直至接收到正确的信息为止。

差错控制技术包括检验错误和纠正错误。其中检错方法有两种：奇偶校验，循环冗余校验；纠错方法有3种：重发纠错，自动纠错，混合纠错。

1. 检错方法

（1）奇偶校验

奇偶校验（parity check）是一个字符校验一次，在每个字符的最高位之后附加一个奇偶校验位。通常用一个字节（b_0～b_7）来表示，其中，b_0～b_6为字符码位，而最高位b_7为校验位。这个校验位可为1或0，以便保证整个字节（b_0～b_7）为1的位数是奇数（称奇校验）或偶数（称偶校验）。

奇偶校验通常用于每帧只传送一个字节数据的异步通信方式。

（2）循环冗余校验

循环冗余校验（cyclic redundancy check，CRC）的原理为：发送端发出的信息由基本的信息位和CRC校验位两部分组成。发送端首先发送基本的信息位，紧接其后面发送CRC校验位。接收端在接收基本信息位后对基本信息位进行相同的CRC校验，然后与接收的CRC校验位进行比较，如果相同则传输正确，否则传输错误。

该方法适用于每帧由多个字节组成的同步方式。

2. 纠错方式

（1）重发纠错方式

发送端发送能够检错的信息码（如奇偶校验码），接收端根据该码的编码规则，判断有无错误，并把错误结果反馈给发送端。如果发送错，则再次发送，直到接收端认为正确为止。

（2）自动纠错方式

发送端发送能够纠错的信息码，而不仅仅是检错的信息码。接收端收到该码后，通过译码不仅能自动发现错误，而且能自动地纠错。但该方式传输效率低，译码设备复杂。

（3）混合纠错方式

将上述两种方式混合，发送端发送的信息码不仅能发现错误，而且还有一定的纠错能力。接收端收到该码后，如果错误位数在纠错能力以内，则自动纠错；如果错误过多，则要求重发。

10.2 网络通信协议

在通信网络中，对所有节点来说，它们都要共享网络中的资源或相互之间要进行信息交换。而不同实体要想成功地通信，它们必须具有相同的语言，必须遵从某种都能接收的规则，这些规则的集合称为协议。通信协议又称通信规程，它是通信双方如何进行对话的约定与规则，它决定了网络通信中传输的信息 / 报文格式与控制方式。协议的主要功能是数据交换、信息编码、差错控制与线路合理利用等。

1977年国际标准化组织（ISO）提出了开放系统互连参考模型（Open System Interconnection / Reference Model）。它为开放式系统环境定义了一种分层模型，这里的开放指的是：只要遵循 OSI 标准，一个系统就可以和位于世界上任何地方的、也遵循这同一标准的其他任何系统进行通信。利用分层方法，可以容易地实现网际联网、网络配置间的连接。

10.2.1 OSI 参考模型

OSI 参考模型共分为七层功能及协议，从下至上依次为物理层、数据链路层、网络层、传输层、会话层、表示层、应用层，如图 10-3 所示。

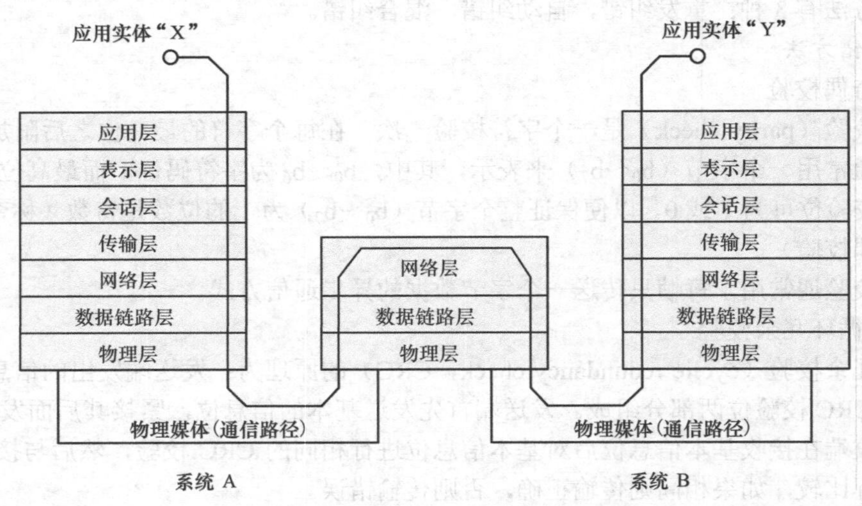

图 10-3 OSI 参考模型

1. *物理层*

物理层并不是物理媒体本身，它只是开放系统中利用物理媒体实现物理连接的功能描述和执行连接的规程。物理层的主要任务是为通信各方提供物理信道（如电缆类型、信号、电平、传输速率等），它提供物理连接的机械、电气、功能和规程 4 个特性。在这一层，数据的单位称为比特（bit）。

属于物理层定义的典型规范包括 EIA/TIA RS-232、EIA/TIA RS-449、V.35、RJ-45。

2. *数据链路层*

数据链路层的任务是将数据组成数据帧（framing），在两个相邻节点间的链路上传送以帧为单位的数据。每一帧包括数据和必要的控制信息（如同步信息、地址信息、差错控制等）。另外，在接收端还要检验传输的正确性。该层实现了将有差错的物理链路改造成对于网络层来说是无差错的传输链路的功能。

同步数据链路控制（SDLC）、高级数据链路控制（HDLC）以及异步串行数据链协议都属于此范围。

3. *网络层*

网络层是 OSI 七层协议模型中的第三层，它是主机与通信网络的接口。网络层也称分组层，它的任务是使网络中传输分组。它以数据链路层提供的无差错传输为基础，向高层（传输层）提供两个主机之间的数据传输服务。网络层规定了分组（第三层的信息单位）在网络中是如何传输的。网络层的另一个任务就是要选择合适的路由，使源主机传输层所传下来的分组能够交付到目的主机。因此，本层要为数据从源点到终点建立物理和逻辑的连接。

网络层的功能主要包括控制信息交换、路由选择与中继、网络流量控制、网络的连接与管理等。

网络层协议的代表有 X.25、IP 等。

4. 传输层

传输层是一真正的源—目的或端—端层，即在源计算机上的程序与目的机上的类似程序之间进行对话。该层的主要功能是从会话层接收数据，把它们传到网络层并保证这些数据全部正确地到达另一端。

传输层协议的代表有 TCP、UDP 等。

5. 会话层

用户（即两个表示层进程）之间的连接称为会话。为了建立会话，用户必须提供希望连接的远程地址（会话地址），会话双方首先需要彼此确认，以证明它有权从事会话和接收数据，然后两端必须同意在该会话中的各种选择项（例如半双工或全双工）的确定，在这以后开始数据传输。

会话层的任务便是检查并决定一个正常的通信是否正在发生。如果没有发生，这一层在不丢失数据的情况下恢复会话，或根据规定，在会话不能正常发生的情况下终止会话。

会话层协议的代表有 NetBIOS、ZIP 等。

6. 表示层

表示层主要用于处理在两个通信系统中交换信息的表示方式，如代码转换、文件格式的转换、文本压缩、文本加密与解密等。

表示层提供两类服务：相互通信的应用进程间交换信息的表示方法与表示连接服务。通过一些编码规则定义在通信中传送这些信息所需要的传送语法，实现不同信息格式和编码之间的转换。

表示层协议的代表有 ASCII、ASN.1、JPEG、MPEG 等。

7. 应用层

应用层是 OSI 参考模型的最高层，实现的功能分两大部分，即用户应用进程和系统应用管理进程。系统应用管理进程管理系统资源，如优化分配系统资源，控制资源的使用等。由管理进程向系统各层发出下列要求：请求诊断，提交运行报告，收集统计资料，修改控制等。这一层解决了数据传输完整性的问题或与发送/接收设备的速度不匹配的问题。

应用层协议的代表有 Telnet、FTP、HTTP 等。

OSI 参考模型定义的是一种抽象结构，它给出的仅是功能上和概念上的框架标准，而不是具体的实现。在七层中，每层完成各自所定义的功能，对某层功能的修改不影响其他层。同一系统内部相邻层的接口定义了服务原语以及向上层提供的服务。不同系统的同层实体间是用该层协议进行通信，只有最底层才发生直接数据传送。

10.2.2　IEEE 802 标准

美国电气与电子工程师协会（IEEE）于 1980 年 2 月成立的 IEEE 802 课题组（IEEE Atandards Project 802）于 1981 年年底提出了 IEEE 802 局域网标准，如图 10-4 所示。该标准参照 OSI 参考模型的物理层和数据链路层，保持 OSI 高五层和第一层协议不变，将数据链路层分成两个子层，分别是逻辑链路控制（LLC）子层和介质访问控制（MAC）子层。

MAC 子层主要提供传输介质和访问控制方式，支持介质存取，并为逻辑链路控制层提供服务。它支持的介质存取法包括载波检测多路存取/冲突监测、令牌总线和令牌环。

LLC 子层屏蔽各种 MAC 子层的具体实现细节，具有统一的 LLC 界面，主要提供寻址、排序、差错控制等功能。它支持数据链路功能、数据流控制、命令解释及产生响应等，并规定局部网络逻辑链路控制协议（LNLLC）。

物理信号层（PS）完成数据的封装/拆装、数据的发送/接收管理等功能，并通过介质存取部件收发数据信号。

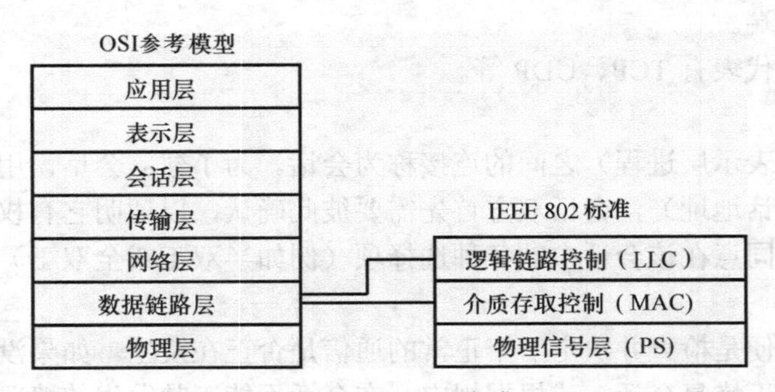

图 10-4 IEEE802 标准

IEEE 802 委员会在 1983 年 3 月通过了 3 种建议标准，定义了 3 种主要的局域网络技术，分别称为 802.3、802.4 和 802.5 建议规范。在这些建议标准中规定如下。

① 收发控制方式有两种：CSMA/CD 方式和通信证明（token）——令牌传递方式。

② 网络结构有两种：总线型和环型。

③ 物理信道有两种：单信道和多信道。单信道采用基带传输，信息经编码调制后直接传输，多信道采用宽带传输。局部网络的标准化技术规范如表 10-1 所示。

IEEE 802 是为局部网络制定的标准，包括以下内容。

IEEE 802.1：系统结构和网络互连；

IEEE 802.2：逻辑链路控制；

IEEE 802.3：CSMA/CD 总线访问方法和物理层技术规范；

IEEE 802.4：Token Passing Bus 访问方法和物理层技术规范；

IEEE 802.5：Token Passing Ring 访问方法和物理层技术规范；

IEEE 802.6：城市网络访问方法和物理层技术规范；

IEEE 802.7：宽带网络标准；

IEEE 802.8：光纤网络标准；

IEEE 802.9：集成声音数据网络；

IEEE 802.10：LAN/MAN 安全数据交换；

IEEE 802.11：无线 LAN 标准；

IEEE 802.12：高速 LAN 标准。

表 10-1　　局部网络的标准化技术范围

标准内容	802.3	802.4	802.5
媒质访问控制	CSMA/CD	通信证传递	通信证传递
网络构形	总线	总线	环型

续表

标准内容	802.3		802.4		802.5	
信道	单信道	多信道	单信道	多信道	单信道	多信道
媒质	50Ω 同轴电缆	调频/残留边带	75Ω 同轴电缆	75Ω 同轴电缆	150Ω 屏蔽双绞线	75Ω 同轴电缆
速率（Mbit/s）	1.5，10	10	1.5，10	1.5，5，10，20	1，4	4，20，40

美国电子电气工程师协会的IEEE 802标准于1984年已经被国际标准化组织正式采纳。它主要是针对办公自动化和一般工业环境的，对工业过程控制环境仍有一定的局限性。

10.2.3 工业以太网

以太网（Ethernet）最初是由美国Xerox公司于1975年推出的一种局域网，它以无源电缆作为总线来传送数据，并以曾经在历史上表示传播电磁波的以太网（Ether）来命名。1980年9月，DEC、Intel、Xerox公司合作公布了Ethernet物理层和数据链路层的规范，称为DIX规范。IEEE 802.3是由美国电气与电子工程师协会（IEEE）在DIX规范基础上进行了修改而制定的标准，并由国际标准化组织（ISO）接受而成为ISO 802-3标准。严格来讲，以太网与IEEE 802.3标准并不完全相同，但人们通常就认为是以太网标准。目前，IEEE 802.3是国际上最流行的局域网标准之一。

众所周知，以太网最初是为办公自动化设计的，因此，没有考虑到工业自动化应用的特殊要求。特别是它采取的CSMA/CD介质访问控制机制，具有通信延时不确定的缺点，不能满足工业自动化控制中的通信实时性要求。因此，在20世纪90年代中期以前，很少有人将以太网应用于工业自动化领域。

近年来，随着互联网技术的普及与推广，以太网也得到了飞速发展，特别是以太网通信速率的提高、以太网交换技术的发展，给解决以太网的非确定性问题带来了新的契机：首先，以太网的通信速率一再提高，从10Mbit/s到100Mbit/s、1000Mbit/s甚至10Gbit/s，在相同通信量的条件下，通信速率的提高意味着网络负荷的减轻和碰撞的减少，也就意味着确定性的提高；其次，以太网交换机为连接在其端口上的每个网络节点提供了独立的带宽，连接在同一个交换机上面的不同设备不存在资源争夺，这就相当于每个设备独占一个网段；再次，全双工通信技术又为每一个设备与交换机端口之间提供了发送与接收的专用通道，因此使不同以太网设备之间的冲突大大降低（半双工交换式以太网）或完全避免（全双工交换式以太网）。因此，以太网成为“确定性”网络，从而为它应用于工业自动化控制消除了主要障碍。

1. 以太网通信模型

工业以太网协议有多种，如HSE、ProfiNet、Ethernet/IP、Modbus TCP等，它们在本质上仍基于以太网技术（即IEEEE 802.3标准）。如图10-5所示，对应于ISO/OSI参考模型，工业以太网协议在物理层和数据链路层均采用了IEEEE 802.3标准，在网络层和传输层则采用被称为以太网上的“事实上”标准的TCP/IP协议簇（包括UDP、TCP、IP、ARP、ICMP、IGMP等协议），它们构成了工业以太网的低四层。在高层协议上，工业以太网协议通常都省略了会话层、表示层，而定义了应用层，需要在应用层添加与自动控制相关的应用协议。有的工业以太网协议还定义了用户层（如HSE）。由于历史原因，应用层必须考虑与现有的其他控制网络的连接和映射关系、网络管理、应用参数等问题，要解决自控产品之间的互操作性问题。

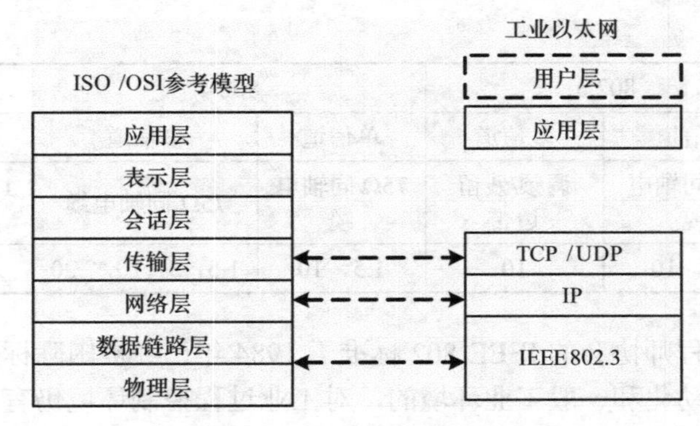

图 10-5 工业以太网通信模型

2. 以太网控制的特点

与其他现场总线或工业通信网络相比，以太网具有以下优点。

① 应用广泛。以太网是目前应用最为广泛的计算机网络技术，受到广泛的技术支持。几乎所有的编程语言都支持 Ethernet 的应用开发，如 Java、Visual C++、VB 等。这些编程语言由于广泛使用，并受到软件开发商的高度重视，具有很好的发展前景。因此，如果采用以太网作为现场总线，可以保证多种开发工具、开发环境供选择。

② 成本低廉。由于以太网的应用最为广泛，因此受到硬件开发与生产厂商的高度重视与广泛支持，有多种硬件产品供用户选择。由于以太网应用广泛，其硬件价格相对低廉。目前，以太网网卡的价格只有 Profibus、FF 等现场总线的 1/10，而且随着集成电路技术的发展，其价格还会进一步下降。

③ 通信速率高。目前通信速率为 10Mbit/s、100Mbit/s 的快速以太网也开始广泛应用，1000Mbit/s 以太网技术也逐渐成熟，10Gbit/s 以太网也正在研究。其速率比目前的现场总线快得多。以太网可以满足对带宽有更高要求的需要。

④ 软、硬件资源丰富。由于以太网已应用多年，人们对以太网的设计、应用等方面有很多的经验，对其技术也十分熟悉。大量的软件资源和设计经验可以显著降低系统的开发和培训费用，从而可以显著降低系统的整体成本，并大大加快系统的开发和推广速度。

⑤ 可持续发展潜力大。由于以太网的广泛应用，使它的发展一直受到广泛的重视和大量的技术投入。在这信息瞬息万变的时代，企业的生存与发展将很大程度上依赖于一个快速而有效的通信管理网络，信息技术与通信技术的发展将更加迅速，也更加成熟，由此保证了以太网技术不断地持续向前发展。

⑥ 易于与 Internet 连接，能实现办公自动化网络与工业控制网络的信息无缝集成。

因此，工业控制网络采用以太网，就可以避免其发展游离于计算机网络技术的发展主流之外，从而使工业控制网络与和信息网络技术互相促进，共同发展，并保证技术上的可持续发展，在技术升级方面无须单独地研究和投入。

工程应用实践表明，通过采用适当的系统设计和流量控制技术，以太网完全能够满足工业自动化领域的通信要求。目前，PLC、DCS 等多数控制设备或系统已开始提供以太网接口，基于工业以太网的数据采集器、无纸记录仪、变送器、传感器、现场仪表及二次仪表等产品也纷纷面世。如今，以太网已成为企业信息管理层、监控层网络的首选，并有逐渐向下延伸直接应用于工业现场设备间通信的趋势。“以太网技术将渗透到现场设备层，贯穿整个工业网络的各个层次，实现从现场仪表到管理层设备的集成”，已成为工业自动化领域的共识。

10.3　分布式控制系统

10.3.1　概述

分布式控制系统（distributed control system，DCS）是以满足现代化工业生产和日益复杂的控制对象的要求为前提，从生产综合自动化的角度出发，将微处理器作为核心的集中分散控制系统。它是利用控制技术（control）、计算机技术（computer）、通信技术（communication）和阴极射线管（CRT）显示技术——4C 技术，对生产过程进行集中监视、操作、管理和分散控制的新型控制系统，又称集散控制系统（total distributed control system，TDCS）。

自 1975 年美国霍尼韦尔（HoneyWell）公司第一套产品 TDC-2000 至今，DCS 产品几经更新换代，技术性能达到日臻完善的程度。DCS 早已发展成为当今工业控制的主流系统。DCS 以其先进、可靠、灵活和操作简便及其合理的价格被广泛用于化工、石油、电力、冶金和造纸等工业领域。

10.3.2　分布式控制系统特点

DCS 自问世以来，随着计算机、控制、通信和屏幕显示技术的发展而发展，一直处于上升发展状态，广泛应用于工业控制的各个领域。究其原因是 DCS 有一系列特点和优点，主要表现在以下 6 个方面。

1. 分散性和集中性

DCS 分散性的含义是广义的，不单是分散控制，还有地域分散、设备分散、功能分散和危险分散的含义。分散的目的是为了使危险分散，进而提高系统的可靠性和安全性。

DCS 硬件积木化和软件模块化是分散性的具体体现。因此，可以因地制宜地分散配置系统。DCS 纵向分层次结构，可分为直接控制层、操作监控层和生产管理层。DCS 横向分子系统结构，如直接控制层中一台过程控制站（PCS）可看成一个子系统；操作监控层中的一台操作员站（OS）也可看成一个子系统。

DCS 的集中性是指集中监视、集中操作和集中管理。

DCS 通信网络和分布式数据库是集中性的具体体现，用通信网络把物理分散的设备构成统一的整体，用分布式数据库实现全系统的信息集成，进而达到信息共享。因此，可以同时在多台操作员站上实现集中监视、集中操作和集中管理。当然，操作员站的地理位置不必强求集中。

2. 自治性和协调性

DCS 的自治性是指系统中的各台计算机均可独立地工作。例如，过程控制站能自主地进行信号输入、运算、控制和输出；操作员站能自主地实现监视、操作和管理；工程师站的组态功能更为独立，既可在线组态，也可离线组态，甚至可以在与组态软件兼容的其他计算机上组态，形成组态文件后再装入 DCS 运行。

DCS 的协调性是指系统中的各台计算机用通信网络互连在一起，相互传递信息，相互协调工作，以实现系统的总体功能。

DCS 的分散和集中、自治和协调不是互相对立，而是互相补充的。DCS 的分散是相互协调的分散，各台分散的自主设备是在统一集中管理和协调下各自分散独立地工作，构成统一的有机整体。正因为有了这种分散和集中的设计思想，自治和协调的设计原则，才使 DCS 获得进一步发展，并得到广泛的应用。

3. 灵活性和扩展性

DCS 硬件采用积木式结构，可灵活地配置成小、中、大各类系统。另外，还可根据企业的生产要求，逐步扩展系统，改变系统的配置。

DCS 软件采用模块式结构，提供各类功能模块，可灵活组态构成简单、复杂的各类控制系统。另外，还可根据生产工艺和流程的改变，随时修改控制方案，在系统容量允许范围内，只需通过组态就可以构成新的控制方案，而不需要改变硬件配置。

4. 先进性和继承性

DCS 综合了计算机、控制、通信和屏幕显示技术，随着这“4C”技术的发展而发展。也就是说，DCS 硬件上采用先进的计算机、通信网络和屏幕显示，软件上采用先进的操作系统、数据库、网络管理和算法语言；算法上采用自适应、预测、推理、优化等先进控制算法，建立生产过程数学模型和专家系统。

DCS 自问世以来，更新换代比较快，几乎一年一个样。当出现新型 DCS 时，老 DCS 作为新 DCS 的一个子系统继续工作，新、老 DCS 之间还可互相传递信息。这种 DCS 的继承性，为用户消除了后顾之忧，不会因为新、老 DCS 之间的不兼容，给用户带来经济上的损失。

5. 可靠性和适应性

DCS 的分散性使系统的危险分散，提高了系统的可靠性。DCS 采用了一系列冗余技术，如控制站主机、I/O 接口、通信网络和电源等均可双重化，而且采用热备份工作方式，自动检查故障，一旦出现故障立即自动切换。DCS 安装了一系列故障诊断与维护软件，实时检查系统的硬件和软件故障，并采用故障屏蔽技术，使故障影响尽可能的小。

DCS 采用高性能的电子器件、先进的生产工艺和各项抗干扰技术，可使 DCS 能够适应恶劣的工作环境。DCS 设备安装的位置可适应生产装置的地理位置，尽可能满足生产的需要。DCS 的各项功能可适应现代化大生产的控制和管理需求。

6. 友好性和新颖性

DCS 为操作人员提供了友好的人—机界面（MMI）。操作员站采用彩色 CRT 和交互式图形画面，常用的画面有总貌、组、点、趋势、报警、操作指导、流程图画面等。由于采用图形窗口、专用键盘、鼠标器或球标器等，使得操作简便。

DCS 的新颖性主要表现在人—机界面采用了动态画面、工业电视、合成语音等多媒体技术，图文并茂，形象直观，使操作人员有身临其境之感。

10.3.3 分布式控制系统的功能层次结构

DCS 是纵向分层、横向分散的大型综合控制系统。自下而上有 4 个不同的层次，分别为现场级即现场网络 Fnet（Field Network）、控制级即控制网络 Cnet（Control Network）、监控级即监控网络 Snet（Supervision Network）和管理级即管理网络 Mnet（Management Network）。分布式控制系统的层次结构如图 10-6 所示。

1. 现场级

现场级设备一般位于被控生产过程的附近，典型的现场级设备有传感器、变送器和执行器，它们将生产过程中的各种物理量转换成电信号。

目前，现场级的信息传递有 3 种方式：一种是传统的 4～20mA 模拟量传输方式；另一

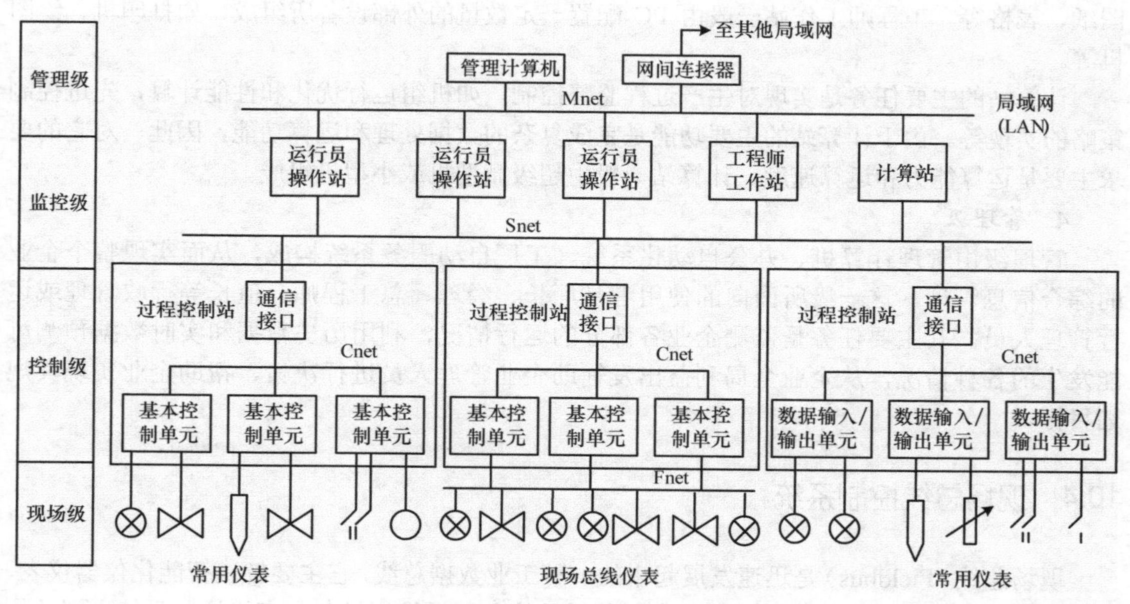

图 10-6 分布式控制系统的层次结构

种是现场总线的全数字量传输方式；还有一种是在 4～20mA 模拟量信号上，叠加上调制后的数字量信号的混合传输方式。

2. 控制级

控制级由过程控制站和数据采集站构成。一般把过程控制站和数据采集站集中安装在位于主控制室后的电子设备室中。过程控制站接收由现场设备（如传感器、变送器）送来的信号，按照一定的控制策略计算出所需的控制量，并送回到现场的执行器中去。过程控制站可以同时完成连续控制、顺序控制或逻辑控制功能。

数据采集站也接收由现场设备送来的信号，并进行一些必要的转换和处理之后送到分散型控制系统中的其他部分，如监控级设备。数据采集站接收大量的过程信息，并通过监控级设备传递给运行人员。数据采集站不直接完成控制功能，是它与过程控制站的主要区别。

3. 监控级

监控级的主要设备有运行员操作站、工程师工作站和计算站。其中运行员操作站安装在中央控制室，工程师工作站和计算站一般安装在电子设备室。

运行员操作站是运行员与分散型控制系统交换信息的人—机接口。运行员通过运行员操作站监视和控制整个生产过程。运行人员可以在运行员操作站上观察生产过程的运行情况，读出每一个过程变量的数值和状态，判断每个控制回路是否工作正常，并且可以随时进行手动/自动控制方式的切换，修改给定值，调整控制量，操作现场设备，以实现对生产过程的干预。另外，还可以打印各种报表，复制屏幕上的画面、曲线等。

为了实现以上功能，运行员操作站通常由一台具有较强图形处理功能的微型机，以及相应的外部设备组成，一般配有 CRT 显示器、大屏幕显示装置、打印机、拷贝机、键盘、鼠标或球标。

工程师工作站是为了控制工程师对分散控制系统进行配置、组态、调试、维护的工作站。工程师工作站的另一个作用是对各种设计文件进行归类和管理，形成各种设计文件，如各种图纸、表格等。工程师工作站一般由 PC 配置一定数量的外部设备所组成，如打印机、绘图机等。

计算站的主要任务是实现对生产过程监督控制，如机组运行优化和性能计算，先进控制策略的实现等。由于计算站的主要功能是完成复杂的数据处理和运算功能，因此，对它的要求主要是运算能力和运算速度。计算站一般由超级微型机或小型机组成。

4. 管理级

管理级由管理计算机、办公自动化系统、工厂自动服务系统构成，从而实现整个企业的综合信息管理。这一级所面向的使用者是厂长、经理、总工程师、值长等行政管理或运行管理人员。其主要任务是监测企业各部分的运行情况，利用历史数据和实时数据预测可能发生的各种情况，从企业全局利益出发辅助企业管理人员进行决策，帮助企业实现其规划目标。

10.4 现场总线控制系统

现场总线（Fieldbus）是迅速发展起来的一种工业数据总线，它主要解决智能化仪器仪表、控制器、执行机构等现场设备间的数字通信以及这些现场控制设备与高级控制系统之间的信息传递问题。由于现场总线具有简单、可靠、经济实用等一系列突出的优点，因而成为当今计算机控制领域技术发展的热点之一。它的出现标志着工业控制技术领域又一个新时代的开始，并将对该领域的发展产生重要影响。

根据国际电工委员会（International Electrotechnical Commission，IEC）标准和现场总线基金会（Fieldbus Foundation，FF）的定义，现场总线是指连接智能现场设备和自动化系统的数字式、双向传输、多分支结构的通信网络。

10.4.1 现场总线的特征

1. 现场通信网络

传统的集散控制系统（DCS）的通信网络截止于控制站或输入/输出单元，现场仪表仍然是一对一模拟信号传输，如图 10-7 所示。现场总线是用于过程自动化和制造自动化的现场设备或现场仪表互连的现场通信网络，把通信线一直延伸到生产现场或生产设备，如图 10-8 所示。

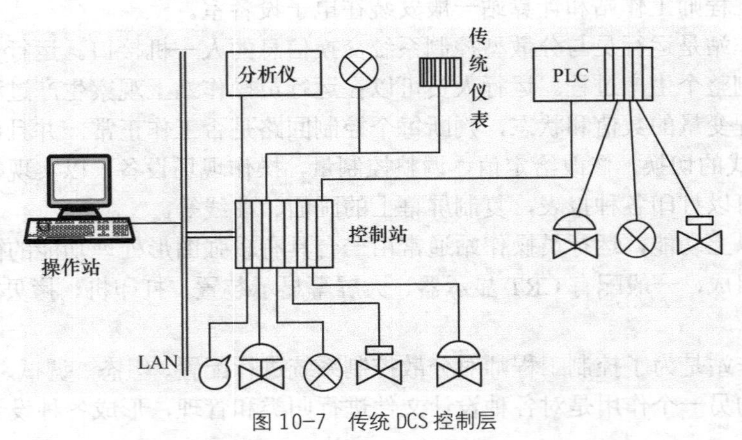

图 10-7 传统 DCS 控制层

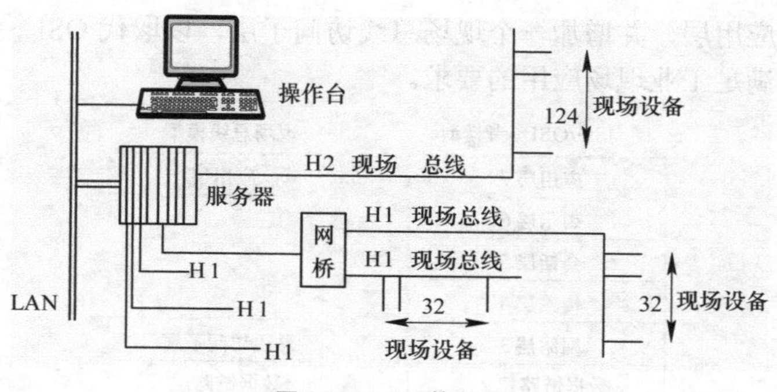

图10-8 FCS控制层

2. 互操作性

互操作性的含义是来自不同制造厂的现场设备，不仅可以相互通信，而且可以统一组态，构成所需的控制回路，共同实现控制策略。也就是说，用户选用各种品牌的现场设备集成在一起，实现“即接即用”。现场设备互连是基本要求，只有实现操作性，用户才能自由地集成现场控制系统（field control system，FCS）。

3. 分散功能块

FCS废弃了DCS的输入/输出单元和控制站，把DCS控制站的功能块分散给现场仪表，从而构成虚拟控制站，如图10-9所示。由于功能块分散在多台现场仪表中，并可以统一组态，因此用户可以灵活选用各种功能块，构成所需要的控制系统，实现彻底的分散控制。

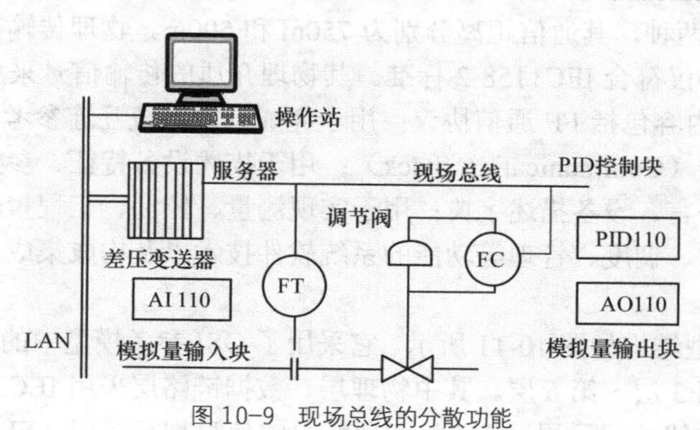

图10-9 现场总线的分散功能

4. 通信线供电

现场总线的传输线常用双绞线，并使用通信线供电方式，采用低功耗现场仪表，允许现场仪表直接从通信线上获取电能。这种低功耗现场仪表可以用于本质安全环境，与其配套的还有安全栅。

5. 开放式网络互连

现场总线为开放式互连网络，既可与同类网络互连，也可与不同类网络互连。开放式互连网络还体现在网络数据库共享，通过网络对现场设备和功能块统一组态，把不同厂商的网络及设备融为一体，构成统一的现场总线控制系统。

10.4.2 OSI参考模型与现场总线通信模型

典型的现场总线协议模型如图10-10所示。它采用OSI参考模型中的3个典型层：物理层、数据链路层和应用层，并增加一个现场总线访问子层，以取代 OSI 模型中第 3 层～第 6 层的部分功能，以满足工业现场应用的要求。

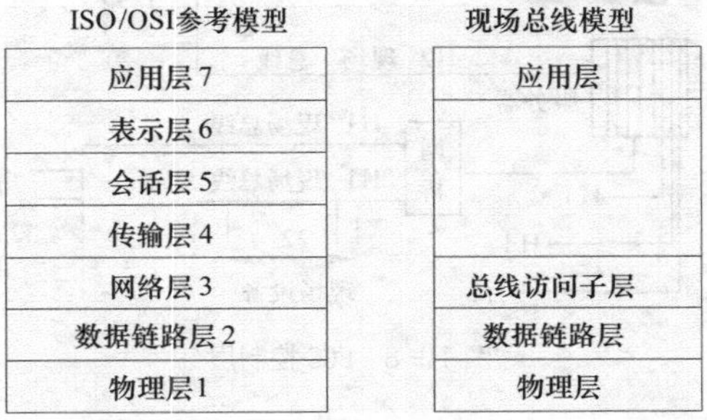

ISO/OSI参考模型	现场总线模型
应用层 7	应用层
表示层 6	
会话层 5	
传输层 4	
网络层 3	总线访问子层
数据链路层 2	数据链路层
物理层 1	物理层

图 10-10　现场总线协议模型

10.4.3　基金会现场总线

基金会现场总线（Foundation Fieldbus，FF）是在过程自动化领域得到广泛支持和具有良好发展前景的现场总线技术，它以 ISO/OSI 开放系统互连参考模型为基础，取其物理层、数据链路层、应用层为 FF 通信模型的相应层次，并在应用层上增加了用户层。用户层主要针对自动化测控应用的需要，定义了信息存取的统一规则，采用设备描述语言规定了通用的功能块集。

FF 分为低速 H1 和高速 H2 两种通信速率。H1 的传输速率为 31.25kbit/s，通信距离可达 1900m，可加中继器延长，可支持总线供电，支持本质安全防爆环境；H2 的传输速率分为 1Mbit/s 和 2.5Mbit/s 两种，其通信距离分别为 750m 和 500m。物理传输介质可支持双绞线、光缆和无线发射，协议符合 IEC1158-2 标准。其物理介质的传输信号采用曼彻斯特编码。

FF 的主要技术内容包括 FF 通信协议；用于完成开放系统互连参考模型中第 2 层～第 7 层通信协议的通信栈（Communication Stack）；用于描述设备特征、参数、属性及操作接口的 DDL 设备描述语言、设备描述字典；用于实现测量、控制、工程量转换等应用功能的功能块；实现系统组态、调度、管理等功能的系统软件技术以及构成集成自动化系统、网络系统的系统集成技术。

FF 现场总线模型结构如图 10-11 所示。它采用了 OSI 参考模型中的物理层、数据链路层和应用层，隐去了第 3 层～第 6 层。其中物理层、数据链路层采用 IEC/ISA 标准；应用层有两个子层，即现场总线访问子层（FAS）和现场总线信息规范子层（FMS），并将从数据链路到 FAS、FMS 的全部功能集成为通信栈。

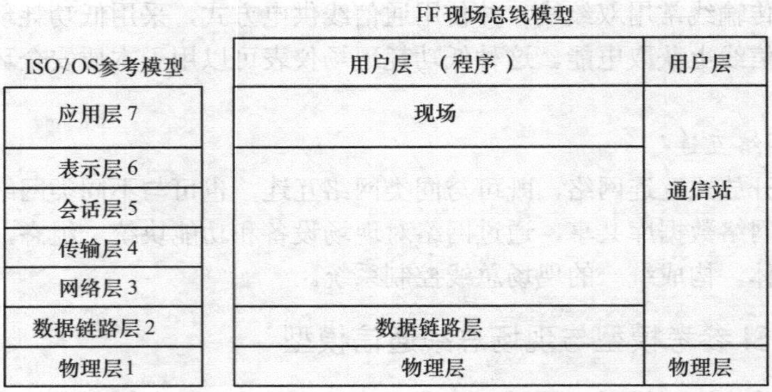

FF 现场总线模型

ISO/OS参考模型	用户层　（程序）	用户层
应用层 7	现场	通信站
表示层 6		
会话层 5		
传输层 4		
网络层 3		
数据链路层 2	数据链路层	
物理层 1	物理层	物理层

图 10-11　FF 现场总线模型与 OSI 参考模型的对比

10.4.4 局部操作网络

局部操作网络（Local Operating Networks，LONWORKS）是又一具有强劲实力的现场总线技术。它采用了ISO/OSI参考模型的全部七层通信协议，采用了面向对象的设计方法，通过网络变量把网络通信设计简化为参数设置，其通信速率为300bit/s～1.5Mbit/s，直接通信距离可达2700m（78kbit/s，双绞线）；支持双绞线、同轴电缆、光纤、射频、红外线、电力线等多种通信介质，并开发了相应的本质防爆安全产品，被誉为通用控制网络。

LONWORKS采用了ISO/OSI参考模型的全部七层通信协议，被誉为通用控制网络。这七层的作用和所提供的服务如图10-12所示。

LONWORKS技术产品已被广泛应用在楼宇自动化、家庭自动化、保安系统、办公设备、交通运输、工业过程控制等行业。在开发智能通信接口、智能传感器方面，LONWORKS神经元芯片也具有独特的优势。

模型分层	作用	服务
应用层 7	网络应用程序	标准网络变量类型：组态性能，文件传送，网络服务
表示层 6	数据表示	网络变量：外部帧传送
会话层 5	远程传送控制	请求/响应，确认
传输层 4	端煅传输可靠性	单路/多路应答服务，重复信息服务，复制检查
网络层 3	报文传递	单路/多路寻址，路径
数据链路层 2	媒体访问与成帧	成帧，数据编码，CRC校验，冲突回避/仲裁，优先级
物理层 1	电气连接	媒体特殊细节（如调制），收发种类，物理连接

图10-12 LONWORKS模型分层

10.4.5 过程现场总线

1. 过程现场总线介绍

过程现场总线（Process Fieldbus，PROFIBUS）是符合德国国家标准DIN19245和欧洲标准EN50170的现场总线标准。由PROFIBUS-DP、PROFIBUS-FMS、PROFIBUS-PA组成了PROFIBUS系列。DP型用于分散的外围设备之间的高速数据传输，适用于加工自动化领域。FMS意为现场信息规范，FMS型适用于纺织、楼宇自动化、可编程控制器、低压开关等。PA型则是用于过程自动化的总线类型，它遵从IEC1158-2标准。

PROFIBUS是由Siemens公司为主的十几家德国公司、研究所共同推出的。它采用OSI模型的物理层、数据链路层。FMS还采用了应用层。传输速率为9.6kbit/s～12Mbit/s，最大传输距离在12Mbit/s时为100m，在1.5Mbit/s时为400m，可用中继器延长至10km。其传输介质可以是双绞线，也可以是光缆，最多可挂接127个站点，可实现总线供电与本质安全防爆。

ISO/OSI参考模型	PROFIBUS-DP	PROFIBUS-FMS
应用层7	用户楼层	应用层楼口
表示层6		应用层信息规范 低层楼口
会话层5		
传输层4	隐去3～7层	隐去3～6层
网络层3		
数据链路层2	数据链路层	数据链路层
物理层1	物理层	物理层

图10-13 PROFIBUS通信模型分层

PROFIBUS的参考通信模型如图10-13所示。它采用了OSI参考模型的物理层和数据链路层，外设间的高速数据传输采用 DP 型，隐去了第 3 层～第 7 层，而增加了直接数据连接拟合，作为用户接口，FMS 型则只隐去了第 3 层～第 6 层，采用了应用层。PA 型的标准目前还处于制定过程之中，与 IEC1158—2(H1)标准兼容。

2. 带 PROFIBUS-DP 接口的智能电磁流量计的设计

（1）硬件电路

此电磁流量计采用了双 CPU 设计，如图 10-14 所示。硬件部分主要由传感器、电源系统、信号处理电路、励磁电路、单片机系统和总线接口电路组成。MSP430F149 是电磁流量计的核心部件，实现信号的采集处理、LCD 显示、存储及与 PIC18F4520 进行数据交换。PIC18F4520 和 SPC3 是 PROFIBUS-DP 接口部分的核心部件。PIC18F4520 负责与 MSP430F149 交换数据及与 PROFIBUS 现场总线协议芯片 SPC3 通信等功能的实现，SPC3 负责把主站送来的数据拆包，送往 PIC18F4520，同时把 PIC18F4520 送来的数据打包，上传给主站。

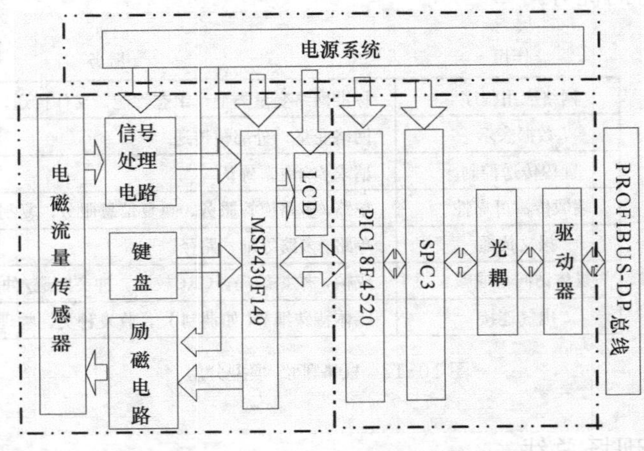

图 10-14　智能电磁流量计整体结构图

PROFIBUS-DP 通信接口开发中使用 PIC18F4520 作为处理器单元管理通信事务，SPC3 协议芯片则完成数据的转换和收发功能。PIC18F4520 与 SPC3 之间的连接如图 10-15 所示。SPC3 接成使用 Intel 芯片并工作于同步模式，此时片选信号输入引脚 XCS 不起作用，接高电平；地址锁存信号 ALE 起作用，接处理器 RB3，SPC3 内部地址锁存器和解码电路工作。CPU 与 SPC3 通过 SPC3 的双口 RAM 交换数据，SPC3 的双口 RAM 应在 CPU 地址空间统一分配地址，CPU 把这片 RAM 当做自己的外部 RAM。CPU 采用 RD 和 RB 口扩展外部存储器，RD 口作为数据线和低 8 位地址线，RB4、RB1、RB2 作为 AB8～AB10 地址线接 AB0～AB2。SPC3 的 AB3～AB10 接地。SPC3 与收发器连接时用于串行通信的 4 个引脚分别为 XCTS、RTS、TXD 和 RXD。XCTS 是 SPC3 的清除发送输入信号引脚，表示允许 SPC3 发送数据，低电平有效，这里始终接低电平。RTS 为 SPC3 请求发送信号接收发器的输出使能端。RXD 和 TXD 分别为串行接收和发送端口。

为提高系统的抗干扰性，SPC3 内部线路必须与物理接口在电气上隔离，此处采用速率可达 25Mbit/s 的 HCPL7721 高速光耦，收发器采用 SN75ALS176，足以满足本系统的应用。

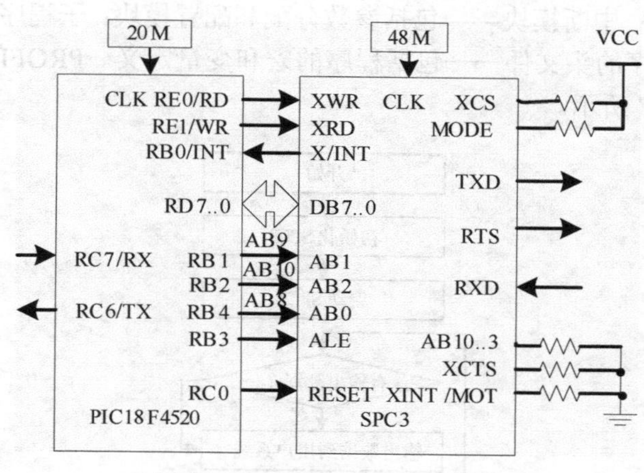

图 10-15 PROFIBUS-DP 接口电路

（2）软件设计

本系统主处理器系统软件采用 TI 公司的 430 单片机软件开发工具，IAR Embedded Workbench 作为终端软件的开发平台，编程语言采用 C430。TI 公司的 430 单片机软件开发工具专门用于 430 单片机以实现嵌入式应用开发，包含以下实用工具：具有语法表现能力的文本编辑器、编译器、汇编器、连接器、函数库管理器，实现操作自动化的 Make 工具和内嵌 C 语言级与汇编级的调试器 C-SPY。

主处理器软件主要由主程序、键盘菜单处理、定时器中断、三值梯形波励磁信号产生、A /D 采样、LCD 显示、串口通信等部分组成。主程序流程图如图 10-16 所示。

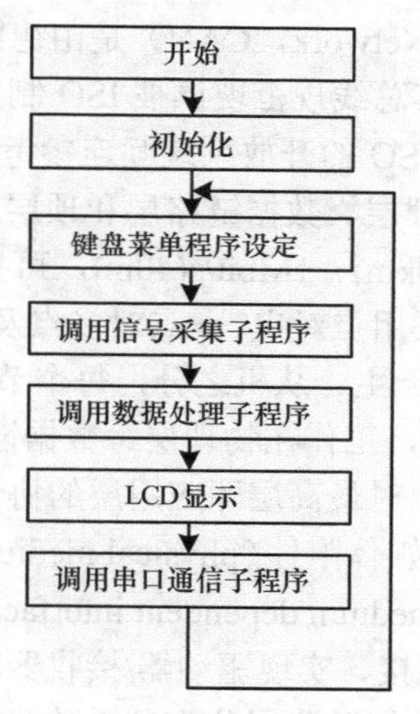

图 10-16 系统主程序流程图

PROFIBUS-DP 接口中的 SPC3 集成了完整的 PROFIBUS-DP 协议，因此 PIC18F4520 不用参与处理 PROFIBUS-DP 状态机。PIC18F4520 的主要任务就是上电后先根据 MSP430 的初始化数据对 SPC3 进行初始化，初始化成功后根据 SPC3 产生的中断，对 SPC3 接收到的主站发出的输出数据转存，组织要通过 SPC3 发给主站的数据，并根据要求组织外部诊断等。

整个程序采用了结构化、模块化的方法，包括 4 个部分：主程序——包括初始化、数据输入/输出和诊断模块；中断模块——包括参数分配和配置模块；子程序模块——包括对缓冲区的组织和分配；程序的头文件——包括程序的宏和变量定义。PROFIBUS-DP 通信接口主程序流程图如图 10-17 所示。

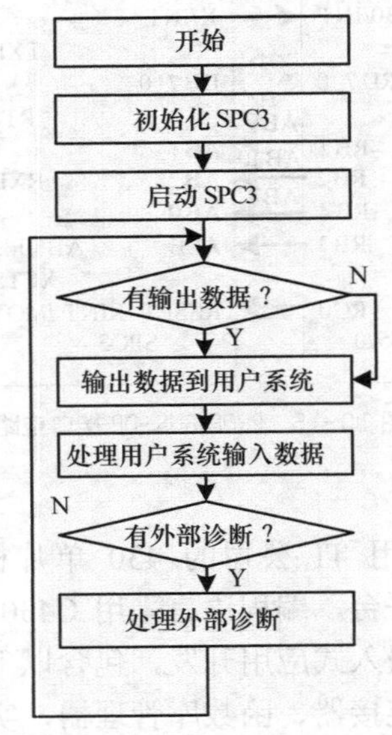

图 10-17　PROFIBUS-DP 通信接口主程序流程图

10.4.6　控制器局域网络

控制局域网络（Control Area Network，CAN）是由德国 Bosch 公司推出的，用于汽车检测与控制部件之间的数据通信。其总线规范现已被 ISO 制定为国际标准，它广泛应用在离散控制领域。CAN 协议也是建立在 ISO 的开放系统互连参考模型的基础之上，不过其模型结构只有三层，即只取 OSI 底层的物理层、数据链路层和顶层的应用层。

CAN 的通信速率为 5kbit/s(10km)、1Mbit/s(40m)，可挂接设备数最多达 110 个，信号传输介质为双绞线或光纤等；CAN 采用点对点、一点对多点及全局广播几种方式发送接收数据；CAN 可实现全分布式多机系统且无主、从机之分，每个节点均主动发送报文。

CAN 总线遵循 OSI 参考模型，工作在物理层、数据链路层和顶层的应用层，CAN 协议只规定了最下面两层的协议规范，对最高层即应用层的协议没有规定。物理层又分为物理信令（physical signaling，PLS）、物理媒体附件（physical medium attachment，PMA）与媒体接口（medium dependent interface，MDI）3 个部分。可以完成电气连接、实现驱动器/接收器特性、定时、同步、位编码解码。数据链路层分为逻辑链路控制（logic link control，LLC）子层与媒体访问控制（medium access control，MAC）子层两部分。它们分别完成接收滤波、超载通知、恢复管理以及应答、帧编码、数据封装拆装、媒体访问管理、出错检测等。其模型如图 10-18 所示。

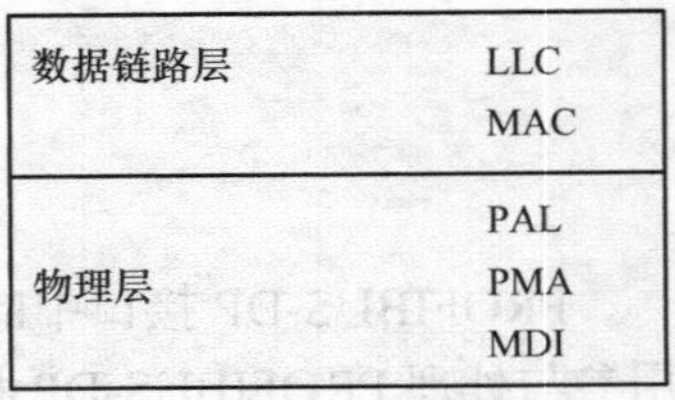

数据链路层	LLC MAC
物理层	PAL PMA MDI

图 10-18　CAN 总线通信模型

目前，CAN 已被广泛用于汽车、火车、轮船、机器人、智能楼宇、机械制造、数控机床、纺织机械、传感器、自动化仪表等领域。

10.4.7 可寻址远程传感器数据通路

可寻址远程传感器数据通路（Highway Addressable Remote Transducer，HART）是由美国 Rosemount 公司研制的，其特点是在现有模拟信号传输线上实现数字信号通信，属于模拟系统向数字系统转变过程中的过渡产品，因而在当前的过渡时期具有较强的市场竞争力，且得到了较快发展。

HART 采用统一的设备描述语言（DDL）。现场设备开发商采用这种标准语言来描述设备特性，由 HART 基金会负责登记管理这些设备描述并把它们变为设备描述字典，主设备运用 DDL 技术来理解这些设备的特性参数而不必为这些设备开发专用接口。

HART 通信模型由 3 层组成：物理层、数据链路层和应用层，其模型结构如图 10-19 所示。它的物理层采用 Bell202 国际标准，数据链路层用于按 HART 通信协议规则建立的 HART 信息格式。其信息构成包括开头码、终端与现场设备地址、字节数、现场设备状态与通信状态、数据、奇偶检验等。应用层的作用在于使 HART 指令付诸实现，即把通信状态转换成相应的信息。

ISO /OSI参考模型	UART模型
应用层 7	UART指令
表示层 6	
会话层 5	
传输层 4	
网络层 3	
数据链路层 2	UART通信规范
物理层 1	Be11202

图 10-19 HART 通信模型

表 10-2 所示为各种总线的比较。

表 10-2 5 种现场总线的比较

类型 \ 特性	FF	Profibus	CAN	LonWorks	HART
OSI 网络层次	1，2，3，7	1，2，3	1，2，7	1～7	1，2，7
通信介质	双绞线、光纤、电缆等	双绞线、光纤	双绞线、光纤	双绞线、光纤、电缆、电力线、无线等	电缆
介质访问方式	令牌（集中）	令牌（分散）	为仲裁	P-P CSMA	查询
纠错方式	CRC	CRC	CRC		CRC
通信速率（bit/s）	31.25k	31.25k/12M	1M	780k	9600
最大节点数/网段	32	127	110	2EXP（48）	15
优先级	有	有	有	有	有
保密性				身份验证	
本安性	是	是	是	是	是
开发工具	有	有	有	有	

10.5 物联网技术

随着信息采集与智能计算技术的迅速发展和互联网与移动通信网的广泛应用，大规模发展物联网及相关产业的时机日臻成熟，欧美等发达国家将物联网作为未来发展的重要领域。美国将物联网技术列为在经济繁荣和国防安全两方面至关重要的技术，以物联网应用为核心的“智慧地球”计划得到了奥巴马政府的积极回应和支持；欧盟2009年6月制定并公布了涵盖标准化、研究项目、试点工程、管理机制和国际对话在内的物联网领域十四点行动计划。

2009年8月7日，国务院总理温家宝视察中科院无锡高新微纳传感网工程技术研发中心时发表重要讲话：提出了“在激烈的国际竞争中，迅速建立中国的‘传感信息中心’或‘感知中国’中心”的重要指示；2009年11月3日《让科技引领中国可持续发展》的讲话中，温家宝总理再次提出“要着力突破传感网、物联网关键技术，及早部署后IP时代相关技术研发，使信息网络产业成为推动产业升级、迈向信息社会的‘发动机’”。2010年“两会”期间，物联网再次成为热议话题。随着感知中国战略的启动及逐步展开，中国物联网产业发展面临巨大机遇。

物联网技术和产业的发展将引发新一轮信息技术革命和产业革命，是信息产业领域未来竞争的制高点和产业升级的核心驱动力。物联网概念是庞大和丰富的，其中涵盖了大量现有的专业门类和技术体系，可以说随着物联网技术的发展，必将与计算机控制技术结合，在控制领域掀起一场新的革命，实现物联网无线远程控制，以取代停滞不前的现场总线控制系统。物联网技术可以应用于工业、农业、服务业、环保、军事、交通、家居等几乎所有的领域。

10.5.1 物联网定义

物联网的各种定义

① 欧盟的定义：将现有的互连的计算机网络扩展到互连的物品网络。

② 国际电信联盟（ITU）的定义：物联网的运行可分为“时间（Time）、地点（Place）与物件（Thing）”3个维度，它将创造出所有对象皆可在任何时间、任何地点相互沟通的环境。

③ 1999年MIT Auto-ID Center 提出物联网概念，即把所有物品通过射频识别等信息传感设备与互联网连接起来，实现智能化识别和管理。

④ 英文百科Wikipedia对物联网的定义较简单：The Internet of Things refers to a network of objects，such as household appliances，物联网即“像家用电器一样的物体的互连网络”。

⑤ 物联网的其他表述：M2M（Machine to Machine）、传感网（Sensor Networks）、普适计算（Pervasive Computing）、泛在计算（Ubiquitous computing）、环境感知智能（Ambient Intelligence）等。

目前，物联网还没有一个精确且公认的定义。这是因为：第一，物联网还处于概念期，完整的理论体系尚未完全建立，人们对其认识还不够深入，还不能抓住其精髓；第二，由于物联网与诸多领域都有密切关系，不同领域的研究者对物联网研究的出发点不同，难以短期内达成共识。我国整合了美国CPS（Cyber-Physical Systems）、欧盟IoT（Internet of Things)和日本U-Japan等概念，给出物联网的基本定义：“物联网”（Internet of Things）指的是将各种信息传感设备，如射频识别（RFID）装置、红外感应器、全球定位系统、激光扫描器等种种装置与互联网结合起来而形成的一个巨大网络。其目的是让所有的物品都与网络连接在一起，方便识别和管理。

10.5.2 物联网的总体架构、特点

1. 物联网的总体架构

物联网是一种非常复杂、形式多样的系统技术。根据信息生成、传输、处理和应用等逻辑结构可将物联网分为信息感知层（人体的皮肤和五官）、网络构建层（人体的神经系统）、

信息处理层（大脑）和应用服务层（人的社会分工）。图 10-20 所示为物联网四层模型以及相关技术。

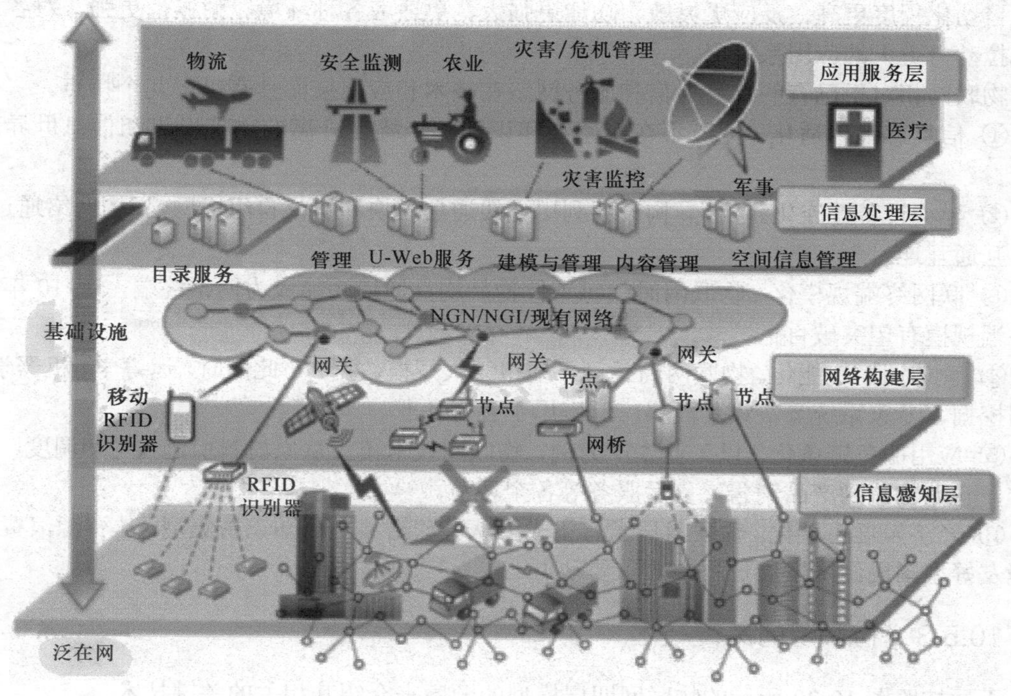

图 10-20　物联网总体架构

（1）信息感知层

信息感知层相当于人体的皮肤和五官等感觉器官，它的主要功能是实现物体的感知、识别、监测、数据或数据变化采集，以及反应与控制等。感知层主要由遍布各种建筑、楼宇、街道、公路桥梁、车辆、地表和管网中的各类传感器、二维条形码、RFID 标签和 RFID 识读器、摄像头、GPS、M2M（Machine to Machine）设备及各种嵌入式终端等组成的传感器网络。它是物联网的基础，是联系物理世界和信息世界的纽带。

（2）网络构建层

网络构建层相当于人体的神经网络系统，由各类有线与无线节点、固定与移动网关组成各种通信网络与互联网的融合体，实现信息的传输，是相对成熟的部分。现有可用网络包括互联网、广电网络、通信网络等。但由感知层采集的大量数据接入，并实现 M2M 应用的大规模数据传输时，仍需解决新业务模式对系统容量、服务质量的特别要求。

（3）信息处理层

信息处理层相当于人体的大脑，由目录服务、管理 U-Web 服务、建模与管理层、内容管理、空间信息管理等组成，对传输网络输入的信息进行管理、处理，实现对应用层的支持。该层的发展是物联网管理中心、资源中心、云计算平台、专家系统等对海量信息的智能处理。

（4）应用服务层

应用服务层相当于人的社会分工，应用层是将物联网技术与各类行业应用相结合，实现无所不在的智能化应用，如物流、安全监测、农业、灾害、危机管理、军事、医疗护理等领域。

2. 物联网的特点

在物联网环境中除了人与人之间可以通过网络相互联系、人也可通过网络取得对象的信息之外，对象与对象之间也可通过网络彼此交换信息，协同运作，相互操控，从而创造出一批批自动化程度更高、反应更灵敏、功能更强大、更适应各种环境、耐候性更强、对各产业领域拉动力更大的应用系统来。

物联网相对于已有的各种通信和服务网络在技术和应用层面具有以下几个特点。

① 信息感知普适化。无所不在的感知和识别将传统上分离的物理世界和信息世界高度融合。

② 异构设备互连化。各种异构设备利用无线通信模块和协议自组成网，异构网络通过"网关"互通互连。

③ 联网终端规模化。物联网时代每一件物品均具通信功能成为网络终端，5～10 年内联网终端规模有望突破百亿。

④ 管理调控智能化。物联网高效可靠地组织大规模数据，与此同时，运筹学、机器学习、数据挖掘、专家系统等决策手段将广泛应用于各行各业。

⑤ 应用服务链条化。以工业生产为例，物联网技术覆盖从原材料引进，生产调度，节能减排，仓储物流到产品销售，售后服务等各个环节。

⑥ 经济发展跨越化。物联网技术有望成为从劳动密集型向知识密集型，从资源浪费型向环境友好型国民经济发展过程中的重要动力。

10.5.3 物联网的关键技术

下面按照图 10-20 所示的物联网四层模型的顺序来介绍其相关的关键技术。

1. 信息感知层

信息感知层位于物联网四层模型的最底端，是所有上层结构的基础。物联网的"触手"是位于信息感知层的大量信息生成设备，既包括采用自动生成方式的 RFID、传感器、定位系统等，也包括采用人工生成方式的各种智能设备，如智能手机、PDA、多媒体播放器、上网本、笔记本电脑等。

（1）射频识别技术

目前常见的自动识别方法包括：光学符号识别技术、语音识别技术、生物计量识别技术、IC 卡技术、条形码技术和射频识别（radiofrequency identification，RFID）技术。下面重点讲述 RFID 技术。

RFID 对于计算机自动识别技术而言是一场革命，它极大地提高了信息处理效率和准确度。

RFID 利用射频信号通过空间耦合（交变磁场或电磁场）实现无接触信息传递并通过所传递的信息达到识别目的。RFID 较其他技术明显的优点是电子标签和阅读器无须接触便可完成识别。射频识别技术改变了条形码依靠"有形"的一维或二维几何图案来提供信息的方式，它通过芯片来提供存储在其中的数量巨大的"无形"信息。

① RFID 系统的基本组成。图 10-21 所示的 RFID 系统由 5 个组件构成，包括传送器、接收器、微处理器、天线和标签。传送器、接收器和微处理器通常都被封装在一起，又统称为阅读器（reader），所以工业界经常将 RFID 系统分为为阅读器、天线和标签 3 大组件，这 3 大组件一般都可由不同的厂商生产。

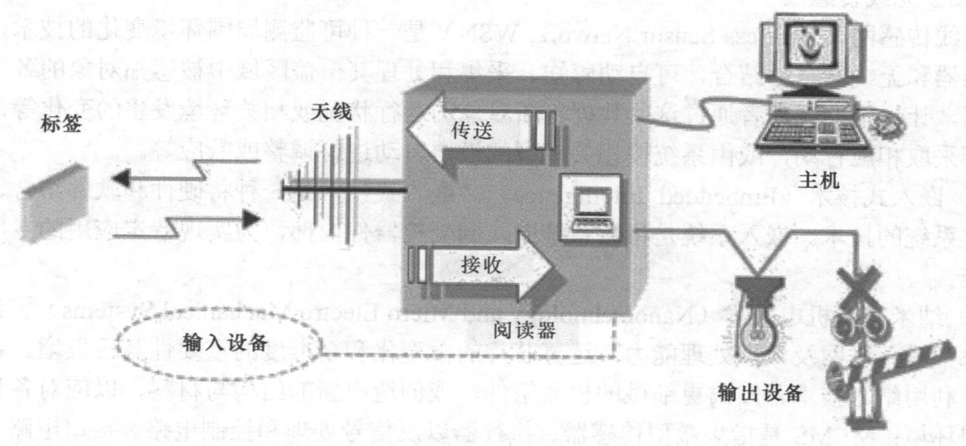

图 10-21 RFID 系统的基本组成

- 阅读器是 RFID 系统最重要也是最复杂的一个组件。因其工作模式一般是主动向标签询问标识信息，所以有时又被称为询问器（interrogator）。阅读器可以通过标准网口、RS-232 串口或 USB 接口同主机相连，通过天线同 RFID 标签通信。有时为了方便，阅读器和天线以及智能终端设备会集成在一起形成可移动的手持式阅读器。
- 天线同阅读器相连，用于在标签和阅读器之间传递射频信号。阅读器可以连接一个或多个天线，但每次使用时只能激活一个天线。RFID 系统的工作频率从低频到微波，这使得天线与标签芯片之间的匹配问题变得很复杂。
- 标签（tag）是由耦合元件、芯片及微型天线组成，每个标签内部存有唯一的电子编码，附着在物体上，用来标识目标对象。标签进入 RFID 阅读器扫描场以后，接收到阅读器发出的射频信号，凭借感应电流获得的能量发送出存储在芯片中的电子编码（被动式标签），或者主动发送某一频率的信号（主动式标签）。

② RFID 标签冲突。随着阅读器通信距离的增加其识别区域的面积也逐渐增大，这常常会引发多个标签同时处于阅读器的识别范围之内。但由于阅读器与所有标签共用一个无线通道，当两个以上的标签同一时刻向阅读器发送标识信号时，信号将产生叠加而导致阅读器不能正常解析标签发送的信号。这个问题通常被称为标签信号冲突问题（或碰撞问题），解决冲突问题的方法被称为防冲突算法（或防碰撞算法，反冲突算法）。

现有的基于时分多址防冲突算法可以分为基于 ALOHA 机制的算法和基于二进制树两种类型，而这两种类型又包括若干种变体。

③ RFID 与物联网。RFID 标签对物体的唯一标识特性，为给所有物品贴上 RFID 标签提供了可能，从而引发了人们对实物互联网（物联网）研究的热潮。物联网是通过给所有物品贴上 RFID 标签，在现有互联网基础之上构建所有参与流通的物品信息网络。通过物联网，世界上任何物品都可以随时随地按需被标识、追踪和监控。

RFID 具有识读距离远、识读速度快、不受环境限制、可读写性好、可同时识读多个物品等优点。

RFID 广泛应用于公交月票卡、电子交通无人收费（ETC）系统、各类银行卡、物流与供应链管理、农牧渔产品履历、工业生产控制等方面。

（2）无线传感网

无线传感网（Wireless Sensor Network, WSN）是一种可监测周围环境变化的技术，它通过传感器和无线网络的结合，可自动感知、采集和处理其覆盖区域中被感知对象的各种变化的数据，让远端的观察者通过这些数据判断对象的运行状况或相关环境发生的变化等，以决定是否采取相应行动，或由系统按相关模型的设定自动进行调整或响应等。

① 嵌入式技术（Embedded Intelligence）。嵌入式技术是一种将硬件和软件结合、组成嵌入式系统的技术。嵌入系统是将微系统嵌入到受控器件内部，为实现特定应用的专用计算机系统。

② 纳米与微机电技术（Nanotechnology and Micro Electro Mechanical Systems）。为让所有对象都具备联网及数据处理能力，运算芯片的微型化和精准度的重要性与日俱增。在微型化上，利用纳米技术开发出更细微的机器组件，或创造出新的结构与材料，以应对各种恶劣的应用环境；MEMS 是指集微型传感器、执行器以及信号处理和控制电路、接口电路、通信和电源于一体的微型机电系统，这种微电子机械系统不仅能采集、处理与发送信息或指令，还能按照所获取的信息自主地或根据外部的指令采取行动。在精准化已有突破性进展，将接收自然界的声、光、震动、温度等模拟信号后转换为数字信号，再传递给控制器响应的一连串处理方面的精准度提升了许多。

MEMS 技术的基本特点：微型化，相对于传统机械，它们的尺寸更小，最大的不超过 1cm，甚至仅仅为几个微米，厚度就更小；以硅为主要材料，采用以硅为主的材料，电气性能优良，硅材料的强度、硬度和杨氏模量与铁相当，密度与铝类似，热传导率接近钼和钨；能耗低，灵敏度和工作效率高；可批量生产，集成化，采用与集成电路（IC）类似的生成技术，可大量利用 IC 生产中的成熟技术、工艺，进行大批量、低成本生产，使性价比相对于传统“机械”制造技术大幅度提高；学科上的交叉综合；应用上的高度广泛。

MEMS 技术的发展开辟了一个全新的技术领域和产业，采用 MEMS 技术制作的微传感器、微执行器、微型构件、微机械光学器件、真空微电子器件、电力电子器件等在航空、航天、汽车、生物医学、环境监控、军事以及几乎人们所接触到的所有领域中都有着十分广阔的应用前景。

③ 无线传感器节点。

- 我国国家标准（GB 7665—2005）对传感器的定义是：“能感受被测量并按照一定的规律转换成可用输出信号的器件或装置”。传统传感器的组成如图 10-22 所示，其局限性是网络化、智能化的程度十分有限，缺少有效的数据处理与信息共享能力。

图 10-22 传统传感器组成

现代传感器的特点是微型化、智能化和网络化，典型代表就是无线传感节点。

- 无线传感节点如图 10-23 所示，主要由 4 部分组成：电池（电源管理单元）、传感器（数据采集单元）、微处理器（数据处理单元）、无线通信芯片（数据传输单元）。相比于传统传感器，无线传感节点不仅包括传感器部件，还集成了微型处理器、无线通信芯片等，能够对感知信息进行分析处理和网络传输。

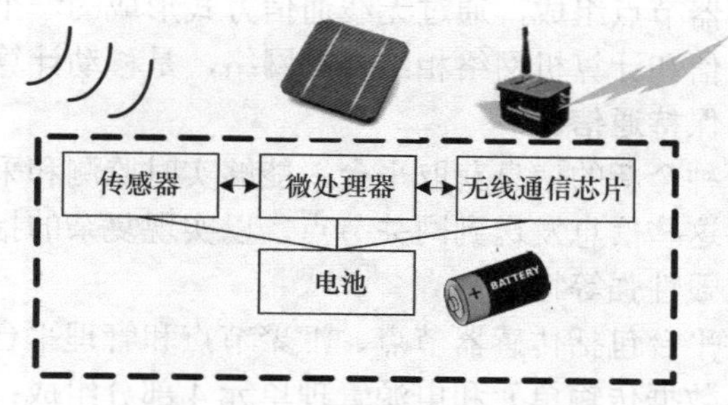

图 10-23 无线传感节点的组成

供能装置。采用电池供电，使得节点容易部署。但由于电压、环境等变化，电池容量并不能被完全利用。可再生能量，如太阳能。可再生能源存储能量有两种方式：充电电池，自放电较少，电能利用会比较高，但充电的效率较低，且充电次数有限；超电容，充电效率高，充电次数可达 100 万次，且不易受温度、振动等因素的影响。

传感器。有许多传感器可供节点平台使用，使用哪种传感器往往由具体的应用需求以及传感器本身的特点决定。需要根据处理器与传感器的交互方式：通过模拟信号和通过数字信号，选择是否需要外部模/数转换器和额外的校准技术，负责监测区域内信息的采集和数据转换。

微处理器。微处理器是无线传感节点中负责计算的核心，目前的微处理器芯片同时也集成了内存、闪存、模/数转化器、数字 IO 等，这种深度集成的特征使得它们非常适合在无线传感器网络中使用。影响节点工作整体性能的微处理器关键性能包括功耗特性，唤醒时间（在睡眠/工作状态间快速切换），供电电压（长时间工作），运算速度和内存大小。数据处理单元负责控制整个节点的处理操作、路由协议、同步定位、功耗管理、任务管理等。

无线通信芯片。无线通信芯片是无线传感节点中重要的组成部分，在一个无线传感节点的能量消耗中，无线通信芯片通常消耗能量最多。在目前常用的 TelosB 节点上，CPU 在工作状态电流仅 500μA，而无线通信芯片在工作状态电流近 20mA。低功耗的无线通信芯片在发送状态和接收状态时消耗的能量差别不大，这意味着只要通信芯片开着，都在消耗差不多的能量。无线通信芯片的传输距离是选择传感节点的重要指标。发射功率越大，接收灵敏度越高，信号传输距离越远。常用的无线通信芯片：CC1000，可工作在 433MHz、868MHz 和 915MHz，采用串口通信模式时速率只能达到 19.2kbit/s；CC2420，工作频率为 2.4GHz，是一款完全符合 IEEE 802.15.4 协议规范的芯片，传输率为 250kbit/s。

- 操作系统是传感器节点软件系统的核心。节点操作系统区别于传统操作系统的主要特点是：其硬件平台资源极其有限，节点操作系统是极其微型化的。TinyOS 是一个开源的嵌入式操作系统，它是由加州大学的伯利克分校开发出来的，主要应用于无线传感器网络方面。它是基于一种组件（Component-Based）的架构方式，使得能够快速实现各种应用。TinyOS 的程序采用的是模块化设计，其程序核心往往都很小（一般来说核心代码和数据大概在 400 Bytes 左右），能够突破传感器存储资源少的限制，让 TinyOS 很有效地运行在无线传感器网络节点上并去执行相应的管理工作等。目前，TinyOS 已经成为无线传感器网络领域事实上的标准平台，它支持的平台有 eyesIFXv2、intelmote2、mica2、mica2dot、micaZ、telosb、tinynode。

④ 无线传感器网络。将网络技术引入无线智能传感器中，使得传感器不再是单个的感知单元，而是能够交换信息、协调控制的有机体，实现物与物的互连，把感知触角深入世界各个角落，成为下一代互联网及物联网的重要组成部分。无线传感器网络就是由部署在监测区

域内大量的廉价微型传感器节点组成，通过无线通信方式形成的一个多跳自组织网络。移动自组织网络是一种移动通信和计算机网络相结合的网络，是移动计算机网络的一种，用户终端可以在网内随意移动而保持通信。

无线传感器网络是一种全新的信息获取平台，能够实时监测和采集网络分布区域内的各种检测对象的信息，并将这些信息发送到网关节点，以实现复杂的指定范围内的目标检测与跟踪，具有快速展开、抗毁性强等特点。

无线传感器网络硬件平台包括传感器节点、汇聚节点和管理平台。传感器节点由数据采集单元、数据处理单元、数据传输单元和电源管理单元 4 部分组成；汇聚节点的主要功能就是连接传感器网络与外部网络（如 Internet），将传感器节点采集到的数据通过互联网或卫星发送给用户；管理平台对整个网络进行检测、管理，它通常为运行有网络管理软件的 PC 或者手持终端设备。

目前传感器节点种类繁多，很多科研机构都开放自己的硬件平台，但是这些硬件平台之间主要区别在于所采用的处理器、无线通信方式、传感器配置不同。

（3）定位系统

位置信息和我们的生活息息相关，在物联网时代，位置信息不再是单纯的空间信息。具体而言，位置信息包括 3 大要素：地理位置（空间坐标）、处在该位置的时刻（时间坐标）和处在该位置的对象（身份信息）。

① 几种典型的定位系统。

- 卫星定位。各国的卫星定位系统，美国：GPS；俄罗斯：GLONASS；欧盟：伽利略；中国：北斗一号（区域）、北斗二号（全球）。GPS 是目前世界上最常用的卫星导航系统，系统结构包括宇宙空间部分、24 颗工作卫星、地面监控部分（全部在美国境内）。优点是精度高、全球覆盖，可用于险恶环境；缺点是启动时间长、室内信号差、需要 GPS 接收机。
- 蜂窝基站定位。GSM 蜂窝网络，通信区域被分割成蜂窝小区，每个小区对应一个通信基站，通信设备连接小区对应基站进行通信，利用基站位置已知的条件，可对通信设备进行定位。有单基站定位法和多基站定位法。优点是不需要 GPS 接收机，可通信即可定位；启动速度快，信号穿透能力强，室内亦可接收到；缺点是定位精度相对较低，基站需要有专门的硬件，造价昂贵。
- 无线室内环境定位。室内环境的复杂性存在多径效应，原因就是障碍物反射电磁波，反射波和原始波在接收端混叠。室内障碍物众多，多径效应明显，对电磁波有阻碍作用，长波信号（GPS）传播能力强，穿透能力弱。室内应选用短波信号来进行定位。基于信号强度（Received Signal Strength，RSS）定位技术，利用已有的无线网络（蓝牙、Wi-Fi、ZigBee）来定位。
- 新兴定位系统。A-GPS，GPS 定位和蜂窝基站定位的结合体，利用基站定位确定大致范围，连接网络查询当前位置可见卫星，大大缩短了搜索卫星的时间。无线 AP 定位，利用可见 Wi-Fi 接入点来定位，在大城市中，无线 AP 数目多，定位非常精确，在 iPhone 中成熟应用。网络定位，用于无线传感网、自组织网络，通过少量位置已知节点，定位出全网络节点的位置。

② 定位技术。

定位技术的关键：有一个或多个已知坐标的参考点，得到待定物体与已知参考点的空间关系。定位技术的两个步骤：测量物理量→根据物理量确定目标位置。

常见的定位技术有以下几种。

- 基于距离的定位（ToA）。距离测量方法：距离 d=波速 v＊传播时间 Δt；传播时间 Δt=收到时刻 t–发出时刻 t_0。问题：接收端如何得知 t_0？

方法1：利用波速差，发送端同时发送一道电磁波和声波；接收端记录电磁波到达时刻 t_r，声波到达时刻 t_s；距离 $d=\dfrac{v_r v_s\left(t_s-t_r\right)}{v_r-v_s}$。由于 v_r 远大于 v_s，上式可简化为 $d=v_s\left(t_s-t_r\right)$。

方法2：测量波的往返时间，发送端于时刻 t_0 发送波；接收端收到波后，等待时间 Δt 后返回同样的波；发送端记录收到回复的时间 t；距离 $d=\dfrac{v\left(t-t_0-\Delta t\right)}{2}$。

位置计算方法：多边测量（也称多点测量），平面上定位，取3个参考点；以每个参考点为圆心，以到该参考点的距离为半径画圆，目标必在圆上；平面上3个圆交于一点，实际中取用超过3个参考点，用最小二乘法减少误差。

- 基于距离差的定位（TDoA）。ToA的局限：需要参考点和测量目标时钟同步。TDoA：不需要参考点和测量目标时钟同步，但参考点之间仍然需要时钟同步。

距离差测距方法：测量目标广播信号，参考点 i，j 分别记录信号接收到的时刻 t_i，t_j；测量目标到 i，j 的距离差 $\Delta d_{ij}=v\left(t_i-t_j\right)$。

位置计算方法：至少两组数据联立方程求解，实际采用多组数据最小二乘法求解；每次测量结果参考点坐标 $\left(x_i,y_i\right)\left(x_j,y_j\right)$ 到参考点的距离 Δd_{ij}；构建方程：

$$\left[\left(x-x_i\right)^2+\left(y-y_i\right)^2\right]-\left[\left(x-x_j\right)^2+\left(y-y_j\right)^2\right]=\Delta d_{ij}^2$$

- 基于信号特征的定位。ToA和TDoA都需要接收端特殊装置，基于信号特征的定位直接利用无线通信的射频信号定位，不需要额外设备。原理：信号强度随传播距离衰减 $P_r\left(d\right)=\left(\dfrac{\lambda}{4\pi d}\right)^2 P_t G_t G_r$。问题：理想公式实际难以应用。解决方法：将信号强度看做“特征”；预先布置 N 个参考节点，测出 N 个参考节点信号的强度，得到一个 N 维向量；事先测出区域中每个位置的特征向量，将目标测出的特征向量和事先测量值比对，找出位置。缺点：不能应对动态变化。LANDMARC：基于信号特征的动态定位方法。

物联网下定位技术的新挑战：网络异构；环境多变；信息安全与隐私保护；大规模应用。

（4）智能设备

个人计算机和PDA（personal digital assistant）属于传统智能设备。物联网实现了信息空间和物理空间的融合，营造了以人为本的信息服务新环境。这种计算中心由计算机向人的迁移，引发了智能设备的飞速发展，多种多样的新时代智能设备应运而生，如智能车载设备、智能数字标牌、智能医疗设备、智能家电、智能手机等。新时代的智能设备呈现出信息感知层以及信息获取手段多样化的特点。

2. 网络构建层

网络构建层在物联网四层模型中连接信息感知层和信息处理层，具有强大的纽带作用，实现信息的传输。其中互联网以及下一代互联网（包含IPv6等技术）是物联网的核心网络，处在边缘的各种无线网络则提供随时随地的网络接入服务。

（1）无线低速网络

物联网背景下连接的物体，既有智能的也有非智能的。为适应物联网中那些能力较低的节点，满足低速率、低通信半径、低计算能力和低能量要求的低速网络协议是实现全面互连互通的前提。典型的无线低速网络协议如下。

① 蓝牙（bluetooth）技术：是一种短距离低功耗传输协议，最早始于 1994 年，由瑞典的爱立信公司研发。采用的是调频技术（frequency hopping spread spectrum），频段范围是 2.402～2.480GHz。通信速率一般能达到 1Mbit/s 左右，新的蓝牙标准也支持超过 20Mbit/s 的速率。通信半径从几米到 100 米不等，常见为几米左右。

② 红外（infrared）通信技术：利用红外线传输数据，比蓝牙技术出现得更早，是一种较早的无线通信技术。红外通信采用的是 875nm 左右波长的光波通信，通信距离一般为 1m 左右。设备具有体积小、成本低、功耗低，不需要频率申请等优势。缺点是设备之间必须互相可见，对障碍物的衍射较差。

③ 802.15.4/ZigBee：是无线传感网领域最为著名的无线通信协议。ZigBee 主要定义了网络层、传输层以及之上的应用层的规范，ZigBee 网络层采用距离矢量路由协议（AODV）；802.15.4 主要定义了短距离通信的物理层以及链路层规范，介质访问控制层（MAC）采用载波侦听多路访问方式。

（2）无线宽带技术

无线宽带技术覆盖范围较广，传输速度较快，为物联网提供高速可靠廉价且不受接入设备位置限制的互连手段。

① 无线网络的组成元素。无线网络用户设备，如手机、PDA、传感器等，可无线通信，可获取有效信息；基站，将用户与公共基础网络相连的设备，比如蜂窝塔（Cell tower）、WiFi 接入点（access point），根据不同协议，覆盖范围及传输速率不同；无线连接，用户与基站、用户与用户或基站与基站之间的数据传输通路，以无线电波、光波为载体，支持多种多样的传输速率和传输距离；自组网，无须基站，用户之间通过自组织的方式形成自组网（ad-hoc network），地址指派、路由选择等功能由用户自身完成。

② 无线宽带网络。传统宽带网络定义：带宽超过 1.54Mbit/s（T1 网络带宽）的网络可称为宽带网络。根据无线网络分类，无线宽带网络包括 Wi-Fi，无线局域网；WiMAX，无线城域网；3G，无线广域网；UWB，超宽带无线个域网。下面主要介绍前两者。

③ Wi-Fi：无线局域网。Wi-Fi（Wireless Fidelity）是由 Wi-Fi 联盟(Wi-Fi Alliance)所持有的一个无线网路通信技术品牌，目的是改善基于 IEEE 802.11 标准的无线网路产品之间的互通性。随着 IEEE 802.11a 及 IEEE 802.11g 等标准的出现，现在 IEEE 802.11 这个标准已被统称作 Wi-Fi。

IEEE 802.11 是 IEEE 制定的一个无线局域网标准，主要用于解决办公室局域网和校园网中，用户与用户终端的无线接入。由于 802.11 在速率和传输距离上都不能满足人们的需要，IEEE 小组相继推出了一系列 802.11 标准。不同的 802.11 协议的差异主要体现在使用频段、调制模式和信道差分等物理层技术上。尽管物理层使用技术差异很大，但是一系列 IEEE 802.11 协议的上层架构和链路访问协议是相同的，如 MAC 层都使用带冲突预防的载波监听多路访问（CSMA/CA）技术，数据链路层数据帧结构相同以及都支持基站和自组织两种组网模式。

④ WiMAX：无线城域网。WiMAX（Worldwide Interoperability for Microwave Access）旨在为广阔区域内的无线网络用户提供高速无线数据传输业务，视线覆盖范围可达 112.6km，非视线覆盖范围可达 40km，带宽为 70Mbit/s，WiMAX 技术的带宽足以取代传统的 T1 型和

DSL型有线连接，为企业或家庭提供互联网接入业务；可取代部分互联网有线骨干网络，提供更人性化、多样化的服务。与之对应的是一系列IEEE 802.16协议。WiMAX介质访问控制包含了全双工信道传输、点到多点传输的可扩展性以及对QoS的支持等特征。

（3）移动通信网络

特别是3G，将成为“全面、随时、随地”物联网信息传送的有效平台。无线广域网包括现有的移动通信网络及其演进技术（包括 3G、4G 通信技术），提供广阔范围内连续的网络接入服务。第三代移动通信（3G）可以提供所有2G的信息业务，同时保证更快的速度，以及更全面的业务内容，如移动办公，视频流服务等。

3G的主要特征是可提供移动宽带多媒体业务，包括高速移动环境下支持144kbit/s速率，步行和慢速移动环境下支持384kbit/s速率，室内环境则应达到2Mbit/s的数据传输速率，同时保证高可靠服务质量。人们发现从 2G 直接跳跃到 3G 存在较大的难度，于是出现了一个2.5G（GPRS/GSM）的过渡阶段。我国采用的3种3G标准分别是TD-SCDMA（Time Division – Synchronous Code Division Multiple Access），W-CDMA（Wideband Code Division Multiple Access）和CDMA2000。

移动互联网：将移动通信和互联网二者结合，提供网页浏览、视频会议等互联网应用服务。

4G被称为“多媒体移动通信”：在高速移动中有兆级别的数据传输率，扩大覆盖范围，提高通信质量，提高数据传输，无线多媒体通信服务，数据传输率可以达到10～20Mbit/s，最高超过100Mbit/s。在4G时代，无线将连接一切。这将是真正的没有任何限制的互连：交通工具、家用电具、建筑、道路和医疗设备都将成为网络的一部分。物联网将给所有系统注入智慧，为家庭、公司、社区乃至整个经济带来全新的管理方式。

（4）互联网

互联网以及下一代互联网（包含IPv6等技术）是物联网的核心网络。下一代互联网应具备的特点是：规模更大，IPv6逐步取代IPv4，连接更多的终端和用户；速度更快，目标至少是100Mbit/s；安全性更高，网络安全可控性、可管理性增强；使用更方便，与移动通信技术无缝配合，用户不再受地理位置限制。

互联网的延伸：终端多元化；摆脱“人在上网”的束缚；网络世界和物理世界更加紧密的联系；信息获取方式的多样化；主动获取，被动告知；感知行为的智能化；人类对物理世界的控制能力得到前所未有的加强。

物联网是互联网应用的延伸和拓展，互联网是实现物（人）与物（人）之间更加全面的互连互通的最重要和最主要的途径。

3. 信息处理层

在高性能计算和海量存储技术的支撑下，信息处理层将大规模数据高效、可靠地组织起来，为上层行业应用提供智能的支撑平台。它主要解决数据存储、检索、使用以及如何不被滥用等问题。

（1）数据库与海量数据存储技术

① 物联网数据的特点：海量性，假设每个传感器每分钟内仅传回 1KB 数据，则 1000个节点每天的数据量就达到了约1.4GB；多态性；关联性及语义性，描述同一个实体的数据在时间上具有关联性，描述不同实体的数据在空间上具有关联性，描述实体的不同维度之间也具有关联性。

② 海量数据存储技术。

- 传感器网络的数据存储方式：分布式存储，数据可保存在“存储节点”上，查询被分发到网络中，由存储节点返回查询结果；集中式存储，数据全部保存在 sink 端（汇聚点），查询仅在 sink 端进行。
- 传感器网络的数据查询分为快照查询和连续查询。近似查询技术，针对数据不确定，可减小网络通信开销；基于模型的查询；查询优化，针对查询固定，优化查询内容，节点仅返回所需要的数据，查询仅发往满足查询条件的地区。
- 传感器网络的数据融合：即怎样分析、综合不同来源的无数的数据流，是传感网乃至物联网跨向大规模应用所必须越过的障碍。
- 物联网对海量信息存储的需求，导致了网络化存储和大型数据中心的诞生。有 3 种基本的网络存储体系结构：直接附加存储，网络附加存储，存储区域网络。直接附加存储（direct-attached storage, DAS），将存储系统通过缆线直接与服务器或工作站相连，一般包括多个硬盘驱动器，与主机总线适配器通过电缆或光纤，在存储设备和主机总线适配器之间不存在其他网络设备，实现了计算机内存储到存储子系统的跨越。网络附加存储（network attached storage, NAS），文件级的计算机数据存储架构，计算机连接到一个仅为其他设备提供基于文件级数据存储服务的网络。存储区域网络（storage area network, SAN），通过网络方式连接存储设备和应用服务器的存储架构，由服务器、存储设备和 SAN 连接设备组成。

随着物联网的发展，数据中心将成为解决海量数据存储的主要手段。维基百科定义：“数据中心是一整套复杂的设施。它不仅仅包括计算机系统和其他与之配套的设备（例如通信和存储系统），还包含冗余的数据通信连接、环境控制设备、监控设备以及各种安全装置。”Google：“多功能的建筑物，能容纳多个服务器以及通信设备。这些设备被放置在一起是因为它们具有相同的对环境的要求以及物理安全上的需求，并且这样放置便于维护。”

数据中心标准——ANSI/TIA/EIA-942（简称 TIA-942），由电信产业协会（TIA）提出，美国国家标准学会（ANSI）批准。全球共建有近 40 个大规模数据中心；单个数据中心需要至少 50MW 功率，约等于一个小型城市所有家庭的用电量；独特的硬件设备：定制的以太网交换机、能源系统等；自行研发的软件技术：Google File System、MapReduce、BigTable 等。数据中心的研究热点：如何在保证服务质量的前提下降低成本？

③ 数据库是存储在一起的相关数据的集合，这些数据是结构化的、无害的或不必要的冗余，并为多种应用服务。数据库的存储独立于使用它的程序，对数据库插入新数据，修改和检索原有数据均能按一种公用的和可控制的方式进行。当前主流的关系数据库系统的重要思想：逻辑组成与存储结构相分离。关系数据库的优势包括：高度的数据独立性；开放的数据语意、数据一致性、数据冗余性；灵活的自定义数据操作语言；关系代数是关系数据库数据操作的基础。关系数据库的数据模型不仅定义了数据库的结构（关系、属性、元组等），而且提供了查询数据、修改数据的方法，数据操作基于“关系代数”的特殊代数运算。关系代数的操作数是关系（传统代数的操作数是数字常量或变量）。关系代数的操作符主要分 4 类：传统的集合运算符；专门的关系运算符；比较运算符；逻辑运算符。

（2）搜索引擎

针对物联网数据的特点，提供“普适性的数据分析与服务”的搜索引擎才能诠释出物联网“更深入的智能化”的内涵。

Web 搜索引擎，一个能够在合理响应时间内，根据用户的查询关键词，返回一个包含相关信息的结果列表（hits list）服务的综合体。

• Web 搜索引擎的结构：网络爬虫模块，主要功能是通过对 Web 页面的解析，根据 Web 页面之间的连接关系抓取这些页面，并储存页面信息交给索引模块处理；索引模块，主要完成对于抓取的数据进行预处理建立关键字索引以便搜索模块输出；搜索模块，对于用户的关键词，根据数据库的索引知识给出合理的搜索结果。

• Web 搜索引擎的 3 个重要问题：响应时间，一般来说合理的响应时间在秒这个数量级；关键词搜索，得到合理的匹配结果；搜索结果排序，如何对海量的结果数据排序。

• 物联网时代搜索引擎的新要求：从智能物体角度思考搜索引擎与物体之间的关系，主动识别物体并提取有用信息；从用户角度上的多模态信息利用，使查询结果更精确，更智能，更定制化。

（3）数据挖掘

通过对物联网中纷繁复杂的现象和信息进行处理，数据挖掘能够为人们的决策提供直观和强大的支持。

① 数据挖掘（data mining）。从大量数据中获取潜在有用的并且可以被人们理解的模式的过程，是一个反复迭代的人—机交互和处理的过程，历经多个步骤，并且在一些步骤中需要由用户提供决策。

② 数据挖掘的过程。数据预处理、数据挖掘和对挖掘结果的评估与表示。每一个阶段的输出结果成为下一个阶段的输入。

数据预处理阶段：数据准备，了解领域特点，确定用户需求；数据选取，从原始数据库中选取相关数据或样本；数据预处理，检查数据的完整性及一致性，消除噪声等；数据变换，通过投影或利用其他操作减少数据量。

数据挖掘阶段：确定挖掘目标，确定要发现的知识类型；选择算法，根据确定的目标选择合适的数据挖掘算法；数据挖掘，运用所选算法，提取相关知识并以一定的方式表示。

知识评估与表示阶段：模式评估，对在数据挖掘步骤中发现的模式（知识）进行评估；知识表示，使用可视化和知识表示相关技术，呈现所挖掘的知识。

③ 数据挖掘的基本类型。描述性挖掘任务：刻画数据库中数据的一般特性，包括关联分析（association analysis）、聚类分析（clustering analysis）；预测性挖掘任务：在当前数据上进行推断和预测，包括离群点分析（outlier analysis）、分类与预测（classification and prediction）、演化分析（evolution analysis）。

④ 数据挖掘技术在物联网中的应用方面。包括精准农业、市场行销、智能家居、金融安全、产品制造和质量监控、互联网用户行为分析等。

（4）数据安全与隐私保护

① 网络信息安全的一般性指标：可靠性，有 3 种测度标准（抗毁、生存、有效）；可用性，用正常服务时间和整体工作时间之比衡量；保密性，常用的保密技术（防侦听、防辐射、加密、物理保密）；完整性，未经授权不能改变信息，保密性要求信息不被泄露给未授权的人，而完整性要求信息不受各种原因破坏；不可抵赖性，参与者不能抵赖已完成的操作和承诺的特性；可控性，对信息传播和内容的控制特性。

② 隐私权：个人信息的自我决定权，包含个人信息、身体、财产或者自我决定等。物联网与隐私之间，不当使用会侵害隐私，恰当的技术可以保护隐私。

③ RFID 安全和隐私。

• RFID 安全隐私标准规范和建议：EPCglobal 在超高频第一类第二代标签空中接口规

范中说明了 RFID 标签需支持的功能组件，其安全性要求有物品级标签协议要求文档；ISO/IEC 规定 RFID 数据安全准则；欧盟有《RFID 隐私和数据保护的若干建议》。

- RFID 主要安全隐患：窃听（eavesdropping），标签和阅读器之间通过无线射频通信，攻击者可以在设定通信距离外偷听信息；中间人攻击（man-in-the-middle attack, MITM），对 reader（tag）伪装成 tag（reader），传递、截取或修改通信消息；“扒手”系统，欺骗、重放、克隆，欺骗（spoofing）是基于已掌握的标签数据通过阅读器，重放（replaying）是将标签的回复记录并回放，克隆（cloning）是形成原来标签的一个副本；拒绝服务攻击（denial-of-service attack, DoS），通过不完整的交互请求消耗系统资源，如产生标签冲突，影响正常读取，发起认证消息，消耗系统计算资源；对标签的 DoS 消耗有限的标签内部状态，使之无法被正常识别；物理破解（corrupt），标签容易获取，标签可能被破解，通过逆向工程等技术，破解之后可以发起进一步攻击，推测此标签之前发送的消息内容，推断其他标签的秘密；篡改信息（modification），非授权的修改或擦除标签数据；RFID 病毒(virus, malware)，标签中可以写入一定量的代码，读取 tag 时，代码被注入系统，SQL 注入；其他隐患，电子破坏、屏蔽干扰、拆除等。

- RFID 主要隐私问题：隐私信息泄露，姓名、医疗记录等个人信息；跟踪，监控，掌握用户行为规律和消费喜好等，进一步攻击；效率和隐私保护的矛盾，标签身份保密，快速验证标签需要知道标签身份，才能找到需要的信息，平衡恰当、可用的安全和隐私。

④ RFID 安全和隐私保护机制：早期物理安全机制通过牺牲标签的部分功能满足隐私保护的要求。包括：灭活（kill），杀死标签，使标签丧失功能，不能响应攻击者的扫描；法拉第网罩，屏蔽电磁波，阻止标签被扫描；主动干扰，用户主动广播无线信号阻止或破坏 RFID 阅读器的读取；阻止标签（block tag），通过特殊的标签碰撞算法阻止非授权阅读器读取那些阻止标签预定保护的标签。

基于密码学的安全机制：哈希锁（hash-lock）、随机哈希锁（randomized hash-lock）、哈希链（hash chain）、同步方法（synchronization approach）、树形协议（tree-based protocol）等。其他方法，physical unclonable function (PUF)、掩码、通过网络编码（network coding）原理得到信息、可拆卸天线、带方向的标签。

面对安全和隐私的挑战，应注意：可用性与安全的统一；无须为所有信息提供安全和隐私保护，信息分级别管理；与其他技术结合，生物识别，近场通信（near field communication, NFC）；法律法规，从法律法规角度增加通过 RFID 技术损害用户，安全与隐私的代价，并为如何防范做出明确的指导。

位置隐私的定义可以说是用户对自己位置信息的掌控能力，用户能自由决定是否发布位置信息，将信息发布给谁，通过何种方式来发布，以及发布的信息有多详细。保护位置隐私的 3 要素：时间、地点、人物。位置隐私面临的威胁：通信、服务商、攻击者。保护位置隐私的手段：制度约束，5 条原则（知情权、选择权、参与权、采集者、强制性）；隐私方针，定制的针对性隐私保护；身份匿名，认为“一切服务商皆可疑”，隐藏位置信息中的“身份”，服务商能利用位置信息提供服务，但无法根据位置信息推断用户身份，常用技术比如 K 匿名的基本思想就是让 K 个用户的位置信息不可分辨；数据混淆，保留身份，混淆位置信息中的其他部分，让攻击者无法得知用户的确切位置。

（5）分布式信息管理技术

在物物相连的环境中，每个传感节点都是数据源和处理点，都有数据库存取、识别、处理、通信和响应等作业，需要用分布式信息管理技术来操纵这些节点。

分布式管理系统需要解决的问题：组织上分散而数据需要相互联系；系统单元的自动扩充；均衡负载的需求；系统中数据库的自动结合；系统高可靠性与可用性的保证。

从分布式信息管理系统的发展上看，总体需求应满足物联网中的智能空间的有效运用（effective use of smart spaces）、不可见性（invisibility）、本地化可伸缩性（localized scalability）和屏蔽非均衡条件（masking uneven conditioning）。通过将计算基础结构嵌入各种固定与移动物体对象中，一个智能空间（smart space）将两个世界（指移动和固定空间）中的信息联系在一起。

4. 应用服务层

应用服务层相当于人的社会分工，应用层是将物联网技术与各类行业应用相结合，实现无所不在的智能化应用，如物流、安全监测、农业、灾害、危机管理、军事、医疗护理等领域。

"实践出真知"，无论任何技术，应用是决定成败的关键。物联网丰富的内涵催生出更加丰富的外延应用。

智能物流：现代物流系统希望利用信息生成设备，如 RFID 设备、感应器或全球定位系统等种种装置与互联网结合起来而形成的一个巨大网络，并能够在这个物联化的物流网络中实现智能化的物流管理。

智能交通：通过在基础设施和交通工具当中广泛应用信息、通信技术来提高交通运输系统的安全性、可管理性、运输效能，同时降低能源消耗和对地球环境的负面影响。

绿色建筑：物联网技术为绿色建筑带来了新的力量。通过建立以节能为目标的建筑设备监控网络，将各种设备和系统融合在一起，形成以智能处理为中心的物联网应用系统，有效地为建筑节能减排提供有力的支撑。

智能电网：以先进的通信技术、传感器技术、信息技术为基础，以电网设备间的信息交互为手段，以实现电网运行的可靠、安全、经济、高效、环境友好和使用安全为目的的先进的现代化电力系统。

环境监测：通过对人类和环境有影响的各种物质的含量、排放量，以及各种环境状态参数的检测，跟踪环境质量的变化，确定环境质量水平，为环境管理、污染治理、防灾减灾等工作提供基础信息、方法指引和质量保证。

10.5.4 物联网智能家居系统的设计

1. 智能家居的介绍

20 世纪 80 年代初，随着大量采用电子技术的家用电器面市，住宅电子化（homen electronics,HE）出现。80 年代中期，将家用电器、通信设备与安保防灾设备各自独立的功能综合为一体后，形成了住宅自动化概念（home automation,HA）。80 年代末，由于通信与信息技术的发展，出现了对住宅中各种通信、家电、安保设备通过总线技术进行监视、控制与管理的商用系统，这在美国称为 Smart Home，也就是现在智能家居的原型。

智能家居是以住宅为平台，利用综合布线技术、网络通信技术、智能家居系统设计方案安全防范技术、自动控制技术、音视频技术将家居生活有关的设施集成，构建高效的住宅设施与家庭日程事物的管理系统，提升家居的安全性、便利性、舒适性、艺术性，并实现环保节能的居住环境。

智能家居系统包含的主要子系统有家居布线系统、家庭网络系统、智能家居（中央）控制管理系统、家居照明控制系统、家庭安防系统、背景音乐系统（如 TVC 平板音响）、家庭影院与物联智能家居控制系统多媒体系统、家庭环境控制系统等八大系统。其中，智能家居（中央）控制管理系统、家居照明控制系统、家庭安防系统是必备系统，家居布线系统、家庭网络系统、背景音乐系统、家庭影院与多媒体系统、家庭环境控制系统为可选系统。

2. 无线彩信家庭安防报警系统的设计

该系统通过红外传感器检测是否有人进入，当检测到有人进入时摄像头会自动拍照，并把拍得的照片以彩信的模式上传到设定人的手机上。同时，系统会发出声光报警，提示有人进入。当户主不在家时，户主可以发送短信到系统，系统收到短信以后会控制摄像头拍照并将拍得的照片以彩信的形式发送到户主的手机上。

3. 硬件电路

采用 HC-R501 红外人体热式模块来检测是否有人进入。摄像头采用 CMOS 串口摄像头，该摄像头能够通过串口发送控制指令控制摄像头拍照。摄像头与主控制系统之间通过 ZigBee 进行无线传输通信。主控系统采用具有双串口的 DSPIC30F6014 单片机作为主控制器。通过具有彩信和短信功能的 M20 模块实现短信的接收和彩信的发送功能，采用 WT588D 实现声音的报警。系统总体框图如图 10-24 所示。

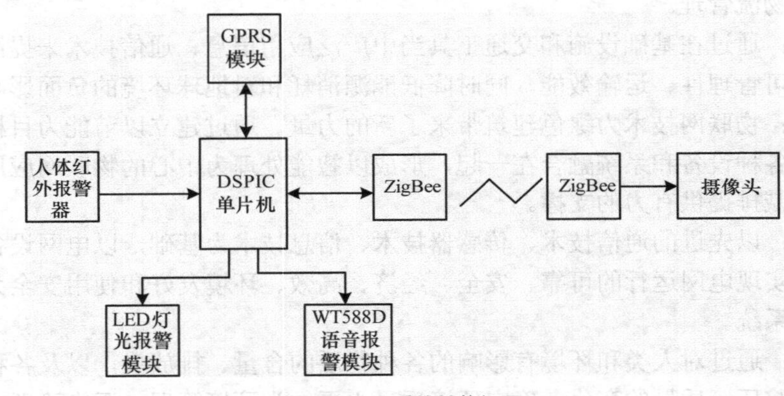

图 10-24　系统总体框图

单片机和 GPRS 模块之间通过串口进行通信，单片机通过串口向 GPRS 模块发送 AT 指令来控制模块收发短信以及发送彩信。单片机与 ZigBee 之间同样也是通过串口进行通信，与单片机相连的为 ZigBee 的协调器，与摄像头相连的为 ZigBee 的路由器。协调器和路由器都工作在透明模式下，并且设置路由器的传输方式为往目的地址发送。

4. 软件设计

本系统的主处理器系统软件采用 Microchip 公司的 PIC 单片机软件开发工具，MPLAB 集成开发环境（IDE）作为终端软件的开发平台。MPLAB 集成开发环境是综合的编辑器、项目管理器和设计平台，适用于使用 Microchip 的 PICmicro & reg；系列单片机进行嵌入式设计的应用开发。

主处理器软件程序主要有主程序、彩信报警程序、ZigBee 接收发送程序、摄像头程序、中断程序、语音报警程序组成。主程序流程图如图 10-25 所示。

整个程序采用了结构化、模块化的方法。主程序主要是初始化，包括了对单片机 IO 口的初始化，串口的初始化以及彩信和 ZigBee 模块的初始化；中断程序包括了对人体红外模块

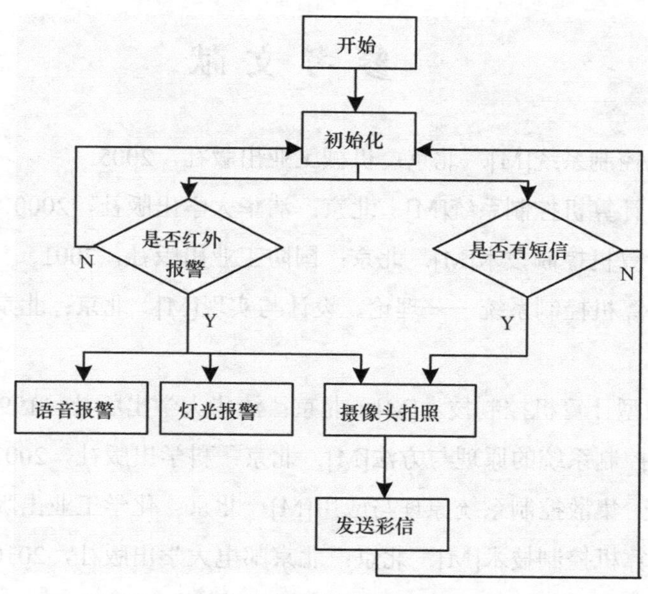

图 10-25 主程序流程图

的中断处理；GPRS 模块程序主要是彩信的发送和短信的接收处理程序；ZigBee 模块程序包括了对 ZigBee 发送和接收数据的处理；摄像头程序主要是摄像头拍照指令的发送以及照片属性的设置程序；语音程序主要是语音模块的初始化及播放程序。

5. 系统测试

为了测试系统和程序的可靠性，我们在实验室搭建了测试平台。通过人为触发红外感应器和发送手机短信两种方式来检测系统。测试结果表明系统能够快速及时地对事件作出响应，彩信能够正确清晰地发送出去。图 10-26 所示为系统发出的彩信报警图片。

图 10-26 实验室彩信报警图片

习题 10

1．工业局域网通常有哪些拓扑结构？各有什么特点？
2．工业局域网常用的传输访问控制方式有哪些？它们各有什么优缺点？
3．简述 OSI 参考模型的 7 层功能及协议。
4．IEEE 802 标准包括哪些内容？
5．分布式控制系统有哪些特点？
6．简述分布式控制系统的层次结构。
7．什么是现场总线？目前常用的有哪几种典型的现场总线？它们各自有什么特点？
8．什么是物联网？物联网的关键技术有哪些？

参考文献

[1] 李正军．计算机控制系统[M]．北京：机械工业出版社，2005．
[2] 何克忠，李伟．计算机控制系统[M]．北京：清华大学出版社，2000．
[3] 谢剑英．微型计算机控制技术[M]．北京：国防工业出版社，2001．
[4] 高金源，等．计算机控制系统——理论、设计与实现[M]．北京：北京航空航天大学出版社，2001．
[5] 于海生，等．微型计算机控制技术[M]．北京：清华大学出版社，1999．
[6] 刘松强．计算机控制系统的原理与方法[M]．北京：科学出版社，2007．
[7] 俞金寿，何衍庆．集散控制系统原理与应用[M]．北京：化学工业出版社，1995．
[8] 顾德英，等．计算机控制技术[M]．北京：北京邮电大学出版社，2010．
[9] 李元春．计算机控制系统[M]．北京：高等教育出版社，2005．
[10] 赵英凯．计算机集成控制系统[M]．北京：电子工业出版社，2007．
[11] 王平，等．计算机控制系统[M]．北京：高等教育出版社，2004．
[12] 王长力，罗安．分布式控制系统（DCS）设计与应用实例[M]．北京：电子工业出版社，2004．
[13] 席爱民．计算机控制系统[M]．北京：高等教育出版社，2004．
[14] 戴永，等．微机控制技术[M]．长沙：湖南科学技术出版社，2004．
[15] 张国范．计算机控制系统[M]．北京：冶金工业出版社，2004．
[16] 王锦标．计算机控制系统[M]．北京：清华大学出版社，2004．
[17] 金以慧，等．过程控制[M]．北京：清华大学出版社，1993．
[18] 董永贵．精密测控与系统[M]．北京：清华大学出版社，2005．
[19] 席裕庚．预测控制[M]．北京：国防工业出版社，1993．
[20] 阳宪惠．现场总线技术及其应用[M]．北京：清华大学出版社，2001．
[21] 胡道元．计算机局域网[M]．北京：清华大学出版社，1997．
[22] 李正军．现场总线及其应用技术[M]．北京：机械工业出版社，2005．
[23] 李正军．现场总线与工业以太网及其应用系统设计[M]．北京：人民邮电出版社，2006．
[24] 邬宽明．CAN 总线原理和应用系统设计[M]．北京：北京航空航天大学出版社，1996．
[25] 杨育红．LON 网络控制技术及应用[M]．西安：西安电子科技大学出版社，1999．
[26] 张森，张正亮．MATLAB 仿真技术与实例应用教程[M]．北京：机械工业出版社，2004．
[27] 肖诗松，等．计算机控制——基于 MATLAB 实现[M]．北京：清华大学出版社，2006．

[28] 薛定宇．控制系统仿真与计算机辅助设计[M]．北京：机械工业出版社，2009．
[29] 孙鹤旭，等．Profibus 现场总线控制系统的设计与开发[M]．北京：国防工业出版社，2007．
[30] 夏华．无线通信模块设计与物联网应用开发[M]．北京：电子工业出版社，2011．
[31] 于海斌，等．智能无线传感器网络系统[M]．北京：科学出版社，2006．
[32] 刘云浩．物联网导论[M]．北京：科学出版社，2011．
[33] 田景熙．物联网概论[M]．北京：东南大学出版社，2010．
[34] 潘浩，等．无线传感器网络操作系统 TinyOS[M]．北京：清华大学出版社，2011．
[35] 黄玉兰．物联网・射频识别（RFID）核心技术详解[M]．北京：人民邮电出版社，2010．
[36] 舒迪前．预测控制系统及其应用[M]．北京：机械工业出版社，2002．
[37] 曹佃国．带 PROFIBUS-DP 接口的智能电磁流量计的开发[J]．电子技术，2009，(6)：58～59．

读者意见反馈表

首先感谢您选用本书。

希望您在使用本书之后对教材内容、写法等提出自己的意见和建议，并及时反馈给我们，您的支持与帮助是我们继续努力做出更好教材的最大动力。

姓　　名：__________ 性　　别：____ 职　　称：__________ 职　　务：__________

办公电话：__________ 手　　机：__________ 电子邮箱：__________

学　　校：______________________ 院　　系：__________

通信地址：______________________ 邮　　编：__________

本书名称		本书作者	
用做教材情况	正在使用本书作为教材	使用数量：	
		优点：	
		不足：	
	计划使用本书作为教材	原因：	
	不会使用本书作为教材	原因：	
目前正在使用教材情况	目前使用教材名称		
	目前使用教材作者		
	目前使用教材出版社		
	目前使用教材数量		
	对目前使用教材的评价		
您所教授课程			
是否有出书计划	□ 是　□ 否		

注：本表为样表，该表的电子版请向该书的责任编辑李海涛索取，联系方式如下。

电话：010-67163151　Email：lihaitao@ptpress.com.cn　QQ：2589288250

地址：北京市东城区夕照寺街 14 号 A 座 502　邮编：100061